绿色

U0167632

Design and Evaluation of
Green Buildings 评价

董莉莉　刘亚南　薛　巍　祁乾龙　史靖塬　秦砚瑶◎编著

中国建筑工业出版社

图书在版编目（CIP）数据

绿色建筑设计与评价 = Design and Evaluation of
Green Buildings / 董莉莉等编著 . —北京：中国建筑
工业出版社，2019.10
ISBN 978-7-112-24040-1

Ⅰ. ①绿…　Ⅱ. ①董…　Ⅲ. ①生态建筑—建筑设计—
研究　Ⅳ. ① TU201.5

中国版本图书馆 CIP 数据核字（2019）第 165961 号

数字资源阅读方法：
本书提供所有图片的原始版本，读者可使用手机 / 平板电脑扫描右侧二维码后免费阅读。
操作说明：扫描授权进入"书刊详情"页面，在"应用资源"下点击任一图号（如图 2-1-1），
进入"课件详情"页面，内有可阅读图片的图号。点击相应图号后，再点击右上角红色"立即
阅读"即可阅读相应图片彩色版。
若有问题，请联系客服电话：4008-188-688。

责任编辑：李成成
责任校对：李美娜

绿色建筑设计与评价
Design and Evaluation of Green Buildings
董莉莉　刘亚南　薛　巍　祁乾龙　史靖塬　秦砚瑶　编著
*
中国建筑工业出版社出版、发行（北京海淀三里河路 9 号）
各地新华书店、建筑书店经销
北京雅盈中佳图文设计公司制版
北京建筑工业印刷厂印刷
*
开本：787 毫米 ×1092 毫米　1/16　印张：24¼　字数：500 千字
2022 年 9 月第一版　2022 年 9 月第一次印刷
定价：**79.00** 元（赠数字资源）
ISBN 978-7-112-24040-1
　　（34553）

前　言

经济的发展伴随而来的是生态系统破坏、环境污染、能源紧缺、气候变化等严重问题。如何促进资源和能源的有效利用、减少污染、保护资源和生态环境，是我们面临的重大挑战。建筑活动是人类对自然资源、环境影响最大的活动之一。因此，将可持续发展的理念融入建筑全寿命周期的过程中，大力发展绿色建筑，已成为我国建筑业发展的必然趋势。

本书针对绿色建筑设计与评价，突出了与时俱进、体系完善与知行结合的三大特点：

与时俱进：由于绿色建筑领域发展迅速，绿色化发展体系不断完善，绿色建筑评价标准不断更新，绿色低碳技术不断涌现。因此，我们对最新版的《绿色建筑评价标准》进行了较为系统的介绍。教材中还包含了一体化装修、装配式技术、智能建造等新技术。在本书的编撰过程中，我们力求与工程实践和社会发展紧密相连，注重教材的时效性，帮助学生充分理解当代相关实践并为有效应对今后的工作挑战打下坚实的基础。

知行合一：由于该课程涉及的内容具有很强的实践性，为了达到良好的教学效果，本书的编写集合了高等院校与企业的共同之力，注重理论紧密结合实践案例的示范性教学方式的应用。与其他绿色建筑概述类教材不同，本书注重引导学生应用绿色建筑设计方法、基于性能化模拟软件对建筑进行绿色设计与评价，便于学生在实践中提升对绿色建筑理解的全面性、实用性和针对性。

体系完整：由于绿色建筑强调全生命周期过程，为了使学生对绿色建筑具有全面、系统的了解，该门课程包含了绿色建筑设计、施工、建造、运维、评价等各方面的内容，同时，教材中还整合了大量实际案例图片，以图文结合、新颖直观的方式增强学生自行阅读的效果。

针对绿色建筑的设计与评价，本书分为8章进行编写：第1章梳理了绿色建筑基本概念、绿色建筑分类、绿色建筑的设计原则与设计方法、绿色建筑研究内容、绿色建筑发展概况；第2章介绍了绿色建筑对室内外环境、健康舒适、安全可靠、耐久适用、节约环保、自然和谐、低耗高效、绿色文明、科技先导、综合整体创新方面的设计要求；第3章是本书的重点，按照场地、环境物理、节能和技术优化等方面介绍了如何进行绿色建筑设计；第4章归纳了国内外绿色建筑发展体系，并侧重介绍了最新版绿色建筑的评价标准；第5章从施工理念、施工规范、建筑及设备运行、物业管理、合同能源管理、节能诊断等角度归纳了绿色施工与运营管理；第6章对既有建筑绿色化改造的意义、现状、设计、评价标准进行了阐述，并对绿色改造案例进行了分析；第7章针对绿色生态城区、绿色生态住宅小区、绿色街区、绿色校园、健康建筑、绿色工业建筑、智慧建筑、装配式建筑进行了综合介绍；第8章对不同的绿色建筑模拟软件进行了介绍。

本书参加编写人员：

第1章　董莉莉、蔡贤云、程翔（重庆交通大学建筑与城市规划学院、重庆大学建筑城规学院）

第2章　董莉莉、祁乾龙（重庆交通大学建筑与城市规划学院、华南理工大学建筑学院）

第3章　刘亚南、黄珂、何雨峰、刘贞、刘冰影（重庆交通大学建筑与城市规划学院、奥嘉绿建筑规划设计有限公司）

第4章　秦砚瑶、邬锦、曹必成、董文静（中煤科工重庆设计研究院有限公司、重庆交通大学建筑与城市规划学院）

第5章　薛巍、金高屹、伍慧萌（中煤科工重庆设计研究院有限公司、重庆交通大学建筑与城市规划学院）

第6章　史靖塬、程俊杰（重庆交通大学建筑与城市规划学院、中机中联工程有限公司）

第7章　董莉莉、常青、赵康迪、董美馨、陈明来（重庆交通大学建筑与城市规划学院、同济大学建筑与城市规划学院、河南科技大学建筑学院）

第8章　王健、何屹东（深圳斯维尔科技股份有限公司、中冶赛迪工程技术股份有限公司）

本书由重庆交通大学胡望社教授主审。另外，在编写过程中，承蒙有关院校和企业的大力支持，在此表示感谢。

本书依托教育部产学合作协同育人项目"新工科背景下绿色建筑创新创业人才培养体系建构与应用"（重庆交通大学—深圳斯维尔科技股份有限公司）、重庆市高等教育教学改革研究项目"四合一体化的建筑类专业新工科创新创业人才培养体系建构与应用"（181010），并得到重庆市研究生联合培养基地"重庆交通大学—中煤科工重庆设计研究院（集团）有限公司"的支持。

限于时间和水平，书中的错误及疏漏在所难免，希望读者提出批评指正。

编者
2022年8月

目　录

第 3 章　绿色建筑设计 ······················· 032

第 1 章
绿色建筑概论

1.1 绿色建筑基本概念

1.1.1 基本概念

建筑是人为了适应环境、改善环境而创造的介于人与自然之间的人工产物，它是人类生存与行为的场所。建筑活动的根本目的，是为人类生活和行为发展提供必要的物质环境。建筑学是研究建筑的设计、建造及使用的学科。

关于绿色建筑，大卫和鲁希尔·帕卡德基金会曾经给出过一个直白的定义："任何一座建筑，如果其对周围环境所产生的负面影响要小于传统的建筑"，那么它就可以被称为绿色建筑。这一概念昭示我们传统的"现代建筑"对于人类所生存的环境已经造成了过多的负担。以欧洲为例，欧盟各国一半的能源消费都与建筑有关，同时还造成了农业用地损失、污染及温室气体排放等相关问题，

因而需要通过设计与建造方式的改变，应对21 世纪的环境问题。在《大且绿——走向 21 世纪的可持续性建筑》一书中，绿色建筑被定义为：通过节约资源和关注使用者的健康，把对环境的影响减少到最低程度的建筑，其特点是有舒适和优美的环境。

根据国家标准《绿色建筑评价标准》GB/T 50378-2019 所给的定义，绿色建筑（Green Building）是指在建筑的全生命周期内，最大限度地节约资源（节能、节地、节水、节材）、保护环境和减少污染，为人们提供健康、适用和高效的使用空间，最大限度地实现人与自然和谐共生的高质量建筑。

建筑的全生命周期是指包括建筑的物料生产、规划、设计、施工、运营维护、拆除、回用和处理的全过程。

在各种报刊和书籍上，常有"绿色建筑"（Green Building）、"生态建筑"（Ecological

Building)、"可持续建筑"(Sustainable Building)和"低碳建筑"(Low-carbon Building)等看似相通的概念出现。大体上,"绿色建筑""生态建筑""可持续建筑""低碳建筑"表述的是同一个意思,即关注建筑的建造和使用对资源的消耗和给环境造成的影响,同时,也强调为使用者提供健康舒适的建成环境。但细致考察的话,这些概念之间也有区别。"生态建筑"试图利用生态学的原理和方法解决建筑中的生态与环境问题。生态建筑的概念跟生态系统相关,可以认为是一种参考生态系统的规律来进行设计的建筑。生态系统中的核心观念就是一种自我循环的稳定状态,而生态建筑的理想状态,也就是能在小范围内达到自我循环,而不对环境造成负担。"绿色建筑"的概念较为宽泛,特别关注建筑的"环境"属性,利用一切可行措施来解决生态与环境的问题(不局限于生态学的原理和方法),是一个更易为普通大众所理解和接受的概念。只要是有环保效益,对资源进行有效利用的建筑都可以称之为绿色建筑。也就是说,建筑有多"绿",并不是固定的。"低碳建筑"是最近针对碳排放对气候变化的影响而提出的,特别关注建筑的设计、建造和使用过程中碳的排放,以碳足迹为评价依据。"可持续发展建筑"是"可持续发展观"在建筑领域中的体现,可将其理解为在可持续发展理论和原则指导下设计和建造的建筑。"绿色建筑""生态建筑"与"低碳建筑"都强调对建筑"环境—生态—资源"问题的关注。"可持续建筑"不仅关注"环境—生态—资源"问题,同时也强调"社会—经济—自然"的可持续发展,

它涉及社会、经济、技术、人文等方面。"可持续建筑"的内涵和外延较"生态建筑""低碳建筑"和"绿色建筑"要丰富深刻、宽广复杂得多。早期的生态建筑研究为可持续建筑奠定了理论基础,而"绿色建筑"的研究为可持续建筑的实施提供了可操作性和适应性。可持续发展观念提出后,在其思想原则指导下,绿色建筑的内涵和外延又都在不断扩展。可以说,从"生态建筑""绿色建筑""低碳建筑"到"可持续建筑"是一个从局部到整体、从低层次向高层次的认识发展的过程。也可以根据绿色的程度不同,把可持续建筑理解为绿色建筑的最高阶段。

绿色建筑并不是一种建筑的新风格,而是一种结合21世纪人类发展所面对的环境问题,由建筑专业作出的回应。我们可以说勒·柯布西耶是现代建筑的代表人物,扎哈·哈迪德是解构主义的代表人物,但是,在绿色建筑领域,不会有某个代表,但却有越来越多的优秀建筑师通过绿色设计,让他们的作品更好地与环境和谐共处。

1.1.2 基本内涵

通常人们认同的绿色建筑至少应当具备如下三个基本内涵:

1. 节约环保

节约环保就是要求人们在构建和使用建筑物的全过程中,最大限度地节约资源(节能、节地、节水、节材)、保护环境、保护生态和减少污染,将因人类对建筑物的构建和使用活动所造成的对地球资源与环境的负荷和影响降到最低限度,使之置于生态恢复和再造的能力范围之内。

通常将按节能设计标准进行设计和建造，使其在使用过程中降低能耗的建筑叫作节能建筑。这就是说，绿色建筑要求同时是节能建筑，但节能建筑不能简单地等同于绿色建筑。

2. 健康舒适

创造健康和舒适的生活与工作环境是人们构建和使用建筑物的基本要求之一，就是要为人们提供一个健康、适用和高效的活动空间。对于经受过非典肆虐和甲型H1N1流感全球蔓延困扰的人们来说，对拥有健康舒适的生存环境的渴望是不言而喻的。

3. 自然和谐

自然和谐就是要求人们在构建和使用建筑物的全过程中，亲近、关爱与呵护人与建筑物所处的自然生态环境，将认识世界、适应世界、关爱世界和改造世界，自然和谐与相安无事地统一起来，做到人、建筑与自然和谐共生。只有这样，才能兼顾与协调经济效益、社会效益和环境效益，才能实现国民经济、人类社会和生态环境又好又快的可持续发展。

基于上述内涵，绿色建筑也被人称为"环保建筑""生态建筑""可持续建筑"等。

国家标准《绿色建筑评价标准》正是从上述三个基本内涵出发，给出了绿色建筑的基本定义。

因此，我们所理解的绿色建筑实际上是人们构建的一种在全生命周期内最大限度地体现资源节约和环境友好，供人安居宜用的多元绿色化物性载体。绿色建筑之所以不同于传统建筑，关键在于它强调的是：建筑物不再是孤立的、静止的和单纯的建筑本体自

身，面是一个全面、全程、全方位、普遍联系、运动变化和不断发展的多元绿色化物性载体，也就是将一个传统的孤立、静止、单纯和片面的建筑概念变成了一个现代的关联、动态、多元和复合的绿色建筑概念。这与传统建筑的内涵和外延都是有本质区别的。这种区别不是定义的文字游戏，而是人类对建筑本质的认识在质上的飞跃。离开建筑的绿色化本质要求来孤立、静止和片面地讨论建筑本体自身的时代已经过去，以不注重甚至以牺牲环境、生态和可持续发展为代价的传统建筑和房地产业已经走向了尽头。

发展绿色建筑的过程本质上是一个生态文明建设和学习实践科学发展观的过程。其目的和作用在于实现与促进人、建筑和自然三者之间高度的和谐统一：经济效益、社会效益和环境效益三者之间充分地协调一致；国民经济、人类社会和生态环境又好又快地可持续发展。

实际上，发展绿色建筑是人类社会文明进程的必然结果和要求，是人类对建筑本质认识的理性把握，是人类对建筑所持有的一种新的系统理论和主张。我们人生的绝大部分时间是在建筑物内度过的，每一个人无例外地或多或少地与建筑有着千丝万缕和密不可分的联系，更不用说从业于建筑和房地产相关领域的人们了。因此，我们必须把建设资源节约型、环境友好型社会放在国家的工业化和现代化发展战略的突出位置，落实到每个单位、每个家庭。

在绿色建筑这面旗帜的指引下，走生产发展、生活富裕和生态良好的文明发展建设之路，共创世世代代幸福美好的明天。

1.2 绿色建筑分类

由于不同类型的建筑因使用功能的不同，其资源消耗和对环境的影响情况存在着较大的差异，因此，《绿色建筑评价标准》根据目前我国建筑市场的实际情况，规定了标准的适用范围，即各类民用建筑绿色性能的评价，包括公共建筑和住宅建筑。按照被评价建筑对绿色建筑控制项、评分项、提高与创新加分项3个层次评价子项的满足程度，由低到高分为基本级、一星级、二星级和三星级绿色建筑，三星级为最高级别。

按照住房和城乡建设部科技发展促进中心建科综〔2008〕61号《关于印发〈绿色建筑评价标识实施细则（试行修订）〉等文件的通知》，《绿色建筑评价标识实施细则（试行修订）》将绿色建筑评价标识分为"绿色建筑设计评价标识"和"绿色建筑评价标识"。

"绿色建筑设计评价标识"是依据《绿色建筑评价标准》《绿色建筑评价技术细则（试行）》和《绿色建筑评价技术细则补充说明（规划设计部分）》对处于规划设计阶段和施工阶段的住宅建筑和公共建筑，按照《绿色建筑评价标识管理办法（试行）》对其进行评价标识。标识有效期为2年（图1-2-1）。

"绿色建筑评价标识"是依据《绿色建筑评价标准》《绿色建筑评价技术细则》和《绿色建筑评价技术细则补充说明（运行使用部分）》，对已竣工并投入使用的住宅建筑和公共建筑，按照《绿色建筑评价标识管理办法》对其进行评价标识。标识有效期为3年（图1-2-2）。

图1-2-1 一、二、三星绿色建筑设计标识

图1-2-2 一、二、三星绿色建筑运行标识

1.3　绿色建筑的设计原则与设计方法

绿色建筑的兴起是与绿色设计观念在全世界范围内的广泛传播密不可分的，是绿色设计观念在建筑学领域的体现。绿色设计 GD（Green Design）这一概念最早出自 20 世纪 70 年代美国的一份环境污染法规中，它与现在的环保设计 DFE（Design for the Environment）含义相同，是指在产品整个生命周期内优先考虑产品环境属性，同时保证产品应有的基本性能、使用寿命和质量的设计。因此，与传统建筑设计相比，绿色建筑设计有两个特点：一是在保证建筑物的性能、质量、寿命、成本要求的同时，优先考虑建筑物的环境属性，从根本上防止污染，节约资源和能源；二是设计时所考虑的时间跨度大，涉及建筑物的整个生命周期，即从建筑的前期策划、设计概念形成、建造施工、建筑物使用直至建筑物报废后对废弃物进行处置的全生命周期环节。

1.3.1　绿色建筑的设计原则

绿色建筑的设计包含两个要点：一是针对建筑物本身，要求有效地利用资源，同时使用环境友好的建筑材料；二是要考虑建筑物周边的环境，要让建筑物适应本地的气候、自然地理条件。

有关绿色设计或绿色建筑的设计理念和设计原则的表述很多，比较有影响力的观点是 1991 年 Brenda Vale 和 Robert Vale 在其合著的《绿色建筑：为可持续发展而设计》中提出的：

（1）节约能源；

（2）设计结合气候；

（3）材料与能源的循环利用；

（4）尊重用户；

（5）尊重基地环境；

（6）整体设计观。

另一有影响力的观点是 1995 年 Sim Van der Ryn 和 Stuart Cowan 在《生态设计》（*Ecological Design*）中提出的五种设计原则和方法：

（1）设计成果来自环境；

（2）生态开支应为评价标准；

（3）设计结合自然；

（4）公众参与设计；

（5）为自然增辉。

绿色建筑设计除满足传统建筑的一般设计原则外，还应遵循可持续发展理念，即在满足当代人需求的同时，应不危及后代人的需求及选择生活方式的可能性。具体在规划设计时，应尊重设计区域内土地和环境的自然属性，全面考虑建筑内外环境及周围环境的各种关系。在参照有关绿色建筑理论的基础上，结合现代建筑的要求，综合归纳出绿色建筑设计三项原则：资源利用的 3R 原则；环境友好原则；地域性原则。

1）资源利用的 3R 原则

建筑的建造和使用过程中涉及的资源主要包含能源、土地、材料、水。3R 原则，即减量（Reducing）、重用（Reusing）和循环（Recycling）是绿色建筑中资源利用的基本原则，每项都必不可少。

（1）减量：减量是指减少进入建筑物建设和使用过程的资源（能源、土地、材料、水）

消耗量。通过减少物资使用量和能源消耗量，从而达到节约资源（节能、节地、节材、节水）和减少排放的目的。

（2）重用：重用即再利用，是指尽可能保证所选用的资源在整个生命周期中得到最大限度的利用。尽可能多次以及尽可能多种方式使用建筑材料或建筑构件。设计时，注意使建筑构件容易拆解和更换。

（3）循环：选用资源时须考虑其再生能力，尽可能利用可再生资源；所消耗的能量、原料及废料能循环利用或自行消化分解。在规划设计中，使其各系统在能量利用、物资消耗、信息传递及分解污染物方面能形成一个卓有成效的相对闭合的循环网络，这样既不会对设计区域外部环境产生污染，周围环境的有害干扰也不易入侵设计区域内部。

2）环境友好原则

建筑领域的环境包含两层含义：其一，设计区域内的环境，即建筑空间的内部环境和外部环境，也可称为室内环境和室外环境；其二，设计区域的周围环境。

（1）室内环境品质：考虑建筑的功能要求及使用者的生理和心理需求，努力创造优美、和谐、安全、健康、舒适的室内环境。

（2）室外环境品质：应努力营造出阳光充足、空气清新，无污染及噪声干扰，有绿地和户外活动场地，有良好的环境景观的健康安全的环境空间。

（3）周围环境影响：尽量使用清洁能源或二次能源，从而减少因能源使用而带来的环境污染；同时，规划设计时应充分考虑如何消除污染源，合理利用物资和能源，更多地回收利用废物，并以环境可接受的方式处

置残余的废弃物。选用环境友好的材料和设备。采用环境无害化技术，包括预防污染的少废或无废的技术，同时也包括治理污染的末端技术。要充分利用自然生态系统的服务，如：空气和水的净化，废弃物的降解和脱毒，局部调节气候等。

3）地域性原则

地域性原则包含三方面的含义：

（1）尊重传统文化和乡土经验，在绿色建筑的设计中应注意传承和发扬地方历史文化。

（2）注意与地域自然环境的结合，适应场地的自然过程：设计应以场地的自然过程为依据，充分利用场地中的天然地形、阳光、水、风及植物等，将这些带有场所特征的自然因素结合在设计之中，强调人与自然过程的共生和合作关系，从而维护场所的健康和舒适，唤起人与自然的天然情感联系。

（3）当地材料的使用，包括植物和建材。乡土物种不但最适宜在当地生长，管理和维护成本最低，还因为物种的消失已成为当代最主要的环境问题。所以保护和利用地方性物种也是对设计师的伦理要求。本土材料的使用，可以减少材料在运输过程中的能源消耗和环境污染。

1.3.2 绿色建筑的设计方法

1. 集成化设计

集成化设计（Integrated Design）是一种强调不同学科的专家合作的设计方式，通过专家的集体工作，达到解决设计问题的目标。由于绿色建筑设计的综合性和复杂性以及建筑师受到知识和技术的制约，因此，在设计

团队的构成上应由包括建筑、环境、能源、结构、经济等多专业的人士组成。设计团队应当遵循符合绿色建筑设计目标和特点的整体化设计过程，在项目的前期阶段就启用整体设计的过程。

绿色建筑设计过程是一个整体集成的设计过程。首先由使用者或者业主结合场地特征定义设计需求，并在适当时机邀请建筑专家及使用者、建筑师、景观设计师、土木工程师、环境工程师、能源工程师、造价工程师等专业人员参与，组成集成设计团队。专业人员介入后，使用专业知识针对设计目标进行调查与图示分析，促进对设计的思考。这些前期的专业意见起到保证设计方向正确的作用。随着多方沟通的进行，初步的设计方案逐渐出现，业主与设计师需要考虑成本问题与细节问题（图1-3-1）。此时，之前准备好的造价、许可与建造方面的设计相关文件开始发挥作用，设计方案成熟之后就可以根据这些要求选择建造商并开始施工。在施工过程中，设计师和团队的其他成员也应对项目保持持续的关注，并对建设中可能产生的问题，如合同纠纷、使用要求的改变等提出应对策略。在项目完成后，建筑的管理与维护十分重要，同时应该启动使用后评估（Post Occupancy Evaluation，POE）检验设计成果，为相关人员提供有价值的经验。

可见，集成设计是一个贯穿项目始终的团队合作的设计方法。其完成需要保证三个要点：业主与专业人员清晰与连续的交流，建造过程中对细节的严格关注和团队成员间的积极合作。

2. 生命周期设计方法

建筑的绿色度体现在建筑整个生命周期的各个阶段。建筑从最初的规划设计到随后的施工建设、使用及最终的拆除，形成了一个生命周期。关注建筑的全生命周期，意味着不仅在规划设计阶段充分考虑并利用环境因素，而且要确保施工过程中对环境的影响最低，使用阶段能为人们提供健康、舒适、安全、低耗的空间，拆除后又可将对环境的危害降到最低，使拆除的材料尽可能再循环利用。

目前，生命周期设计的方法还不完善。由于生命周期设计针对的是建筑的整个生命周期，包括从原材料制备到建筑产品报废后的回收处理及再利用的全过程，涉及的内容具有很大的时空跨度。另外，市场上的产品种类众多，产品的质量、性能程度不一，使得生命周期设计具有多样性和复杂性。因此，在现阶段设计实践中应用该项原则时，主要是吸纳生命周期设计的理念和处理问题的方法。

3. 参与式设计方法

参与式设计，是指在绿色建筑的设计过程中，鼓励建筑的管理者、使用者、投资者

图1-3-1 集成设计过程

及一些相关利益团体、周边邻里单位参与到设计的过程中，因为他们可以提供带有本地知识和需求的专业建议。

这一手段可以理解为公众参与（Pubic Participation）途径。公众参与源自美国，是不同利益团体为争取自身利益而发展出的相互制衡的设计与管理模式。谢里·R.阿恩斯坦（Sherry R.Arnstein）将公众参与层次理论分为三大类（无参与、象征参与、完全参与）的8个层次（图1-3-2）。无论达到哪个层次，任何参与行为都会优于没有参与的行为，通过对参与质量的控制，可以收到良好的效果。经常是一个有质量的良好的小团体组织比一个低效率的大组织效果好。因而在实际操作中，不应把参与范围推行得过广，而应深入参与的层次。

在设计阶段，通过组织类似于社区参与环节的公众参与，达到鼓励使用者参与设计的目标。同时，利用日趋完善的网络技术也可得到更广泛的公众参与。通过明确设计对象，清楚地了解使用者的需求，达到一定层次的公众参与，会为设计提供帮助。针对传统的参与方式效率低下、双方缺乏良好的交流的问题，董靓等探讨了利用网络和CSCW（计算

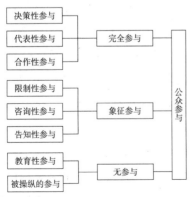

图1-3-2　公众参与的层次

机支持协同工作）技术来实现公众参与，以提高参与度，有效地达到公众参与的目的，也可更好地促进使用者与投资者参与到设计中。

政府决策者、投资者和使用者通过对设计活动的参与，可以提高决策者的绿色意识，提高投资者和使用者的绿色价值观和伦理观，促进使用者在使用习惯中形成绿色意识。

1.4　绿色建筑研究内容及相关学科基础

绿色建筑概念贯穿于建筑物的全生命周期，其涉及的学科较传统建筑学更加广泛。绿色建筑研究内容及相关学科理论基础可概述如下：

（1）绿色建筑文化与历史，包括绿色建筑文化、绿色伦理、绿色建筑发展史等。

（2）绿色建筑基础理论，包括建筑环境心理学、建筑环境物理学（建筑光学、建筑声学、建筑热工学）、建筑气候学等。

（3）绿色建筑技术基本知识，包括绿色建筑材料、绿色建筑构造、绿色建筑结构工程、绿色建筑设备工程等。

（4）绿色建筑分析，包括功能需求分析、环境分析（热湿环境、风环境、空气品质分析、光环境、声环境）、性能分析（资源消耗、环境影响）、非功能性质量分析（安全性、可用性、可靠性、可维护性、风险分析）等。

（5）绿色建筑设计，包括设计原则与设计策略、概念设计、详细设计、性能设计（节能、节水、节地、节材）、设计过程管理、设计质量保证。

（6）设计技术与支持工具，包括计算机辅助性能分析 CAE、计算机辅助设计 CAD、计算机支持的协同设计 CSCD、可视化技术、虚拟现实 VR、设计知识管理等。

（7）绿色建筑评价，包括绿色建筑标准、评审、使用后评价、问题分析与报告。

（8）绿色建筑运营与管理。

可见，在绿色建筑的设计与建造过程中，不仅带有培养传统职业建筑师的需求，更对建筑师的可持续设计理念有系统化的要求。同时，也不仅仅要求建筑师完成设计的工作，更包括施工、维护和管理等涉及建筑物"全生命周期"的责任。

1.5 绿色建筑发展概况

1.5.1 绿色建筑发展历程

建筑因"人"而生，从历史的角度看，建筑的功能和形态总是与一定历史时期人类的建筑观念相适应的。在原始社会，生产力水平低下，人类敬畏自然、依存自然，建筑仅是为遮风挡雨、获得安全而建造的庇护所，体现的只是其自然属性，属于自然的一部分；建筑对生态环境的影响也小。

在奴隶社会与封建社会时期，由于生产力发展，产品剩余导致商品经济，行业分工形成社会阶层，建筑逐渐被赋予了"权力"和"财富"的象征意义，或被单纯地奉为"艺术之母"，体现出其社会属性和艺术价值。这一时期，人口增加，农业生产和建筑活动增强，人类大量砍伐森林和开垦土地，对自然造成了一定程度的危害，但尚未超出自然的承载能力，建筑活动的破坏性并不为人们所重视。

工业革命以来，一方面，科学技术不断进步，使社会生产力空前提高，人口急剧增加，创造了前所未有的人类文明；另一方面，这种文明以工业化密集型机器大生产为标志，以大量资源消耗和环境损失为代价，又危及了人类自身的生存。

1962 年，美国生物学家蕾切尔·卡逊的《寂静的春天》出版，成为可持续发展的里程碑，人类开始理性反思人与自然环境的关系。

1969 年，美国建筑师保罗·索勒瑞把生态学和建筑学两词合并为 arology，提出生态建筑（绿色建筑）理念。20 世纪 70 年代，石油危机的爆发使人们清醒地意识到，以牺牲生态环境为代价的高速文明发展史是难以为继的，耗用自然资源最多的建筑产业必须改变发展模式，走可持续发展之路。建筑节能技术应运而生，节能建筑成为建筑发展的先导。

20 世纪 80 年代以后，人们希望能探索出一种在环境和自然资源可承受基础上的发展模式，提出经济"协调发展""有机增长""同步发展""全面发展"等许多设想，为可持续发展观的提出作了理论准备。1980 年，世界自然保护联盟（IUCN）在《世界保护策略》中首次使用了"可持续发展"的概念，并呼吁全世界"必须研究自然的、社会的、生态的、经济的以及利用自然资源过程中的基本关系，确保全球的可持续发展"。

1981 年第 14 届国际建协《华沙宣言》中关于"建筑学是人类建立生活环境的综合艺术和科学"的认识，将传统建筑学引入了"环境建筑学"阶段。它强调了环境的整体（自然环境、社会环境及人工环境）同建筑设计的关系。"建筑学是对环境特点的理解和洞察的产品",地域性是建筑存在的前提,表现为建筑的"地方性""地区性"及"民族性"。

1984年,联合国大会成立环境资源与发展委员会,向世界各国提出可持续发展的倡议。1987年,联合国世界环境与发展委员会(WECD)发表长篇调查报告《我们共同的未来》。报告从环境与经济协调发展的角度,正式提出了"可持续发展"(Sustainable Development)的观念,并指出走"可持续发展"道路是人类社会生存和发展的唯一选择。一经提出,即成为全世界不同社会制度、不同意识形态、不同文化层次的人们的共识,成为解决环境问题的根本指导思想和原则。

1992年6月,巴西里约热内卢联合国环境与发展大会的召开,使可持续发展这一重要思想在世界范围内达成共识。会议通过《里约环境与发展宣言》(又名《地球宪章》)和《21世纪议程》两个纲领性文件以及《关于森林问题的原则声明》,签署《气候变化框架公约》和《生物多样性公约》,标志着可持续发展已经成为人类的共同行动纲领。绿色建筑形成体系,并在不少国家实践推广,成为世界建筑发展的方向。

1998年签订的《京都议定书》和2009年的"哥本哈根国际气候变化峰会"把控制碳排放量作为处理地球环境恶化问题的解决方法。从长期来看,保护全球气候既是保护我们人类赖以生存的环境的需要,也是促进经济和社会实现可持续发展的需要,更是未来世界经济和社会发展的必然。

2009年,我国政府发布《关于积极应对气候变化的决议》,同年,中国建筑科学研究院环境测控优化研究中心成立,协助地方政府和业主方申请绿色建筑标识。我国立足国情发展绿色经济、低碳经济,积极开展绿色建筑关键技术体系的集成研究和应用实践,于2009年、2010年分别启动《绿色工业建筑评价标准》《绿色办公建筑评价标准》的编制工作。在北京、上海、广州、杭州等经济发达地区,一系列示范建筑、节能示范小区、生态小区陆续形成,并且成为我国绿色建筑的技术展示、教育基地和促进研发的平台。

2015年,国家主席习近平在巴黎出席第21届联合国气候变化大会开幕式时发表题为《携手构建合作共赢、公平合理的气候变化治理机制》的讲话,并表示中国将在2030年左右二氧化碳排放达到峰值,且争取早日实现。这是继时任国家主席胡锦涛在2009年哥本哈根国际气候变化峰会中首次提出中国2020年相对减排目标后,第二次提出相对减排目标。

2020年9月,习近平主席在第75届联合国大会一般性辩论上宣布力争于2030年前二氧化碳排放达到峰值,努力争取在2060年实现碳中和,这是中国首次提出实现碳达峰与碳中和的目标,引起国际社会的极大关注。之后,日本、英国、加拿大、韩国等发达国家相继提出到2050年实现碳中和目标的政治承诺。碳达峰、碳中和是一场极其广泛、深刻的绿色革命,其实质是从黑色革命转向绿色工业革命,从不可持续的黑色发展到可持续的绿色发展。中国作为绿色工业革命的发动者、创新者,将以新发展理念为引领,在推动高质量发展的过程中促进经济社会发展的全面绿色转型,为全球应对气候变化做出更大的绿色贡献。

"可持续发展"的核心内容是人类社会、经济文化、自然环境和谐共生及协同发展，是将资源、环境、生态三者进行综合整体考虑的新观点。"可持续发展"观念成为建筑领域里的新观念。作为一种全新的建筑观，可持续发展观为建筑学观念的发展树立了新的里程碑，正在全球范围内引发一场新的建筑变革。

1.5.2　绿色建筑主要发展方向

绿色建筑之所以受到人们和社会的广泛关注，是因为其设计理念中体现着明显的生态节能意识，而这种意识也是现阶段国家发展中关注的重点内容，对城镇化建设和国家可持续发展都有着重要的意义和影响。由于现阶段很多建筑工程仍然不重视与生态环境之间的关系，对于建筑设计中出现的资源、能源浪费情况也不重视，因此国家相关管理部门对这种现象进行了相应的控制与管理，同时还将一些新型的生态节能设计技术应用到了实际的绿色建筑设计中，从而为绿色建筑生态节能化方向的发展提供了有利条件，也为绿色建筑的推广奠定了良好基础。

在绿色建筑设计的发展过程当中，绿色建筑设计标准的制定及其规范无疑发挥着决定性的引导作用。设计人员在实施绿色建筑设计行为的过程中应当如何体现建筑设计的"绿色性"呢？最为直接与有效的方式就是结合特殊气候环境，把握区域性经济文化特点，设计与其特殊地理位置相匹配的建筑方案。特别是对于我国而言，广大的地域结构及占有面积使得各地区的气候条件、区域资源以及经济发展水平呈现出了较为显著的差异性，这也正是绿色建筑设计方案的重要切入点之一。比如我国东南沿海地区由于地处亚热带季风气候区域，常年炎热多雨，因此绿色建筑设计方案的制定过程当中应当因地制宜地关注隔热与通风问题。

新时期的绿色建筑绝不能单单从对绿色环境的满足的角度上进行理解，同时也需要追求对社会大众身心需求的充分满足与实现。在此过程当中，应当遵循绿色建筑设计同能源消耗和资源消耗等的协同性原则，从而最大限度地抑制整个绿色环境受到因建筑作业而产生的冲击。基于以上分析，从绿色建筑设计工作者的角度来说，合理把握绿色建筑设计尺度，在绿色建筑的设计过程中实现有关建筑平面选型以及整个环境的充分融合。不仅如此，为充分体现绿色建筑设计的"人文"思想，建筑设计过程中，还应当借助于对地形地势的综合应用，实现整个建筑功能应用的综合性、智能性与便捷性，以方便受众的使用为重要因素。

 复习思考题

1. 什么是绿色建筑？

2. 绿色建筑基本内涵是什么？

3. 绿色建筑设计特点包括哪些方面？

4. 绿色建筑 8 项概念是什么？

5. 简要介绍资源利用 3R 原则？

6. 如何从建筑全生命周期的角度考虑绿色建筑设计？

7. 未来绿色建筑发展将呈现怎样的态势？

第 2 章
绿色建筑设计要求

面向 21 世纪，走可持续发展之路，维护生态平衡，营造绿色生态住宅将是人类的必然选择。在建筑物建设和使用过程中，有效运用各种设计要素，使建筑物的资源消耗和对环境的污染降到最低限度，使人类的居住环境体现出空间环境、生态环境、文化环境、景观环境、社交环境、健身环境等多重环境的整合效应，从而使人居环境品质更加舒适、优美、洁净，使人类的明天更加美好。

2.1 室内外环境设计要求

室内外环境设计是建筑设计的深化。建筑室内外环境设计，在人们的生活中日趋重要，在人类文明发展至今天的现代社会中，人类已不再简单地满足于物质功能的需要，人们更多地需要精神上的满足，所以，在室内外环境设计中，我们必须一切围绕着人的需求来进行设计，这包括物质需求和精神需求。具体设计要素分为以下几个方面：

2.1.1 室内有害物质的控制

室内环境污染主要物质的种类有多种。环境质量受到多方面的影响和污染，大致可分为三大类。第一类：物理性污染，包括噪声、光辐射、电磁辐射、放射性污染等，主要来源于室外以及室内的电气设备。第二类：化学性污染，建筑装饰材料及家具制品中释放的具有挥发性的化合物，多达几十种，其中以甲醛、苯、氡、氨等四大室内有害气体的危害最为严重。第三类：生物性污染，主要有螨虫、白蚁及其他细菌等，主要来自地毯、毛毯、木制品及结构主体等。其中氨、甲醛、苯、总挥发性有机物、氡、可吸入颗粒物等是目前室内环境污染物的主要来源。

室内污染监控系统应能够将所采集的有关信息传输至计算机或监控平台，实现对公共场所空气质量的采集、数据存储、实时报警，对历史数据的分析、统计、处理和调节控制等功能，保障场所良好的空气质量。图 2-1-1 所示是室内空气检测仪。

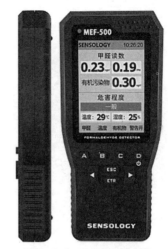

图 2-1-1 室内空气检测仪

2.1.2 室内热环境的控制

室内热环境是指空气温度、空气湿度、气流速度和环境热辐射。热舒适度高的室内环境有益于人的身心健康，进而提高学习、工作效率；而当人处于过冷、过热的环境中，则会引起疾病，影响健康乃至危及生命，应有专门的仪器进行监控。图 2-1-2 所示是一种热舒适仪。

适宜的室内热环境是指室内空气温度、湿度、气流速度以及环境热辐射适当，使人体易于保持热平衡，从而感到舒适的室内环境条件。在设计过程中，必须注意到以上因素对绿色建筑的影响。

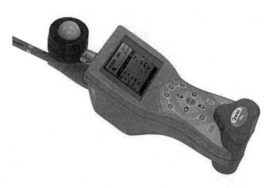

图 2-1-2 热舒适仪

2.1.3 室内外隔声要求

室内应该给在其中活动、居住的人提供一个安静的环境，但是在现代城市中，绝大部分建筑，尤其是住宅，均处于比较嘈杂的外部环境中，尤其是临主要街道的建筑，交通噪声的影响比较严重，因此需要设计者在住宅的建筑围护结构上采取有效的隔声、降噪措施。例如：尽可能使卧室和起居室远离噪声源，沿街的窗户使用隔声性能好的窗户等。

其次，室内背景噪声水平是影响室内环境质量的重要因素之一。尽管室内噪声与室内空气质量和热舒适度相比，对人体的影响通常不那么显著，但其危害是多方面的，包括引起耳部不适、降低工作效率、损害心血管、引起神经系统紊乱，甚至影响视力等。图 2-1-3 是室内隔声棉、隔声墙实验设计装置。

2.1.4 室内采光与照明设计要求

就人的视觉来说，没有光也就没有一切。在室内设计中，光不仅是为满足人们视觉功能的需要，而且是一个重要的美学

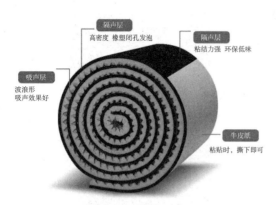

图2-1-3　室内隔音棉

图2-1-4　某建筑室内采光设计

图2-1-5　某住区内绿地设计

因素。光可以形成空间、改变空间或者破坏空间，它直接影响人对物体大小、形状、质地和色彩的感知。因此，室内照明是室内设计的重要组成部分之一，在设计之初就应该加以考虑。

自然采光的最大缺点就是不稳定和难以达到所要求的室内照度均匀度。在建筑的高窗位置设置反光板、折光棱镜玻璃等措施不仅可以将更多的自然光线引入室内，而且可以改善室内自然采光形成的照度的均匀性和稳定性。图2-1-4所示为某建筑室内采光设计。

2.1.5　室外绿地设计要求

"人均公共绿地指标"是住区内构建适应不同居住对象的游憩活动空间的前提条件，也是适应居民日常不同层次的游憩活动需要、优化住区空间环境、提升环境质量的基本条件（图2-1-5）。为此，根据《城市居住区规划设计标准》GB 50180—2018的相关规定及住区规模一般以居住小区居多的情况，提出"人均公共绿地指标不低于$1m^2$"的要求。

2.2　健康舒适

随着居住品质的不断提高，人们更加讲究住宅的舒适性、健康性。因此，如何从规划设计入手来提高住宅的居住品质，达到人们期望的舒适性、健康性要求，主要从以下几个方面着重进行设计：

2.2.1　建筑设计与规划注重利用大环境资源

在建设过程中，应尽可能维持原有场地的地形地貌，这样既可以减少由于场地平整

图 2-2-1 沿海自然设计景观

所带来建设投资的增加，减少施工的工程量，也可避免因场地建设对原有生态环境景观的破坏，图 2-2-1 所示为沿海自然设计方法的一例。当因建设开发而确需改造场地内地形、地貌、水系、植被等环境状况时，在工程结束后，鼓励建设方采取相应的场地环境恢复措施，减少对原有场地环境的改变，避免因土地过度开发而造成对城市整体环境的破坏。

2.2.2 有完善的生活配套设施体系

根据《城市居住区规划设计标准》的相关规定，居住区配套公共服务设施（也称配套公建）应包括教育、医疗卫生、文化、体育、商业服务、金融、邮电、社区服务、市政公用和行政管理等九类设施。住区配套公共服务设施，是满足居民基本的物质与精神生活所需的设施，也是保证居民居住生活品质的不可缺少的重要组成部分。

2.2.3 多样化的住宅户型

住宅应针对不同的经济收入、结构类型、生活模式、职业、文化层次、社会地位的家庭提供相应的住宅套型。同时，从尊重人性出发，对某些家庭，诸如老年人和残疾人家庭，还需要提供特殊的套型，设计时应考虑无障碍设施等。当老年人集居时，还应提供医务、文化活动、就餐以及急救等服务设施。

2.2.4 建筑功能的多样化和适应性

1. 住宅的功能分区要合理

住宅的使用功能一般有公共活动区，如客厅、餐厅、门厅等；私密休息区，如卧室、书房、保姆房等；辅助区，如厨房、卫生间、贮藏室、健身房、阳台等。公共活动区靠近入口，私密休息区设在住宅内部，公私、动静分区明确，使用顺当。

2. 小区的规划设计合理

合理设计小区的功能分区，使其远离道路噪声及各种城市污染，合理安排小区内的交通方式和线路，便于居民的正常出行和购物。有效配置各种小区绿地和组团绿地，增加小区内生活的温馨感和舒适感。

2.2.5 室内空间的可改性

住宅的方式、公共建筑的规模和结构是变化的，生活水平和科学技术也在不断提高，因此，绿色建筑具有可改性是客观的需要，也符合可持续发展的原则。要具有可改性，首先应该提供一个大的空间，这样就需要合理的结构体系来保证，这里不多阐述。住宅中，厨房、卫生间是设备众多和管线集中的地方，可采用管束和设备管道墙，使之能满足灵活性和可改性的要求。对于公共空间，可以采用灵活的隔断，使大空间具有丰富宜人的可塑性（图 2-2-2）。

图2-2-2　住宅公共空间隔断

2.3　安全可靠

安全可靠是绿色建筑的另一基本特征，其实质是以人为本。所谓安全可靠，是指绿色建筑在正常设计、正常施工和正常运用与维护条件下能够承受设计荷载，并对有可能发生的一定的偶然作用和环境异变仍能保持必需的整体基本稳定性和工作性能，不致发生连续性的倒塌和整体失效。

2.3.1　确保选址安全的设计措施

绿色建筑建设地点的确定，是决定绿色建筑外部大环境是否安全的重要前提。建筑设计的首要条件是对绿色建筑的选址和危险源的避让提出要求。

众所周知，洪灾、泥石流等自然灾害，对建筑场地会造成毁灭性破坏。据有关资料显示，主要存在于土和石材中的氡是无色无味的致癌物质，会对人体产生极大伤害。能

制造电磁辐射污染的污染源很多，如电视广播发射塔、雷达站、通信发射台、变电站、高压电线等。此外，如油库、煤气站、有毒物质车间等均有发生火灾、爆炸和毒气泄漏的可能。为此，在建筑选址的过程中必须考虑到现状基地上的情况，最好仔细查看历史上相当长一段时间的情况，有无地质灾害的发生；其次，勘测地质条件适合多大高度的建筑。总而言之，绿色建筑的选址必须符合国家相关的安全规定，场地应避开滑坡、泥石流等地质危险地段，易发生洪滞地区应有可靠的防洪涝基础设施；场地应无危险化学品、易燃易爆危险源的威胁，应无电磁辐射、含氡土壤的危害。

2.3.2　确保建筑安全的设计措施

1. 建筑设计必须与结构设计相结合

建筑设计与结构设计是整个绿色建筑设计过程中两个最重要的环节，对整个建筑物的外观效果、结构稳定方面起着至关重要的作用。

2. 合理确定设计安全度

结构设计安全度的高低，是国家经济和资源状况、社会财富积累程度以及设计施工技术水平与材料质量水准的综合反映。与国际上一些通用标准相比，我国混凝土结构规范设定的安全度水平偏低，有的偏低较多。这体现在结构设计安全度的各个环节中，如我国混凝土结构设计规范选取的荷载值比国外低，材料强度值比国外高等。

3. 进行防火防爆设计

建筑消防设计是建筑设计中的一个重要组成部分，关系到人民生命财产安全，应该

引起大家的足够重视。下面从防火分区和安全疏散两方面来讨论：

1）建筑的防火分区问题

《建筑设计防火规范》GB 50016 的 3.2.1 条规定了厂房的防火分区，其中有一点需要注意，即厂房的防火分区和厂房的耐火等级、最多允许层数及占地面积有关。虽然 6.4.2 中规定封闭楼梯间的门为双向弹簧门就可以了，但作为划分防火分区用的封闭楼梯间的门至少应设乙级防火门。因为开敞的楼梯间也是开口部位（图 2-3-1），是火灾纵向蔓延的途径之一，也应按上下连通层作为一个防火分区计算面积。

2）安全疏散设计问题

商业建筑卖场的疏散距离应执行《建筑设计防火规范》GB 50016 中 5.4.11 条第三款（不论采用何种形式的楼梯间，房间内最远一点到房门的距离不应超过袋形走道两侧或尽端的房间从房门到外部出口或楼梯间的最大距离）的规定，即 22m，如再设有自动喷水灭火系统，其疏散距离再增加 25%，为 27.5m。但如果在商业建筑的卖场，每家店铺

图 2-3-1　北京华为科技厂房中央楼梯间

均设有到顶的隔断墙，并设有安全疏散通道，疏散通道两侧隔墙的耐火极限 $t \geqslant 1h$（非燃材料），房间隔断的耐火极限 $t>0.5h$（非燃材料），则房间门通向安全疏散出口的距离适用 40m 和 22m 的规定等。

2.3.3　建筑结构耐久性的保障措施

绿色建筑结构的设计与施工规范，重点在于各种荷载作用下的结构强度要求，同时也对环境因素作用（如干渴、冻融等大气侵蚀以及工程周围水、土中的有害化学介质侵蚀）下的耐久性要求进行了充分的考虑。我们必须认识到，传统混凝土结构因钢筋锈蚀或混凝土腐蚀导致的结构安全事故，其严重程度已远大于因结构构件承载力安全水准设置偏低所带来的危害。

2.3.4　采取保障人员安全的防护措施

安全生产执行力是指以人为本，坚持"安全第一，预防为主，综合治理"的方针。采取措施提高阳台、外窗、窗台、防护栏杆等处的安全防护水平，建筑物出入口均设外墙饰面、门窗玻璃意外脱落的防护措施，并与人员通行区域的遮阳、遮风或挡雨措施结合，利用场地或景观形成可降低坠物风险的缓冲区、隔离带，建筑出入口及平台、公共走廊、电梯门厅、厨房、浴室、卫生间等处设置防滑措施，采用具有安全防护功能的产品或配件，如采用具有安全防护功能的玻璃、采用具备防夹功能的门窗等；建筑室内外活动场所采用防滑地面，采取人车分流措施，且步行和自行车交通系统有充足的照明。

2.3.5 建筑运营过程的可靠性保障措施

在建筑运营过程中，建筑物本体会出现结构损害、线路老旧及有害气体排放等问题，保证建筑运营的安全与绿色化，是绿色建筑的重要内容之一。具体包括以下几点：

（1）物业管理公司应制定节能、节水、节材与绿化管理制度，并严格实施。节能管理制度主要包括节能管理模式、收费模式等；节水管理制度主要包括梯级用水原则和节水方案；耗材管理制度主要包括建筑、设备、系统的维护制度和耗材管理制度等；绿化管理制度主要包括绿化用水的使用及计量，各种杀虫剂、除草剂、化肥、农药等化学药品的规范使用等。

（2）建筑运营过程中会产生大量的废水和废气，为此需要通过选用先进的设备和材料，或其他方式，利用合理的技术措施和排放管理手段，杜绝建筑运营过程中废水和废气的不达标排放。

（3）建筑中设备、管道的使用寿命普遍短于建筑结构的寿命，因此，各种设备、管道的布置应方便将来的维修、改造和更换。可通过将管井设置在公共部位等措施，减少对用户的干扰。属公共使用功能的设备、管道应设置在公共部位，以便于日常维修与更换。

（4）为保证建筑的安全、高效运营，要求根据国家标准《智能建筑设计标准》GB 50314-2015 和国家标准《智能建筑工程质量验收规范》GB 50339-2013，设置合理、完善的建筑信息网络系统，用以支持通信和计算机网络的应用，使其运行安全可靠。

2.4 耐久适用

耐久适用性是对绿色建筑最基本的要求之一。耐久性是指在正常运行维护和不需要进行大修的条件下，绿色建筑物的使用寿命满足一定的设计使用年限要求并且不发生严重的风化、老化、衰减、失真、腐蚀和锈蚀等。适用性是指在正常使用条件下，绿色建筑物的功能和工作性能满足建造时的设计年限的使用要求等。

2.4.1 建筑材料的可循环使用设计

我国的现状是幅员辽阔，人口众多，纯天然材料的资源有限。结构材料不能像日本及西方国家那样过分强调纯天然制品。对传统的量大面广的建筑材料，应主要强调进行生态环境化的替代和改造，如加强二次资源综合利用，提高材料的再生循环利用率，有必要禁止采用瓷砖对大型建筑物进行外表面装修等。

未来建材工业总的发展原则应该是：具有健康、安全、环保的基本特征，具有轻质、高强、耐用、多功能的优良技术性能和美学功能，还必须符合节能、节地、利废三个条件。

2.4.2 充分利用尚可使用的旧建筑

充分利用尚可使用的旧建筑，既是节地的重要措施之一，也是防止大拆乱建的控制条件。"尚可使用的旧建筑"系指建筑质量能保证使用安全的旧建筑，或通过少量改造加固后能保证使用安全的旧建筑。对旧建筑的利用，可根据规划要求保留或改变其原

图2-4-1 北京798地区旧建筑改造实例

有使用性质,并纳入规划建设项目。具体案例可参考北京的798地区旧建筑改造实例,如图2-4-1所示。

在对原有的历史文化遗留进行保护的前提下,原有的工业厂房被重新定义、设计和改造,带来了对建筑和生活方式的全新诠释。798艺术区的成功给我们提出了一个全新的建筑观,即建筑不再被看作一个静止的、一成不变的非生命体,而是看作一个能够进行新陈代谢的生命体。它能够通过自我更新完成自我调整、自我发展,由此而适应外界的新需求,解决使用过程中的新问题。这种充分利用资源的发展方式是绿色建筑的最好体现。

中国现在正处在工业转型期,工业旧厂房的改造再利用显得越来越迫切,期间,绿色建筑的设计理念体现了对产业类历史建筑的保护和再利用,形成了系统化而有针对性的研究总结。因此,在中国特定的城市化历史背景下,构筑产业类历史建筑及地段的保护性改造再利用的理论架构,经由实践层面的物质性实证研究,提出具有技术针对性的

改造设计方法无疑具有重要的理论意义和极富现实价值的应用前景。

2.4.3 建筑的适应性设计

将适应性运用于绿色建筑设计,是以一种顺应自然、与自然合作的友善态度和面向未来的超越精神,合理地协调建筑与人、建筑与社会、建筑与生物以及建筑与自然环境的关系。采取提升建筑适应性的措施,采取通用开放、灵活可变的使用空间设计,或采取建筑使用功能可变措施,例如建筑结构与建筑设备管线分离的设计策略。

作为北京市既有建筑节能改造的试点工程之一,改造前的惠新西街12号楼(图2-4-2左)是一座非常典型的非节能住宅。它的保温效果差,室内温度低,部分墙体结构发霉严重,因而冬天供暖能耗很大。

惠新西街12号楼的节能改造工程是包括锅炉、管网和建筑物在内的全方位综合节能改造。改造重点包括外墙、外窗、屋面和散热器,不仅照顾到每家每户的供暖和其他用能需求,也对楼道外窗、外墙、屋面等公共

图2-4-2 北京惠新西街12号楼节能改造

空间内的设施进行节能改造。这样，从住宅楼的整体出发，进行系统的节能改造和能耗管理，使老百姓冬天即使在楼道里，都能感受到浓浓的暖意（图2-4-2右）。

在时代不停发展的过程中，建筑要适应陆续提出的使用需求，这在设计之初、使用过程中以及经营管理中是必须注意的。保证建筑的耐久性和适应性：第一是保证建筑的使用功能不与建筑形式挂死，不会因为丧失建筑原功能而使建筑被废弃；第二就是不断地运用新技术、新能源改造建筑，使之能不断地满足人们生活的新需求。

2.5 节约环保

节约环保是绿色建筑的基本特征之一。这是一个全方位、全过程的节约环保概念，包括用地、用能、用水、用材等的节约与环保，这也是人、建筑与环境生态共存和两型社会建设的基本要求。

2.5.1 用地节约设计

在建设过程中应尽可能维持原有场地的地形地貌，这样既可以减少由于场地平整所带来的建设投资的增加，减少施工的工程量，也可避免因场地建设对原有生态环境景观的破坏，避免因土地过度开发而造成对城市整体环境的破坏。

2.5.2 节能建筑设计

发展生态节能建筑是近年来受到关注的方向之一。利用自然规律和周围自然环境条件，改善区域环境微气候，节约建筑能耗。主要包括两个方面的内容：第一，节约，即提高供暖（空调）系统的效率和减少建筑本身所散失的能源；第二，开发，即开发利用新能源。

1. 减少能源散失

就减少建筑本身能量的散失而言，首先要有高效、经济的保温材料和先进的构造技术来有效地提高建筑围护结构的整体保温、密闭性能；其次，为了保证良好的室内卫生条件，既要适当地通风又要设计配备能量回收系统。主要从外窗、遮阳系统、外围护墙及节能新风系统四个方面进行设计（图2-5-1）。

1）外窗

外窗是建筑围护结构中耗能最大的一个方面，如果处理不当的话，它将成为冬季热量损失和夏季冷量损失的大漏洞。因此，随

图2-5-1 减少建筑能量散失的设计

着科技的发展，外窗发展到使用镀膜、中空玻璃，透光材料的改进大大提高了外窗的保温、隔热性能。

2）遮阳系统

在欧洲某些夏季炎热地区，外遮阳帘是建筑物的必备设施，它的构造简单，使用方便，遮阳效果非常好，它不仅可以遮挡直射辐射，还可以遮挡漫射辐射，从而使室内温度尽量少受太阳辐射热能的影响，降低制冷负荷，提高舒适度，节省制冷开支。

3）外围护墙

众所周知，节能住宅墙体分外保温墙体、内保温墙体两种。但目前较多采用外保温墙体，因为外保温墙体具有施工方便、保温层不受室外气候侵蚀的优点，同时可以避免产生热桥，保温效率高，所以较之内保温墙体具有一定的优越性。另外，外保温还有降低保温材料内部结露的可能性、增加室内的使用面积、房间的热惰性比较好、室内墙面二次装修和设备安装不受限制、墙体结构温度应力较小等优点（图2-5-2、图2-5-3）。

4）节能新风系统

在节能建筑中，由于外窗具有良好的呼吸与隔热作用，外围护结构具有良好的密封性和保温性，使得人为设计室内新风和污浊空气的走向成为舒适性方面必然要考虑的一个问题。目前流行的下送上排式通风系统，就能很好地解决这个问题：将新鲜空气由地面的墙边送入，将污浊空气由屋顶排出。

2. 新能源的使用

在节能建筑设计中，除了考虑减少建筑能源散失外，还要充分考虑到在建筑供暖、空调及热水供应中利用工业余热，采用太阳能、地热能、风能等绿色能源，满足一种理想的"绿色技术"，符合当前可持续发展的要求。

图2-5-2　建筑外围护墙

图2-5-3　建筑外围护墙

2.5.3　用水节约设计

用水节约设计除涉及室内水资源利用、给水排水系统外，还涉及室外雨水、污水的排放，非传统水源利用以及绿化、景观用水等与城市宏观水环境直接相关的问题。绿色建筑的水资源利用设计应结合区域的给水排水、水资源、气候特点等客观环境状况对水环境进行系统规划，制定水系统规划方案，合理提高水资源循环利用率，减少市政供水量和污水排放量。

雨水、再生水等的利用是重要的节水措施，但要根据当地具体情况具体分析之后确定：多雨地区应加强雨水利用，沿海缺水地区加强海水利用，内陆缺水地区加强再生水利用，而淡水资源丰富的地区不宜强制实施污水再生利用，但所有地区均应考虑采用节水器具。

2.5.4　建筑材料节约设计

为片面追求美观而以巨大的资源消耗为代价，不符合绿色建筑的基本理念。在设计中，应控制造型要素中没有功能作用的装饰构件的应用。

其次，在施工过程中，应最大限度地利用建设用地内拆除的或其他渠道收集得到的旧建筑的材料以及建筑施工和场地清理时产生的废弃物等，延长其使用期，达到节约原材料、减少废物、降低由于更新所需材料的生产及运输对环境的影响的目的。

2.5.5　安全分析：宝山顾村安置动迁项目会所设计

宝山顾村项目作为上海市"两个一千万"工程中的重要组成部分，承担着安置动迁老居民和吸引新居民的重要作用。项目总建筑面积巨大，如果可以大量应用节能环保新技术，必将产生巨大的经济效益。该项目采用了菜单式设计方法以确定节能环保技术和措施，见表2-5-1。

所谓"节能菜单"：由建筑师调查研究，提出在节能领域各个方面可能用到的新技术，并且总结其特点和效能，开发商可以根据资金预算选择性应用。

1. 结构形式

项目采用了木构架结构与钢结构混合使用的结构形式，结合了钢结构和木结构的特

节能环保技术和措施一览表　　　　　　　　　　　　　　　　表2-5-1

结构形式	建筑材料	智能系统	空调系统	节水系统
钢木结构√	Low-E玻璃√ 双层充气中空玻璃+ 遮阳+传感器利用 反光板采光√ 采用先进建筑 隔热层√ 屋顶植草节能	太阳能光电面板√ 太阳能热水器√ LED光电板照明√ 带有电子传感器的 玻璃幕墙系统 太阳能空气加热系统 电力照明与天然光的 综合使用√	利用垂直风井负压 效应√ 转换通风 河水源热泵√	双冲坐便器 感应水龙头 河水自然净化利用

注：打勾者为业主最终选定的应用于该项目中的新技术。

来源：可持续发展的节能环保建筑设计初探——宝山顾村安置动迁项目会所设计。

点以提高经济性,采用可持续开发的林场生产的木材以保护环境,得到了业主的肯定。

2. 建筑材料

(1)选用 Low-E 玻璃。低辐射玻璃+遮阳系统。

(2)窗户选用双层充气中空玻璃+遮阳系统+传感器,光线穿过率≥70%,热量吸收≤40%。

(3)采用反光板,充分利用自然采光。有研究表明:使用反光板时,能提供有效照明的深度相当于2.5倍的窗高。

(4)采用先进的建筑隔热层。

(5)屋顶植草节能。在房屋屋顶设计一层草皮,能够产生氧气并额外增加了防水层,防止屋顶排水过快,改善了小气候,使周围的空气更加湿润、凉爽。

3. 智能系统

1)太阳能光电面板

在建筑外墙合适的地方以及楼梯间部位设计使用太阳能光电板或者电池板幕墙系统。多余的电量也可以通过变极器和小区电网联系在一起,为小区公共设施供电。

2)太阳能热水器

房屋的热水由镶嵌在屋顶的太阳能热水器提供,能够给会所洗手间提供热水服务。

3)LED 光电板照明

LED 光电板作为一种冷光源,具有发光、温和、能耗低的特点,和太阳能光电板结合,能够达到"把白天的阳光储存起来晚上用"的效果。

4)带有电子传感器的玻璃幕墙系统

尽管有 Low-E 玻璃作为玻璃幕墙材料解决了温室效应,但是在夏天阳光直射时,遮阳百叶依然是最好的遮阳方式,结合了高科技的电子传感器通过感受阳光的入射角及阳光强度,自动调节、控制百叶,保持室内良好的光照环境。

5)太阳能空气加热系统

室外空气被风扇和空气处理单元吸取,通过预制的金属吸收板和管道进入建筑物内。在夏季,热空气被排出室外,以减少被吸收板所覆盖的建筑制冷荷载;在冬季,通过太阳能为建筑物预热空气,可极大地节省能耗支出。

6)电力照明与天然光的综合使用

电灯控制配合天然光使用,采用可调节的电子镇流器。采光系统设计考虑到对应日光和使用者的位置,灯光的调节通过一个简单的传感器与外部光线相对应。

4. 空调系统

空调系统的能耗占整个建筑运行成本的1/3以上,在冬天和夏天尤其突出。在宝山顾村会所项目中,主要采取了以下几种节能环保的空调措施:

1)利用垂直风井负压效应

将会所的三个楼梯间设计成"垂直穿透"形式(图2-5-4),利用风井负压效应形成气流,能够在夏季节约部分空调能耗。

2)置换通风

一般来说,相对于空调房间的混合通风方式而言,置换通风可以保证良好的室内空气品质而且节能(图2-5-5)。从地板或墙底部送风口所送冷风在地板表面上扩散开来,由于风速较低,气流组织紊动平缓,因而室内工作区的空气温度在水平方向上比较一致,余热及污染物在浮力及气流组织的驱动力作用下向上运动。

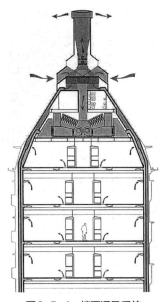

图2-5-4　楼面通风系统

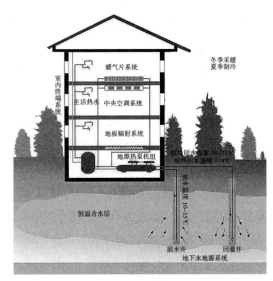

图2-5-6　水源热泵原理

图2-5-5　置换通风

图2-5-7　电子感应水龙头

3）河水源热泵

考虑到会所所在的基地北面有一条河流，因此，采用水源热泵，通过窗户和热交换通风口，在夏天利用河水冷却室内空气，在冬季可用作预热空气而重获热量（图2-5-6）。

5. 节水系统

1）双冲坐便器

选用双冲坐便器，规定每次冲水量少于6L，最小3L，用户可以根据具体需要选择冲水量多少。这样可以达到节约用水的目的。

2）感应水龙头

指定在用水频繁地点安装电子感应水龙头（图2-5-7），如今的电子感应水龙头技术已更加可靠，更加灵敏，不仅可节约用水，而且更加卫生，可避免交叉感染。

3）河水自然净化利用

充分利用基地北侧河流这一天然优势，在基地内设置一口渗水井，利用土的天然过滤作用净化河水，作为冲洗卫生间的水源，节约高品质用水。

2.6 自然和谐

随着社会不断进步与发展，人们对生活、工作空间的要求也越来越高。在当今的技术条件下，营造一个满足使用需要的、完全由人工控制的舒适的建筑空间已并非难事。但是，建筑物使用过程中大量的能源消耗和由此产生的对生态环境的不良影响以及众多建筑空间所表现出的自我封闭和与自然环境缺乏沟通的缺陷，却成了建筑设计中亟待解决的问题。人类为了永续自身的可持续发展，就必须使其各种活动，包括建筑活动及其结果和产物，与自然和谐共生。

建筑作为人类的活动，旨在满足人的物质和精神需求，蕴含着人类活动的各种意义。由此，建筑与自然的关系实质上也是人与自然关系的体现。自然和谐性是建筑的一个重要属性，它表示人、建筑、自然三者之间的共生、持续、平衡的关系。正因为自然和谐性，建筑以及人的活动才能与自然息息相关，才能以联系的姿态融入自然。这种属性是可持续精神的直接体现，对当代建筑的发展具有积极的意义。

案例分析：湘南台文化中心（图2-6-1）

湘南台文化中心，作为长谷川逸子的代表作，将她的手法主张表现得淋漓尽致。长谷川逸子主张将人类与建筑共同视为地球生态系统的一部分：建筑必须"迎合因其出现而被破坏的自然，成为人类与自然对话的一种交流手段"。她的作品更多地反映自然形态与现代建筑的结合。她的作品所采用的轻盈的、薄的材料不但能表现自然的形态，而且也被自然元素所穿透，暗

图2-6-1 湘南台文化中心

示着建筑在这个环境中产生，并与自然相融合。通过对这种工业化生产的元素的特殊应用，自然不仅揭示、披露了当今人居环境的残酷现实，更是成为逃离拥挤、嘈杂城市的理想世界。

长谷川逸子以其女性独有的感性思维，通过自然建筑化的表征手法，缔造了这样一件颇具奇幻色彩的艺术品。该艺术中心位于日本藤泽市，是一个集儿童活动中心、社区中心和剧场于一体的综合建筑群。长谷川逸子认为，为了满足文化中心的公共客体性的需求，建筑必须满足不同人的使用需求，以期吸引不同年龄阶层的人。它不应该只是一个单一建筑，而应当是提供特定意义空间的建筑群。她认为，该中心应该"可以容纳许多事件，并能够包括整个世界和宇宙"。

整个建筑的体量对基地来说十分庞大。为了规划的自由性，三分之二的建筑都采用现代方盒式的结构，并埋在地下。为了与该中心宣传当地社区的起源和形成更好的宇宙观的主题相一致，长谷川逸子使用球体来表示未来和宇宙环境，使用一簇簇的坡屋顶来象征森林和农家院落，而这些部分也都位于地面之上。球体剧场的前面是一个花园广场，广场上布置有溪流、水体、绿色植被以及各

式各样的小品建筑，一条小径引导人们穿越广场进入球体剧场，两侧的坡屋顶则代表着山脉、地球和宇宙天体。长谷川逸子在道路两旁设计了依靠光、风和声音启动的设备，一座风与光的塔以及一棵有内置钟的"树"。而地下房间和走廊面对着一个下沉广场，可以使人们感受到与大自然的亲密接触。在湘南台文化中心，长谷川逸子将宇宙、世界、人与自然的一幅幅景象以最直观的方式呈现在人们面前，将人与自然的关系以最直接的方法展示出来，提醒人们要尊重自然，与自然和谐共生。

总而言之，灵活地使用直观和含蓄的设计手法，可以让建筑以安静的姿态与自然和谐共生，并赋予现代建筑新的自然生命。自然建筑化赋予了建筑以真实的自然品质，从而使建筑实现了完美的自然和谐性。自然建筑化的设计手法对当代建筑设计有着良好的指导和借鉴意义。

2.7 低耗高效

合理利用能源、提高能源利用率、节约能源是我国的基本国策。绿色建筑节能是指提高建筑使用过程中的能源效率，包括建筑物使用过程中用于供暖、通风、空调、照明、家用电器、输送、动力、烹饪、给水排水和热水供应等的能耗。

美国加州大学伯克利分校的 Alan Meier 用一幅坐标图说明了这种关系。图中斜线称为服务曲线。很明显，需求越大，提供的服务越多，能耗量也就越大。斜线的斜率的倒

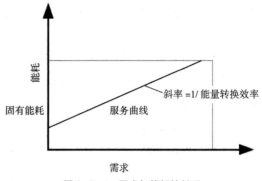

图 2-7-1 需求与能耗的关系

数，就是能量转换效率。如果人们试图保持原来的能耗来满足更大的需求，唯一的办法是降低服务曲线的斜率，即提高能量利用率，如图 2-7-1 所示。建筑能耗在社会总能耗中占有极大比例，而且社会经济越发达，生活水平越高，这个比例越大。因此，建筑节能是整体节能的重点，应该采取合理措施，提高建筑能源利用效率。

2.7.1 合理的建筑朝向

住宅建筑的体形、朝向、楼距、窗墙面积比、窗户的遮阳措施不仅影响住宅的外在质量，同时也影响住宅的通风、采光和节能等方面的内存质量。作为绿色建筑，应该提倡充分利用场地的有利条件，尽量避免不利因素，在这些方面进行精心设计。

2.7.2 设计有利于节能的建筑平面和体形

在体积相同的条件下，建筑物外表面面积越大，供暖、制冷负荷越大。因此，要采用合理的体形系数，体形系数每增加 0.01，能耗将增加 2.5%。

2.7.3　重视建筑用能系统和设备的优化选择

需要对所有用能系统和设备进行节能设计和选择。如对于集中供暖或空调系统的住宅，冷、热水（风）是靠水泵和风机输送到用户的，其能耗在整个暖通空调系统中占有相当的比例，如果水泵和风机的选型不当，能耗将大幅增加。国家标准《公共建筑节能设计标准》GB 50189-2015 中的 5.2.8、5.2.26、5.3.27 条已作了规定，可以参照执行。

2.7.4　重视日照调节和照明节能，合理利用太阳能

在住宅建筑的建筑能耗中，照明能耗也占了相当大的比例，因此要注意照明节能。考虑到住宅建筑的特殊性，套内空间的照明受居住者个人行为的控制，不宜干预，因此不涉及套内空间的照明。住宅的公共场所和部位的照明主要受设计和物业管理的控制，作为绿色建筑，必须强调公共场所和部位的照明节能问题，因此，《住宅建筑规范》GB 50368 中 10.1.4 条明确提出采用高效光源和灯具、采取节能控制措施的要求，并充分利用太阳能，做好能源最优转换措施。

2.7.5　采用资源消耗和环境影响小的建筑结构体系和材质

绿色建筑应延长还具有使用价值的建筑材料的使用周期，重复使用材料，降低材料生产的资源、能源消耗和材料运输对环境造成的影响。可再利用材料包括从旧建筑上拆除的材料以及从其他场所回收的旧建筑材料，如砌块、砖石、管道、板材、木地板、木制品（门窗）、钢材、钢筋、部分装饰材料等。开发商需提供工程决算材料清单，计算使用再利用材料的重量以及工程建筑材料的总重量，二者比值即为可再利用材料的使用率。

2.7.6　充分利用可再生资源

《中华人民共和国可再生能源法》第二条："本法所称可再生能源，是指风能、太阳能、水能、生物质能、地势能、海洋能等非化石能源。"第十七条："国家鼓励单位和个人安装太阳能热水系统、太阳能供热和制冷系统、太阳能光伏发电系统等太阳能利用系统。"

根据目前我国可再生能源在建筑中的应用情况，比较成熟的是太阳能热利用，即应用太阳能热水器供生活热水、供暖等以及应用地热能直接供暖，或者应用地源热泵系统进行供暖和空调。

2.7.7　采取严格的管理运营措施

要实现建筑节能高效的目标必须采取严格的管理措施。物业管理公司应提交节能、节水、节材与绿化管理制度，并说明实施效果。节能管理制度主要包括：业主和物业共同制定节能管理模式；分户、分类地计量与收费；建立物业内部的节能管理机制；节能指标达到设计要求。

2.8　绿色文明

绿色文明是相对于黑色文明而言的。绿色文明实际上就是生态文明。绿色是生态的一种典型的表现形式，文明则是实质内容。黑色文明和绿色文明，这两种模式的区别很

明显：在第一个模式中，生产者对环境、人体健康，乃至整个自然生态都造成了很严重的危害，是不可持续的，所以黑色文明的模式只能给人类带来灾难，之所以把它叫作黑色文明，也就是说，人类未来将是一片黑暗，没有生存的希望。但在绿色文明的模式中，它不仅仅是一个环境的模式，而且实际上是一种经济效率模式，即人们使用资源的效率，换言之，要为环境保护和可持续发展承担一定的社会责任。

绿色建筑外部要强调与周边环境相融合、和谐一致、动静互补，做到保护自然生态环境。舒适和健康的生活环境：建筑内部不使用对人体有害的建筑材料和装修材料。室内空气清新，温、湿度适当，使居住者感觉良好，身心健康。倡导绿色文明建筑设计，不仅对中国自身的发展有深远影响，而且也是中华民族面对全球日益严峻的生态环境危机，向全世界所作出的庄严承诺。

2.8.1　保护生态环境

要用保护环境、保护资源、保护生态平衡的可持续发展思想指导绿色建筑的设计和施工等，尽可能减少对环境和生态系统的负面影响。中国要实现绿色，必须要实现住宅构件化的集成装备。今天我们看到的这种房子都是集装箱拉过来，成套装进去的。在美国就有很多这样的房子。因为设计和施工质量是保证绿色建筑可持续发展的重要条件。现在万科探索的也是这个路子。包括我们大家看到的日本，也是走这种路子。因此，要做绿色建筑，必须做到住宅构件化的集成装备。

2.8.2　利用绿色能源

中华人民共和国《可再生能源法》第二条："本法所称可再生能源，是指风能、太阳能、水能、生物质能、地热能、海洋能等非化石能源。"第十七条："国家鼓励单位和个人安装太阳能热水系统、太阳能供热和制冷系统、太阳能光伏发电系统等太阳能利用系统。"

近年来，国内在应用地源热泵方面发展较快。根据国家标准《地源热泵系统工程技术规范》GB 50366-2005，地源热泵系统定义为：以土或地下水、地表水为低温热源，由水源热泵机组、地能采集系统、室内系统和控制系统组成的供热空调系统。根据地能采集系统的不同，地源热泵系统分地埋管、地下水和地表水三种形式。

因此，《绿色建筑评价标准》4.2.9条中的"可再生能源的使用量占建筑总能耗的比例大于5%"可以用以下指标来判断：①如果小区中有25%以上的住户采用太阳能热水器提供住户大部分生活热水，判定满足该条文要求；②小区中有25%的住户采用地源热泵系统，判定满足该条文要求；③小区中有50%的住户采用地热水直接供暖，判定满足该条文要求。

2.8.3　案例

北京科技大学体育馆建筑方案通过招标确定由清华大学建筑设计研究院设计，该工程总建设用地约2.38hm²，总建筑面积为24662m²，由一个主体育馆和一个综合体育馆组成。体育馆地下1层，地上3层，地上建筑面积22060m²，地下建筑面积2602m²（图2-8-1）。

图2-8-1　北京科技大学体育馆

图2-9-1　国家体育场

1. 绿色环保的太阳光导管照明系统

北科大体育馆将安装148个直径为530mm的光导管。它既是这座场馆所采取的最特殊的技术，同时也是最大的亮点。体育馆的钢屋架是网架结构，杆件较多，如果用开天窗的方法采集自然光，会受到杆件遮挡，效果不甚理想。而使用光导管，就可以很好地解决这个问题。

2. 体形系数偏低可增强场馆保温性能

北京科技大学体育馆的这种外形，使得它的体形系数很小，这对于建筑的保温性能有很大的提升。体形系数是建筑外表面积除以体积后得出的数值，体形系数越小，建筑物的保温性能就越好。

另外，为减弱太阳东、西晒对体育馆的影响，在体育馆东、西外墙立面设计中采用了相对封闭的设计手法，只设置了少量的外窗，大部分采用复合金属幕墙，使整个体育馆在夏季的能耗大幅降低。

2.9　科技先导

科技先导是绿色建筑的又一基本特征。这也是一个全面、全程和全方位的概念。绿色建筑不是所谓高新科技的简单堆砌和概念炒作，而是要以人类的科技实用成果为先导，将其应用得恰到好处，也就是追求各种科学技术成果在最大限度地发挥自身优势的同时使绿色建筑系统作为一个综合有机整体的运行效率和效果最优化。具体案例不少，如国家体育场（图2-9-1），其设计大纲要求设计应充分体现可持续发展的思想，采用世界先进的可行的环保技术和建材，最大限度地利用自然通风和自然采光，在节省能源和资源、固体废弃物处理、电磁辐射及光污染的防护和消耗臭氧层物质（ODS）替代产品的应用等方面符合奥运工程环保指南的要求，部分要求达到国际先进水平，树立环保典范。

国家体育场应用了一批针对建筑结构、节能环保、智能建筑的科技成果，并针对结构特点带来的设计和施工难点实施科研课题的攻关。

（1）以国家体育场建设对科技的需求为出发点，提高体育场建设的科技创新能力，积累将高科技应用于体育场的经验，使科技创新成为"三大理念"的动力和保障。

（2）在设计和施工过程中，针对国家体育场建设过程中的若干瓶颈和焦点问题，重点安排一批科研攻关项目和课题，解决设计和建设中的难题。在各专业设计上重点应用较成熟并具有科技含量的技术，使体育场体现一流的建设和运营的科技水平。

"鸟巢"没有多余的处理，一切因其功能而产生形象，建筑形式与结构细部自然统一。

2.10 综合整体创新

绿色建筑的综合整体创新设计在于将建筑科技创新、建筑概念创新、建筑材料创新与周边环境结合在一起设计。重点在于建筑科技的创新，利用科技的手法在可持续发展的前提下满足人类日益发展的使用需求，同时与环境和谐共处，利用一切手法和技术使建筑满足健康舒适、安全可靠、耐久适用、节约环保、自然和谐及低耗高效等特点。

2.10.1 基于环境的整体设计创新

建筑师通过类比的手法把主体建筑设计与环境景观设计关联起来，以产生一种嵌入性。将景观元素渗透到建筑形体和建筑空间中，以动态的建筑空间和形式、模糊边界的手法形成功能交织，并使之有机相联，从而实现空间持续变化和形态交集。将建筑的内部、外部直至城市空间看作城市意象不同但又连续的片段，通过独具匠心的切割与连接，使建筑物和城市景观融为一体。

2.10.2 基于文化的设计创新

混沌理论认为自然不仅是人类生存的物质空间环境，更是人类精神依托之所在。对自然地貌的理解，由于地域文化的不同而显示出极大的不同，从而造就了众多风格各异的建筑形态和空间，让人们在品味中联想到当地的文化传统与艺术特色。设计展示其独特文化底蕴的观演建筑，离不开地域文化原创性这一精神原点，引发人们在不同文化背景下的共鸣，引导他们参与其中，获得其独特的文化体验。

2.10.3 基于科技的设计创新

科技进步使建筑和城市空间的功能性变得越来越模糊，无法预知，随时调整自身、不断变化的空间正在不自觉地逐步取代原有功能确定的传统空间，或者一个空间要承受比以前更多的功能要求。空间和功能的模糊性和复杂性使得建筑更强调与城市公共空间的相互交融，自然转换，在这种意义上，绿色建筑，尤其是绿色公共建筑，真正成了城市的"文化客厅"。

小结

（1）绿色建筑室内环境设计要点主要包括：室内有害物质的控制，室内热环境的控制，室内外隔声设计，室内采光与照明设计，室外绿地设计；

（2）绿色建筑健康舒适性设计要点主要包括：建筑设计及规划注重利用大环境资源，有完善的生活配套设施体系，多样化的住宅户型，建筑功能的多样化和适应性，室内空间的可改性；

（3）绿色建筑安全可靠性设计要点主要包括：确保选址安全的设计措施，确保建筑安全的设计措施，建筑结构耐久性的保障措施，保障人员安全的防护措施，建筑运营过程的可靠性保障措施；

（4）绿色建筑耐久适用性设计要点主要包括：建筑材料的可循环使用设计，充分利用尚可使用的旧建筑，建筑的适应性设计；

（5）绿色建筑节约环保性设计要点主要包括：用地节约设计，节能建筑设计，用水节约设计，建筑材料节约设计；

（6）绿色建筑自然和谐设计要点主要包括：人、建筑、自然三者之间的共生、持续、平衡的关系营造；

（7）绿色建筑低耗高效设计要点主要包括：合理的建筑朝向，设计有利于节约的建筑平面和体形，重视建筑用能系统和设备的优化选择，重视日照调节和照明节能，合理利用太阳能，采用资源消耗和环境影响小的建筑结构体系和材质，充分利用可再生资源，采取严格的管理运营措施；

（8）绿色建筑绿色文明性设计要点主要包括：保护生态环境，利用绿色能源；

（9）绿色建筑科技适用性设计要点主要包括：将人类的科技成果应用得恰到好处，也就是追求各种科学技术成果在最大限度地发挥自身优势的同时使绿色建筑系统作为一个综合有机整体的运行效率和效果最优化；

（10）绿色建筑综合整体创新设计要点主要包括：基于环境的整体设计的设计创新，基于文化的设计创新，基于科技的设计创新。

 复习思考题

1. 绿色建筑室内环境影响因素主要包括哪些？

2. 室内环境污染主要物质包括哪几类？

3. 绿色建筑健康舒适设计原则主要包括哪些内容？

4. 绿色建筑安全可靠设计原则主要包括哪些内容？

5. 建筑防火防爆设计原则包括哪两个方面？

6. 安全生产执行坚持什么方针？

7. 绿色建筑耐久适用性设计要点主要包括哪几个方面？

8. 绿色建筑节约环保性设计要点主要包括哪几个方面？

9. 节约型设计又可称为什么？

10. 关于雨水、再生水利用，需要强调的一点是所有地区均应考虑采用哪种器具？

11. 绿色建筑自然和谐设计要点主要包括哪些？

12. 绿色建筑低耗高效设计要点主要包括哪些方面？

13. 绿色建筑绿色文明性设计要点主要包括哪些方面？

14. 绿色建筑科技适用性设计要点主要包括哪些方面？

15. 绿色建筑综合整体创新设计要点、重点在于什么方面？

第3章
绿色建筑设计

3.1 建筑场地设计

3.1.1 建筑气候区划

1. 建筑气候区划与建筑热工分区

建筑气候区划是出于使建筑更充分地利用和适应我国不同的气候条件，做到因地制宜的目的，而在《民用建筑设计统一标准》GB 50352-2019 中对我国进行的气候区划分。一级区划为 7 个一级区，二级区划为 20 个二级区。一级区反映全国建筑气候上大的差异，二级区反映各大区内建筑气候上小的不同。

气候与建筑关系密切，在气候多样的地区需要划分不同气候区，进而制定相应的建筑设计原则来指导建筑设计（表 3-1-1）。根据《民用建筑热工设计规范》GB 50176-2016，我国陆地国土被划分为 5 个热工设计一级分区，11 个二级分区。其中，一级分区以最冷/热月温度作为主要指标、日平均温度

小于等于 5℃/大于等于 25℃ 的天数作为辅助指标来反映保温/防热要求，二级分区以供暖/空调度日数（HDD18、CDD26）作为分区指标反映供暖或降温需求。

2. 不同气候区的绿色建筑设计特点

1）严寒地区绿色建筑设计要点

严寒地区绿色建筑设计除满足传统建筑的一般要求以及《绿色建筑技术导则》和《绿色建筑评价标准》的要求外，尚应注意结合严寒地区的气候特点、自然资源条件进行设计，具体设计时，应根据气候条件合理布置建筑，控制体形参数（表 3-1-2），平面布局宜紧凑，平面形状宜规整，功能分区兼顾热环境分区，合理设计入口（图 3-1-1），围护结构注重保温节能设计。

以乌鲁木齐的东庄-西部地区博物馆（图 3-1-2）为例，该建筑采用厚墙和小窗使室内免受烈日辐射和冬季严寒的影响，同时，

不同区划对建筑的基本要求　　　　　　表3-1-1

分区代号		分区名称	气候主要指标	辅助指标	各区辖行政区范围	建筑基本要求
I	ⅠA ⅠB ⅠC ⅠD	严寒地区	1月平均气温 ≤ -10℃， 7月平均气温 ≤ 25℃，7月 平均相对湿度 ≥ 50%	年降水量200~ 800mm，年日平 均气温≤ 5℃的 日数＞ 145d	黑龙江、吉林全境； 辽宁大部；内蒙中、 北部及陕西、山西、 河北、北京北部的部 分地区	①建筑物必须满足冬季保温、 防寒、防冻等要求；②ⅠA、 ⅠB区应防止冻土、积雪 对建筑物的危害；③ⅠB、 ⅠC、ⅠD区西部，建筑物 应防冰雹、防风沙
Ⅱ	ⅡA ⅡB	寒冷地区	1月平均气 温 -10~0℃， 7月平均气温 18~28℃	年日平均气温 ≥ 25℃的日数 ＜ 80d，年日平 均气温≤ 5℃的 日数为 90~145d	天津、山东、宁夏全 境；北京、河北、山 西、陕西大部；辽宁 南部；甘肃中、东部 以及河南、安徽、江 苏北部的部分地区	①建筑物应满足冬季保温、 防寒、防冻等要求，夏季部 分地区应兼顾防热；②ⅡA 区建筑物应防热、防潮、防 暴风雨，沿海地带应防盐雾 侵蚀
Ⅲ	ⅢA ⅢB ⅢC	夏热冬冷 地区	1月平均气温 0~10℃， 7月平均气温 25~30℃	年日平均气温 ≥ 25℃的日数 为 40~110d， 年日平均气温 ≤ 5℃的日数为 0~90d	上海、浙江、江西、 湖北、湖南全境；江 苏、安徽、四川大部； 陕西、河南南部；贵 州东部；福建、广东、 广西北部和甘肃南部 的部分地区	①建筑物必须满足夏季防热、 遮阳、通风降温要求，冬季 应兼顾防寒；②建筑物应防 雨、防潮、防洪、防雷电； ③ⅢA区应防台风、暴雨袭 击及盐雾侵蚀
Ⅳ	ⅣA ⅣB	夏热冬暖 地区	1月平均气温 ＞ 10℃， 7月平均气温 25~29℃	年日平均气温 ≥ 25℃的日数 为 100~200d	海南、台湾全境；福 建南部；广东、广西 大部以及云南西南部 和元江河谷地区	①建筑物必须满足夏季防 热、遮阳、通风、防雨要求； ②建筑物应防暴雨、防潮、 防洪、防雷电；③ⅣA应防 台风、暴雨袭击及盐雾侵蚀
Ⅴ	ⅤA ⅤB	温和地区	1月平均气温 0~13℃， 7月平均气温 18~25℃	年日平均气温 ≤ 5℃的日数为 0~90d	云南大部、贵州、四 川西南部、西藏南部 一小部分地区	①建筑物应满足防雨和通风 要求；②ⅤA区建筑物应注 意防寒，ⅤB区建筑物应特 别注意防雷电
Ⅵ	ⅥA ⅥB	严寒地区	1月平均气温 0~-22℃，7 月平均气温 ＜ 18℃	年日平均气温 ≤ 5℃的日数为 90~285d	青海全境；西藏大 部；四川西部、甘肃 西南部；新疆南部 部分地区	建筑热工设计应符合严寒和 寒冷地区相关要求
	ⅥC	寒冷地区				
Ⅶ	ⅦA ⅦB ⅦC	严寒地区	1月平均气 温 -5~-20℃， 7月平均气温 ≥ 18℃，7月 平均相对湿度 ＜ 50%	年降水量10~ 600mm，年日平 均气温≥ 25℃ 的日数＜ 120d， 年日平均气温 ≤ 5℃的日数为 110~180d	新疆大部；甘肃北 部；内蒙古西部	建筑热工设计应符合严寒和 寒冷地区相关要求
	ⅦD	寒冷地区				

建筑平面形状与能耗的关系 表3-1-2

平面形状					
平面周长	16a	20a	18a	20a	18a
体形系数	1/a+1/H	5/4a+1/H	9/8a+1/H	5/4a+1/H	9/8a+1/H
增加	0	1/4a	1/8a	1/4a	1/8a

图 3-1-1 建筑出入口门斗与门廊设计

图 3-1-2 建筑出入口门斗门廊设计　　图 3-1-3 建筑背面墙体　　图 3-1-4 开敞屋顶

设计师采用开放空间方案，以便最大限度地利用自然光，因为太阳和月亮本身就是极好的光源。另外，该建筑的每个方向都具有一个特定的特点：北面的墙壁比其他地方厚一些（图 3-1-3），因为它能抵抗强风；东面的外墙是完全敞开的，俯瞰着一条小河和雄伟的山脉；建筑南面俯瞰着南山大草原；最后，西墙有一个敞开的屋顶（图 3-1-4），可以从天窗进入博物馆（图 3-1-5）。

2）寒冷地区绿色建筑设计要点

在气候类型和建筑基本要求方面，寒冷地区绿色建筑与严寒地区的设计要求和设计手法基本相同，一般情况下，寒冷地区可以直接套用严寒地区的绿色建筑设计要求和设计手法。除满足传统建筑的一般要求以及《绿色建筑技术导则》和《绿色建筑评价标准》的要求外，尚应注意结合寒冷地区的气候特点、自然资源条件进行设计（表 3-1-3）。

图 3-1-5 室内效果

寒冷地区绿色建筑在建筑节能设计方面应考虑的问题　　　　表3-1-3

	Ⅱ区	Ⅵ区	ⅦD区
规划设计及平面布局	总体规划、单体设计应满足冬季日照及防御寒风的要求，主要房间宜避西晒	总体规划、单体设计应注意防寒风与风沙	总体规划、单体设计应以防寒风与风沙，争取冬季日照为主
体形系数要求	应减小体形系数	应减小体形系数	应减小体形系数
建筑物冬季保温要求	应满足防寒、保温、防冻等要求	应充分满足防寒、保温、防冻的要求	应充分满足防寒、保温、防冻的要求
建筑物夏季防热要求	部分地区应兼顾防热，ⅡA区应考虑夏季防热，ⅡB区可不考虑	无	应兼顾夏季防热要求，特别是吐鲁番盆地，应注意隔热、降温，外围护结构宜厚重
构造设计的热桥影响	应考虑	应考虑	应考虑
构造设计的防潮、防雨要求	注意防潮、防暴雨，沿海地带尚应注意防盐雾侵蚀	无	无
建筑的气密性要求	加强冬季密闭性，兼顾夏季通风	加强冬季密闭性	加强冬季密闭性
太阳能利用	应考虑	应考虑	应考虑
气候因素对结构设计的影响	结构上应考虑气温年较差大、大风的不利影响	结构上应注意大风的不利作用	结构上应考虑气温年较差和日较差均大以及大风等的不利作用
冻土影响	无	地基及地下管道应考虑冻土的影响	无
建筑物防雷措施	宜有防冰雹和防雷措施	无	无
施工时注意事项	应考虑冬季寒冷期较长和夏季多暴雨的特点	应注意冬季严寒的特点	应注意冬季低温、干燥多风沙以及温差大的特点

图 3-1-6　水发地理信息产业园会展中心

以济南的水发地理信息产业园会展中心
（图 3-1-6）为例，考虑到所在区域寒冷的
气候条件，出于保温考虑，该建筑在主墙体
外采用白色穿孔板进行围合，建筑的开窗隐
藏于穿孔板后。基于场地的风向，建筑主入
口设于西侧以避开冬季主导风向，为了减少
风对室内环境的干扰，主入口采用内嵌式设
计（图 3-1-7）。建筑内部的各大幕墙微微
倾斜，相互嵌套，交错分布，其中构成的缝
隙便自然而然形成了入口。建筑外表层包覆
着穿孔板，使得整个建筑空间显得相对封闭
（图 3-1-8），同时也起到了挡风和防风沙的
作用。

图 3-1-7　建筑入口

3）夏热冬冷地区绿色建筑设计要点

（1）绿色建筑规划设计

建筑所处位置的地形地貌将直接影响建
筑的日照得热和通风，从而影响室内外热环
境和建筑耗热。绿色建筑的选址、规划、设
计和建设应充分考虑建筑所处的地理气候环
境，以保护自然水系、湿地、脊、沟壑和优
良植被丛落为原则，有效地防止地质和气象
灾害的影响。同时，应尊重和发掘本地区的

图 3-1-8　室内效果

建筑文化内涵，建设具有本地区地域文化特色的建筑。

传统建筑的选址通常涉及"风水"的概念，重视地表、地势、地物、地气、土壤、方位和朝向等。夏热冬冷地区的传统民居常常依山面水而建，利用山体阻挡冬季的北风，利用水面冷却夏季南来的季风（图3-1-9），在建筑选址时已经因地制宜地满足了日照、供暖、通风、给水、排水的需求。

通常而言，建筑的位置宜选择良好的地形和环境，如向阳的平地和山坡上，并且尽量减少冬季冷气流的影响。但是，当今，在规划设计阶段，建筑选址的可操作范围常常很有限，规划设计阶段的绿色建筑理念更多的是根据场地周边的地形地貌，因地制宜地通过区域总平面布置、朝向设置、区域景观营造等来实现。

考虑建设区域总平面布置时，应尽可能利用并保护原有地形地貌，减少场地平整的工程量，减少对原有生态环境景观的破坏。场地规划应考虑建筑布局对场地室外风、光、热、声等环境因素的影响，考虑建筑周围及建筑与建筑之间的自然环境、人工环境的综合设计布局，考虑场地开发活动对当地生态系统的影响。

建筑群的位置、分布、外形、高度以及道路的不同走向对风向、风速、日照有明显影响，考虑建筑总平面布置时，应尽量将建筑体量、角度、间距、道路走向等因素合理组合，以期充分利用自然通风和日照。

在场地设计中加强自然通风的策略包括：①优化建筑排列（图3-1-10、图3-1-11）；②调整建筑形体（图3-1-12~图3-1-14）；③首层架空设计（图3-1-15）；④利用绿化导风和防风等（图3-1-16、图3-1-17）。

建筑朝向对建筑节能和室内舒适度的重要性不言而喻。好的规划方位可以使建筑更多的房间朝南，充分利用冬季太阳辐射热，降低供暖能耗；也可以减少建筑东、西向的房间，减弱夏季太阳辐射热的影响，降低制冷能耗。建筑最佳朝向一般取决于日照和通风两个主要因素。就日照而言，南北朝向是最有利的建筑朝向。从建筑单体夏季自然通风的角度看，建筑的长边最好与夏季主导风向垂直，但从建筑群体通风的角度看，建筑的长边与夏季主导风向垂直将影响后排建筑

图3-1-9 根据地形布置建筑

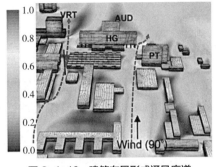

图 3-1-10　建筑布局形成通风廊道

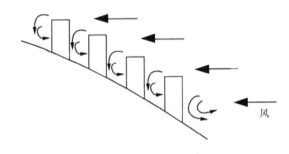

图 3-1-11　高低错落的空间布局

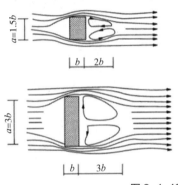

图 3-1-12　建筑长度对气流的影响

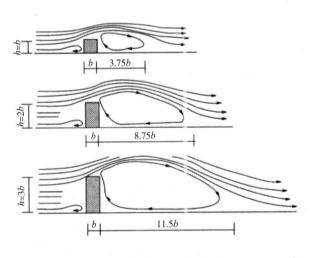

图 3-1-13　建筑高度对气流的影响

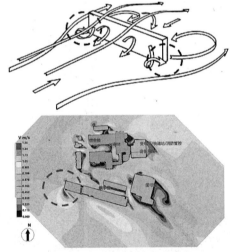

图 3-1-14　建筑的边界增强效应

的夏季通风，故建筑规划朝向与夏季主导风向之间一般控制在 30°~60°。实际设计时可以先根据日照和太阳入射角确定建筑朝向范

围后，再按当地季风主导方向进行优化。优化时应从建筑群整体通风效果方面来考虑，使建筑物的迎风面与季风主导方向形成一定

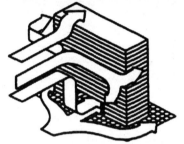

图 3-1-15 底层架空增加自然通风

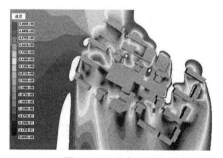

图 3-1-16 冬季建筑表面风压

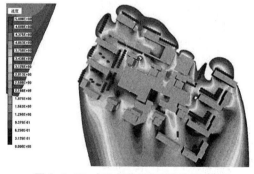

图 3-1-17 加入植物后冬季建筑表面风压

的角度，保证各建筑都有比较满意的通风效果，这样也可以使室内的有效自然通风区域更大，效果更好。

建筑的主朝向宜选择本地区最佳朝向或接近最佳朝向，尽量避免东、西向日晒。朝向选择的原则是冬季能获得足够的日照并避开主导风向，夏季能利用自然通风和遮阳措施来减少太阳辐射。然而，建筑的朝向、方位以及建筑总平面设计应考虑多方面的因素，尤其是公共建筑受到社会历史文化、地形、城市规划、道路、环境等条件的制约，要想使建筑物的朝向对夏季防晒和冬季保温都很理想是有困难的，因此，只能权衡各个因素之间的得失轻重，选择出这一地区建筑的最佳朝向和较好朝向。通过多方面因素的分析，优化建筑的规划设计，采用本地区建筑最佳朝向或适宜朝向，尽量避免东、西向日晒。根据有关资料，总结出了我国夏热冬冷地区节能设计中不同气候区主要城市的最佳、适宜和不宜的建筑朝向，见表 3-1-4。

建筑物有充分的日照时间和良好的日照质量，不仅是建筑物冬季充分得热的前提，也是使用者身体健康和心理健康的需求，这在冬季日照偏少的夏热冬冷地区尤其重要。建筑日照时间和质量主要取决于总体规划布局，即建筑的朝向和建筑间距。较大的建筑间距可以使建筑物获得较好的日照，但与节地要求相矛盾。因此，在总平面设计时，要合理布置建筑物的位置和朝向，使其达到有良好日照和建筑间距的最优组合，例如建筑群采取交叉错排行列式（图 3-1-18），利用斜向日照和山墙空间日照等。从建筑群体的竖向布局来说，前排建筑采用斜屋面或把较低的建筑布置在较高建筑的阳面方向都能够缩小建筑的间距；在建筑单体设计中，也可以采用退层处理、合理降低层高等方法达到这一目的。

我国夏热冬冷地区主要城市建筑朝向选择　　　　　　　　　表3-1-4

地区	最佳朝向	适宜朝向	不宜朝向
上海	南向~南偏东15°	南偏东30°~南偏西15	北,西北
南京	南向~南偏东15°	南偏东25°~南偏西10°	西,北
杭州	南向~南偏东10°~15°	南偏东30°~南偏西5°	西,北
合肥	南向~南偏东5°~15°	南偏东15°~南偏西5°	西
武汉	南偏东10°~南偏西10°	南偏东20°~南偏西15°	西,西北
长沙	南向~南偏东10°	南偏东15°~南偏西10°	西,西北
南昌	南向~南偏东15°	南偏东25°~南偏西10°	西,西北
重庆	南偏东10°~南偏西10°	南偏东30°~南偏西20°	西,东
成都	南偏东20°~南偏西30°	南偏东40°~南偏西45°	西,东

图3-1-18　交叉错排行列式建筑群

当建设区总平面布置不规则、建筑体形和立面复杂、条式住宅长度超过50m、高层点式住宅布置过密时,建筑日照间距系数难以作为标准,必须用计算机进行严格的模拟计算。由于现在不封闭阳台和大落地窗的不断涌现,根据不同的窗台标高来模拟分析建筑外墙各个部位的日照情况,精确求解出无法得到直接日照的地点和时间,分析是否会影响室内采光也很重要。因此,在容积率已经确定的情况下,利用计算机对建筑群和单体建筑进行日照模拟分析,可以对不满足日照要求的区域提出改进建议,提出控制建筑的采光照度和日照小时数的方案。

合理设计建筑物地下空间,是节约建设用地的有效措施。在规划设计和后期的建筑单体设计中,可结合实际情况(如地形地貌、地下水位的高低等),合理规划并设计地下空间,用于车库(图3-1-19)、设备用房(图3-1-20)、仓储等。

在配套设施规划建设中,在服从地区控制性详细规划的条件下,应根据建设区域周边配套设施的现状和需求,统一配建学校、商店、诊所等公用设施。配套公共服务设施相关项目建设应集中设置并强调公用,既可节约土地,也可避免重复建设,提高使用率。

此外,绿色建筑的水环境设计包括给水排水、景观用水(图3-1-21)、其他用水和节水四个部分,提高水环境的质量,是有效利用水资源的技术保证。强调绿色建筑生态小区水环境的安全、卫生、有效供水,污水

图 3-1-19 地下车库

图 3-1-20 地下设备房

处理与回收利用，已成为开发新水源的重要途径之一，目的是节约用水，提高水循环利用率。

在夏季，水体的蒸发会吸收部分热量；水体也具有一定的热稳定性，会造成昼夜间水体和周边区域空气温差的波动，从而导致两者之间产生热风压，形成空气流动，可以缓解热岛效应。

夏热冬冷地区降雨充沛的区域，在进行区域水景规划时，可以结合绿地设计和雨水回收利用设计（图 3-1-22），设置喷泉、水池、水面和露天游泳池，利于在夏季降低室外环境温度，调节空气湿度，形成良好的局部小气候环境。

因此，在进行绿色建筑设计时，要求在给水系统的设计中，首先小区内的管网布置必须符合《建筑给水排水设计标准》GB 50015-2019、《城市居住区规划设计标准》GB 50180-2018 以及《住宅设计规范》GB 50096 中有关室内给水系统的设计规定，采取有效措施保障给水系统的水质、水压、水量，并符合《生活饮用水卫生标准》GB 5749-2006 的规定。提高人们对节水的重要性的认识，呼吁全社会对节水的关注，禁止使用国家明令淘汰的用水器具，采用节水器具、节水技术与设备。在进行水系统规划设计时，应重点考虑以下内容：①当地政府规定的节水要求，该地区水资源状况、气象资

图 3-1-21 景观用水

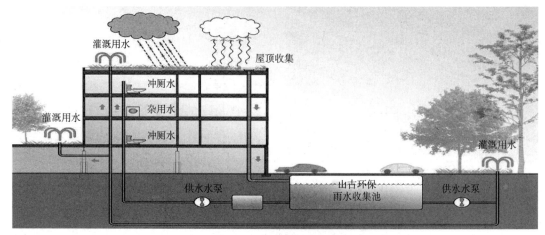

图3-1-22　雨水回收设计

图3-1-23　节水龙头

图3-1-24　模拟天然水环境

料、地质条件及市政设施等的情况；②用水定额的确定、用水量估算（含用水量计算表）及水量平衡问题；③给水排水系统设计方案与技术措施；④采用节水器具、设备和系统的技术措施（图3-1-23）；⑤污水处理方法与技术措施；⑥雨水及再生水等非传统水源利用方案的论证、确定和设计计算与说明；⑦制定水系统规划方案是绿色建筑给水排水设计的必要环节，是设计者确定设计思路和设计方案的可行性论证过程。

如条件许可，水景的设计应尽量模拟天然水环境（图3-1-24），配置本土水生植物、动物，使水体提高自净的能力。

环境设计中，对人行道、自行车道等受压不大的地面，采用透水地砖（图3-1-25）；对自行车和汽车停车场，可选用有孔的植草砖（图3-1-26）；在不适合直接采用透水地面的地方，如硬质路面等处，可以结合雨水回收利用系统，将雨水回收后进行回渗。

透水混凝土路面广泛适用于不同的地域及气候环境，开发透水混凝土路面工程成套技术，既可以解决雨水收集问题和噪声污染问题，又能够使资源再生利用，是一项新型节能环保技术，值得大力推广应用。

在风环境方面，夏热冬冷地区加强夏季自然通风。一般可以从总平面布置入手，适

图3-1-25 彩色透水砖

图3-1-26 透水停车场

当调整建筑间距，或者采取错列布局式并结合计算机模拟（图3-1-27）。

此外，在建筑节能方面，建筑能耗主要是建造过程中的能耗和建筑使用中的能耗。

建筑的使用能耗主要是空调供暖、电气照明、电气设备能耗。当前各种空调供暖、电气、照明的设备品种繁多、各具特色，但采用这些设备时都受到能源结构形式、环境条件、工程状况等多种因素的影响和制约，为此必须客观全面地对能源进行分析比较后，再合理确定。

当具有电、城市供热、天然气、城市煤气等两种以上能源时，可将几种能源合理搭配作为空调、家用电器、照明设备的能源。通过技术经济比较后，采用复合能源方式，依据能源的峰谷、季节差价进行设备选型，提高能源的一次能效。但采用天然气、城市煤气等能源时，不得超过国家及地方现行有关大气环境的污染排放标准要求。

提倡可再生能源的利用，目的是鼓励采用太阳能（图3-1-28）、地热能、生物质能等清洁、可再生能源在小区建设中的应用，是建设资源节约型的"高舒适、低能耗"住宅不可缺少的重要组成部分，把能源发展方向和我国能源现时具体条件相结合，应当提

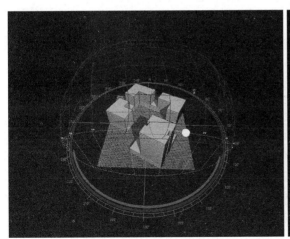

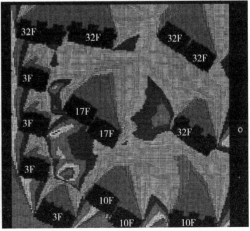

图3-1-27 日照模拟

倡和鼓励：①有条件的地区应尽量使用太阳能热水系统。太阳能热水系统装置应与建筑物设计相协调，系统的管理布置应与住宅的给水设施配套，系统中的管道、阀门等配件应选用寿命长、抗老化、耐锈蚀的产品，同时便于维护管理。②有条件的小区应鼓励采用太阳能制冷系统。建筑及环境宜采用被动蒸发冷却技术，改善小区热环境。③采用户式中央空调（图3-1-29）的别墅、高档住宅宜采用地源或水源热泵系统，利用地热能、水资源等绿色能源。④地热能、水资源的利用应符合本地区环保的规定，合理地进行开发应用。

（2）绿色建筑单体设计

建筑单体可通过单侧通风、贯流通风、捕风器（塔）、中庭通风、太阳能辅助通风、文丘里效应等措施来实现建筑自然通风的设计。而通风效果则可以通过本书前文中提到的风洞模型实验、CFD模拟计算等手段来进行评估。

单侧通风：单侧通风的房间深度应该小于高度的2.5倍（图3-1-30）。加大外窗可开启面积，多层住宅外窗宜采用平开窗，以增强室内自然通风。

贯流通风：通过开窗位置和大小以及平面布局来实现贯流通风。为了达到通风效果，贯流通风的深度 W 一般要小于建筑高度的5倍（图3-1-31）。

图3-1-28 太阳能利用

图3-1-29 中央空调系统

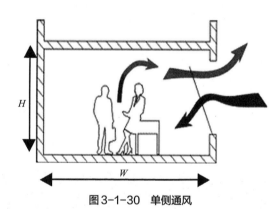

图3-1-30 单侧通风

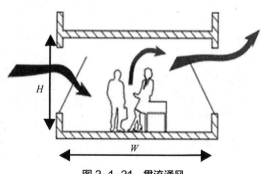

图3-1-31 贯流通风

捕风器：在建筑屋顶面对来流方向设置捕风器，用以拦截气流并将其引导进入室内（图3-1-32）。

中庭通风：当建筑进深过大，或有热压可利用时，可设置中庭进行自然通风（图3-1-33）。

太阳能辅助通风：烟囱效应是利用高差和太阳能加热所产生的密度差形成的空气流动形式。合理设置太阳能烟囱，有利于节约能源，实现自然通风（图3-1-34）。

文丘里效应：文丘里效应是受限气流通过缩小断面产生局部加速、静压减小的现象。由于局部的静压减小，屋顶内部的空气将被倒吸出来，从而加强自然通风效果（图3-1-35）。

建筑单体平面设计：合理的建筑平面设计符合传统生活习惯，有利于组织夏季穿堂风，冬季被动利用太阳能供暖以及自然采光。例如居住建筑，在户型规划设计中，平面布局要紧凑、实用，空间利用要合理、充分、见光、通风。必须保证一套住房内主要的房间在夏季有流畅的穿堂风，卧室、起居室一般为进风房间，厨房和卫生间为排风房间，满足不同空间的空气品质要求。住宅的阳台能起到夏季遮阳和引导通风的作用；如果把西、南立面的阳台封闭起来，可以形成室内外热交换过渡空间。如将电梯、楼梯、管道井、设备房和辅助用房等布置在建筑物的南侧或西侧，可以有效阻挡夏季太阳辐射；与之相连的房间不仅可以减少冷消耗，同时可以减

图3-1-32 单侧通风

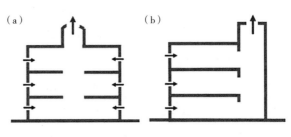

图3-1-33 贯流通风

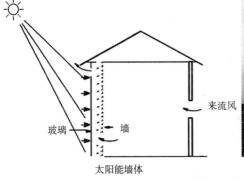

太阳能墙体　　　　　　太阳能烟囱

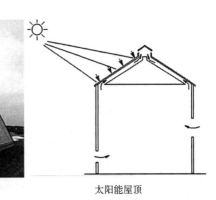

太阳能屋顶

图3-1-34 太阳能辅助通风

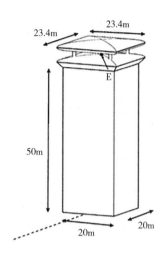 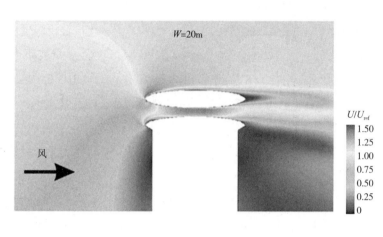

图3-1-35　文丘里效应增强自然通风

少大量的热量损失。在此前采用计算机模拟技术对日照和区域风环境进行辅助设计和分析后,可以继续用计算机对具体的建筑、建筑的某个特定房间进行日照、采光、自然通风模拟分析,从而改进建筑平面和户型设计。

体形系数控制:体形系数是建筑物接触室外大气的外表面积与其所包围的体积的比值。空间布局紧凑的建筑,体形系数小,形体复杂、凹凸面过多的点式低、多层及塔式高层住宅等空间布局分散的建筑,外表面积和体形系数大。对于相同体积的建筑物,其体形系数越大,说明单位建筑空间的热散失面积越大。因此,出于节能的考虑,在建筑设计中应尽量控制建筑物的体形系数,尽量减少立面不必要的凹凸变化。但如果出于造型和美观的要求需要采用较大的体形系数时,应尽量提高围护结构的热阻。具体选择建筑体形时需考虑多种因素,如冬季气温、日照辐射量与照度、建筑朝向和局部风环境状况等,权衡建筑得热和失热的具体情况。

一般控制体形系数的方法有:加大建筑体量,增加长度与进深;体形变化尽可能少,尽量规整;设置合理的层数和层高;单独的点式建筑尽可能少用或尽量拼接以减少外墙面。

日照与采光设计:绿色建筑的规划与建筑单体设计,应满足现行国家标准《城市居住区规划设计标准》对日照的要求,应使用日照软件模拟进行日照分析。控制建筑的间距是为了保证建筑的日照时间。按计算,夏热冬冷地区建筑的最佳日照间距是1.2倍邻近南向建筑的高度。对于不同类型的建筑如住宅、医院、中小学校、幼儿园等,设计规范都对日照有具体明确的规定,设计时应根据不同气候区的特点执行相应的规范及国家和地方性法规。

围护结构设计:建筑围护结构主要由外墙、屋顶和门窗、楼板、分户墙、楼梯间隔墙构成。建筑外围护结构与室外空气直接接触,如果具有良好的保温隔热性能(图3-1-36),便可减少室内、室外的热量交换,从而减少所需要提供的供暖和制冷能量。

以重庆桃源居社区活动中心（图3-1-37）为例，该项目由三座主要建筑构成，分别是文化中心、运动中心和公共健康中心，为城市居民及游客提供了康乐设施。方案设计呈现出环绕着两个户外庭院的连续造型，庭院可用于举办社区活动。每座建筑都包含一个大型中庭，将自然光线带入所有的室内空间（图3-1-38）。底层采用架空设计，充分利用自然通风（图3-1-39）。整体结构上覆盖了绿色屋顶，创造了一层热工性能更加高效的外围护结构，这样也有助于使建筑物融入景观。另外，建筑师还采用了模仿方格图案的山坡耕地的绿墙，进一步强调了该设计理念。玻璃墙上安装了垂直的木质百叶，既能欣赏户外的风景，也能过滤进入室内的直射光线。

图3-1-36 夏热冬冷地区建筑外遮阳结构图

重庆来福士（图3-1-40）位于重庆渝中区，占地22.7英亩（约9.19公顷），集办公、住宅、酒店、零售和娱乐设施于一体。该建筑上部的水晶连廊由3000块玻璃和5000块铝板组成的六角形整体幕墙结构围合（图3-1-41），全年都向游客开放。西面的金属板和东面的玻璃在早晨为客人提供自然光（图3-1-42），在下午则起到遮阳作用，室内温度全天通过遮阳系统进行调节（图3-1-43），该遮阳系统可以根据外部气候条件进行调节。

3-1-37 重庆桃源居社区活动中心

4）夏热冬暖地区绿色建筑设计要点

夏热冬暖地区有千年以上的建筑历史，古人在建筑如何适应气候上表现出了极大的智慧。当代建筑类型、形态与材料构造的发展，使得很多过去的策略与技术难以直接运用，因此，如何借鉴传统绿色技术并将其转化为现代建筑语汇至关重要（表3-1-5）。

图3-1-38 大型中庭

图3-1-39 底层架空设计

我国夏热冬暖地区主要城市建筑朝向选择　　　　　表3-1-5

类别	技术	作用
建筑空间形态	借鉴冷巷、骑楼的空间组织，产生自身阴影，使建筑之间的庭院或巷道内形成"荫凉"的区域，这些荫凉区域同时为人们提供了舒适的开放空间	增加自然通风
建筑单体造型	借鉴风兜等造型方式来有效组织自然通风；同时，可以考虑学习传统建筑窗框、门边均用石材收边处理的方法进行防潮；借助于这些技术手段形成相应的造型特色	增加自然通风 加强防潮加固 形成有地域特色的造型
建筑材料构造	在现有生产条件允许的情况下，可以使用一定量的传统的、当地的建筑材料	形成微气候调节 富有文化传统特色

图3-1-40　重庆来福士

图3-1-41　水晶连廊

图3-1-42　内部自然采光

图3-1-43　遮阳系统调节

夏热冬暖地区的传统建筑建造时，没有现代空调制冷技术可用，完全依靠被动式的建筑设计手段，充分利用当地自然环境资源与气候资源来保证室内的热舒适。为适应当地高温高湿的气候，形成了独具特色的地方建筑风格与技术体系（图3-1-44）。在选址、规划、单体设计和围护结构构造做法等方面，蕴含丰富的气候适应性经验与技术。

以深圳宝安区的vivo新总部大楼（图3-1-45）为例，该建筑采用32层高的塔楼形式。塔楼螺旋上升至150m的高度，其外部为玻璃，水平面板可提供一览无余的海景。每一层都有绿色植物，并在整个建筑物的中心策略性地放置了绿色枢纽，为员工提供与自然联系的场所，同时可用于休息和用餐。除了超大工作区之外，每层楼还设有用于办公和社交的协作区域以及更安静的休闲空间。开放的平面提供了灵活性，并提供了适应变化

的工作模式和将来验证的选项。从可持续发展的角度来看，该设计尽可能利用可渗透的表面和灵活的景观布置，以促进排水回流到地下。雨水被收集在地下蓄水池中，可以重复利用。建筑物的几何形状在夏天会产生自遮蔽感，在冬天会获得更多日光（图3-1-46）。

深圳市创新创业无障碍服务中心（图3-1-47）位于深圳市龙华区，采用了一种完全无障碍的建筑形式。项目延续了公园的景观并设有屋顶花园，致力于满足残疾人的康复需求。康复中心设置了治疗性屋顶花园，其中包括本地植物物种，并为植被提供了充足的生长空间。在整个方案中，芳香的草药和愈合植物被安排在开放的空间中（图3-1-48），反映了不断变化的路径和建筑体量。绿色空间与先进的可再生能源生产系统相结合，该系统能够自然通风和收集雨水。该建筑的中心有一个开放的中心庭院，作为连接不同

图3-1-44　夏热冬暖地区云南传统建筑

图3-1-45　vivo新总部大楼

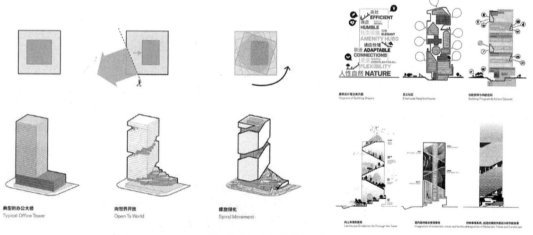

图3-1-46　设计概念示意

图3-1-47　深圳市创新创业无障碍服务中心

图3-1-48　立体绿化

功能区的中心，同时也能加强整个建筑群的自然通风和提高采光效率。

海南的北京大学附属中学海口学校（图3-1-49），校园布局采用梯田式，不同的功能性建筑按照地形顺序设置，以实现阴阳力之间的平衡。同时，该场地被划分成一系列不同的微环境。该方案的S形结构（图3-1-50）响应了现场的盛行风以及日光/阴影方向。进深相对较小的建筑也保证了交叉通风，而较低的高度避免了投射过多的阴影。

图3-1-49 海南的北京大学附属中学海口学校

5）温和地区绿色建筑设计要点

温和地区夏季虽然并不炎热，但是由于太阳辐射强，阳光直射下的温度较高，且阳光中大量的紫外线对人体有一定的危害，因此夏季阳光调节的主要任务是避免阳光的直接照射以及防止过多的阳光进入室内。避免阳光的直接照射及防止过多阳光进入室内的最直接的方法就是设置遮阳设施。

温和地区夏季太阳辐射强烈，太阳高度角大，建筑的屋顶在阳光的直射下，如果不设置任何遮阳或隔热措施，顶层的房间就会非常热。因此，在温和地区，建筑屋顶也是需要设置遮阳的地方。屋顶遮阳可以通过屋顶遮阳构架来实现，它可以在提供屋面植被生长所需的适量太阳光照的同时，遮挡过量的太阳辐射，降低屋顶的热流强度，还可以延长雨水自然蒸发时间，从而延长屋顶植物的自然生长周期，有利于屋面植被生长。这样将绿色植物与建筑有机地结合在一起，不仅显示了建筑与自然的协调性，而且与园林城市的特点相符合，充分体现出了绿色建筑的"环境友好"特性。另外，还可以在建筑的屋顶设置隔热层，然后在屋面上铺设太阳能集热

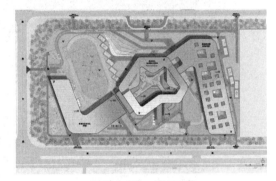

图3-1-50 总平面图

板，将其作为一种特殊的遮阳设施，这样不仅挡住了阳光直射还充分利用了太阳能资源，也是绿色建筑"环境友好"特性的充分体现。

温和地区冬季温暖，夏季凉快，年平均湿度不大，全年空气质量好，但是昼夜温差大，自然通风应该作为温和地区建筑夏季降温的主要手段。根据冬夏两季太阳辐射的特点，温和地区夏季需要防止建筑物获得过多的太阳辐射，最直接的方法是设置遮阳；冬季则相反，需要为建筑物争取更多的阳光，应充分利用阳光进行自然供暖或者太阳能供暖加以辅助。基于温和地区气候舒适、太阳能资源丰富的条件，自然通风和阳光调节是最适合该地区的绿色建筑设计策略（图3-1-51），低能耗、生态性强且与太阳能结合是温和地区绿色建筑的最大特点。

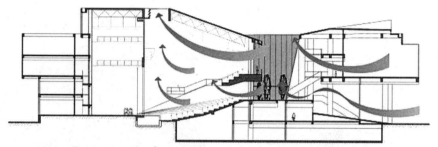

图 3-1-51　采用中庭与底层架空设计的建筑自然通风手段示意图

图 3-1-52　昆明山海美术馆

昆明山海美术馆（图 3-1-52）选址于昆明市西部，为翠峰生态公园内的重要公共建筑。因处于滇池水系北端，景观资源极佳，城市、水体、山脉尽数纳入视线。考虑到温和地区夏季太阳辐射强烈，太阳高度角大，在阳光的直接照射下温度很高，屋顶采用大坡度设计，主坡面避开夏季日照强度高的方向，并在屋顶设置隔热层，减少太阳辐射对室内温度的影响。平屋顶部分，采用浅水池设计，利用积蓄的雨水在夏季可起到隔热降温的作用。

（1）建筑选址相关要素

建筑选址是实现绿色建筑的第一步。选址之前，需要全面调查和收集与建筑场地综合环境相关的自然和人文要素的信息数据，并进行整理、分析。这些要素包括：

a. 建筑所在区域的气候条件：太阳辐射照度，冬季日照率，冬、夏两季最冷月和最热月平均气温，空气湿度，冬、夏季主导风向，建筑物室外微气候环境。

b. 建筑区位条件。

c. 交通条件，尤其是公共交通条件。

d.城市文脉与肌理状况（图3-1-53）。

e.场地地质和水文条件。

f.场地地形、地貌、地物条件，例如场地位于平地、坡地、山谷、山顶、江河湖泊水系等。

g.场地安全条件。

h.场地生态系统条件。

（2）建筑选址原则

绿色建筑选址在具体实施过程中，应遵循以下原则：

a.符合生态城市和生态社区（园区）规划提出的要求。符合控制性详细规划的规定。保证建设项目与城市交通、通信、能源、市政、防灾规划的衔接与协调。

b.避免侵占野生动植物栖息地、自然水系、湿地、森林和其他保护区。避免侵占原生土壤、独特土壤和基本农田，避免侵占公共公园，尽力维护其完整性及原始性。

c.避免破坏当地文物。

d.充分利用周边环境中的城市公共交通系统，并注意减少城市交通压力。

e.应力求实现建筑用地和空间的高效集约利用。优先考虑不包含敏感场地因素和限制土地类型的地点；优先开发已开发的场地；合理选用废弃场地进行建设（图3-1-54）。将受污染区域、废弃地等低生态效应的地区作为首选项，以利于节约土地资源（图3-1-55）。场地上已有的旧建筑应尽量加以利用。

f.应确保场地安全范围内无电磁辐射、火灾、爆炸等危害发生的可能性；确保安全范围内无海潮、滑坡、山洪、泥石流及其他地质灾害发生的可能性；确保场地土壤中的有毒污染物及放射性物质符合要求；保证场

图3-1-53 城市肌理——青岛老城区鸟瞰图

图3-1-54 工业用地改造案例——重庆二厂文创园

图3-1-55 棕地改造案例——辰山矿坑花园

地内部无排放超标的废气、废水、噪声及废物等污染源；保证用户的身体健康。

3.1.2 生态资源保护与利用

1.植物资源

作为生态系统中的生产者，植物以其强大的生产力发挥着调节温度、湿度、气流，

净化空气，防噪，净化水体土壤，涵养水源，保护生物多样性等多种重要的生态功能。绿化是缓解热岛效应、污染等现代城市问题最经济有效的方法。采用生态绿地、墙体绿化、屋顶绿化等多种形式，对乔木、灌木和地被、攀缘植物进行合理配置，形成多层次复合生态结构，使人工配置的植物群落达到自然和谐，是绿色建筑规划设计中极为重要的内容。

1）植物对绿色建筑的贡献

从建筑周围环境来看，植物有调节温度、减少辐射的生态功能。在夏季，人在树荫下和在阳光直射下的感觉，差异是很大的。这种温度感觉的差异并不是3~5℃气温的差异，而主要是太阳辐射温度决定的。茂盛的树冠能挡住50%~90%的太阳辐射，经测定，夏季树荫下与阳光直射下的辐射温度可相差30~40℃之多。不同树种的遮阳降低气温的效果也不同。

此外，植物具有放氧、吸收有害气体、滞尘、杀菌、释放负离子等一系列净化空气的作用（图3-1-56）。特别是树木，对烟尘和粉尘有明显的阻挡、过滤和吸附作用，称为"空气的绿色过滤器"。

城市和郊区的水体常受到工厂废水及居民生活污水的污染而影响环境卫生和人们的身体健康，而植物有一定的净化污水的能力（图3-1-57）。研究证明，树木可以吸收水中的溶解质，减少水中的细菌数量（图3-1-58）。植物的地下根系因能吸收大量有害物质而具有净化土壤的能力。有的植物根系分泌物能使进入土壤的大肠杆菌死亡；有植物根系分布的土壤，其好氧性细菌比没有根系分布的土壤多几百倍至几千倍，故能促使土壤中的有机物迅速无机化，因此，既净化了土壤，又增加了肥力。研究证明，含有好氧性细菌的土壤，有吸收空气中一氧化碳的能力。

噪声会使人产生头昏、头痛、神经衰弱、消化不良、高血压等病症。树木对声波有散射、吸收的作用，树木通过其枝叶的微振作用能减弱噪声（图3-1-59）。减噪作用的大小决定于树种的特性。叶片大又有坚硬结构的或叶片呈鳞片状重叠的，防噪效果好；落叶树种类在冬季仍留有枯叶的，防噪效果好；林内有植被或落叶的，有防噪效果。

绿化建筑环境是保护生物多样性的一项重要措施。植物多样性的存在是多种生物繁荣的基础，因而进行多植物种植，创造各种

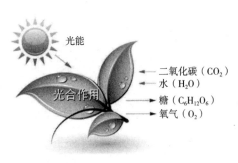

图3-1-56　植物光合作用图解

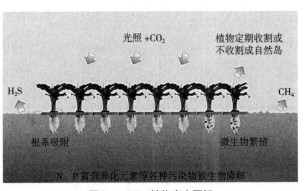

图3-1-57　植物净水图解

类型的绿地并将它们有机组合成为系统，是实现生物多样性保护的必不可少的内容。

2）绿化设计的原则

乡土植物优先利用原则：城市绿化树种的选择应依据地带性植物群落（图3-1-60）的组成、结构特征和演替规律，顺应自然规律，选择对当地土壤和气候条件适应性强、有地方特色的植物作为城市绿化的主体。采用少维护、耐候性强的植物，可减少日常维护的费用。

充分发挥生态效益原则：采用生态绿地（图3-1-61）、墙体绿化（图3-1-62）、屋顶绿化（图3-1-63）等多种形式，对乔木、灌木和地被、攀缘植物进行合理配置（图3-1-64），形成多层次复合生态结构，使人工配置植物群落达到自然和谐，并起到遮阳、降低能耗的作用；合理配置绿地，达到局部环境内保持水土、调节气候、降低污染和隔绝噪声的目的。

多样性原则：生物多样性包括遗传多样性、物种多样性和生态系统多样性。绿色建筑的绿化设计要求应用多种植物，创造多种多样的生态环境和绿地生态系统，满足各种植物及其他生物的生活需要和整

图3-1-59　具有隔声效果的道路绿化带

图3-1-60　湿地植物群落示意图

图3-1-61　生态绿地

图3-1-58　生态浮床

图3-1-62　墙体绿化

图3-1-63 屋顶绿化

图3-1-64 合理植物配置案例

个城市自然生态系统的平衡，促进人居环境的可持续发展。

2. 水资源

水是人类赖以生存和发展的基本物质之一，也是人类生存不可替代和不可缺少的、既有限又宝贵的自然资源。自然界中的水，

不管以何种形式、何种状态存在，只有同时满足三个前提时才能被称为水资源，即：可作为生产资料或生活资料使用；在现有的技术、经济条件下可以得到；必须是天然来源（图3-1-65）。

1）水资源的分布

地球表面 70% 以上为水所覆盖，约占地球表面 30% 的陆地也有水的存在。地球总水量为 138.6×10^8 亿 m^3，其中淡水储量为 3.5×10^8 亿 m^3，占总储量的 2.53%。由于开发困难或技术经济的限制，到目前为止，海水、深层地下水、冰雪固态淡水等还很少被直接利用。比较容易开发利用的、与人类生活生产关系最为密切的湖泊、河流和浅层地下淡水资源，储量为 104.6×10^4 亿 m^3，只占淡水总储量的 0.34%，还不到全球水总储量的万分之一。由此可见，尽管地球上的水是取之不尽的，但适合饮用的淡水资源却是十分有限的。

2）水循环的影响因素

影响水循环（图3-1-66）的自然因素主要有气象条件如大气环流、风向、风速、温度、湿度等和地理条件如地形、地质、土壤、植被等。生态系统的水循环包括截留、渗透、

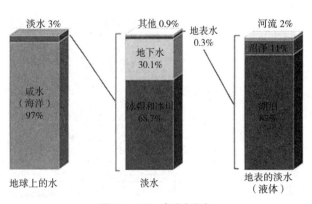

图3-1-65 全球水分布

图3-1-66 水循环原理示意图

蒸发、蒸腾和地表径流。植物通过根吸收土壤中的水分，在水循环中起着重要作用。不同的制备类型，蒸腾作用（图3-1-67）是不同的，以森林制备的蒸腾为最大，它在水的生物地球化学循环中的作用最为重要。森林的植物从地下吸收水分，经由叶片蒸发到大气中，可以调节大气的湿度，降低林区的空气湿度。降水时，由于森林树冠的截留，可减少地表径流和水土流失（图3-1-68）。所以，森林是水循环重要的调节者。

此外，人为因素对水循环也有直接或间接的影响。人类活动不断改变着自然环境，越来越强烈地影响水循环的过程。

3）水循环的作用与意义

通过水循环，海洋不断向陆地输送淡水，补充和更新陆地上的淡水资源，从而使水成了可再生的资源。所以，水循环的主要作用表现在以下几个方面：

（1）水是很好的溶剂及物质循环的介质。绝大多数物质都溶于水，并随水迁移，营养物质的循环和水循环不可分割地联系在一起。地球上水的运动，把陆地生态系统和水域生态系统连接起来，从而使局部生态系统与整个生物圈紧密联系在一起，实现水体的全球性流动。

（2）水是地质变化的动因之一。其他物质的循环常是结合水循环进行的。一个地方矿质元素流失，而另一个地方矿质元素沉积，亦往往要通过水循环来完成。水循环是物质流动的物理基础。

（3）水在生态系统能量传输与能力平衡中起着极其重要的作用。大气环流（图3-1-69）、洋流（图3-1-70）等实现热量在全球范围内的再分配也是依靠水循环。

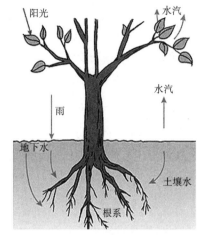

图3-1-67　植物蒸腾作用示意图

图3-1-68　水土流失

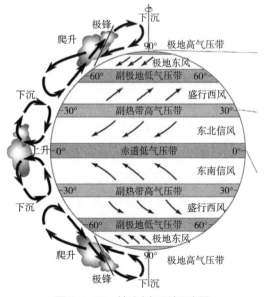

图3-1-69　地球大气环流示意图

（4）水体热容量较大有利于生态系统温度环境的改善，促进物质循环。一方面，水体在很大程度上改善了地表的温度环境，使地球温度变化幅度大为减小，有利于生态系统的繁荣与发展。另一方面，温度是影响物质分解的重要条件之一。

总的来说，水循环的地理意义有五个方面：

（1）水在水循环这个庞大的系统中不断运动、转化，使水资源不断更新。

（2）全球水的动态平衡。

（3）水循环进行能量交换和物质转移。

（4）陆地径流向海洋源源不断地输送泥沙、有机物和盐类；对地表太阳辐射进行吸收、转化、传输，缓解不同纬度间热量收支不平衡的矛盾，对于气候的调节具有重要意义。

（5）造成侵蚀、搬运、堆积等外力作用，不断塑造地表形态。

3.1.3 节约土地及公共设施集约化利用

1. 节约土地

在地球表面，可为人类提供的生存空间已经有限（图3-1-71），在我国则已接近极限状态。节约现有土地，开拓新的生存空间刻不容缓（图3-1-72）。

1）我国土地使用制度及利用现状

土地是城市赖以生存的最重要的资源之一。城市土地利用问题一直是城市规划领域理论和实践的重要问题。我国对城市土地利用方式的认识，从1954年开始无偿使用土地到20世纪90年代全面认识土地在城市开发中的基础地位，经历了一个漫长曲折的过程。

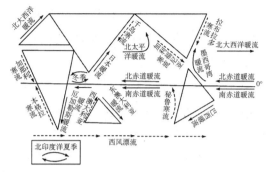

图3-1-70 世界洋流分布图

图3-1-71 高密度城市

图3-1-72 土地污染

原有土地使用制度阻碍了城市建设资金的良性循环，造成了土地的巨大浪费。到20世纪80年代初，随着国家经济体制改革和市场开放战略的实施，土地的价值逐渐得到认识，并在1980年冬全国城市规划工作会议上，第一次由规划工作者提出要实现土地有偿使用的建议。1989年修改的《宪法》允许土地所有权有偿转让。土地有偿有期限使用制度是指在土地国有条件下，当土地所有权与使用权发生分离时，土地使用者为获得一定时期的土地使用权必须向土地所有者支付一定费用的一种土地使用制度。实行这一土地使用制度，有利于强化国家对土地的管理；有利于合理利用城市土地，实现城市土地的优化配置；有利于形成城市维护、建设资金的良性循环。我国大规模的建筑开发已经对城市结构和城市形态产生了巨大的影响。

2）绿色建筑的节地途径

城市的发展与我国土地资源的总体供求矛盾越来越尖锐。土地危机的解决方法主要是：应控制城市用地增量，提高现有各项城市功能用地的集约度。协调城市发展与土地资源、环境的关系，强化高效利用土地的观念，以逐步达到城市土地的持续发展。

村镇建设应合理用地、节约用地。各项建设相对集中，允许利用原有的基地作为建设用地。新建、扩建工程及住宅应当尽量不占用耕地和林地，保护生态环境，加强绿化和村镇环境卫生建设。

珍惜和合理利用每寸土地，是我国的一项基本国策。国务院有关文件指出，各级人民政府要全面规划，切实保护，合理开发和利用土地资源，国家建设和乡（镇）村建设用地，必须全面规划，合理布局，节约用地，尽量利用荒地、劣地、坡地，不占或少占耕地。

节地，从建筑的角度上讲，是指在建房活动中最大限度地少占地表面积，并使绿化面积少损失、不损失。节约建筑用地，并不是不用地，不搞建设项目，而是要提高土地利用率。在城市中，节地的主要途径是：①适当建造多层、高层建筑，以提高建筑容积率，同时降低建筑密度；②利用地下空间（图3-1-73），增加城市容量，改善城市环境；③城市居住区，提高住宅用地的集约度，为今后的持续发展留有余地，增加绿地面积，改善住区的生态环境，充分利用周边的配套公共建筑设施，合理规划用地；④在城镇、乡村建设中，提倡因地制宜（图3-1-74）、因形就势，多利用零散地、坡地建房，充分利用地方材料，保护自然环境，使建筑与自然环境互生共融，增加绿化面积；⑤开发节地建筑材料（图3-1-75），如利用工业废渣生产的新型墙体材料，既廉价又节能、节地，是今后绿色建筑材料的发展方向。

图3-1-73　地下空间综合利用

图3-1-74　坡地建筑

3）公共设施集约化利用

住区公共服务设施应按规划配建，合理采用综合建筑并与周边地区共享（图3-1-76）。公共服务设施的配置应满足居民需求，与周边相关城市设施协调互补，有条件时应考虑将相关项目合理集中设置。

根据《城市居住区规划设计标准》的相关规定，居住区配套公共服务设施（也称配套公建）应包括：教育、医疗卫生、文化、体育、商业服务、金融邮电、社区服务、市政公用和行政管理等九类设施。住区配套公共服务设施，是满足居民基本的物质与精神生活所需的设施，也是保证居民居住生活品质的不可缺少的重要组成部分。为此，该规范提出相应要求，其主要的意义在于：

（1）配套公共服务设施集中设置，既可节约土地，也能为居民提供选择和使用的便利，并提高设施的使用率（图3-1-77）。

（2）中学、门诊所、商业设施和会所等配套公共设施，可打破住区范围，与周边地区共同使用。这样既节约用地，又方便使用，还可节省投资。绿色建筑用地应尽量选择具备良好的市政基础设施以及周边有完善城市交通系统的土地，从而减少这些方面的建设投入。

为了减少快速增长的机动车交通对城市大气环境造成的污染以及过多的能源与资源消耗，优先发展公共交通是重要的解决方案之一。倡导以步行（图3-1-78）、公交为主的出行模式（图3-1-79），在公共建筑的规划设计阶段，应重视其入口的设置方位，接近公交站点。为便于居民选择公共交通工具出行，在规划中应重视住区主要出入口的设

图3-1-75 新型墙体材料

图3-1-76 共享停车场

图3-1-77 大型办公居住商业综合体建筑群

置方位及与城市交通网络的有机联系。住区出入口的设置应方便居民充分利用公共交通网络。

图3-1-78 绿色出行

图3-1-79 新能源公交

3.2 建筑环境物理设计

3.2.1 建筑围护结构保温隔热

建筑的围护结构指围合建筑空间四周的墙体、门、窗等，能够有效地抵御不利环境的影响。围护结构分为透明和不透明两种类型：不透明围护结构有墙、屋面、地板、顶棚等；透明围护结构有窗户、天窗、阳台门、玻璃隔断等。

为了保持室内温度，建筑物必须获得或阻止热量的交换：冬季室内温度相对高于室外温度，要防止或者减少室内热量流向室外，并且要尽量多地获得室外阳光辐射带来的热量，保持室内温度；夏季室外温度相对高于室内温度，在不影响通风、采光的情况下，要防止或者减缓室外的热量传入室内，以保持室内的凉爽。在寒冷地区，保温与房屋的使用质量和能源消耗关系密切。围护结构在冬季应具有保持室内热量、减少热损失的能力。其保温性能用热阻和热稳定性来衡量。保温措施有：增加墙厚；采用保温性能好的材料；设置封闭的空气间层等。围护结构在夏季应具有抵抗室外热作用的能力。在太阳辐射热和室外高温作用下，围护结构内表面如能保持适应生活需要的温度，则表明隔热性能良好；反之，则表明隔热性能不良。提高围护结构隔热性能的措施有：设隔热层，加大热阻；采用通风间层构造；外表面采用对太阳辐射热反射率高的材料等。

冬季建筑物获得热量的途径一般包括：供暖设备的供热（约占70%~75%），太阳辐射得热（约占15%~20%），建筑物内部得热（包括炊事、照明、家电、人体散热，约占8%~12%）。这些热量又通过围护结构（门窗、外墙、屋顶及不供暖地下室顶板）向外散失。建筑物的总失热包括围护结构的传热耗热量（约占70%~80%）和通过门窗缝隙的空气渗透的耗热量（约占20%~30%），因此，建筑节能的主要途径是：减小建筑物外表面积和加强围护结构的保温，以减少传热耗热量；提高窗户的气密性，以减少空气渗透耗热量。在降低建筑总失热量的前提下，尽量利用太阳辐射得热和建筑内部得热，最终达到节能的目的。

1. 透明围护结构——外门窗热工设计

一栋建筑物的外门、窗和地面在外围护结构总面积中占有相当的比例，一般在30%~60%之间。从对冬季人体热舒适的影响来说，由于外门、窗的内表面温度要明显低于外墙、屋面及地面的内表面温度，从热工设计方面来说，由于它们的传热过程不同，因而应采用不同的保温措施；从冬季失热量来看，外窗、外门及地面的失热量要大于外墙和屋顶的失热量。玻璃窗不仅传热量大，而且由于其热阻远小于其他围护结构，造成冬季窗户表面温度过低，会对靠近窗口的人体进行冷辐射，形成"辐射吹风感"，严重地影响室内热环境的舒适性。外门窗的改造将大大影响既有建筑改造的整体效果，对不同的建筑类型，应按照相应的建筑节能标准中

的外门窗传热系数限值合理选用节能外门窗。当单一立面的窗墙面积比大于或等于0.40时，外窗（包括透光幕墙）的传热系数和综合太阳得热系数的基本要求见表3-2-1。

外门包括住宅的户门（楼梯间不供暖时）、单元门（楼梯间供暖时）、阳台门下部以及公共建筑入口等处与室外空气直接接触的各种门。通常，门的热阻要比窗的热阻大，但是比外墙和屋顶的热阻小，所以，外门也是建筑外围护结构保温的薄弱环节，表3-2-2所示为几种常见门的传热阻和传热系数。

《公共建筑节能设计标准》中外窗（包括透光幕墙）的传热系数和综合太阳得热系数基本要求　　　　表3-2-1

气候分区	窗墙面积比	传热系数K/[W/（m²·K）]	太阳得热系数SHGC
严寒A、B区	0.40＜窗墙面积比≤0.60	≤2.5	—
	窗墙面积比＞0.60	≤2.2	
严寒C区	0.40＜窗墙面积比≤0.60	≤2.6	—
	窗墙面积比＞0.60	≤2.3	
寒冷地区	0.40＜窗墙面积比≤0.70	≤2.7	
	窗墙面积比＞0.70	≤2.4	
夏热冬冷地区	0.40＜窗墙面积比≤0.70	≤3.0	≤4.4
	窗墙面积比＞0.70	≤2.6	
夏热冬暖地区	0.40＜窗墙面积比≤0.70	≤4.0	≤4.4
	窗墙面积比＞0.70	≤3.0	

几种常见门的传热阻和传热系数　　　　表3-2-2

序号	名称	传热阻/[（m²·K）/W]	传热系数/[W/（m²·K）]	备注
1	木夹板门	0.37	2.7	双面三夹板
2	金属阳台门	0.156	6.4	—
3	铝合金玻璃门	0.164~0.156	6.1~6.4	3~7mm 厚玻璃
4	不锈钢玻璃门	0.161~0.150	6.2~6.5	5~11mm 厚玻璃
5	保温门	0.59	1.70	内夹 30mm 厚轻质保温材料
6	加强保温门	0.77	1.30	内夹 40mm 厚轻质保温材料

外门的一个重要特征是空气渗透耗热量特别大。由于门的开启频率要高得多，造成门缝的空气渗透程度要比窗户缝大很多，特别是容易变形的木质门，为了使外门满足节能标准要求，建筑设计中不但可以设置传热系数满足要求的单层节能门，有条件的情况下，也可考虑设置双层外门，其节能、防寒效果更好。同时，可以增设防寒门斗和防寒门帘等辅助措施来减少空气渗透耗热量，也可以显著提高外门的整体保温效果。

1）控制窗墙面积比

建筑外窗（包括阳台门上部）既有引进太阳辐射热的有利方面，又有冬季传热损失和冷风渗透损失都比较大的不利方面。就其总效果而言，窗户仍是保温能力最低的构件，通过窗户的热损失所占比例较大，因此，我国建筑热工设计规范和节能设计标准中，对开窗面积作了相应的规定，按照我国的建筑热工设计规范，控制窗户面积的指标是窗墙面积比（表3-2-3），即：

窗墙面积比＝窗户洞口面积/外墙表面积（开间 × 层高）

建筑热工设计规范规定的外墙窗墙面积比　表3-2-3

朝向	窗墙面积比
北	0.25
东、西	0.30
南	0.35

2）提高气密性，减少冷风渗透

除少数建筑设置固定密闭窗外，一般窗户均有缝隙。由此形成的冷风渗透加剧了围护结构的热损失，影响室内热环境，应采取有效的密封措施。目前普遍采用将密封胶条固定在门窗框和窗扇上的方法，塑钢窗关闭时，窗框和窗扇将胶条压紧，密闭效果很好。此外，门窗框与四周墙体之间的缝隙也应该用保温砂浆或泡沫塑料等充填密封。

3）改善窗框保温性能

20世纪80年代前建造的建筑绝大部分窗框是木制的，保温性能比较好。但由于种种原因，金属窗框越来越多。由于这些窗框传热系数很大，故其热损失在窗户总热损失中所占比例不小，应采取保温措施。首先，将薄壁实腹型材改为空心型材，内部形成封闭空气层，提高保温能力。其次，开发推广塑料产品，目前已获得良好的保温效果。此外，铝塑共挤产品可以兼顾以上二者的优势，被广泛应用（图3-2-1）。最后，不论用什么材料做窗框，都应将窗框与墙之间的缝隙用保温砂浆、泡沫塑料等填充密封。

4）改善窗玻璃的保温能力

单层窗的热阻很小，因此，仅适用于较温暖地区。在供暖地区，应采用双层甚至三层窗。这不仅是室内正常气候条件所必需，也是节约能源的重要措施。双层玻璃窗的空气间层厚度以2~3cm为最好，此时传热系数较小。当厚度小于1cm时，传热系数迅速变

图3-2-1 铝塑共挤窗框产品

得很大；厚度大于3cm时，则造价提高，而保温能力并不能提高很多。在有些建筑中，为提高窗的保温能力，也有用空心玻璃砖代替普通平板玻璃的。此外，三层玻璃窗可使其保温能力进一步提高。常见的窗户传热系数见表3-2-4。

2. 不透明围护结构

1）外墙热工设计

在新建的节能建筑中，墙体应优先采用密度小（自重轻）、热阻大的新型生态、节能材料，如新型板材体系、空心砌块等；对于原有墙体的节能改造，应在其外侧或内侧贴装高效保温材料，例如聚苯乙烯泡沫塑料板

等，以实现既有建筑的整体节能。另外，应结合具体的外装修设计，尽可能充分利用各种玻璃幕墙、金属饰面、石材等装饰面层与围护结构之间的空隙形成密闭的空气间层，利用密闭的空气间层的热阻，以极其经济的方式提高墙体保温能力。在保温层的一侧，还可以利用粘贴铝箔等强反射材料的方法，配合上述措施提高节能效益。通过以上技术处理，应使外墙的总传热系数达到相应建筑节能标准中总传热系数限值的要求。表3-2-5所示为公共建筑节能设计标准中外墙（包括非透光幕墙）的传热系数基本要求。

相比较而言，墙体采用外保温比内保温

常见的窗户传热系数值 　　　　　　　　　　　表3-2-4

窗框材料	窗户类型	空气层厚度/mm	窗框窗洞面积比/（%）	传热系数K/[W/（m²·K）]
铜、铝	单层窗	—	20~30	6.4
	单框双层玻璃	12	20~30	3.9
		16	20~30	3.7
		20~30	20~30	3.6
	双层窗	100~140	20~30	3.0
	单层＋单框双玻璃	100~140	20~30	2.5
木、塑料	单层窗	—	30~40	4.7
	单框双玻璃	12	30~40	2.7
		16	30~40	2.6
		20~30	30~40	2.5
	双层窗	100~140	30~40	2.3
	单层＋单框双玻璃	100~140	30~40	2.0

注：（1）本表中的窗户包括一般窗户、天窗和阳台门上部带玻璃的部分。
　　（2）阳台门下部门肚板部分的传热系数，当下部不作保温处理时，应按表中值采用；当作保温处理时，应按计算确定。
　　（3）本表中未包括的新型窗户，其传热系数应按测定值采用。

公共建筑节能设计标准中外墙（包括非透光幕墙）的传热系数基本要求　　表3-2-5

传热系数K/[W/（m²·K）]	严寒A、B区	严寒C区	寒冷地区	夏热冬冷地区	夏热冬暖地区
	≤ 0.45	≤ 0.50	≤ 0.60	≤ 1.0	≤ 1.5

优点多一些，主要有以下几方面：

a. 外保温使墙或屋顶的主要部分受到保护，大大降低温度应力的起伏，提高结构的耐久性。如果将保温层放在外墙内侧，则外墙要常年经受冬、夏季较大温差（可达80~90℃）的反复作用。如将保温层放在承重构造外侧则承重结构所受温差作用会大幅度下降，温度变形明显减小。

b. 外保温对结构及房间的热稳定性有利。由于承重构造材料的蓄热系数一般都远大于保温层，所以，外保温对结构及房间的热稳定性有利。

c. 外保温有利于防止或减少保温层内部产生水蒸气凝结。外保温对防止或减少保温层内部产生水蒸气凝结，是十分有利的，但具体效果则要看环境气候、材料及防水层位置等实际条件。

d. 外保温使热桥处的热损失减少，并能防止热桥内表面局部结露。

e. 建筑外保温施工可在基本不影响用户正常使用的情况下进行。另外，外保温不会占用室内的使用面积。

当然，墙体外保温也有一些不足。首先是在构造上比内保温复杂，因为保温层不能直接裸露在室外，必须有外保护层，而这种保护层不论在材料还是构造上的要求，都比做内保温时的内饰面层要求高。其次，高层建筑墙体采用外保温时，需要高空作业，施工难度比较大，需要加强安全措施，所以施工成本较高。

（1）单设保温层

单设保温层的做法是保温构造最普遍的方式，这种方案是用导热系数很小的材料作保温层与受力墙体结合而起到加强保温的作用。由于不要求保温层承重，所以选择的灵活性比较大，不论是板块状还是纤维状的材料，都可以使用。图3-2-2是单设保温层的外墙构造图，这是在砖砌体内侧粘贴水泥珍珠岩板或加气混凝土板作保温层的做法。

（2）封闭空气间层保温

根据建筑热工学原理可知，封闭的空气层有良好的绝热作用。在建筑围护结构中设置空气间层可以明显提高保温性能，而且施工方便，成本比较低，普遍适用于新建工程和既有建筑改造工程，如图3-2-3所示为设置空气间层的墙体模型。空气间层的厚度，一般以4~5cm为宜。为提高空气间层的保温能力，间层表面应采用强反射材料，例如铝箔。如果用强反射遮热板将其分隔成两个或多个空气层，当然效果更好。为了使反射材料具有足够的耐久性，应当采取涂塑处理等保护措施。

（3）保温与承重相结合

空心板、多孔砖、空心砌块、轻质实心砌块等，既能承重，又能保温。只要材料的

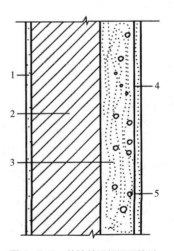

图3-2-2 外墙单设保温层构造
1- 外粉刷；2- 砖砌体；3- 保温层；4- 隔汽层；5- 内粉刷

导热系数比较小，机械强度满足承重要求，又有足够的耐久性，那么，采用保温与承重相结合的方案在构造上比较简单，施工亦较方便，这种构造适用于钢筋混凝土框架等结构类型的外围护墙。图3-2-4所示为北京地区使用的双排孔混凝土空心砌块砌筑的保温与承重相结合的墙体。

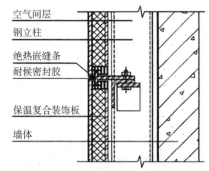

图3-2-3 设置空气间层的墙体

图3-2-4 混凝土空心砌块

（4）混合型构造

当单独采用某一种方式不能满足建筑保温要求，或为达到保温要求而造成技术经济上的不合理时，往往采用混合型保温构造。例如既有实体保温层，又有空气层和承重构造的外墙或屋顶结构，如图3-2-5所示。其特点是混合型的构造比较复杂，但绝热性能好，尤其在节能要求比较高或者恒温室等热工要求较高的房间，是经常采用的。

当采用单设保温层的复合墙体时，保温层的位置对结构及房间的使用质量、结构造价、施工、维持费用等各方面都有很大影响。保温层设在承重结构的室内一侧，叫内保温，设在室外一侧，叫外保温；有时保温层可设置在两层密实结构层的中间，叫夹心保温，如图3-2-5所示。

2）屋面热工设计

屋面作为建筑围护结构，对建筑顶层房间的室内气候的影响不亚于外墙。在按照建筑节能设计标准要求确保其保温隔热水平的同时，还应该选择新型防水材料，改进其保

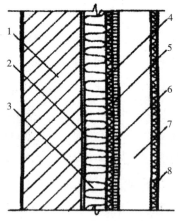

图3-2-5 混合型保温层构造
1-混凝土；2-胶粘剂；3-聚氨酯泡沫塑料；4-木纤维板；5-塑料膜；6-铝箔纸板；7-空气间层；8-胶合板涂油漆

温和防水构造，全面改善屋面的整体性能。常采用的具体方式有以下几种：

（1）屋面保温层

这种方法是直接将屋面原有的保温层加厚，或者增加更高效的新型保温材料，使屋面的总传热系数达到相应的节能标准的要求。这是建筑保温节能工程经常采用的传统方法，优点是构造简单，施工方便。

传统平屋面的一般做法是将保温层放在屋面防水层之下、结构层以上，形成多种材料和构造层次结合的保温做法，其构造层次如图3-2-6所示。

倒置式屋面与传统屋面相比较而言，传统的屋面构造把防水层置于整个屋面的最外层，而倒置式保温屋面是把保温层放在防水层之上，并采用憎水性的保温材料，如挤塑聚苯板和硬质聚氨酯泡沫塑料板等（图3-2-6）。硬质聚氨酯泡沫塑料板导热系数小，约为0.03W/（m·K），是目前保温性能较好的材料之一，而且密度可以控制，施工方便，既可现场发泡生成，亦可做成预制板材进行现场粘贴，并做好板缝之间的防水处理。倒置式屋面在施工中应选用挤塑聚苯板或聚氨酯现场发泡屋面做法，而不可使用普通的模塑聚苯板。该屋面的优点是工艺简单，施工方便，保温和防水性好，不需设排气孔，抗老化性能好。

（2）屋面绿化

平屋顶种植屋面的构造是在屋面结构层上依次进行水泥砂浆找平，做防水层、保温层、砾石层（或专用塑料排疏板）、保湿种植土层和种植绿化植物（图3-2-7）。夏季，绿化屋面与普通隔热屋面比较，室内温度相

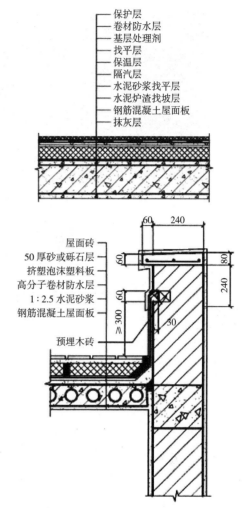

图3-2-6 传统保温平屋面和倒置式保温屋面

差2.6℃。因此，屋面绿化作为夏季隔热措施具有显著的效果，可以节省大量的空调用电。屋面植物配置以浅根系的植物品种为宜，如草坪中的佛甲草，小灌木中的黄杨、沙地柏，花灌木中的月季等，要求耐热、抗风和耐旱。

（3）架空屋面

架空屋面在夏热冬冷地区和夏热冬暖地区用得较多，架空通风隔热间层设于屋面防水层之上，架空层内的空气可以自由流通。其隔热原理是：一方面利用架空板遮挡阳光，

图3-2-7　屋面绿化

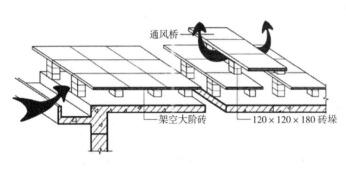

通风桥

架空大阶砖　　120×120×180砖垛

图3-2-8　架空屋面

另一方面利用风压将架空层内被加热的空气不断排走，从而达到降低屋面内表层温度的目的（图3-2-8）。

（4）坡屋顶

建筑采用坡屋顶可以有效改善防水、保温等的效果。由于坡屋面的排水坡度较大，不易积水，排水速度明显大于平屋面，这从根本上解决了平屋面渗漏的隐患；在坡屋顶与平屋面之间形成的空气间层可增加热阻，也可同时增设保温层来进一步提高屋面的总热阻，利用这种构造上的优势可以用较少的投入取得显著的效果，其保温、隔热性能明显优于单独增加屋面保温层的平屋面，如图3-2-9所示。

3）地面热工设计

供暖房屋地面的热工性能对室内热环境的质量、对人体的热舒适有重要影响。底层地面，和屋顶、外墙一样，也应有必要的保温能力，以保证地面温度不致太低。由于人体足部与地面直接接触传热，地面保温性能对人的健康和舒适的影响比其他围护结构更直接、更明显。

体现地面热工性能的物理量是吸热指数，用 B 表示。B 值越大的地面，从人脚吸热就越多，也越快。地板面层材料的密度 ρ、比热容 c 和导热系数 λ 的大小是决定地面的热工性能指标——吸热指数 B 的重要参数。以木地面和水磨石两种地面为例，木地面的 $B=10.5$，而水磨石的 $B=26.8$，即使它们的表面温度完全相同，如赤脚站在水磨石地面上，就比站在木地面上凉得多，这是因为两者的吸热指数 B 值明显不同造成的，如图3-2-10所示。

图3-2-9 平屋顶改为坡屋顶

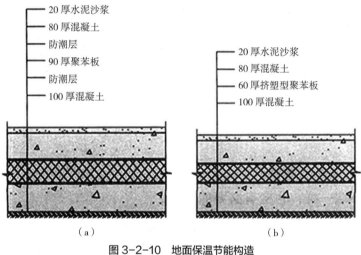

— 20厚水泥沙浆
— 80厚混凝土
— 防潮层
— 90厚聚苯板
— 防潮层
— 100厚混凝土

— 20厚水泥沙浆
— 80厚混凝土
— 60厚挤塑型聚苯板
— 100厚混凝土

（a） （b）

图3-2-10 地面保温节能构造
（a）普通聚苯板保温地面；（b）挤塑型聚苯板保温地面

3.2.2 建筑遮阳

建筑遮阳的目的是阻止阳光透过玻璃进入室内，防止阳光过分照射和加热建筑围护结构，防止眩光，以消除或缓解室内高温，降低空调的用电量。因此，针对不同朝向在建筑设计中采取适宜、合理的遮阳措施是改善室内环境、降低空调能耗、提高节能效果的有效途径，而且良好的遮阳构件和构造做法是反映建筑高技术和现代感的重要组成因素。从节能效果来讲，遮阳设计是不可缺少的一种适用技术，在夏季和冬季都有很好的节能

和提高舒适性的效果。特别是夏季，强烈的太阳辐射是高温热量之源，而遮阳是隔热最有效的手段。有相关资料表明，窗户遮阳所获得的节能收益为建筑能耗的10%~24%，而用于遮阳的建筑投资则不足2%。

建筑采取遮阳措施，不但可降低夏季外窗的太阳辐射透过率，大幅度降低空调设备的能耗，还可明显地改善自然通风条件下的室内热环境。据资料统计，有效的遮阳可以使室内空气最高温度降低1.4℃，平均温度降低0.7℃，使室内各表面温度降低1.2℃，从而减少使用

空调的时间，获得显著的节能效果。尤其对于炎热地区，窗户外遮阳是建筑节能最主要的技术措施。夏季当外窗的辐射透过率不大于0.3时，再辅以墙体隔热和提高空调设备能效比等措施，就可以达到国家关于建筑节能50%的指标要求。但在冬天，太阳辐射得热又是提高室内热环境质量的一个有利因素。

遮阳设施按设置的位置可分为外遮阳、内遮阳和中间遮阳三类：①外遮阳是指安装在建筑外围护结构（主要是采光洞口和透明外围护结构）外侧的遮阳设施。外遮阳包括固定遮阳和可调节遮阳，形式和材料丰富多样，常用的有遮阳板、遮阳百叶、遮阳帘幕、遮阳篷布、遮阳窗扇等。可调节遮阳表皮层位于其他表皮层的最外部，是最常见的组合方法，按遮阳构件形状分为水平式、垂直式、综合式等几种常见形式（图3-2-11）。其优点是太阳辐射在遮阳层上所产生的热量停留在建筑的外部，散热性能好；其缺点是对遮阳层的清洁、保养和维护较难。②内遮阳指的是安装在建筑外围护结构内侧的遮阳设施，多采用窗帘、金属或高分子合成材料的遮阳百叶等。将可调节遮阳层置于建筑表皮内侧，其缺点是：由于太阳辐射产生的热量留在室内，其隔热的效率不高，但因构件位于室内，

便于维护和清洁。③目前，较为广泛运用的双层表皮常将遮阳层置于建筑的两个表皮层之间，双层玻璃间形成的空气层与可调节遮阳层共同作用，满足建筑的遮阳、自然通风和自然采光要求。在双层表皮结构中，遮阳层被置于外层表皮和内层表皮之间，被外层的玻璃保护起来，免遭风雨的侵蚀，起到遮阳和热反射的作用，如图3-2-12所示。因此位于表皮中间的遮阳层既具有类似外遮阳的节能性，又比外遮阳多了一个容易清洁、维护的优点。

日照总共由三部分构成：太阳直射、太阳漫射和太阳反射。当不需要太阳辐射供暖时，可以在窗户上安装遮阳构件以遮挡直射阳光，同样也可以遮挡漫射光和反射光。因此，遮阳装置的类型、大小和位置取决于所受阳光直射、漫射和反射影响的部位的尺度。反射光往往是最好控制的，可以通过减少反射面来实现，最好的调节方法是利用植物。漫射光是很难控制的，因此常采用附加室内遮阳或是玻璃窗内遮阳的方法。控制直射光的有效方式是室外遮阳。遮阳与采光有时是互相影响甚至是互相矛盾的。不过，通常可以采取恰当的方式利用遮阳设计将太阳光引入室内，这样既可以提供高质量的采光，

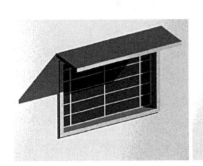

图3-2-11　水平式、垂直式、综合式遮阳

图3-2-12　中空玻璃内置百叶

同时又减少了辐射到室内的热量。理想的遮阳装置应该能够在保持良好的视野和微风吹入窗内时，最大限度地阻挡太阳辐射。

外遮阳与内遮阳虽然都对太阳辐射进行了部分反射、部分吸收和部分透过，但其遮阳效果有显著差别。外遮阳将大部分太阳辐射直接反射出去，吸收的太阳辐射热也通过外部空气的对流换热和长波辐射发散到室外环境中，基本不会对室内环境造成影响。采用外遮阳方式，进入室内的辐射热总量约为15%。如果采用内遮阳，太阳辐射大部分会穿过透明围护结构进入室内（少部分通过围护结构反射和室外环境对流发散出去），虽然内遮阳可以将一部分辐射反射出去，但反射的总量较低，而且进入室内的热量被内遮阳设施吸收后，会逐渐发散到室内。采用内遮阳方式，进入室内的辐射热总量约为50%。可见，外遮阳对太阳辐射热的隔绝效果要比内遮阳好很多，如图3-2-13所示，因此建筑遮阳以外遮阳为主。采用外遮阳也有不足之处：遮阳构件受外界环境影响，表面较容易受到污染，导致对太阳辐射的反射作用减弱；可调节遮阳设施容易损坏，且不便于检修、安装和清洁。

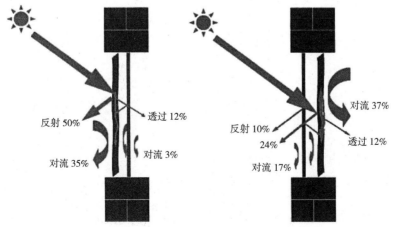

图3-2-13　外遮阳与内遮阳的遮阳效果比较示意图

1. 混凝土构件遮阳

此类遮阳形式适用于各种建筑的固定式外遮阳。水平式遮阳适用于接近南向的窗口；垂直式遮阳适用于东北、北和西北向附近的窗口（图3-2-14）；综合式遮阳适用于东南或西南向附近的窗口。

2. 金属构件遮阳

此类遮阳形式适用于公共建筑。金属材料制成的遮阳构件，常见形式为金属屋面形成的挑檐遮阳以及金属构件形成的立面和屋面遮阳（图3-2-15）。

3. 铝合金机翼遮阳

此类遮阳形式适用于公共建筑。由机翼遮阳片组成，有固定式、可调式。通过不同的安装方式，实现建筑的多种遮阳形式。叶片形状有：单翼型、双翼型、翼帘型、机翼型（图3-2-16）。

4. 植物遮阳

此类遮阳形式适用于公共建筑。植物遮阳就是利用某种植物来遮挡不需要的过强的光照，同时具有保温隔热，吸尘，减少噪声和有害气体，滞留雨水，增加城市绿量，减少热岛效应等功能（图3-2-17）。

5. 卷帘遮阳

此类遮阳形式适用于各类建筑。可以选择带保温材料的或普通型的帘片、卷帘盒。全部展开时有一定的隔声作用，但影响观景。有手动（摇柄、皮带）、电动两种开启方式。而织物卷帘遮阳的帘布沿垂直墙面展开，系统关闭时，帘布可全部收在卷帘盒内，其中

图3-2-14　混凝土构件遮阳

图3-2-15　金属构件遮阳

图3-2-16　铝合金机翼遮阳

图3-2-17　植物遮阳

图3-2-18　卷帘遮阳

导轨式比导索式强度高（图3-2-18）。

6. 中空玻璃内置百叶遮阳

此类遮阳形式适用于各类建筑。遮阳叶片置于双层玻璃中间，与玻璃和窗框构成整扇窗户，通过调节叶片角度和遮光面积来满足室内采光需求（图3-2-19）。优点在于不额外占用建筑空间。

7. 穿孔板材遮阳

此类遮阳形式适用于公共建筑。通过在外窗或幕墙外侧设置穿孔板材，阻隔部分光线进入室内，材质主要分为铝合金和陶瓷（图3-2-20）。

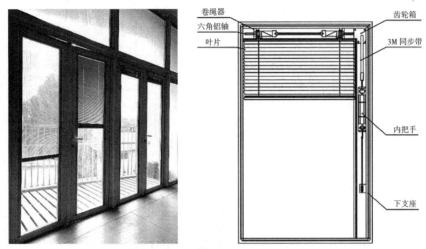

图 3-2-19　中空玻璃内置百叶遮阳

图 3-2-20　穿孔板材遮阳

8. 电控变色遮阳

此类遮阳形式适用于公共建筑。在现有玻璃上覆以调光膜或安装电控调光玻璃，通过控制系统调整玻璃的光线透射能力（图 3-2-21）。

9. 偏角异形遮阳

此类遮阳形式适用于公共建筑。依据建筑设计意向，结合地域性气候特征，形成特殊形状的遮阳构件，控制太阳辐射的入射，平衡遮阳和采光的需求，材质主要为铝合金和陶瓷（图 3-2-22、图 3-2-23）。

3.2.3　自然通风

建筑自然通风是指利用自然的手段（风压、热压等）来促使空气流动，将室外空气引入室内进行通风换气，以维持室内空气舒适性。自然通风的基本原理在于当建筑开口的两侧存在压力差，就会有空气流过开口。可见，自然通风的驱动力来自"压差"，压差主要由"风压"和"热压"形成。其中，"风压"是指室外绕流引起的建筑周围压力分布不同形成的开口处的压差；"热压"是指温差引起的空气密度差所导致的建筑开口内外的压差。

图3-2-21 电控变色遮阳

图3-2-22 异形遮阳

图3-2-23 偏角遮阳百叶

根据压力差形成方式的不同，自然通风组织主要有四种模式：风压通风、热压通风、风压与热压组合式通风、机械辅助式自然通风。

1. 风压通风

风源于大气压力差，风在运行中遇到障碍物时会发生能量转换，动压力转变为静压力。吹向建筑物表面的风受到阻挡后，在建筑物迎风面上静压增高而形成正压力（约为风速动压力的0.5~0.8倍），气流向上、向两侧偏转，绕过建筑物各侧面和背风面，并在这些表面产生局部涡流，形成负压力（约为风速动压力的0.3~0.4倍）。室内外空气在建筑物迎风面和背风面的压力差作用下，由高压侧向低压侧流动，经由建筑迎风面的开口、缝隙或通风设施进入内部空间，再由建筑背风面的孔口排出，形成风压自然通风。"穿堂风"就是典型的风压通风。

风压的压力差与风速、建筑物几何形状、建筑与风向的夹角、建筑总体布局、建筑物周围自然地形等因素相关。实验表明，当风垂直吹向建筑正面时，迎风面中心处正压最大，在屋角及屋脊处负压最大。

利用风压实现自然通风，一方面需要适宜的建筑外部风环境，一般需要室外平均风速不小于2~3m/s；另一方面，建筑布局应力求与夏季主导风向垂直，且建筑进深不宜过大（小于14m），以使风压形成的气流能以足够的速度穿过房间；此外，可以利用建筑外环境中的周边建筑、绿化植被、景观设施等要素对建筑风环境进行调整优化，以利于风压通风。

由伦佐·皮亚诺设计的芝柏文化中心（Tjibaou Cultural Centre）自然通风设计如图3-2-24所示。建筑所在地域属热带草原性气候，炎热潮湿，常年有来自南太平洋的强劲西风。利用自然通风降温、除湿是当地建筑应变自然环境气候的主要技术手段。棚屋建筑背向主导风向，在建筑背面的肋架结构中设有上下开口和可调百叶，针对从微风到飓风的不同风速和风向，通过调节百叶的开合来控制室内气流，利用风压在建筑内部产生空气流动，实现被动式的自然通风（图3-2-25）。

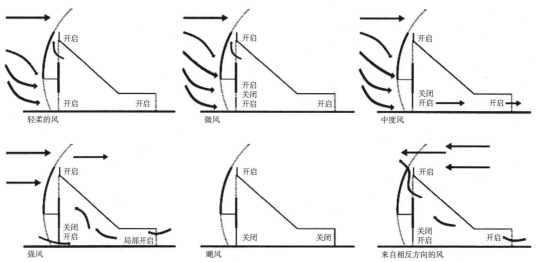

轻柔的风　　微风　　中度风

强风　　飑风　　来自相反方向的风

图3-2-24　芝柏文化中心在不同外环境风速状态下的自然通风组织模式示意图

图3-2-25　芝柏文化中心

图3-2-26　莎拉·库比切克医院

萨尔瓦多的莎拉·库比切克（Sarah Kubitschek）医院（图3-2-26），使用了连续重复且具有多样延伸的大型的弯曲金属棚，通过在上方开口释放暖空气以及其他杂质来引发环境内通风，同时保证自然光的摄入。暖空气要比冷空气更轻，因此，在室外或者室内环境中，暖空气会上升而冷空气会下沉。在这一通风系统中，开口通常位于接近地表的位置，这样冷空气就可以进入室内，推动暖空气到空间的上方，再使其从位于屋顶棚和阁楼之上的开口排出室外。

2. 热压通风

热压通风是对风能的间接利用。其基本原理是：由于建筑空间（腔体）内外存在温度差，其空气密度也存在差异，导致空间内外垂直压力梯度不同。被加热的室内空气由于密度变小而向上浮升，从建筑空间上方的开口（排风口）排出。室外密度大的冷空气从建筑空间下方的开口（进风口）导入以补充空气，促进气流产生自下而上的流动，形成"热压通风"，即所谓的"烟囱效应"（Stack Effect）。对室外风环境多变或风速不大的地区，烟囱效应所产生的通风是改善热舒适的良好手段（图3-2-27）。

建筑室内外空气温度差越大，进出风口高度差越大，热压作用越强。只有当"室内外温差"和"进出风口高差"当中一个因素足够大时，才有可能实现热压通风。以层高小于3m的住宅建筑为例，由于进出风口高差较小，需要很大的室内外温差才能通过热压驱动通风，这种大温差只有在寒冷地区采取室内供暖的冬季才能实现，而在需要自然通风的夏季，热压通风的作用很小，只有在设有垂直通风道的厨房、卫生间等空间，由于贯通风道具有较大的高差，才能利用热压进行通风。

冷空气在暖空气之下施加压力，迫使其上升，同时引导通风。然而，在这种情况下，室内空气通过中庭和塔楼的开放区域形成通风系统，并通过屋顶天窗、顶部洞口或者排风口排出。由诺曼·福斯特设计的德国新国会大厦的穹顶正是这种通风系统的一个案例（图3-2-28）。通过玻璃外壳与中心镜面板倒椎体所交汇的顶部开口，建筑内的空气循环得以发生。

诺曼·福斯特设计的法兰克福商业银行大厦，49层高的塔楼采用弧线围成的三角形平面，三个核（由电梯间和卫生间组成）构成

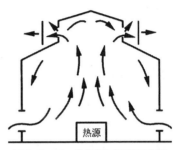

图3-2-27　热压通风原理示意图

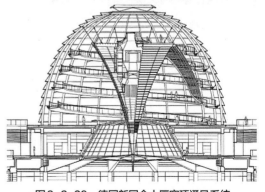

图3-2-28　德国新国会大厦穹顶通风系统

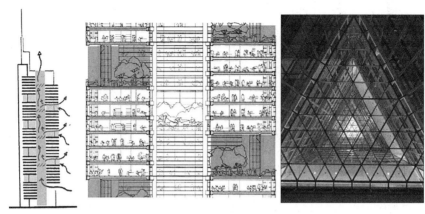

图3-2-29　法兰克福商业银行大厦

的三个巨型柱布置在三个角上，巨型柱之间架设空腹拱梁，形成三个无柱办公空间，其间围合出的三角形中庭，如同一个大烟囱（图3-2-29）。为了发挥其烟囱效应，组织好办公空间的自然通风，经风洞实验后，在三个办公空间中分别设置了多个空中花园。这些空中花园分布在三个方向的不同标高上，成为"烟囱效应"的进、出风口，有效地组织了办公空间的自然通风。据测算，该楼的自然通风量可达60%。三角形平面又能最大限度地接纳阳光，创造良好的视野，同时又可减少对北邻建筑的遮挡。因此，大厦被冠以"生态之塔""带有空中花园的能量搅拌器"的美称。

3. 组合式通风

风压作用受大气环流、局地通风、建筑形状、周围环境等因素的影响，具有不稳定性。与其相比，热压作用相对稳定，热压通风所需条件较容易实现，但由于烟囱效应形成的空气流动较缓慢，因此需要风压作用进行补充。实际上，多数情况下，建筑自然通风是热压与风压共同作用的结果，即组合式通风，如图3-2-30所示。这种共同作用可加强或减弱通风效果。当风压作用的风向与热压作用

的流线方向相同时，两种作用相互促进，增强通风效果。反之，两种作用相互抵消而减弱自然通风的效果。建筑物开口两边的压力梯度是上述两种压力各自形成的综合压力差（代数和），而通过建筑开口的气流量与综合压力差的平方根成正比。例如重庆八中鹿山实验中学的自然通风设计，结合一层区域的架空空间，使空气能进入中庭，并通过热压拔风效应加强通风效果，如图3-2-31所示。

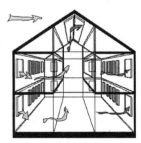

图3-2-30　热压与风压组合自然通风

图3-2-31　重庆八中鹿山实验中学自然通风设计

4. 绿色建筑自然通风设计

（1）对建筑自然通风以及供暖和降温问题的考虑应该从用地分析和总图设计时开始。植物，特别是高大的乔木能够提供遮阳和自然的蒸发降温；水池、喷泉、瀑布等既是园林景观小品，也对用地的微气候环境调节起到重要作用。在对城市热岛效应的研究过程中，人们发现热岛内的树林可以降低周围一定范围内的温度达 2~3℃。良好的室外空气质量也增加了建筑利用自然通风的可能性。

（2）在可能的条件下，不要设计全封闭的建筑，以减少对空调系统的依赖。

（3）建筑的布局应根据风玫瑰来考虑，使建筑的排列和朝向有利于通风季节的自然通风。

（4）在进行平面或剖面上的功能配置时，除考虑空间的使用功能外，也对其热产生或热需要进行分析，尽可能集中配置，使用空调的空间尤其要注意其热绝缘性能。

（5）建筑平面进深不宜过大，这样有利于穿堂风的形成。一般情况下，平面进深不超过楼层净高的 5 倍，可取得较好的通风效果。

（6）在许多办公建筑中，穿堂风可看作主要通风系统的辅助成分。建筑的门和窗的开口位置，走道的布置等应该经过衡量，以有利于穿堂风的形成。应考虑建筑的开口和内部隔墙的设置对气流的引导作用。

（7）单侧通风的建筑，进深最好不超过净高的 2.5 倍。

（8）每个空间单元最小的窗户面积至少应该是地板面积的 5%。

（9）尽量使用可开启的窗户，但这些窗户的位置应该经过调配，因为并不是窗户一打开就能取得很好的通风效果。

（10）中庭或者风塔的"拔风效应"对自然通风很有帮助，设计中应该注意使用。

（11）应将通风设计和供暖 / 降温以及光照设计看作一个整体。室内热负荷的降低可以减少对通风量和效率的要求。可利用夜间的冷空气来降低建筑结构的温度。

（12）在可能的条件下，应充分利用水面、植物来降温。进风口附近如果有水面，在夏季其降温效果是显著的。

（13）在气候炎热的地方，进风口尽量配置在建筑较冷的一侧（通常是北侧）。

（14）考虑通过冷却的管道（例如地下管道）来吸入空气，以降低进入室内的空气温度。在热空气供给室内之前，可以利用底层 3m 以下的恒温层来吸收热量，更深层的地下水可以在维持建筑的热平衡中起到重要的作用。良好的通风是另一个自然降温的有效手段，可以配合使用冷辐射吊顶，它能减弱室内温度的分层现象，使温度的分布更均匀。

（15）保证空气可以被送到室内的每一个需要新鲜空气的点，而且避免令人不适的吹面风。

（16）尽量回收排出的空气中的热量和湿气。

（17）对于机械通风系统的通风管道，仔细设计其尺寸和路线以减少气流阻力，从而降低对风扇功率的要求。此外，还需要注意送风口和进风口的位置合适与否以及避免送风口和进风口的噪声，同时注意通风系统应该能防止发生火灾时火焰的蔓延。

3.2.4　自然采光

天然光即室外昼光，是人类在生活中习惯的光源，可以高效发挥人体视觉功效，全光谱太阳辐射可以使人们在生理和心理上长期感到舒适、满意。天然采光是对太阳能的直接利用，指的是应用各种采光、反光、遮光等设施，将室外的自然光引入室内，满足照明、调节温度、杀菌、保健、营构空间艺术氛围等方面的需求，是绿色建筑被动式利用太阳光能最基本、最主要的措施之一，如图3-2-32所示。

我国大部分地区处于温带，天然光充足，为利用天然光提供了有利条件，在白天的大部分时间内都有充足的天然光资源可以利用。这对照明节能也具有非常重要的意义。从日照率来看，由北、西北往东南方向逐渐降低，而以四川盆地一带为最低。从云量来看，大致是从北向南逐渐增多，新疆南部最少，华北、东北地区少，长江中下游地区较多，华南地区最多，四川盆地特多。从云状来看，南方以低云为主，向北逐渐以高、中云为主。这些均说明：南方以天空扩散光为主，照度较大，北方以太阳直射光为主，并且南、北方室外平均照度差异较大。若在采光设计中采用同一标准值，显然是不合理的。为此，在采光设计标准中将全国划分为五个光气候区，实际应用中分别取相应的采光设计标准。按天然光年平均总照度（klx）Ⅰ区：$Eq \geq 45$，Ⅱ区：$40 \leq Eq < 45$，Ⅲ区：$35 \leq Eq < 40$，Ⅳ区：$30 \leq Eq < 35$，Ⅴ区：$Eq < 30$。

晴天室外照度变化如下：晴天是指天空无云或者少云的情况，假如以云量来表示，晴天的云量0~3，这时，地面照度由太阳直射光和天空扩散光两部分组成。这两部分的照度值是随着太阳在天空中的位置的升高而增大的，只是扩散光在太阳高度角较小时变化快，到太阳高度角较大时变化趋小，如图3-2-33所示。

由于直射光强度很高，随时段变化很大，不够稳定和均匀，而且容易造成眩光和室内过热，多数情况下需要采用遮阳设施来遮蔽直射光。因此，建筑采光设计中的光源主要指的是全云天的天空扩散光。不过，由于直射光的光能极大，可以采取措施对直射光光

图3-2-32　自然采光设计的功能性和艺术性

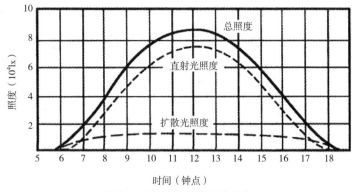

图3-2-33 晴天室外照度变化

路进行动态控制，使直射光在落到被照面之前得到有效扩散，实现对直射光源的有效利用，例如采用反光板（反光镜）天然采光技术。

天然采光的形式主要有侧面采光、顶部采光、反光板采光、反光镜采光、棱镜采光、光导管采光等，其中应用较多的是侧面采光和顶部采光。利用天然采光调控室内光环境的要点包括：足够大的采光口、满足照度均匀度、避免产生眩光。不同形式的采光口和透光材料对室内光环境的影响有较大差异，其影响因素主要有采光口面积、形状、位置和所用透光材料等。

1. 建筑朝向与间距

建筑朝向设计包括争取更长的日照时数、更多的日照量和更好的日照质量三方面。

（1）建筑的基地应选择在向阳的平地或山坡上，以争取尽量多的日照，为建筑单体的节能设计创造供暖先决条件。

（2）未来建筑的（向阳）前方无固定遮挡，任何无法改变的"遮挡"都会令将来建筑的供暖负荷增加，造成不必要的能源浪费。

（3）建筑的位置要有效避免西北向寒风，以降低建筑围护结构（墙和窗）的热能渗透。

（4）建筑应满足最佳朝向范围，并使建筑内的各主要空间有良好朝向的可能，以使建筑争取到更多的太阳辐射。

（5）一定的日照间距是建筑充分得热的先决条件。太大的间距会造成用地浪费，一般根据建筑类型的不同来规定不同的连续日照时间，以确定建筑最小间距。

（6）通过建筑群体相对位置的合理布局或科学组合，可取得良好的日照，同时可以组织建筑的阴影效果以达到遮阳之目的：①建筑的错列布局可利用山墙空间争取日照；②点状与条状有机结合；③建筑的围合空间既可以挡风，又不影响日照。

日照对人的生理和心理健康都是非常重要的，但是住宅的日照又受到地理位置、朝向、外部遮挡等许多外部条件的限制，不是很容易达到理想状态的。尤其在冬季，太阳的高度角比较小，楼与楼之间的相互遮挡更加严重。设计绿色住宅、绿色公共建筑时，应注意楼的朝向、楼与楼之间的距离和相对位置、楼内平面的布置，通过计算验证、调整优化以满足空间品质，例如居住空间能够获得充足的日照、每套住宅至少有1个居住空间满足日照标准的要求。当有4个及4个以上居住空间时，至少有2个居住空间满足日照标准的要求。在旅馆、医院等公共建筑中，也要保持良好的日照条件。

2. 采光口面积和形状

为了获得天然光，通常在建筑外围护结构上（如墙和屋顶等处）设计各种形式的洞口，并在其外装上透明材料，如玻璃或有机玻璃等。这些透明的孔洞统称为采光口。可按采光口所处的位置将它们分为侧窗和天窗两类。

一般来说，采光口面积越大，进入室内的自然光的光通量越大。但在采光洞口面积相同的情况下，洞口的形状和位置对进入室内的自然光的光通量在空间中的分布有较大影响。

采光口的形状影响进入室内的光通量大小和照度均匀性。以侧面采光为例，在侧窗面积相等、窗台标高相等的情况下，通过正方形窗口进入室内的光通量最高，其次是竖长方形窗口，横长方形最少。但在照度均匀性方面，竖长方形窗口在进深方向上照度均匀性好，横长方形窗口在宽度方向上照度均匀性好，如图3-2-34所示。

3. 采光口位置

最常见的采光口形式是侧窗，它可以用于任何有外墙的建筑物，但由于它的照射范围有限，故一般只用于进深不大的房间。这种以侧窗进行采光的形式称为侧窗采光。任何具有屋顶的室内空间均可使用天窗采光。由于天窗位于屋顶上，因此，在开窗形式、面积、位置等方面受到的限制较少。同时采用前述两类采光方式时，称为混合采光。此外，大体量的建筑物常常采用中庭采光的形式，以满足更多的自然光利用，如图3-2-35所示。

1）侧窗采光

侧窗可以开在墙的两侧墙上，透过侧窗的光线有强烈的方向性，有利于形成阴影，对观看立体物件特别适宜并可以直接看到外界景物，视野宽阔，可满足对建筑通透感的要求，故得到了普遍的使用，如图3-2-36所示。侧窗窗台的高度通常为1m左右。有时，为获得更多的可用墙面或提高房间深处的照度以及其他需要，可能会将窗台的高度提高到2m以上靠近顶棚处，这种窗口称为高侧窗。在高大的车间、厂房和展览馆建筑中，高侧窗是一种常见的采光口形式。

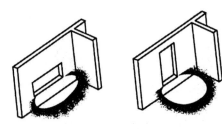

图3-2-34 不同形状侧窗光线分布示意图

顶部采光（天窗）

侧面采光

中庭采光

图3-2-35 常见采光口位置

2）天窗采光

在房屋屋顶设置的采光口称天窗。利用天窗采光的方式称天窗采光或顶部采光，一般用于大型工业厂房和大厅房间，如图3-2-37、图3-2-38所示。这些房间面积大，侧窗采光不能满足视觉要求，故需用顶部采光来补充。天窗与侧窗相比，具有以下特点：采光效率较高，约为侧窗的8倍；具有较好的照度均匀性；一般很少受到室外遮挡。按使用要求的不同，天窗又可分为多种形式，如矩形天窗、锯齿形天窗、平天窗、横向天窗和井式天窗。

顶部采光的室内照度均匀性明显要好于侧面采光。对于在建筑中常用的侧面采光，采光口上下端的剖面位置对室内照度分布的均匀性有显著影响。当窗台高度不变时，随着窗口上端的下降，窗口面积减小，室内各点照度均下降，如图3-2-39所示。当窗洞口顶部标高不变时，提高窗台高度，可减小窗口面积，降低近窗处照度，但对室内深处的照度影响不大，如图3-2-40所示。当窗口面积相同时，采用低窗、高窗、多个窄条窗等不同形式对室内照度分布的影响显著不同。其中，高窗形成的室内照度分布均匀性明显好于低窗和多个窄条窗的形式。

图3-2-36　侧窗采光

图3-2-37　展览建筑天窗采光

图3-2-38　工业建筑天窗采光

4. 窗地比

建筑能否获取足够的天然采光，除了取决于窗口外部有无遮挡、窗玻璃的透光率之外，最关键的因素还是窗地面积比的大小。在其他条件不变的前提下，窗地面积比越大，自然采光越充足。因此，国家标准《建筑采光设计标准》GB 50033-2013规定，用采光系数来评价室内天然采光的水平。在建筑方案设计中，对于Ⅲ类光气候区的采光，窗地面积比和采光有效进深可按表3-2-6进行估算，其他光气候区的窗地面积比应乘以相应的光气候系数 K。采光系数就是室内某一位置在没有人工照明时的照度值与室外的照度值之比。该标准中明确规定了居住建筑和公共建筑中各类房间的采光系数最低值，绿色建筑房间的采光系数则必须超过这些规定的最低值。

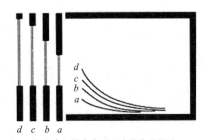

（a）窗上沿高度对照度分布的影响

图3-2-39　侧窗高度变化对室内照度分布影响示意图

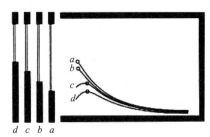

（b）窗台高度对室内照度分布的影响

图3-2-40　窗台高度变化对室内照度分布影响示意图

窗地面积比和采光有效进深　表3-2-6

采光等级	侧面采光		顶部采光
	窗地面积比	采光有效进深	窗地面积比
I	1/3	1.8	1/6
II	1/4	2.0	1/8
III	1/5	2.5	1/10
IV	1/6	3.0	1/13
V	1/10	4.0	1/23

注：1. 窗地面积比计算条件：窗的总透射比 τ 取 0.6；室内各表面材料反射比的加权平均值：I ~ III级取 $\rho_j = 0.5$，IV级取 $\rho_j = 0.4$，V级取 $\rho_j = 0.3$；

2. 顶部采光指平天窗采光，锯齿形天窗和矩形天窗可分别按平天窗的 1.5 倍和 2 倍窗地面积比进行估算。

采光系数需要通过直接测量或复杂的计算才能得到，设计绿色建筑时提倡使用建筑日照分析软件进行采光模拟计算，确定各个空间的采光系数。窗地面积比确定之后，窗玻璃的可见光透射比对房间的采光影响非常直接。为达到良好的采光效果，建筑的外窗和幕墙应尽量避免使用有色玻璃，尤其要避免使用深颜色的玻璃。虽然有色玻璃可能给建筑的外观添彩，但对室内的天然采光不利，居住建筑的外窗使用深颜色的玻璃甚至可能给年长的居住者带来视觉偏差。

窗户除了有自然通风和自然采光的功能外，还具有从视觉上沟通内外的作用，良好的视野有助于居住者心情舒畅。现代城市中的住宅大都是成排成片建造的，住宅之间的距离一般不会很大，不利于保护居住空间的私密性。因此，绿色建筑应该精心设计，尽量避免前后左右不同住户的居住空间之间的视线干扰，这也是我们在考虑建筑的窗地比的时候应该同时考虑的问题。

5. 透光材料

不同类型的透光材料对室内照度的分布有重要影响。采用乳白玻璃、玻璃砖等扩散透光材料，或采用可以将光线折射到顶棚的定向折光玻璃等，都会提高室内照度分布的均匀性，如图 3-2-41 所示。随着材料技术的发展，新的透光材料逐步应用于天然采光系统，如图 3-2-42 所示。例如

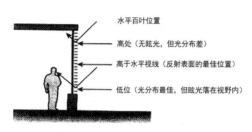

图3-2-41　自然光反射装置的合理布置

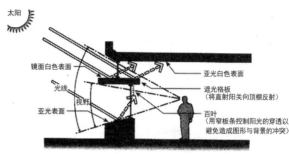

图3-2-42　透光材料的综合应用

调光玻璃可以通过感知光和热的变化来调节、控制采光量，目前，调光玻璃主要有光致变色、电致变色、温致变色、压致变色四种类型。

3.2.5　隔声降噪

声音的强弱称为强度，由气压迅速变化的振幅（声压）大小决定。人耳对声音强度的主观感觉称为响度，是根据 1000Hz 的声音在不同强度下的声压比值，取其常用对数值的 1/10 而确定的，计量单位为分贝（dB）。对于 1000Hz 的声音信号，人耳能感觉到的最低声压为 2×10^{-5}Pa，这一声压级定为 0dB。当声压超过 130dB 时，人耳将无法忍受。因此，人耳听觉的动态范围为 0~130dB。从物理的角度分析，一切不规则的或随机的声信号或电信号都可称之为噪声。噪声分为室外噪声（包括交通噪声、施工噪声、工业噪声、市井噪声等）和室内噪声（住户生活噪声和设备噪声等）。据统计，在影响城市环境的各种噪声来源中，工业噪声约占 8%~10%，建筑施工噪声占 5% 左右，交通噪声影响比例将近 30%，因其运行噪声大，又直接向环境辐射，对生活环境干扰最大，社会生活噪声影响面最广，已经达到城市范围的 47%，是干扰生活环境的主要噪声污染源，如图 3-2-43 所示。

室内噪声会引起耳部不适、降低工作效率、损害心血管、引起神经系统紊乱、影响视力等。一般情况下，建筑室内的噪声级不会造成人耳听力损伤，而主要会影响人与人之间的交流、工作情绪、工作任务的完成和

图3-2-43　生活中的各种噪声

休息效果。影响室内声环境的主要因素包括室内允许噪声级、脉冲噪声和事件噪声声压级峰值和出现次数。目前，我国《民用建筑隔声设计规范》GB 50118-2010 中主要控制的指标是室内允许噪声级。

绿色建筑隔声降噪控制技术包括吸声降噪技术、设备隔振技术、浮筑楼板减振技术、隔声吊顶技术等。

1. 吸声降噪技术

吸声是指声波入射到吸声材料表面上时被吸收，可以降低反射声。一般松散多孔的材料或结构吸声效果较好。

吸声降噪技术主要是指采用吸声材料和吸声结构降低建筑室内噪声的方法。当建筑室内的内表面（包括地面、顶棚、墙壁等）采用硬质材料时，人们在室内听到的噪声是在直达声和混响声共同作用下产生的噪声。如果在建筑室内墙面或吊顶上布置吸声材料或采用吸声结构，可以有效减弱混响声，达到降噪效果。研究表明，最大可降噪接近 10dB。吸声材料和吸声结构有多种，常用的是多孔吸声材料和共振吸声结构，如图 3-2-44 所示。

1）多孔吸声材料

包括各种纤维材料，主要有玻璃棉、岩棉、矿棉等无机纤维和棉、毛、麻等有机纤维，在使用时通常制成毡片或板材，诸如玻璃棉板、岩棉板、矿棉板、木丝板等，如图 3-2-45 所示。多孔吸声材料对声波的吸收作用是通过大量内外连通且对外开放的微小空隙和孔洞来实现的。而一般的隔热保温材料的吸声效果并不好。

2）共振吸声结构

建筑空间中的围蔽结构或物体在声波的激发下会发生振动并由振动引起摩擦，消耗声能，转变为热能，实现吸声降噪。共振吸声结构主要有"空腔共振吸声结构"和"薄板吸声结构"两种。"空腔共振吸声结构"应用较多的有穿孔石膏板、胶合板、金属板等穿孔板共振结构，如图 3-2-46 所示。常用的"薄板吸声结构"主要由周边固定在框架上的胶合板、硬质纤维板、石膏板、金属板等与板材背后的封闭空气层构成。

2. 隔声技术

隔声是利用隔层将噪声源和接收者分隔开。隔绝外部空间声场的声能称为"空气声

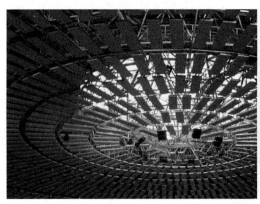

图3-2-44 建筑空间吸声设计

图3-2-45　多孔吸声材料装修空间

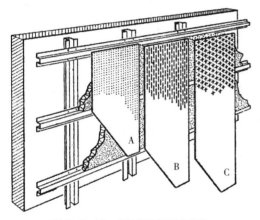

图3-2-46　穿孔板共振吸声结构
A-穿孔石膏板；B-带细条槽的硬纸板；C-穿孔金属板

隔绝"，隔绝撞击声辐射到建筑空间中的声能称为"固体声或撞击声隔绝"。后者隔绝的也是撞击传播到空间中的空气声，与直接隔绝固体振动的隔振概念不同。一般厚重密实的材料隔声效果好，例如作为围护结构的砖墙、混凝土墙等。在建筑室内，除了常用的隔声墙体外，还可以采用隔声吊顶技术。该技术是指在楼板下方一定距离的位置安装吊顶，对空气声、撞击声起一定的隔绝作用。隔声吊顶的技术要求包括：

（1）有较高的密封性，吊顶板上不应有孔洞。

（2）吊顶材料要求密实且有一定厚度，并采用弹性吊钩、弹簧吊钩、橡胶吊钩以及毡垫吊钩等，避免与楼板刚性连接。

（3）吊顶的面密度越大，隔声量越高。

（4）吊顶与楼板的间距控制在 10~20cm。

（5）可在吊顶与楼板之间填充多孔吸声材料来进一步改善空气隔声性能。

3. 隔振和减振技术

1）设备隔振技术

为了减少建筑内机器设备运转的振动的影响，常用的技术方法是在机器设备上安装隔振器（诸如金属弹簧、空气弹簧、橡胶隔振器等）或隔振垫（橡胶隔振垫、软木、毛毡、玻璃纤维板等），使设备与其基础之间的刚性连接转变为弹性连接。

2）浮筑楼板减振技术

该技术为在钢筋混凝土楼板基层上铺设弹性垫层，在垫层上再做地面面层。楼板与墙体之间留有缝隙并以弹性材料填充，防止墙体成为地面层与基层间的声桥。当楼板面层受到撞击产生振动时，由于弹性材料的作用，仅有小部分振动穿透楼板基层辐射噪声，如图3-2-47所示。只要保证浮筑楼板与结构

图3-2-47　浮筑楼板施工与安装

楼板及墙面之间的分离状态，不出现刚性连接形成声桥，就基本能满足撞击声隔声标准的要求。

　　浮筑楼板常用的弹性垫层材料有两类：其一，植物纤维材料，如软木砖、甘蔗板、软质木纤维板和木丝板等。其二，无机纤维材料，如玻璃棉板、岩棉板和矿棉板等。其中无机纤维材料目前已成为浮筑楼板的主要弹性垫层材料。常用的弹性面层材料主要有：羊毛地毯、化纤地毯、半硬质塑料地板、再生塑料地板、橡胶地板、再生橡胶地板和软木地板等。

3.3　建筑节能设计和技术优化

3.3.1　暖通空调系统

　　暖通空调的主要功能包括：供暖、通风和空气调节这三个方面。绿色建筑需要"以人为本，环境友好"的暖通空调系统。营造健康舒适的室内人居环境，是绿色建筑追求的重要目标之一。一个健康舒适的人居环境，是室内温度、湿度、气流、空气品质、采光、照明、噪声等多因素相互作用的集合。上述因素中，温度、湿度、气流、空气品质

依靠暖通与空调手段调节实现，而在调节过程中要避免产生噪声、污染。因此营造绿色建筑的室内环境，暖通空调技术起着重要的作用。

　　暖通空调最早是针对工业化生产的工艺性需要而使用的。在应用到民用建筑领域后（图3-3-1），部分设计要求和评价并没有及时加以相应的改进。绿色建筑暖通空调系统要

图3-3-1　民用建筑空调

在保持健康与舒适的基础上，充分实现高效能、低能耗的目标，且具有良好的环境友好性。

1. 空调节能系统

空调就是使用人工手段，借助于各种设备创造适宜的人工室内气候环境来满足人类生产、生活的各种需要。空调建筑系指一般夏季空调降温建筑，亦即室温允许波动范围为 ±2℃的舒适性空调建筑。空调的运转需要消耗大量的电能和热能，热能可用石油、煤等当作燃料经过燃烧而获得，但是这样不但污染空气，而且会浪费大量的能源。因此，空调系统的能源有效利用和节能就成了有待解决的问题。

空调系统的能耗包括供给设备冷热量，输送风、水和耗电，沿途冷热量损失和过多阻力损失，如果空调系统的设计和运行方案不合理，会给系统造成大量的无效能耗损失。夏季室外空气需经过冷却干燥处理，而排风则是低温较干燥的空气；冬季室外空气需加热加湿处理，而排风是温湿度较高的空气。这样，夏季可以用排风对新风进行冷却干燥，冬季可用排风对新风进行加热加湿。充分考虑系统耗能的这一特点，可以使整个空调系统就地进行热回收，有效地利用热源。

空调建筑节能除了应采取建筑措施，如窗户遮阳以减少太阳辐射得热，围护结构隔热以减少传热得热，加强门窗的气密性以减少空气渗透得热，采用重质内墙以降低空调负荷的峰值等之外，还应采用高效的空调节能设备或系统以及合理的运行方式来提高空调设备的运行效率。空调房间的冷负荷、室外空气的冷负荷、风机水泵能耗是空调系统必需的能耗，然而，在必需能耗中也有节能潜力，空调系统概括起来可分为两大类：集中式和分散式（包括局部方式），见表3-3-1、图3-3-2，可以通过以下措施提高节能水平。

主要空调方式　　　　　　　　　　　　　　　表3-3-1

空调类别	空调系统形式	空调输送方式
集中式	全空气系统	定风量方式
		变风量方式（即 VAV 系统）
		分区、分层空调方式
		空气诱导方式
		冰蓄冷低温送风方式
	空气—水系统	新风系统加风机盘管机组
		诱导机组系统
	全水系统	水源热泵系统
		冷热水机组加末端装置
分散式	直接蒸发式	单元式空调机加末端设备（如风口）
		分体式空调器即 VRV 系统
		窗式空调器
	辐射板式	辐射板供冷加新风系统
		辐射板供冷或供暖

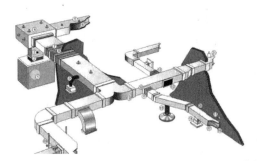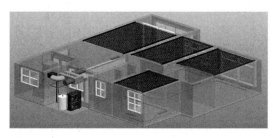

图 3-3-2　集中式空调和分散式空调

1）选择合适的冷热源

从建筑节能的角度来看，冷热源在工程层面上可以定义为：热源是能够提供热量的物体或空间；冷源是能够提供冷量（吸收热量）的物体或空间；冷热源设备是从冷热源获取冷热量的设备。冷热源从工作原理上可分为自然冷热源和能源转换型冷热源，对应的冷热源设备是自然冷热源利用设备和冷热量产生设备。目前建筑最常用的热源来自煤、石油、天然气等化石燃料燃烧或者是利用电能产生的热量。我国电力大多数来自火力发电，也间接来源于化石燃料。而绿色建筑的任务之一就是减少对化石能源的依赖，使用可再生的清洁能源代替。绿色建筑可以发展利用太阳能辐射、夜空冷源、水、空气、岩土冷热源技术。

空气具有良好的流动性、自膨胀性和可压缩性。空气作为冷热源，其可靠性较好，而且设计上较灵活，适用范围较广。空气作为冷热源，需要解决以下问题：品位低甚至是负品位，随着天气变化而变化，空气源热泵要有适应冷热源品位变化造成的品位提升幅度显著变化的能力；空气源热泵的供冷、供热能力及能效比都与建筑需用冷、热量的变化规律相反，如何合理地配置空气源热泵

容量是其应用的关键；城市建筑密度的增大、空气源热泵数量的增加都使热泵处的空气容易形成局部涡流，空气源品位下降不仅影响能效，甚至会使热泵不能运行；冬季除霜问题；噪声以及环境负效应问题。

常用来做冷热源的水体主要包括滞留水体（湖泊水、池塘水、水库水等）、江河水以及地下水。水库、水塘作为冷热源的特点是水体量有限，水温受太阳辐射、天空辐射和气温影响大。研究成果表明，夏、秋季节滞留水体的竖向分布特点是上热下冷。深度超过4m的滞留水体是优良的自然冷源。水体利用技术上，对于夏季供冷，理想的取回水方式是底层取水，回水回到与回水温度相同的水层，简称"底层取水，同温层回水"。同温层回水技术难度较大，较简单的取水方式是底层取水，表层回水。

2）降低泵或风机的运行功率

以水和空气为载体的暖通空调，通过管网系统进行冷热输配。大型公共建筑中输配系统的动力装置——水泵、风机的耗电占空调系统中耗电的20%~60%。目前，建筑冷热输配系统普遍存在如下问题：动力装置的实际运行效率仅为30%~50%，远低于额定效率；系统主要依赖阀门来实现冷热量的分

配和调节，造成50%以上的输配动力被阀门所消耗；系统普遍处于"大流量，小温差"的运行状态，尤其是在占全年大部分时间的部分负荷工况下，未能相应减小运行流量以降低输配能耗。分析表明，建筑冷热输配系统的运行能耗可能降低50%~70%，是建筑节能，尤其是大型公共建筑节能中潜力最大的部分。

根据泵与风机的能耗特点，绿色建筑的输配系统主要可采用减少泵或风机的工作流量、降低泵的工作扬程或风机的工作电压、提高泵或风机的工作效率三种技术手段来降低泵或风机的运行功率。

3）热回收设备节能

热回收设备在空调节能工程中具有明显的节能效果，通常，全热交换器、板式显热交换器、板翅式全热交换器、中间热媒式换热器、热管换热槽和热泵等设备应用比较广泛。转轮全热交换器是一种空调节能设备。它是利用空调房间的排风，在夏季对新风进行预冷减湿，在冬季对新风进行预热加湿。它分金属制和非金属制两种不同形式。

板式显热交换器可以由光滑板装配而成，光滑平板间通常构成三角形、U形、门形截面，在设备体积 $V=a \times b \times c$ 相同的情况下，使空气与板之间的接触面大为增加。从热交换特性来看，换热介质的逆流运动是效率最高的。但是逆流交换器的结构复杂并且难以满足气密性要求，因而常常采用叉流结构方案。板式热交换器如图3-3-3所示。

热管是蒸发式冷凝器型的换热设备，中间热媒在自然对流或毛细压力作用下实现其中的循环。热管在投入运行之前，内部工作介质的状态取决于当时环境温度和介质在该温度下对应的饱和压力，这就是热工工作前介质的初始参数。

4）变制冷剂流量的多联机空调系统

变制冷剂流量的多联机空调（热泵）是由一台或多台风冷室外机组和多台室内机组构成的直接蒸发式空调系统（图3-3-4），可同时向多个房间供冷或供热。目前，多联机主要有单冷型、热泵型和热回收型，并以热泵型多联机为主。多联机空调系统具有使用

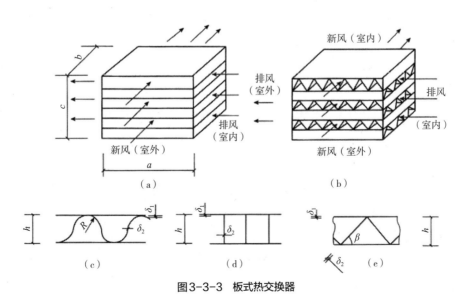

图3-3-3 板式热交换器

灵活、扩展性好、外形美观、占用空间小、可不用专设机房等突出的优点，目前已成为中、小型商用建筑和家庭住宅中应用最多的空调系统形式之一。

在能效特性方面，多联机的系统能效比COP与一般空调机组如"风冷冷水机组＋风机盘管系统"相较而言并没有明显的优势。影响其运行的因素主要有三个方面。①室内外机组之间的相对位置，在适宜的几何范围位置内，多联机系统的性能比"风冷冷水机组＋风机盘管系统"好，如果超出限定范围，多联机系统的性能则比"风冷冷水机组＋风机盘管系统"低，更达不到"大型水冷冷水机组＋风机盘管系统"的能效水平。②多联机的运行性能与建筑负荷特性有关，多联机适合负荷变化较为均匀一致、室内机同时开启率高的建筑。研究表明，逐时负荷率（逐时负荷与设计负荷之比）为40%~70%所发生的时间占总供冷时间的60%以上的建筑较适宜使用多联机系统，此时，系统具有较高的运行能效，而对于餐厅这类负荷变化剧烈的建筑，则不适宜采用多联机系统。③容量规模对多联机系统能效的影响，变制冷剂流量的多联机系统节能的主要原因在于系统处于部分负荷运行状态时，压缩机低频（小容量）运转，其室外机换热器得到充分利用，可降低制冷时的冷凝温度（提高制热时的蒸发温度），从而提高系统的COP。

2. 供暖节能系统

供暖系统的功能是在冬季为保持建筑室内适宜的气温，通过人工方法向室内供给热量。供暖系统由热源、热媒输送和散热设备三个主要部分组成。其中，热源、输送、利用三者为一体的供暖系统，称为局部供暖系统，如烟气供暖、电供暖和燃气供暖等。热源和散热设备分别设置，由热媒管道相连，即由热源通过热力管道向各个房间或各栋建筑物供给热量的供暖系统，称为集中式供暖系统。

集中供热系统由热源、管网和热用户三部分组成。供热系统中的热源系指供热热媒的来源，它是热能生产和供给的中心，一般有区域锅炉房、热电厂、工业余热和地热等。集中式供暖系统如图3-3-5所示，热水锅炉1和散热器4分别设置，通过热水管道3（供水管与回水管）相连。循环水泵2使供暖系统的回水送入热水锅炉1中加热，并送到散热器，热水在散热器中冷却后，返回锅炉重新加热。膨胀水箱5用于容纳供暖系统升温后的膨胀水量，并使系统保持一定的压力。

1）热电厂

热电厂供热主要可以利用汽轮机中、后部做功后的低品位蒸汽的热能。这种既供电又供暖的汽轮机组可以使汽轮机的冷源损失

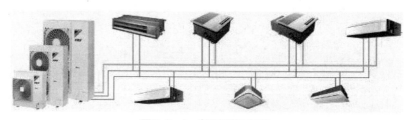

图3-3-4 多联机空调系统

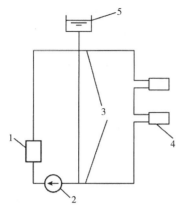

图 3-3-5　集中式供暖系统示意图

1- 热水锅炉；2- 循环水泵；3- 热水管道；

4- 散热器；5- 膨胀水箱

得到有效利用，从而显著提高热电联合生产的综合利用效率。

2）区域锅炉房

区域锅炉房（图 3-3-6）一般都装置为城市各类用户供应生产、生活用热的容量大、效率高的蒸汽锅炉或热水锅炉，区域锅炉房的规模和场地选择比较灵活，投资比热电厂少，建设周期比较短，但热能利用率低于热电厂，它是目前城市集中供热热源的一种主要形式。它既可单独向一些街区供热，形成独立的供热系统，也可以作为热电厂的辅助热源。

3）工业余热

工业余热主要包括：①从冶金炉、加热炉、工业窑炉等各种工艺设备的燃料气化装置排出的高温烟气。将其引入余热锅炉，生产蒸汽直接或间接加热热水供热。②各种工艺设备的冷却水。③各种工艺设备，如蒸汽锤等做功后的蒸汽。④熔渣物理热等。工业余热一般用以满足本厂及住宅区的生产及生活用热，也可以并入热网和其他热源联合供热。

4）地热水供热

地热水供热是利用蕴藏在地下的热水资源，开采并抽出，用以向用户供热。它具有节省燃料和无污染的优点。为了防止水位下降，一般将利用后的地热水经回灌井返回地下。地热水供暖可分为直接系统和间接系统两种。直接系统是将地热直接引入热用户系统，它具有设施简单、基础建设投资少等优点，但地热中含有硫化氢等杂质，会造成系统管道和设备腐蚀。间接系统是通过换热器加热热水以供给用户，它虽可以避免管道和设备的腐蚀，但是设施复杂、基建投资高。地热水的温度较低，可在系统中装置高峰锅炉，或利用热泵等方法提高地热水温度，以扩大供热面积和降低成本。

如前所述，供暖热源节能的途径包括各种废热、余热利用，太阳能、地能供暖，另外还有提高锅炉系统的运行效率等环节。正

图 3-3-6　热电厂和区域锅炉房示意图

常技术条件下，对于一般住宅建筑，供暖锅炉的每吨蒸汽可为 $10000m^2$ 的建筑供暖；至于供热锅炉的热效率，锅炉运行实践证明，在正常技术条件下，一些锅炉的热效率可长期稳定在 75% 以上。目前，锅炉房设计中，锅炉容量配置过高，造成了巨大的浪费，故供热锅炉房节能潜力巨大。供热锅炉房节能技术包括锅炉及其辅机选型、锅炉房工艺设计和运行管理等。

3. 系统优化技术

系统优化暖通技术的策略是将室内的热环境控制和湿环境、空气品质的控制分开。供暖制冷系统负责室内显热负荷，承担将室内温度维持在舒适范围内的任务，而通风系统则负责室内所需新鲜空气的输送、室内湿环境调节以及污染物的稀释和排放等任务。热环境控制采用天棚辐射供暖制冷的方法，即以辐射的方式，保持室内的温度在舒适范围（20~26℃）内以及让人体感觉更加舒适和健康。空气品质和湿环境控制采用置换式新风方式，可用最少的空气量保证室内空气品质和承担室内湿负荷。新风须从房间下部送入，以非常低的速度（小于 0.25m）和略低于室温（低 2℃ 左右）的温度缓慢地充满整个房间供人呼吸，并排走室内污浊空气。

1）辐射供暖制冷系统——天棚辐射供暖制冷系统

在任何一个环境里，任何一个绝对温度高于 0K 的物体都会向外界以电磁波的方式发射具有一定能量的粒子（也叫光子），这个过程就叫作"辐射"。热辐射的波段为 0.1~1000μm，其波段包括一部分紫外线波段、可见光波段（0.35~0.75μm）和部分红外线波

段。自然界所有物体的温度都会高于 0K，因此都有发射辐射波的能力，只不过物体不同，发射与吸收辐射波的能力也不同。物体自身温度越高，辐射能力越强；物体之间距离越近，辐射强度越高，在我们所认知的宇宙间太阳系中，太阳的辐射能力最强。一个物体向另一个物体热辐射的过程实际上是一个能量转移的过程，其结果是辐射源一方能量减少，被辐射一方能量增加。这个过程也就是一种热交换过程，是热传递过程的一种。辐射是完全不同于热对流和热传导的热传递方式。辐射供暖（制冷）是指提高（降低）围护结构内表面中的一个或多个表面的温度，形成（冷）辐射面，依靠辐射面与人体、家具及围护结构其余表面的辐射热交换进行供热（冷）的技术方法。辐射面可通过在顶棚中设置热（冷）水管道，或在墙内表面加设热（冷）水管道来实现。

天棚辐射供暖制冷系统得益于这样一个事实：辐射比对流更有效，根据人体舒适的基本物理条件，人体对热辐射比对空气对流更敏感。创造一个舒适的热辐射环境是非常舒适有效的传热方式，通过控制室内的表面温度达到人体基本的舒适度。其主要方法是控制天棚的表面温度，而地面材料不限，可用地板，也可用地毯，同时，外围护结构应拥有良好的隔热措施，以保持所有的内表面温度接近室内温度（图 3-3-7）。

在辐射供暖制冷系统中，热量以直线辐射的形式由高温表面传递到冷表面上。天棚辐射一般以水作为热（冷）媒传递能量，其比热大、占空间小、效率高。热（冷）媒通过特殊结构的系统末端设备——混凝土，将

能量传递到其表面，并通过以辐射为主、对流为辅的传热方式直接与室内环境进行换热，极大地简化了能量从冷热源到终端用户（室内环境）之间的传递过程，减少了不可逆损失。一般而言，辐射冷却系统在"干工况"下工作，即表面温度控制在室内露点温度以上。这样，室内的热环境控制和湿环境、空气品质的控制被分开，辐射供暖制冷系统负责解决室内显热负荷，承担将室内温度维持在舒适范围内的任务（图3-3-8）。通风系统则负责解决所需新鲜空气的输送、室内湿环境调节以及污染物的稀释和排放等任务，这一独立控制策略使得空调系统对热、湿、新风的处理过程有可能分别实现最优化运行，对建筑物室内环境控制的节能具有重要意义。虽然辐射供暖制冷系统有部分热量以对流换热的形式与室内空气进行热量交换，但绝大部分热量是通过辐射的方式与房间和人体换热的，因此，天棚辐射供暖制冷系统不允许有过多的吊顶等遮挡辐射面的构造（除非采用辐射吊顶板）。在辐射供暖制冷系统

中，供热水的运行温度要低于传统空调，而房间内表面平均温度要高于传统空调，冷冻水的运行温度要高于传统空调，而房间内表面平均温度要低于传统空调，提高了低品质自然热（冷）源的可利用性。在大量的民用建筑中，辐射供暖制冷系统可以承担全部的显热冷热负荷。

2）置换式新风系统

这种送风方式与传统的混合通风方式相比较，可使室内工作区得到较高的空气品质、较高的热舒适性并具有较高的通风效率。置换通风系统在工业建筑、民用建筑及公共建筑中得到了广泛的应用（图3-3-9）。

置换通风的基本特征是水平方向会产生热力分层现象。置换通风"下送上回"的特点决定了空气在水平方向会分层，并产生温度梯度。如果在底部送新鲜的冷空气，那么，最热的空气层在顶部，最冷的空气层在底部。一般来说，相对于空调房间的混合通风方式而言，置换通风从地板或墙底部送风口所送新风在地板表面扩散开来，可形成"新风湖"，

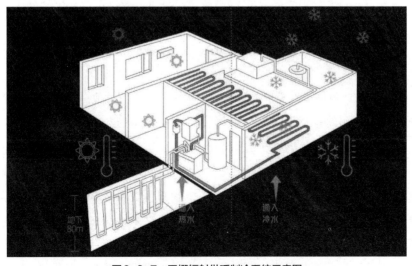

图3-3-7　天棚辐射供暖制冷系统示意图

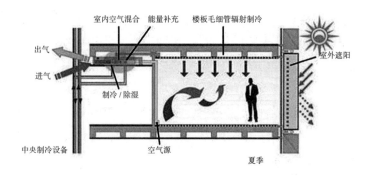

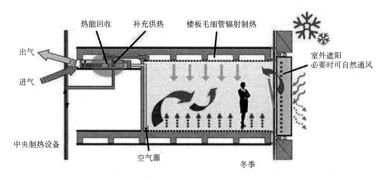

图3-3-8　天棚辐射供暖制冷示意图

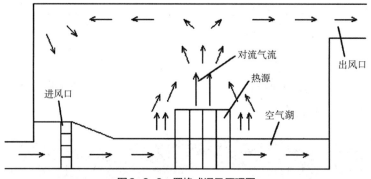

图3-3-9　置换式通风原理图

并且在热源周围形成浮力尾流慢慢带走热量。由于风速较低，气流组织紊动平缓，没有大的涡流，因而室内工作区空气温度在水平方向上比较一致，而在垂直方向上分层。由热源产生向上的尾流不仅可以带走热负荷，也可将污浊的空气从工作区带到室内上方，由设在顶部的排风口排出。因此，从理论上讲，就可以保证人体处于一个相对清洁的空气环境中，从而有效地提高工作区的空气品质。

空调节能和室内空气品质是当前暖通空调界面临的两大课题，而置换通风能在一定程度上较好地解决这两个问题。

由于置换通风的送风口处于工作区，送风温度必须控制在人体舒适范围内，送风温差的合理确定是置换通风系统设计的难点之一。如果送风温差设计偏小，会造成送风量偏大，送风散流装置的数量增多，设备投资加大；如果送风温差过大，送风温度必然较低，人体头部与脚面之间温差偏大，使人产生冷感，降低人体热舒适性。因此，合理地设计送风量和送风温度是关系到置换通风能否保证室内空气品质和人体热舒适性的一个重要因素。地板送风与置换通风其实并不是一个概念，地板送风不一定就是置换通风。这取决于地板送风的温度和速度。如果温度较高或者速度过大，这都不是置换通风。因为温度过高，会使空气飘起来，不能把室内污染物挤压出去，这不是置换通风；如果速度过大，送风会与室内空气混合起来，这当然也不是置换通风。表3-3-2为置换式通风与传统混合式通风的对比。

置换式通风末端装置主要考虑将新鲜空气以非常平稳而均匀的状态送入室内（图3-3-10）。实际应用中是在送风分布器的出口处装过滤网，或作孔板形式，这样就保证了送风的均匀性。送风分布器具有一定的

开孔度和孔距，面层上的开孔布置均匀。置换通风末端装置通常有圆柱形、半圆柱形、1/4圆柱形、扁平形及平壁形等5种。在民用建筑中，置换通风末端装置一般为落地安装，当建筑采用夹层地板时，置换通风末端装置可安装在地面上。落地安装是使用最广泛的一种形式。1/4圆柱形可布置在墙角内，易与建筑配合。半圆柱形及扁平形用于靠墙安装。圆柱形用于大风量的场合并可布置在房间的中央。

3）冷热源系统

一直延续到今天的传统的建筑供热（冷）方式有以下缺点：①所使用的矿物质燃料资

图3-3-10　置换式通风末端送风系统

置换式通风与传统混合式通风的对比　　　　　　　表3-3-2

气流组织形式		混合式通风	置换式通风
目标		全室参数一致	人员活动空间空气质量
气流动力		气流动量控制	浮力控制
机理		气流强烈掺混	气流扩散浮力提升
气流分布特性		上下均匀	气流分层
流态		高紊流	低紊流或层流
措施	1	大温差，高风速	小温差，低风速
	2	上送，下回	下侧送，上回
	3	风口掺混性好	风口扩散性好
	4	风口紊流大	风口紊流小
效果	1	消除全室负荷（余热、污染物）	消除人员活动区域负荷（余热、污染物）
	2	空气品质接近于回风	空气品质接近于送风

源有限；②能源利用不合理：矿物质燃料（煤、油、气等）等燃烧1000℃烟气可以加热低温水70~80℃，而排烟温度达200℃左右，效率极低，能源浪费极大；③燃烧产物污染严重，不仅产生大量温室气体 CO_2，同样，烟尘、CO、SO_2 和 NO_x 皆须后期治理；④设备功能单一，锅炉只供暖，制冷须另设制冷机组。

（1）浅层低温地能

自然界地表水（江、河、湖、海）、空气、城市污水、电厂循环冷却水等都广泛蕴藏着低温可再生的能量。浅层低温地能，存在于地下几米至数百米内的恒温带中，其温度相对稳定，地域与气候的影响不大，不同地域、不同季节基本恒定在10~25℃之间。这种温度的低温地能在利用时必须在技术和设备上采用特殊措施，而天棚辐射供暖制冷系统供热温度低、制冷温度高，可以高效地利用这样的低温能源。

浅层地能（热）是在太阳辐射和地心热产生的大地热流的综合作用下，存在于地壳下近表层数百米内的恒温带中的土壤、砂岩和地下水里的低品位（<25℃）的可再生能源。

浅层地能（热）具有可再生、储量巨大、分布广泛等特点。

（2）地源热泵+地热直供

地源热泵是一种利用地下浅层地热资源，既能供热又能制冷的高效节能环保型空调系统。地源热泵通过输入少量的高品位能源（电能），即可实现能量从低温热源向高温热源的转移。在冬季，把土壤中的热量"取"出来，提高温度后供给室内用于供暖；在夏季，把室内的热量"取"出来，释放到土壤中，能常年保证地下温度的均衡（图3-3-11）。地表浅层地热资源的温度一年四季相对稳定，冬季比环境空气温度高，夏季比环境空气温度低，是很好的热泵热源和空调冷源，这种温度特性使得地源热泵的运行效率比传统空调系统要高40%，因此可节能和节省运行费用40%左右。另外，地能温度较恒定的特性，使得热泵机组运行更可靠、更稳定，也保证了系统的高效性和经济性。

地源热泵技术特点如下：①环保：使用电力，没有燃烧过程，对周围环境无污染排放；不需使用冷却塔，没有外挂机，不向

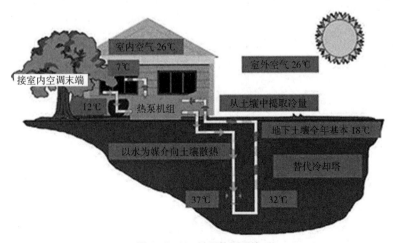

图3-3-11 地源热泵系统

周围环境排热，没有热岛效应，没有噪声；不抽取地下水，不破坏地下水资源。②一机三供：冬季供暖、夏季制冷以及全年供生活热水。③使用寿命长：使用寿命在20年以上，地下埋管寿命在50年以上。

（3）冷凝锅炉＋冷水机组

在无条件使用热泵系统时可采用传统的锅炉供热＋冷水机组供冷系统。由于天棚辐射系统供热温度为18℃左右，而置换式新风系统的供热温度也只有35℃左右，因此，可以采用高效节能的冷凝式锅炉供热，与传统供热方式相比，使用冷凝式锅炉后可节能10%~15%。

3.3.2 绿色照明

绿色照明是指通过科学的照明设计，采用效率高、寿命长、安全和性能稳定的照明电器产品（电光源、灯用电器附件、灯具、配线器材以及调光控制设备和控光器件），充分利用天然光，改善、提高人们工作、学习、生活的条件和质量，从而创造一个高效、舒适、安全、经济、有益的环境并充分体现现代文明的照明。其宗旨是节约电能，保护环境，提高照明质量，保证经济效益。绿色照明的理念最早由美国在20世纪90年代初提出，并作为国家级节能环保计划率先实施。随后，世界上许多发达国家和发展中国家也先后制定了"绿色照明"计划，均取得了良好的社会经济效益和节能环保效益。目的是通过发展和推广效率高、寿命长、安全和性能稳定的照明电器产品，逐步代替传统的低效照明电器产品，节约照明用电，改善人们工作、学习、生活的条件和质量，建立一个

优质高效、经济、舒适、安全，并充分体现现代文明的照明环境。

自"中国绿色照明工程"启动至今，得到了社会各界及国内外有关组织和专家的广泛关注和支持，实施效果显著，绿色照明的内涵和外延也在实践中不断充实和扩展。目前，我国照明设计和用户节电意识普遍增强，照明电器行业产业规模不断扩大，产品结构不断优化，新材料、新工艺、新设备、新光源不断涌现，已出现了一批在国内外有一定知名度的高效照明电器品牌和绿色照明工程项目。作为一个成功的节能范例，绿色照明已被国际社会视为推动节能、保护环境、促进国家可持续发展战略的最有效措施之一。

1. 光导照明

1）天然光源

天然光以太阳为光源，作为太阳辐射的一部分，其强弱随时段、环境不断发生变化，具有光谱连续的特征，是直射光与扩散光的总和。

充分利用天然光是绿色照明的一个重要理念，现在全球每年要消费2万亿 kW·h 的电力用于人工照明，生产这些电力要排放十几亿吨的 CO_2 和一千多万吨的 SO_2，电力照明为人类造福的同时，也消耗了大量的能源，并对人类生存环境造成严重的污染。人工照明产生的热效应又使空调的负担加大，再加上电灯、电器的拆换和维修，其带来的运转费用和负担十分庞大。因此，若能尽量采用天然光照明，可以取得明显的节能效果（图3-3-12）。同时，充分利用天然光还有利于人们精神和健康方面的发展。

图 3-3-12　天然光源的光导照明

图 3-3-13　高光效光源示意图（左起：充气白炽灯、紧凑型荧光灯、高压钠灯）

2）高光效光源

光源种类很多，有不少高效者应予推广。这些高效光源（图3-3-13）各有其特点和优点，各有其适用场所，在设计中应该根据具体条件选择适用的灯具。

在不同场所进行照明设计时，应选择适当的光源，其具体措施可总结如下：①尽量减少白炽灯的使用量。白炽灯因其安装和使用方便，价格低廉，目前在国际上及我国，其生产量和使用量仍占照明光源的首位，但因其光效低、能耗大、寿命短，应尽量减少其使用量。在一些场所应禁止使用白炽灯，无特殊需要不应采用100W以上的大功率白炽灯。如需采用，宜采用光效稍高些的双螺旋灯丝白炽灯（光效提高10%~15%）、充气白炽灯、涂反射层白炽灯或小功率的高效卤钨灯（光效比白炽灯提高1倍）。②使用细管径T8荧光灯和紧凑型荧光灯。荧光灯光效较高，寿命长，节约电能。目前应重点推广细管径（26mm）T8荧光灯和各种形状的紧凑型荧光灯以代替粗管径（38mm）荧光灯和白炽灯，有条件时，可采用更节约电能的T5（16mm）荧光灯。美国已于1992年禁止销售40W粗管径T12（38mm）荧光灯。③减少高压汞灯的使用量。因其光效较低，显色性差，不是很节能的电光源，特别是不应随意使用能耗大的自镇流高压汞灯。④使用、推广高光效、长寿命的高压钠灯和金属卤化物灯。钠灯的光效可达120lm/W以上，寿命为12000h以上，而金属卤化物灯光效可达90lm/W，寿命达10000h，特别适用于工业厂房照明、道路照明以及大型公共建筑照明。

各种电光源的光效、显色指数、色温和平均寿命等技术指标见表3-3-3。

3）照明环境

照明环境的设计要求包括恰当的照度、亮度分布，良好的眩光控制及光线方向控制以及光色和显色性等方面的内容。

（1）恰当的照度、亮度分布

在工作和生活环境中，如视野内照度不均匀，将引起视觉不适应，因此要求工作面上的照度要均匀，而工作面的照度与周围环境的照度也不应相差太悬殊，照明节能一定要保证有良好的照度均匀度。照度均匀度用工作面上的最低照度与平均照度之比来评价。建筑照明设计标准中规定了照度均匀度一般不宜小于0.7。采用分区一般照明时，房间的通道和其他非工作区域的照度值不宜低于工作面照度值的1/5。局部照明与一般照明共用时，工作面上，一般照明的照度值宜为总照度值的1/5~1/3。照度比系指该表面的照度与工作面一般照明的照度之比。规定照度比的目的是使房间各表面有良好的照度分布，创造良好的视觉环境。为达到要求的照度均匀度，灯具的安装间距不应大于所选灯具的最大允许距高比。

（2）眩光控制

在照明设计中需要控制的眩光分为直接眩光和反射眩光两种，直接眩光是由光源和灯具的高亮度直接引起的眩光，而反射眩光是因光线照到反射比高的表面，特别是由抛光金属一类的镜面反射所引起的。

控制直接眩光主要是采取措施控制光源在 γ 角为 45°~90° 范围内的亮度（图3-3-14）。

主要有两种措施：①选择适当的透光材料，可以将灯罩表面处理成一定的几何形状或采用不透光的漫射材料，将高亮度光源遮蔽，尤其要严格控制 γ 角上边 45°~85° 部分的亮度；②控制遮光角，使 90°−γ 部分的角

各种电光源技术指标　　　　表3-3-3

光源种类	光效/（lm/W）	显色指数Ra	色温/K	平均寿命/h
普通照明	15	100	2800	1000
卤钨灯	25	100	3000	2000~5000
普通荧光灯	70	70	全系列	10000
三基色荧光灯	93	80~98	全系列	12000
紧凑型荧光灯	60	85	全系列	8000
高压汞灯	50	45	3300~4300	6000
金属卤化物灯	75~95	65~92	3000/4500/5600	6000~2000
高压钠灯	100~200	23/60/85	1950/2200/2500	24000
低压钠灯	200		1750	28000
高频无极灯	55~70	85	3000~4000	40000~80000
发光二极管（LED）	70~100	全彩	全系列	20000~30000

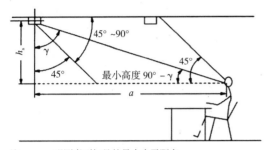

注：a——观测者到灯具的最大水平距离；
h_s——人眼水平位置到灯具的高度。

图3-3-14 限制灯具高度的眩光区

度小于规定的遮光角。建筑照明设计标准中对直接型灯具最小遮光角的规定见表3-3-4。

（3）光色和显性色控制

不同色温的光源，令人产生不同的冷暖感觉，这种与光源的色刺激有关的主观表现称为色表，室内照明光源的色表及其相关色温与人的主观感受的一般关系见表3-3-5。光源的色表分组和适用场所见表3-3-6。

2. 节能灯具

1）使用高效灯具

选择合理的灯具配光可使光的利用率大大提高，从而达到最大节能效果。灯具的配光应符合照明场所的功能和房间体形的要求，如在学校和办公室宜采用宽配光的灯具，在高大（高度6m以上）的工业厂房宜采用窄配光的深照型灯具，在不高的房间宜采用广照型或余弦型配光灯具。房间的体形特征用

灯具最小遮光角 表3-3-4

灯亮度/（kcd/m²）	最小遮光角/°
1~20	10
20~50	15
50~500	20
≥500	30

对照度和色温的一般感觉 表3-3-5

照度/lx	对光色源的感觉		
	暖	中间	冷
≤500	愉快	中间	冷
500~1000			
1000~2000	刺激	愉快	中间
2000~3000			
≥3000	不自然	刺激	愉快

光源的色表分组 表3-3-6

色表分组	色表特征	相关色温/K	适用场所举例
Ⅰ	暖	<3300	客房、卧室等
Ⅱ	中间	3300~5300	办公室、图书馆等
Ⅲ	冷	>5300	高照度水平或白天需补充自然光的房间、热加工车间等

室空间比（RCR）来表示，根据 RCR 选择灯具配光形式，见表3-3-7。

要保证灯具的发光效率节约电能，在进行设计时，灯具的选择应做到以下几点：

在满足眩光限制要求的条件下，应优先选用开启式直接型照明灯具，不宜采用带漫射透光罩的包合式灯具和装有格栅的灯具。

灯具所发出的光的利用率高，即灯具的利用系数高。灯具的利用系数取决于灯具的效率、配光、形状、房间各表面的色彩和反射比以及空间形态。在一般情况下，灯具的效率高，其利用系数也高。

选用高光量维持率的灯具。在灯具使用过程中，随着光源点燃时间的增长，其光通量下降，同时，灯具的反射面由于受到尘土和污渍的污染，其反射比会下降，从而导致反射光通量的下降，这些都会使灯具的效率降低，造成能源的浪费。

2）合理布置灯具

在房间中进行灯具布置时，可以采用均匀布置和非均匀布置两种形式。灯具在房间中均匀布置时，一般应采用正方形、矩形、菱形的布置形式（图3-3-15）。其布置是否达到规定的均匀度，取决于灯具的间距 L 和灯具的悬挂高度 H（灯具至工作面的垂直距离），即 L/H。L/H 值越小，则照度均匀度越好，但用灯多、用电多、投资大、不经济；L/H 值大，则不能保证照度的均匀度。各类灯具的距高比（L/H）应符合下列要求：窄配光为 0.5 左右；中配光为 0.7~1.0；宽配光为 1.0~1.5；半间接型为 2.0~3.0；间接型为 3.0~5.0。

为了使整个房间有较好的亮度分布，还应注意灯具与顶棚的距离。当采用均匀布置漫射配光的灯具时，灯具与顶棚的距离和顶棚与工作面的距离之比宜在 0.2~0.5 之间。当靠墙处有工作面时，靠墙的灯具距墙不大于 0.75m；当靠墙处无工作面时，靠墙的灯具距墙不大于 0.4L~0.6L（灯间距）。

在高大的厂房内，为了节能并提高垂直

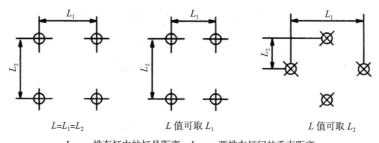

$L=L_1=L_2$ L 值可取 L_1 L 值可取 L_2

L_1——排布灯中的灯具距离；L_2——两排布灯间的垂直距离

图3-3-15 灯具布置形式

室空间比与灯具配光形式的选择   表3-3-7

室空间比/RCR	灯具的最大允许距高比L/H	选择的灯具配光
1~3（宽而矮的房间）	1.5~2.5	宽配光
3~6（中等宽和高的房间）	0.8~1.5	中配光
6~10（窄而高的房间）	0.5~1.0	窄配光

照度，也可采用顶灯与壁灯相结合的布灯方式，但不应只设置壁灯而不装顶灯，以避免造成空间亮度不均，不利于视觉适应。对于大型公共建筑，如大厅、商店等，有时也不采用单一的均匀布灯方式，以形成活泼多样的照明，同时也可以节约电能。

3）采用节能镇流器

日光灯线路上用以产生瞬间高压来启动日光灯，并限制日光灯电流的装置称为镇流器。镇流器分为电子镇流器和电感镇流器。电感式镇流器利用启辉器使电流突然中断，产生很高的反电势，与外电源叠加后，将灯管点亮；灯管启动以后，电感器又起到限制电流的作用，避免灯管中电流过大，所以就有了"镇流"的名称。电子式镇流器将220V交流电，经整流、逆变成高频电流，直接点亮灯管。由于频率高，所以有效地消除了灯管的频闪现象，而且即开即亮，没有启辉的过程。

普通电感镇流器价格较低、寿命较长，但具有自身功耗大、系统功率因数低、启发电流大、温度比较高、在市电电源下有频闪效应等缺点。表3-3-9中列出了常用的各种镇流器的功率进行比较，从表中可以看出，普通电感镇流器的功率大于节能型电感镇流器和电子式镇流器。国产40W荧光灯用镇流器对比见表3-3-8。

从表3-3-9中可以看出，节能型电感镇流器和电子式镇流器的自身功耗均比普通电感镇流器小，价格上，普通电感镇流器比节能型电感镇流器和电子式镇流器均便宜。但节能型电感镇流器有很大的优势，虽然其价格稍微高些，但寿命长、可靠性好，适合于我国的经济技术水平，但目前产量不高，应用少。所以，应大力推广节能型电感镇流器，有条件的也可采用更节能的电子式镇流器。

国产40W荧光灯用镇流器对比　　　　　　表3-3-8

比较对象	普通电感镇流器	节能型电感镇流器	电子式镇流器
自身功耗/W	8~9（10%~15%）	<5（5%~10%）	3~5（5%~10%）
光效比	1	1	1.15（1）
价格比	1	1.4~1.7	3~7（2~5）
重量比	1	1.5左右	0.3左右
寿命/年	10	10	5~10
可靠性	较好	好	差
电磁干扰（EMI）或无线电子干扰（RFI）	几乎不存在	几乎不存在	存在
抗瞬变电涌能力	好	好	差
灯光闪烁度	差	差	好
系统功率因数	0.5~0.6	0.5~0.6（不补偿）	0.9以上

常用各个镇流器功耗比较 表3-3-9

灯的功率/W	镇流器功率占灯功率的百分比/（%）		
	普通电感镇流器	节能型电感镇流器	电子式镇流器
20 以下	40~50	20~30	< 10
30	30~40	< 15	< 10
40	22~25	< 12	< 10
100	15~20	< 11	< 10
150	15~18	< 12	< 10
250	14~18	< 10	< 10
400	12~14	< 9	5~10
1000 以上	10~11	< 8	5~10

3.3.3 水资源利用

我国的节水运动始于20世纪80年代初期，经过二十多年的努力，取得了较大进展，城市节水累计达220多亿吨。目前，我国668个城市中的85%以上已建立了节约用水办公室，50%以上的县建立了厂级节约用水机构，有组织、有计划地广泛开展了节水工作。另一方面，我国的工业生产及相应的节水水平与国外相比还比较落后，今后单靠提高用水系统的用水效率，即再用率以节约新水的潜力已越来越小，应当转向依靠工业生产技术的进步，即以生产工艺节水为主。

根据我国工业生产的特点，工业节水的基本途径大致分为三类：第一，提高系统节水的能力。提高生产中水系统的用水效率，即改变生产用水量，或提高水的再用率。这种方式一般可在生产工艺条件基本不变的情况下采用，比较容易实现。第二，加强节水管理。减少水的损失，或通过利用海水、大气冷冻、人工制冷等，减少淡水或冷却水用水量，提高用水效率。第三，强化生产工艺节水。通过实行清洁生产，改变生产工艺或改进生产技术，采用少水或无水生产工艺，合理进行工业布局，减少水的需求，从而提高用水效率。

随着经济发展和城市化进程的推进，用水人口相应增加，城市居民生活水平不断提高，公共市政设施范围不断扩大与完善，在今后相当长的时期内，城市生活用水量仍将呈增长之势。另一方面，同国外城市相比，我国城市生活用水，特别是居民住宅用水标准偏低。以特大城市为例，国外人均城市生活用水量为250L/（人·天），明显高于我国北方特大城市的水平，大约同南方特大城市的水平相当；而欧洲各国人均住宅生活用水量约为180L/（人·天），也远高于我国北方城市人均住宅生活用水量。可以预见，今后我国城市生活用水量还会以较快的速度增长。

1. 节水设计

1）给水系统节水

建筑给水系统是将城镇给水管网或自备水源给水管网的水引入室内，由室内配水管送至生活、生产和消防用水设备，并满足各用水点对水量、水压和水质的要求的冷水供应系统。

自20世纪70年代后期起，我国开始逐步调整产业结构和工业布局，并加大了对工业用水和节水工作的管理力度，工业用水循环率稳步提高，单位产品耗水量逐步下降。近些年来，我国的国民经济产值逐年增长，而工业用水量却处于比较平稳的状态。我国已开始重视和规范生活用水，在新版的《建筑给水排水设计标准》GB 50015中提到，根据近年来我国建筑标准的提高、卫生设备的完善和节水要求，对住宅、公共建筑、工业企业建筑等的生活用水定额都作出了修改，定额划分更加细致，在卫生设施更完善的情况下，有的用水定额稍有增加，有的略有下降。这样就从设计用水量的选用上贯彻了节水，为建筑节水工作的开展创造了条件。在此基础上要全面搞好建筑节水工作，还应从建筑给水系统的设计上限制超压出流。

（1）采用节水型供水系统

针对建筑给水系统中出现的供水方式不合理、二次污染以及"超压出流"等问题，可以采用气压供水系统、变频调速供水系统、管网叠压供水系统等，部分或全部取消供水调节储水设施，有效减少二次污染；可以通过在二次供水系统中增设消毒装置，维护供水系统和消防水池用水的水质。

（2）控制管网水压，避免超压出流

为减少超压出流造成的"隐形"水量浪费，应从给水系统的设计、安装减压装置及合理配置给水配件等多方面采取技术措施。

a.设置减压阀

减压阀最常见的安装形式是支管减压，即在各超压楼层的住宅入户管（或公共建筑配水支管）上安装减压阀（图3-3-16）。这种减压方式可避免各供水点超压，使供水压力的分配更加均衡，在技术上是比较合理的，而且一个减压阀维修不会影响其他用户用水，因此，各户不必设置备用减压阀。缺点是压力控制范围比较小，维护管理工作量较大。

高层建筑可以设置分区减压阀。这种减压方式的优点是减压阀数量较少，且设置较集中，便于维护管理；其缺点是各区支管压力分布仍不均匀，有些支管仍处于超压状态，而且从安全的角度出发，各区往往需要设置两个减压阀，互为备用。

高层建筑各分区下部主管上设置减压阀。这种减压方式与支管减压相比，所设减压阀数量较少，但各楼层水压仍不均匀，有些支管仍可能处于超压状态。

立管和支管减压相结合可使各层给水压力比较均匀，同时减少支管减压阀的数量。但减压阀的种类较多，增加了维护管理的工作量。

b.设置减压孔板

减压孔板是一种构造简单的节流装置，经过长期的理论和实验研究，该装置现已标准化。在高层建筑给水工程中，减压孔板可用于消除给水龙头和消火栓前的剩余水头，以保证给水系统均衡供水，达到节水的目的（图3-3-16）。上海某大学用钢片自制孔径5mm的减压孔板，用于浴室喷头供水管减压，使同量的水用于洗澡的时间由原来的4个小时增加到7个小时，节水率达43%，效果

图3-3-16 减压阀与减压孔板

相当明显。北京某宾馆将自制的孔板装于浴室喷头供水管上，使喷头的出流量由原来的34L/min减少到14L/min，虽然喷头出流量减少，但淋浴人员并没有感到不适。

减压孔板相对减压阀来说，系统比较简单，投资较少，管理方便，但只能减动压，不能减静压，而且下游的压力随上游压力和流量而变，不够稳定。另外，供水水质不好时，减压孔板容易堵塞。因此，可以在水质较好和供水压力稳定的地区采用减压孔板。

c.设置节流塞

节流塞的作用及优缺点与减压孔板基本相同，适于在小管径及其配件中安装使用。

d.采用节水龙头

节水龙头与普通水龙头相比，节水量从3%~50%不等，大部分在20%~30%之间，并且在普通水龙头出水量越大（即静压越高）的地方，节水龙头的节水量也越大。

2）热水系统节水

热水系统普遍存在严重的水量浪费，主要表现为：我国现有住宅多采用局部热水供应系统（家用热水器），系统中不设循环管路，开启热水配水装置后，要放掉管内滞留的大量冷水才能正常使用，这部分流失的

冷水称为无效冷水。由于热水供水管未进行保温处理，管道热损失较大，在洗浴过程中，关闭淋浴器后再次开启时，也要放掉一些低温水，造成水的浪费。

建筑热水供应系统无效冷水的产生是设计、施工、管理等多方面因素造成的。如集中热水供应系统的循环方式选择不当、局部热水供应系统管线过长、热水管线设计不合理、施工质量差、温控装置和配水装置的性能不理想、热水系统在使用过程中管理不善等，都直接影响热水系统的无效冷水排放量。

（1）热水系统进行改造，增设热水回水管

热水系统的循环方式决定了是否存在无效冷水及冷水量大小。《建筑给水排水设计标准》GB 50015明确规定，集中热水供应系统应设热水回水管道，保证干管和立管中的热水循环，对于使用要求很高的场所，可采用支管循环方式。《住宅建筑规范》GB 50368-2005规定，集中热水供应系统的配水点在开启热水配水装置15s后水温不得低于45℃。建筑集中热水供应系统的循环方式主要有支管循环、立管循环、干管循环三种方式。研究表明，支管循环方式的节水效果最明显，

但工程成本高，投资回收期长；立管循环方式的节水效果比支管循环稍差，但与其相比具有较明显的经济优势；干管循环方式工程成本低，但节水效果不太明显，无论是从工程成本投资还是节水效果的角度考量，干管循环方式均无优势。

（2）控制局部热水供应系统管线长度

采用家用燃气热水器，热水管线越长，水量浪费越大。因此，在建筑设计中除考虑建筑功能和建筑布局外，应尽可能缩短热水供水管道的长度。也可以通过研发与燃气热水器配套的循环装置，进一步减少无效冷水量。

（3）减少调温造成的水量浪费

为减少调温造成的水量浪费，公共浴室应采用单管热水系统，逐步采用带恒温装置的冷热水混合龙头，以使热水能快速符合温度要求，减少由于调温时间过长造成的水量浪费。

3）节水器具与设备

节水器具与设备的常用节水途径有：限定水量，如使用限量水表；限制水流量或减压，如各类限流、节流装置：限时，如各类延时自闭阀；限定（水箱、水池）水位或水位实时传感、显示，如水位自动控制装置、水位报警器；防漏，如低位水箱的各类防漏阀；定时控制，如定时冲洗装置；改进操作或提高操作控制的灵敏性，如冷热水混合器、自动水龙头、电磁式淋浴节水装置；提高用水效率，如多次、重复利用；适时调节供水水压或流量，如水泵机组调速给水设备。上述方法基本上都是利用器具减少水量浪费的。

（1）节水阀门

节水型阀门主要包括延时自闭式便池冲洗阀、表前专用控制阀、减压阀、疏水阀、水位控制阀和恒温混水阀等。

a. 延时自闭式便池冲洗阀

延时自闭式便池冲洗阀是一种理想的新型便池冲洗洁具，它是为取代以往直接与便器相连的冲洗管上的普通闸阀而产生的。它利用阀体内活塞两端的压差和阻尼进行自动关闭，具有延时冲洗和自动关闭功能。同时具有节约空间、节约用水、容易安装、经久耐用、价格合理、操作简单和防水源污染等优点。

b. 表前专用控制阀

表前专用控制阀的主要特点是在不改变国家标准阀门的安装口径和性能的条件下，通过改变上体结构，采用特殊生产工艺，使之达到普通工具打不开，而必须由供、管水部门专管的"调控器"方能启闭的效果，从而解决了长期以来阀门管理失控、无节制用水，甚至破坏水表等问题。

c. 减压阀

减压阀是一种自动降低管路工作压力的专门装置。它可将阀前管路较高的水压降低至阀后背压所需的水平（图3-3-17）。减压阀广泛用于高层建筑，城市给水管网水压过高的区域、矿井及其他场合，以保证给水系统中各用水点获得适当的服务水压和流量。虽然水流通过减压阀有很大的水头损失，但由于减少了水的浪费并使系统流量分布合理，改善了系统布局与工况，因此，从整体上讲，仍是节能的。

d. 疏水阀

疏水阀是蒸汽加热系统的关键附件之一，主要作用是保证蒸汽凝结水及时排放，同时又防止蒸汽漏失，在蒸汽冷凝水回收系统中

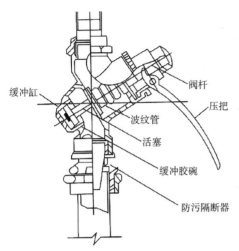

图3-3-17　延时自闭式便池冲洗阀构造

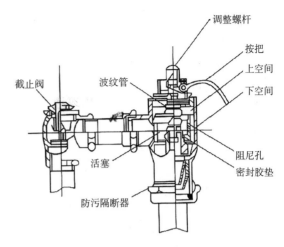

图3-3-18　表前专用控制阀

起关键作用。由于传热要求的不同，选用的疏水阀的形式也不相同，疏水阀有倒吊桶式、热动力式、脉冲式、浮球式、浮筒式、双金属型、温控式等。

e.水位控制阀

水位控制阀是装于水箱、水池或水塔、水柜进水管口并依靠水位变化控制水流的特种阀门（图3-3-18）。阀门的开启和关闭借助于水面浮球上下时的自重、浮力及杠杆作用。浮球阀即为一种常见的水位控制阀，此外还有一些其他形式的水位控制阀。

f.恒温混水阀

混水阀主要用于机关、团体、旅馆以及社会上的公共浴室中，是为单管淋浴提供恒温热水的一种装置，也可以用于洗涤、印染、化工等行业中需要恒温热水的场合。

（2）节水龙头

节水龙头主要有：陶瓷阀芯水龙头，充气节水龙头，水力式、充电感应式和电容感应式延时自动关阀水龙头，停水自动关闭水龙头等（图3-3-19）。

a.陶瓷阀芯水龙头

陶瓷阀芯节水龙头可避免因为阀门的磨损而产生跑、冒、滴、漏的现象；开关行程短，缩短了水流时间，也节省了水的流量。

b.充气节水龙头

充气节水龙头是在国外使用较广泛的节水龙头，其原理是：在龙头的出水口安装充气稳流器，俗称包泡头。充气水龙头可节水25%左右，并且随着水压增加，节水效果更明显。由于空气注入和压力等原因，节水龙头的水束显得比传统龙头要大，水流感觉顺畅。

c.停水自动关闭水龙头

当给水系统供水压力不足或不稳定时，可能引起管路暂停供水，如果用户未及时关

图3-3-19　节水龙头

闭水龙头，则当管路系统再次"来水"时，会使水大量流失，甚至到处溢流造成损失。停水自动关闭水龙头除具有普通水龙头的用水功能外，还能在管路"停水"时自动关闭，以免发生上述情况。它是种理想的节水节能产品，尤其适用于水压不稳或定时供水的地区。

（3）节水型卫生洁具（图3-3-20）

a. 节水型淋浴器具

淋浴器具是各种浴室的主要洗浴设施。浴室的年耗水量很大，为了克服浪费现象，最有效的方法是采用非手控给水方式，例如脚踏式淋浴阀以及电控、超声控制等多种淋浴阀。

b. 坐便器

坐便器即抽水马桶，其用水量是由坐便器本身的构造决定的，冲洗用水量发展变化的情况为17L→15L→13L→9L→6L→31L/6。坐便器是卫生间的必备设施，用水量占到家庭用水量的30%~40%，所以坐便器节水非常重要。坐便器按冲洗方式分为三类，即虹吸式、冲洗式和冲洗虹吸式。目前，坐便器在冲洗水量和噪声控制上有很大改进。感应式坐便器是在满足节水型坐便器的条件下改变控制方式，根据红外线感应控制电磁阀冲水，从而达到自动冲洗的节水效果。

c. 小便器

小便器包括：节水型小便器，分为同时冲洗和个别冲洗两种；免冲式小便器，小便槽预涂不透水保护涂层，以阻止细菌生长和结垢；感应式小便器，它也是根据红外线感应控制电磁阀冲水，达到冲洗节能效果。

2. 雨水利用

雨水作为自然界水循环的阶段性产物，其水质优良，是城市中十分宝贵的水资源，通过合理的规划和设计，采取相应的工程措施，可将城市雨水加以充分利用。这样不仅能在一定程度上缓解城市水资源的供需矛盾，而且还可有效地减少城市地面水径流量，延滞汇流时间，减轻排水设施的压力，减少防洪投资和洪灾损失。

城市雨水利用就是通过工程技术措施收集、储存并利用雨水，同时通过雨水的渗透、回灌，补充地下水及地面水源，维持并改善城市的水循环系统。建筑雨水收集利用系统由集流系统、输水系统、截污净化系统、贮存系统以及配水系统等组成。有时还设有渗透设施，并与贮水池溢流管相连，当集雨较多或降雨频繁时，部分雨水可以通过渗透来补充地下水，建筑雨水收集利用系统如图3-3-21所示。

1）雨水集流系统

屋顶（面）集流是最常用的雨水收集方式，主要由屋顶集流面、汇流槽、下水道和蓄水池组成。屋顶集流面可利用自然屋面，也可利用专门设计的镀锌薄钢板或其他化工材料处理屋面，以提高收集雨水的效果。屋顶集流的另一种方式是屋顶花园集水，此时的屋顶类型有平屋顶，也有坡屋顶，为确保屋顶花园不漏水和屋顶下水道通畅，可以考虑

图3-3-20　节水型卫生洁具

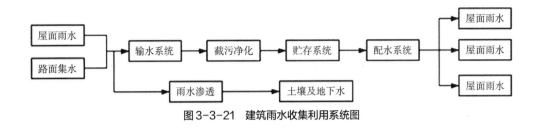

图 3-3-21 建筑雨水收集利用系统图

在屋顶花园的种植区和水体（水池、喷泉等）中增加一道防水和排水措施（图 3-3-22）。

地面和路面集水系统比屋顶集水系统简单、经济，通常用于屋顶集水不适合的地点，如用于小区收集雨水，在降雨量小的地区尤其有利。通常在硬化路面的适当位置上预留集水沟，通过管道或渠道将水引入地下蓄水池，贮存备用。

2）雨水净化利用

从屋顶收集的屋面雨水经处理后，可用于浇洒绿地、冲厕、洗车或景观用水等，其工艺流程如图 3-3-23 所示。初期屋面雨水中污染物含量较高，需经弃流设备加以弃流。之后的雨水径流水质稳定，污染物含量也低，经加药混凝、过滤和消毒处理后，达到用户水质标准要求。

3）雨水贮存

降雨径流贮存形式多样，最常见的是利用景观水或人工湖等贮水，也可将绿地或花园做成起伏的地形或采用人工湿地等以增加雨水入渗。将用水的传输、贮存与城市景观建设和环境改善融为一体，既能有效利用雨水资源、减少自来水用量和污水处理厂对雨水处理的压力，又能美化城市景观，起到一举三效的作用。

4）雨水渗透自然净化利用系统

雨水渗透自然净化利用系统是指利用雨水渗透设施将雨水渗入地下，以补给地下水的雨水利用系统。该系统将屋面雨水的人工处理与自然净化相结合，对维持城市地下水资源平衡、改善城市水环境和生态环境以及城市防洪和节水等方面具有极大的促进作用。

图3-3-22 屋顶花园

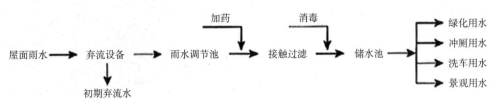

图3-3-23 屋顶雨水处理流程

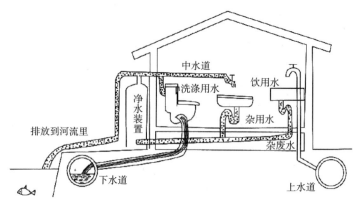

图3-3-24　建筑中水系统示意图

5）雨水利用生态效应

（1）改善区域生态环境

建筑雨水就地收集、利用可以维持水系水量，增加水分蒸发，改善生态环境和小区水环境。收集利用建筑雨水可以补充地下水，改善城市的硬地环境，强化雨水入渗以增加土壤的含水量。

（2）减轻城市防洪和排水系统的压力

建筑雨水调蓄、收集和存储可以减少场地向市政管道的雨水排放量，减轻城市河湖的防洪压力，防止城市雨水排泄不畅和洪涝灾害的发生；可以降低雨季尖峰流量，减少或避免马路及庭院积水。

（3）提高水资源利用效率

建筑雨水可用于冲洗厕所、浇洒路面、浇灌草坪、水景补水、消防用水等，有利于节约城市自来水；雨水硬度较低，可以用作循环冷却水和锅炉补给水，既节约用水，又节约软化用盐，减少排盐量。

3. 中水利用

建筑中水是指把民用建筑或建筑小区内的生活污水或生产活动中属于生活排放的污水和雨水等杂水收集起来，经过处理达到一定的水质标准后，回用于民用建筑或建筑小区，用于小区绿化、景观、洗车、清洗建筑物和道路以及室内冲洗便器等的供水系统，如图3-3-24、图3-3-25所示。建筑中水工程属于小规模的污水处理回用工程，相对于大规模的城市污水处理回用而言，具有分散、灵活、无须长距离输水和运行管理方便等特点。

1）建筑中水水质要求

建筑排出的全部污水通常称为混合污水，不含工业废水，成分相对简单，可生化性好，但水质随时间变化较大。建筑排水中除冲洗厕所水外，其余的排水一般称为杂排水，其中冷却水、游泳池排水、洗浴排水及洗衣排

图3-3-25　建筑中水系统实景图

水等水质较好，称为优质杂排水。选取建筑中水水源时，应首先考虑采用优质杂排水，以降低投资与运行费用。建筑中水的水质、水量是进行建筑中水设计的基础，但一般随建筑类型和用途的不同而异，有条件时应尽量实测或参考类似建筑的实际水质、水量来确定，当无实测资料时，可选用设计规范及设计手册中提出来的水质、水量参考值。建筑中水回用的主要用途是杂用水，包括冲厕、清扫、绿化喷洒、洗车和冷却水等。

2）建筑中水水源

建筑中水水源一般需要通过技术经济比较分析，根据排水的水质、水量、排水状况和中水回用的水质、水量进行选择，可以取自城市污水处理厂出水、市政污水、生活排水、杂排水、优质杂排水和其他可利用水源。其中，生活排水包括所有生活污水，如厕所排水等；杂排水指民用建筑中除粪便污水以外的各种排水，如冷却排水、游泳池排水、淋浴排水、盥洗排水、洗衣排水、厨房排水等；优质杂排水是指杂排水中污染程度较低的排水，如冷却排水、游泳池排水、淋浴排水、盥洗排水、洗衣排水等。

3）雨水中水利用

图3-3-26为利用雨水的建筑中水系统工艺流程示意图。利用屋面收集雨水后，通过雨水排水管传输至地下的雨水调节池，该池容积按该建筑的雨水利用量设计，当降雨量较大时，多余的雨水便排入小区的雨水管网。雨水调节池的雨水经简单处理后送入中水池，与建筑排水的中水处理水混合，通过中水供水系统送至用户，用于冲洗厕所、洗车、浇洒绿地等。

4）家庭中水利用

家庭中水是指家庭使用过的、经过一定处理后再回用于家庭的污水、废水。家庭优质杂排水回用在我国一些地区，尤其在缺水地区已有一定的基础。家庭中水水源近且污染程序低、处理工艺简单、处理费用低，使用自家的回用水，居民也更容易接受。

家庭中水水源一般包括盥洗排水、沐浴排水、洗衣排水、厨房排水和厕所排水等，对其选用的先后顺序一般为：沐浴排水、盥洗排水、洗衣排水、厨房排水、厕所排水。根据家庭优质杂排水的污染成分、净化后的用途，适合采用的处理方法有物理法、生物法和物化法，也可以两种及以上的技术组合成串联工艺，提高净化效果。

家庭中水主要用作冲厕用水、家庭清洁用水、观赏植物用水等，可节约家庭用水的30%~50%，如采用深度处理工艺，家庭中水的使用范围将进步扩大到70%左右。家庭中水处理流程简单，相对应的设备投资以及处理费用都很低。随着城市污水处理费和水资源费的调整，城市综合水价将进一步提高，家庭中水系统的经济实用性也在提高，其推广使用的前景也更加光明。

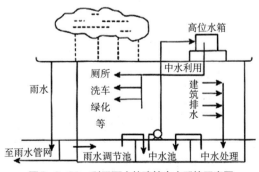

图3-3-26 利用雨水的建筑中水系统示意图

家庭中水利用具有处理方式灵活，设备简单，输配水管线短，安装、运行费用低等优势，符合我国经济社会发展的需要，这一技术的广泛推进，可以节约宝贵的水资源，缓和城市用水的供需矛盾，减少城市排水系统的负担，控制水污染，保护生态环境，具有良好的社会效益、环境效益和显著的经济效益。

4. 污水利用

国外城市污水在工业中主要用于对水质要求不高但用水量大的领域。我国工业用水的重复利用率很低，与世界发达国家相比差距很大。近年来，我国许多地区开展了污水回用的研究与应用，取得了不少好的经验。

1）用于工业用水

再生水在工业中的用途十分广泛，其主要用作：①循环冷却系统的补充水，这是对工业再生水用量最大的用途；②直流冷却系统的用水，包括水泵、压缩机和轴承的冷却，涡轮机的冷却以及直接接触（如熄焦）冷凝等；③工艺用水，包括溶料、蒸煮、漂洗、水力开采、水力输送、增湿、稀释、选矿、油田回灌等；④洗涤用水，包括冲渣、冲灰、消烟除尘、清洗等；⑤锅炉用水，包括低压和中压锅炉的补给水；⑥产品用水，包括浆料、化工制剂、涂料等化工制剂；⑦杂用水，包括厂区绿化、浇洒道路、消防用水等。

工业是主要用水大户，一般可占城市供水量的80%左右，很显然，再生水是工业用水中的主要组成部分。如电力工业的冷却水占总水量的99.0%，石油工业的冷却水占总水量的90.1%，化学工业的冷却水占总水量的87.5%，冶金工业的冷却水占总水量的85.4%。这些对冷却水的用量虽然很大，但对

水质的要求并不高，用再生水完全符合标准，可以节省大量的新鲜水。因此，工业用水中的冷却水是城市污水再生利用的主要对象。

2）用于生活杂用水

再生水在城市中的用途十分广泛。在城市中，再生水主要可作为生活杂用水和部分市政用水，包括居民住宅楼、公用建筑等冲洗厕所、车辆洗刷、城市绿化、道路清扫、建筑施工用水和消防用水等。

从现代化城市杂用水发展趋势来看，城市绿化用水通常是城市再生水利用的重点。有关资料表明，在美国的很多大中城市，普通家庭的室内用水和室外用水的水量之比为1:3.6，其中室外用水主要是用于花园的绿化。如果能普及自来水和杂用水分别供水的"双管道供水系统"，则住宅区自来水的用量可减少78%。

我国的住宅区绿化用水比例虽然没有美国那样高，但近年的统计资料也表明，在一些新开发的"生态小区"，有的绿化率高达40%~50%。在这种情况下，绿化用水可占居民区用水总量的30%以上。由此可见，通过再生水的城市杂用水节约水资源，是未来现代化城市发展的重要方向。在一般情况下，大型公共建筑和新建住宅小区，比较容易采用生活污水就地处理、就地回用的"中水工程"；再生水用于城市杂用时，供水范围不能过度分散，最好以大型风景区、公园、苗圃、城市森林公园为回用对象，从再生水输送的经济性出发，绿地浇灌和湖泊河道的景观用水宜综合考虑，常采用河渠进行输水；冲洗车辆用水、建筑施工用水和浇洒道路用水，应设置集中取水点。

3）用于农田灌溉

我国水资源并不丰富，又具有空间和时间分布不均匀的特点，造成城市和农业的严重缺水。多年来，在广大缺水地区，水成为农业生产的主要制约因素。污水灌溉曾经成为解决这个矛盾的重要举措。

由国外和我国多年实行污水灌溉的经验可见，用于农业，特别是粮食、蔬菜等作物灌溉的城市污水必须经过适当处理以控制水质，含有毒有害污染物的废水必须经过必要的点源处理后才能排入城市的排水系统，再经过综合处理达到农田灌溉水质标准后才能引灌农田。总之，加强城市污水处理是发展污水农业回用的前提，污水农业回用必须同水污染治理相结合才能取得良好的成绩。城市污水农业回用较之其他方面的回用具有很多的优点，如水质要求、投资和基建费用较低，可以变为水肥资源，容易形成规模效益。可以利用原有灌溉渠道，无需管网系统，既可就地回用，也可以处理后储存。

4）用于补充水源用水

针对世界性水资源紧缺的局面，尤其是地下水超采产生沉陷的危机和海水入侵，可以有计划地将再生水通过井孔、沟渠、池塘等水工构筑物，从地面渗入或注入地下补给地下水，增加地下水资源。以再生水进行地下回灌是扩大再生用途的最有益的一种方式，其主要表现在以下几个方面：

地下水回灌可以减轻地下水开采与补给的不平衡，减少或防止地下水位下降，水力拦截海水及苦咸水的入渗，控制或防止地面沉降及预防地震，还可以大大加快被污染地下水的稀释和净化过程。

在水资源严重紧缺的情况下，可以将地下含水层作为储水池，把再生水灌入地下含水层中，这样可扩大地下水资源的储存量。

根据水文地质调查和勘探可知，地下水是按照一定方向流动的，在地下补给再生水后，利用地下流场可以实现再生水的异地取用。

地下水回灌是一种再生水间接回用的方法，也是一种处理污水的方法。在再生水回灌的过程中，再生水通过土壤的渗透能获得进一步的处理，最后与地下水混合成为一体。

实践充分证明，再生水回灌地下的关键，是如何防止地下水资源的污染。回灌水在被抽取利用前，应在地下停留足够的时间，以进一步杀灭病原微生物，保证再生水的卫生安全。采用地表回灌的方式进行回灌，回灌水在被抽取利用前，应在地下停留6个月以上；采用井灌的方式进行回灌，回灌水在被抽取利用前，应在地下停留12个月以上。

3.3.4 绿色建材

建筑是由建筑材料构成的，对于建筑材料而言，在生产使用过程中，一方面消耗大量的能源，产生大量的粉尘和有害气体，污染大气和环境；另一方面，使用中会挥发出有害气体，对长期居住的人来说，会对健康产生影响。鼓励和倡导生产、使用绿色建材和绿色建筑设备，对保护环境，改善人民的居住质量，做到可持续的经济发展是至关重要的。我国经济的快速发展是在人均资源少、经济和科技水平比较落后的条件下实现的，如何节省资源、降低能耗、确保居住环境和自然环境不被污染，使建筑工业走可持续发展之路，是我国建筑材料研究人员的重大使命。所以强调使用可再生、可循环、可重复使用、可降低污染的地方自然资源即绿色建材（图3-3-27、图3-3-28）代表着一种力量与一种趋势。

目前，我国建筑业物质消耗占全部物质消耗总量的 15% 左右，建筑能耗约占全部能耗的 28%，建材生产建筑活动造成的污染约占全部污染的 34%。因此，大力发展绿色建筑，推广绿色建材，对于解决我国能源问题、改善环境有着重要意义。发展"绿色建材"，改变长期以来存在的粗放型生产方式，选择资源节约型、污染最低型、质量效益型、科技先导型的生产方式是 21 世纪我国建材工艺的必然出路。我国非常重视可持续发展战略，在 1992 年联合国召开的环境与发展首脑会议上作出郑重的承诺，1994 年国家环保局在6 类 18 种产品中首先实行环境标志，设立中国环境标志产品认证委员会，建材方面，首先对水性涂料实行环境标志，制定环境标志的评定标准，上海、北京等地开展对"绿色建材"的研制、认证和标准制定。以 1992 年联合国环境与发展首脑会议为契机发展"绿色建材"，广泛研制"绿色建材"产品，近几年已取得了满意的成果。

1. 选材原则

（1）选用对降低建筑物运行能耗和改善室内热环境有明显效果的建筑材料。我国建筑的能源消耗占全国能源消耗总量的 27%，因此，降低建筑的能源消耗已是当务之急。为达到建筑能耗降低 50% 的目标，必须使用高效的保温隔热的房屋围护材料，包括外墙体材料、屋面材料和外门窗，使用此类围护材料会增

图3-3-27 绿色建材产品标志

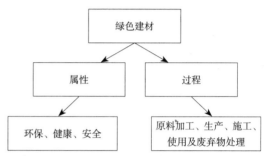

图3-3-28 绿色建材概念示意图

加一定的成本，但据专家计算，只需经过 5~7年就可以通过节省的能源耗费收回。在选用节能型围护材料时，一定要与结构体系相配套，并重点关注其热工性能和耐久性能，以保证有长期的、优良的保温隔热效果。

（2）选用生产能耗低的建筑材料。这有利于节约能源和减少生产建筑材料时排放的废气对大气的污染。例如烧结类的墙体材料比非烧结类的墙体材料的生产能耗高，在满足设计和施工要求的情况下，就应尽量选用非烧结类的墙体材料，以符合国家的节水政策。我国水资源短缺，仅为世界人均值的1/4，有大量城市严重缺水。

（3）禁用或限用实心黏土砖，少用其他黏土制品。我国人均耕地只有 1.43 亩，为保证国家粮食安全的耕地后备资源也严重不足。据统计，我国实心黏土砖的年产量仍高达5500 亿块左右，每年用土量约 10 亿 m^3，其

中占用了相当一部分的耕地，是造成耕地面积减少的重要原因之一。因此，在土地资源不足的地方，也应尽量少用，而且一定要用高档次、高质量的空心黏土制品，以促使生产企业提高土地资源的利用效率。选用利废型建材产品。这是实现废弃物"资源化"的最主要的途径，也是减少对不可再生资源的需求的最有效措施。利用工农业、城市和自然废弃物生产建筑材料，包括利用页岩、煤矸石、粉煤灰、矿渣、赤泥、河库淤泥、秸秆等废弃物生产的各种墙体材料、市政材料、水泥、陶粒等，或在混凝土中直接掺用粉煤灰、矿渣等。绝大多数利废型建材产品已有国家标准或行业标准，可以放心使用。但这些墙体材料与黏土砖的施工性能不一样，不可按老习惯操作。使用单位必须做好操作人员的技术培训工作，掌握这些产品的施工技术要点，才能做出合格的工程。

（4）选择材料要做到不损害人的身体健康。严格控制材料的有害物含量低于国家标准的限定值。建筑材料的有害物释放是造成室内空气污染而损害人体健康的最主要原因，主要来自：①高分子有机合成材料释放的挥发性有机化合物（包括苯、甲苯、游离甲醛等）；②人造木板释放的游离甲醛；③天然石材、陶瓷制品、工业废渣制成品和一些无机建筑材料的放射性污染；④混凝土防冻剂中的氨释放。

（5）为控制有害产品流入市场，我国已有10项室内装饰装修材料有害物质限量标准；还有3项产品的有害物质含量列为国家的强制性认证，即陶瓷面砖的放射性指标、溶剂型木器涂料的有害物质含量和混凝土防

冻剂的氨释放量。此外，对涉及供水系统的管材和管件有卫生指标的要求。选材时应认真查验由法定检验机构出具的检验报告的真实性和有效期，批量较大时或有疑问时，应将进场材料送法定检验机构进行复检。

（6）科学控制会释放有害气体的建筑材料在室内的使用量。尽管室内采用的所有材料的有害物质含量都符合标准的要求，但如果用量过多，也会使室内空气品质不能达标，因为标准中所列的材料有害物质含量是指单位面积、单位重量或单位容积的材料试样的有害物质释放量或含量。

（7）再者，选用高品质的建筑材料也是应当考虑的，材料品质必须达到国家或行业产品标准的要求，有条件的应尽量选用高品质的建筑材料，例如选用高性能钢材、高性能混凝土、高品质的墙体材料和防水材料等。

建材的特点是要用在建筑物上，使建筑物的性能或观感达到设计要求。不少建材产品材性很好，但用到建筑物上却不能取得满意的效果。因此，在选用材料时不能只注意材料的材性，还应考虑使用这种材料是否有成熟的配套技术，以保证建筑材料在建筑物上使用后，能充分发挥其各项优异性能，使建筑物的相关性能达到预期的设计要求。配套技术包括三点，即与主材料配套的各种辅料与配件、施工技术（包括清洁施工）和维护维修技术。

2. 水泥和混凝土

1）超高性能混凝土（UHPC）

UHPC（图3-3-29）具有超高强、高韧性和优异的耐久性能，能很好地满足土木工程结构轻量化、高层化、大跨化和高耐久的

图3-3-29 由UHPC制成的旋转楼梯

需求。然而，UHPC存在诸多问题，包括组成设计理论和方法未成体系、微观结构与性能间的关系不明晰、结构设计理论缺乏等，同时亟需突破组成设计和性能调控、结构设计的关键技术瓶颈。

围绕UHPC材料—构件—结构—应用全产业链的总体思路，相关UHPC的项目拟研究复杂胶凝体系UHPC的微结构形成机理，构筑聚合物外加剂和降黏功能材料，设计开发收缩控制材料和多尺度增韧纤维，形成"功能材料构筑—可控制备—产业化"的成套技术，研究UHPC规模化制备、工作性评价体系和全过程智控工艺以及高阻抗、高延性、高抗冲磨特种UHPC材料，并制备自修复、高延性、高抗冲磨特种UHPC材料，进一步研究UHPC构件的计算与性能评价方法，形成设计理论和方法，评价UHPC结构受力

性能，研发新型装配式结构体系，并建立设计方法。

2）生态水泥

生态水泥（eco-cement）是以生态环境（ecology）与水泥（cement）的合成语而命名的。这种水泥以城市垃圾烧成的灰和下水道污泥为主要原料，经过处理配料，并通过严格的生产管理而制成的工业产品。与普通水泥相比，生态水泥的最大特点是凝结时间短，强度发展快，属于早强快硬水泥。

3）绿色混凝土

使用与高性能水泥同步发展的高活性掺合料（矿渣粉掺合料、优质粉煤灰掺合料等），直接作为"第六组分"大量替代（最多可达到60%~80%）水泥，可以制成"绿色混凝土"（GHPC）。它可以节约能源、土地与石灰石资源，是混凝土绿色化的发展方向（表3-3-10）。

可泵性绿色混凝土参考配合比 表3-3-10

强度等级	配合比材料用量/（kg/m³）						坍落度/cm	抗渗等级	各龄期强度/MPa			压力泌水率3.5MPa/（%）
	水泥	砂	石子	水	粉煤灰	外加剂			7d	28d	60d	
C8	170	838	1024	180	153	0.595	150	≥S10	6.9	17.6	28.1	15.3
C13	200	832	1018	180	130	0.7	140	≥S10	8.8	20.5	31.0	17.1
C18	230	848	1036	180	105	0.805	145	≥S10	10.8	24.0	34.8	18.0

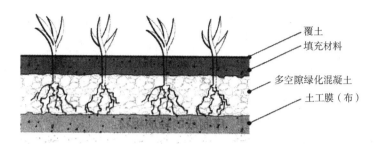

图3-3-30 绿化混凝土构造

4）绿化混凝土

绿化混凝土是指能够适应绿色植物生长的混凝土及其制品（图3-3-30）。人们渴望回归自然，增加绿色空间，绿化混凝土正是在这种社会背景下开发出来的一种新型材料。绿化混凝土用于城市的道路两侧或中央隔离带以及水边护坡（图3-3-31）、楼顶、停车场等部位，可以增加城市的绿色空间，绿化护坡，美化环境，保持水土，调节人们的生活情趣，同时能够吸收噪声和粉尘，对城市气候的生态平衡也起到积极作用，符合可持续发展的原则，与自然协调，是具有环保意义的混凝土材料。

5）再生混凝土

以经过破碎的建筑废弃混凝土作为集料而制备的混凝土（图3-3-32）。它是利用建筑物或者结构物解体后的废弃混凝土，经过破碎后，全部或者部分代替混凝土中的砂石配制成的混凝土。

3. 墙体材料

大多数新型墙体材料具有质轻，保温节能，便于工厂化生产和机械化施工，生产与使用过程中节约能耗，可以扩大建筑的使用面积，减少建筑的基础费用等优点，是性能优良的绿色建筑材料。

图3-3-31 绿化混凝土护坡

图3-3-32 用再生混凝土制作的公共座椅

建材产品绿色评价系列标准是以国家标准《绿色产品评价通则》GB/T 33761-2017 为依据进行编制的。在确定指标时严格遵循"生命周期理念""代表性""适用性""兼容性""绿色高端引领"的原则，将评价指标体系分为基本要求和评价指标两部分。基本要求包括应满足的节能环保法律法规、工艺技术、管理体系及相关产品标准等方面的要求；评价指标由一级指标和二级指标组成。一级指标主要包括资源属性指标、能源属性指标、环境属性指标和品质属性指标。其中资源属性指标重点选取原材料及水资源减量化、便于回收利用、包装物材料等方面的指标；能源属性指标重点选取产品在制造或使用过程中的能源节约和能源效率方面的指标；环境属性指标重点选取生产过程中的污染物排放、使用过程中的有毒有害物质释放等方面的指标；品质属性指标重点选取消费者关注度高、影响高端品质的产品耐用性、健康安全等方面的指标。二级指标则根据产品的特性对一级指标进行分解、细化并且保证其具备可量化、可检测、可验证的特征。在建材工业能耗占比中，墙体材料行业可占到35%左右，因此，墙体材料的"绿色"在整个建材工业中尤为重要。

1）蒸压加气混凝土砌块与条板

蒸压加气混凝土是一种轻质的小气泡均匀分布的新型节能、环保墙体材料，由水泥、河砂、石灰、矿渣、石膏、铝粉和水等原材料经球磨、搅拌、配料、切割、高温蒸压养护而成。它具有如下一些特点：容重轻；耐火隔声；保温隔热；可加工性；抗震性。蒸压加气混凝土砌块（图3-3-33、图3-3-34）与条板都含有大量微小、非连通的气孔，空隙率达70%~80%。

2）轻集料混凝土小型空心砌块

用堆积密度不大于1100kg/m³的轻粗集料与轻砂、普通砂或无砂配制成干表观密度不大于1950kg/m³的轻集料混凝土制成的小砌块，称为轻集料混凝土小砌块。

3）硅酸钙板

硅酸钙板是美国OCDG公司发明的一种性能稳定的新型建筑材料（图3-3-35）。20

世纪70年代首先在发达国家推广使用并发展起来。硅酸钙板是以硅质材料（石英粉、硅藻土等）、钙质材料（水泥、石灰等）和增强纤维（纸浆纤维、玻璃纤维、石棉等）为原料，经过制浆、成坯、蒸养、表面砂光等工序制成的轻质板材。

图3-3-33 蒸压加气混凝土砌块

图3-3-34 加气混凝土空心砌块

图3-3-35 硅酸钙板

图3-3-36 GRC板材

4）GRC板

玻璃纤维增强水泥（GRC）是20世纪70年代出现的一种新型复合材料。GRC制品通常采用抗碱玻璃纤维和低碱水泥制备。制备方法有注浆法成型、挤出法成型和流浆法成型等工艺。GRC制品具有高强、抗裂、耐火、韧性好、保温、隔声等一系列优点。特别适用于新型建筑的内、外墙体及建筑装饰的板材。GRC可以替代实心黏土砖，从而节约资源和能源，保护环境。生产中不使用石棉纤维，因此，作为环保型建筑材料在国际上应用比较普遍。图3-3-36所示为彩色GRC装饰板。

5）石膏制品

石膏制品是以天然石膏矿石为主要原料，经过破碎、研磨、炒制，由生石膏（$CaSO_4 \cdot 2H_2O$）制备成熟石膏（$CaSO_4 \cdot 0.5H_2O$），并用于各类石膏制品的生产，生产中根据不同制品的性能要求和工艺要求，再加入水、纤维、胶粘剂、防水剂、缓凝剂等，使半水石膏（熟石膏）硬化并还原为二水石膏，遂可制成石膏板、石膏粉刷材料等建筑制品。建筑中广泛应用石膏制品，不但可以减少毁土、烧砖，保护珍贵的土地资源，同时可以节约生产能耗和建筑的使用能耗。另外，由于石膏制品具有

"呼吸"功能，当室内空气干燥时，石膏中的水分会释放出来；当室内湿度较大时，石膏又会吸入一部分水分，因此可以调节室内环境。加上纯天然材料无毒、无味、无放射性等性能，该类材料符合绿色建材的主要特征。除天然石膏外，工业副产物石膏（如脱硫石膏、磷石膏等）也可作为石膏制品的原料。

纸面石膏板（图3-3-37）是以石膏芯材及与其牢固结合在一起的护面纸组成的，分

图3-3-37 纸面石膏板

普通型、耐水型、耐火型三种。以耐火型、耐水型、耐用型等为代表的特种纸面石膏板有效提高了纸面石膏板在耐火、耐水、耐冲击等建筑工程中的应用等级。

石膏空心条板（图3-3-38）以建筑石膏和纤维为原料，采用半干法压制而成，是一种新型的轻质、高强、防火的建筑板材。该板材具有墙面平整，吊挂力大，安装简便，不需龙骨且施工劳动强度低、速度快的特点。

石膏砌块（图3-3-39）是以建筑石膏为原料，经料浆拌合、浇筑成型、自然干燥或烘干这些工序而成的轻质块状的隔墙材料。

4. 保温隔热材料

我国的保温材料不仅品种多，而且产量大，应用范围也很广。其品种主要有岩棉、矿渣棉、玻璃棉、超细玻璃棉、硅酸铝纤维、微孔硅酸钙和微孔硬质硅酸钙、聚苯乙烯泡沫塑料（EPS）、挤塑聚苯乙烯泡沫塑料（XPS）、酚醛泡沫塑料、橡塑泡沫塑料、聚氯乙烯泡沫塑料、硬质聚氨酯泡沫塑料、聚乙烯泡沫塑料、泡沫玻璃、膨胀珍珠岩、复合硅酸盐保温涂料、复合硅酸盐保温粉及它们的各种各样的制品和深加工的各个产品系列，还有绝热纸、绝热铝箔等。下面主要介绍建筑工程中广泛使用的保温砂浆和聚苯乙烯泡沫塑料保温板。

1）保温砂浆

EPS保温砂浆是以聚苯乙烯泡沫（EPS）颗粒作为主要轻骨料，以水泥或者石膏等作为胶凝材料，加入其他外加剂配制而成的。图3-3-40所示为普通保温砂浆。

2）聚苯乙烯泡沫塑料（EPS）保温板

聚苯乙烯泡沫塑料（EPS）保温板是由聚苯乙烯加入阻燃剂，以加热膨胀发泡工艺

图3-3-38　石膏空心条板

图3-3-40　保温砂浆

图3-3-39　石膏砌块

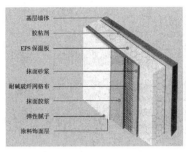

图 3-3-41 EPS 保温板在实际中的应用

制成的具有微细闭孔结构的泡沫塑料板材。图 3-3-41 为 EPS 保温板在墙体上的应用方式。

5. 玻璃

建筑玻璃是体现建筑绿色度的重要内容。应用于绿色建筑中的玻璃除了具有普通玻璃的功能外，还需要满足保温、隔热、隔声、安全等新的功能和要求。绿色建筑玻璃的主要类型有夹层玻璃、中空玻璃、镀膜玻璃和钢化玻璃四类。

1）夹层玻璃

夹层玻璃（图 3-3-42）是将两片或多片玻璃用一种透明粘结材料或胶片粘结在一起的复合玻璃。由于这种粘结材料具有良好的抗冲击性能和粘结性能，当玻璃受到冲击破裂时，外来撞击物既不会穿透玻璃，玻璃碎片也不会飞散出去伤人，从而起到了安全防护作用。夹层玻璃按其性能可分为防弹玻璃、防盗夹层玻璃、防火夹层玻璃、电加温夹层玻璃、装饰性夹层玻璃和光致变夹层玻璃等。

2）中空玻璃

中空玻璃是由两片或多片玻璃在周边用间隔框分开，并用密封胶密封，使玻璃层间形成干燥气体空间的产品（图 3-3-43）。

3）镀膜玻璃

镀膜玻璃（图 3-3-44）是在平板玻璃表面镀覆一层或者多层金属或金属氧化物薄膜，从而通过对玻璃的表面改性使其具有新的或更好的功能。按照制造工艺，将镀膜玻璃划分为在线镀膜玻璃和离线镀膜玻璃两种。按照功能划分，镀膜玻璃包括热反射玻璃、低辐射玻璃、减反射玻璃、导电玻璃、彩釉玻璃、镭射玻璃、镜面玻璃等。

4）钢化玻璃

平板玻璃经过二次加工，经过钢化处理便称为钢化玻璃（图 3-3-45）。它具有很高的强度，弥补了普通玻璃质脆易碎，使用

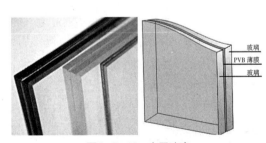

图 3-3-42 夹层玻璃

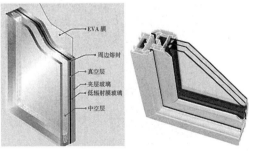

图 3-3-43 中空玻璃

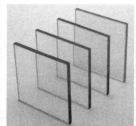

图3-3-44 镀膜玻璃 　　　　　　图3-3-45 钢化玻璃

安全性、可靠性极差的缺点，大多适用于绿色建筑中的门、窗、幕墙等构件。

钢化玻璃按照生产方法可以分为物理钢化玻璃和化学钢化玻璃两种。根据钢化后的形状，可分为平面钢化玻璃和曲面钢化玻璃，平面钢化玻璃主要用于门窗、隔断和幕墙，曲面钢化玻璃主要用于汽车等交通工具的挡风玻璃。根据钢化时所用的玻璃原片，分为普通钢化玻璃、磨光钢化玻璃和钢化吸热玻璃等。

6. 化学材料

建筑使用的化学建材包括塑料门窗、塑料管材和各种建筑涂料、防水密封材料、胶粘剂等，其中，塑料建材的应用日益突出。塑料建材是国民经济发展中的一个新兴产业，是继钢材、木材、水泥之后而形成的又一类

建材。它经过近40年的研究发展，已经很好地解决了原料配方、门窗构型设计、挤出成型、五金配件和组装工艺设备等一系列技术问题，在各类建筑中得到广泛的应用。

1）塑料门窗（图3-3-46）

门窗是建筑物中重要的开口部分，起采光和通风作用，在寒冷地区应能保温，以防止室内热量散失，而在炎热地区能隔热，以减少室外热空气进入室内。进入20世纪60年代以来，塑料门窗开始在欧洲使用，开发塑料门窗的主要动力是节省能源，因为塑料门窗的隔热性好。在欧美国家，聚氯乙烯（PVC）门窗占门窗总量的50%以上；由于我国森林资源贫乏，塑料门窗在我国的应用势在必行。塑料门窗的材质有硬质聚氯乙烯（UPVC）塑料门窗、ABS门窗、聚氨酯硬质

图3-3-46 塑料门窗

泡沫塑料门窗、玻璃纤维增强不饱和聚酯塑料门窗和聚苯醚塑料门窗等。其中以 UPVC 门窗用量最大。

2）塑料管材

塑料管材（图 3-3-47）在建筑中代替传统的铸铁管、镀锌钢管、水泥管，广泛用于房屋建筑供水系统配管、排水管、排气管、排污卫生管、地下排水管、雨水管以及电线电缆护套管。塑料管按原材料的分子结构分为 PVC 管、PE 管、PP 管、PA 管、PB 管、铝塑复合管（PAP）、玻璃纤维增强聚酯管、环氧树脂管、酚醛树脂管等；按塑料管结构可分为单壁波纹管、双壁波纹管、芯层发泡管（表层及内层均不发泡）、螺旋管、径向筋管等。

3）建筑涂料

建筑涂料则是指使用于建筑物上并起装饰、保护、防水等作用的一类涂料。目前适用于绿色建筑的主要涂料有外墙保温隔热涂料，抗菌、抗污染及多功能复合型涂料，装饰美化型涂料和辐射固化涂料等。

4）建筑防水密封材料

所谓建筑防水密封材料，是指填充在建筑物构件的接合部位及其他缝隙内，具有气密性、水密性，能隔断室内外能量和物质交换的通道，同时对墙板、门窗框架、玻璃等构件具有粘结、固定作用的材料。按照施工时的形态，密封材料可分为不定型（又名密封膏、嵌缝膏）和定型两大类型。凡是能将多种材料紧密粘合在一起且具有一定实用强度的物质统称为胶粘剂。应用于建筑行业的各类胶粘剂称为建筑胶粘剂，包括用于建筑结构构件在施工、加固、维修等方面的建筑胶粘剂，还有应用于室内外装修的建筑装修胶，用于防水、保温等方面的建筑密封胶和用于建材产品制造及其他设备的各种粘结铺装材料等。

7. 可循环材料

目前广泛采用的现浇钢筋混凝土结构在建筑物废弃之后将产生大量建筑垃圾，造成严重的环境负荷。钢结构在这方面有着突出的优势，材料部件可重复使用，废弃钢材可回收，资源化再生程度可达 90% 以上。有资料显示，在欧美发达国家，钢结构建筑数量占总建筑数量的比重达到 30%~40%。我国 2002 年在建的建筑面积为 19 亿 m²，钢结构建筑仅为 450 万 m²，只占建筑总面积的 0.5%，且多为商业和工业建筑。目前我国钢结构住宅的发展刚刚起步，因此，应积极发展和完

图3-3-47 塑料管材

善钢结构及其围护结构体系的关键技术，发展钢结构建筑，提高钢结构建筑的比例，建立钢结构建筑部件制造产业，促进钢结构建筑的产业化发展。

除了钢结构以外，木结构以及装配式预制混凝土建筑都是有利于材料循环利用的建筑结构体系。随着城市建设中旧混凝土建筑物拆除量的增加和环境保护要求的提高，再生混凝土的生产及应用也将逐步成为建筑业节约材料、循环利用建筑材料的重要方式。

废弃材料的无污染回收利用已是当今世界科学研究的一个热点和重点。我国"十五"环境发展规划中明确：研究污染物排放最小量化和资源化技术，实施以清洁生产技术和废弃物资源化技术为核心的科技行动。建材行业必须建立生态效益概念，用最低限度的资源得到最大数量的产品。这就要求必须对废弃物进行再利用，从而实现物流的闭合回路。

1）废弃物的再生利用

据统计，工业固体废弃物中40%是建筑业排出的，废弃混凝土是建筑业排出量最大的废弃物。一些国家在建筑废弃物利用方面的研究和实践已卓有成效。1995年，日本全国建设废弃物约9900万吨，其中实现资源再利用的约5800万吨，利用率为58%，其中混凝土块的利用率为65%。废弃混凝土用于回填或路基材料是极其有限的。作为再生集料用于制造混凝土，实现混凝土材料的循环利用是混凝土废弃物回收利用的发展方向。将废弃混凝土破碎作为再生集料，既能解决天然集料资源紧张问题，利于集料产地的环境保护，又能减少城市废弃物的堆放、占地和环境污染问题，实现混凝土生产的物质循环

闭路化，保证建筑业长久的可持续发展。

我国城市的建筑废弃物日益增多，目前，年排放量已超6亿吨，我一些城建单位对建筑废弃物的回收利用作了有益的尝试，成功地将部分建筑垃圾用于细骨料、砌筑砂浆、内墙和顶棚抹灰、混凝土垫层等。一些研究单位也开展了用城市垃圾制取烧结砖和混凝土砌块技术的研究，并且具备了推广应用的水平。虽然针对垃圾总量来看，利用率还很低，但毕竟有了较好的开端，为促进垃圾处理产业化，克服建材工业大量消耗自然资源的弊端，积累了经验。

2）危险性废料的再生利用

国外自20世纪70年代开始着手研究以可燃性废料作为替代燃料应用于水泥生产。大量的研究与实践表明，水泥回转窑是得天独厚的处理危险废物的焚烧炉。水泥回转窑燃烧温度高，物料在窑内停留时间长，又处在负压状态下运行，工况稳定，对各种有毒性、易燃性、腐蚀性、反应性的危险废弃物具有很好的降解作用，不向外排放废渣，焚烧物中的残渣和绝大部分重金属都被固定在水泥熟料中，不会产生对环境的二次污染。同时，这种处置过程是与水泥生产过程同步的，处置成本低，因此被国外专家认为是一种合理的处置方式。

3）工业废渣的综合利用

工业废渣的综合利用见表3-3-11。工业固体废渣主要被用于制作建筑材料和原材料，主要用来生产粉煤灰水泥、加气混凝土、蒸养混凝土砖、烧结粉煤灰砖、粉煤灰砌块。而建筑行业每年用来制砖的煤矸石达2000多万吨，年产砖30亿块。

工业废渣的综合利用 表3-3-11

废渣	主要用途
采矿废渣	煤矸石尾矿渣水泥、轻混凝土骨料、陶瓷、耐火材料、铸石、水泥和砖瓦等
燃料废渣	粉煤灰水泥、砖瓦、砌块、墙板、轻骨料、道路材料、肥料、矿棉、铸石等
冶金废渣	高炉矿渣水泥、混凝土骨料、筑路材料、砖瓦砌块、矿渣棉、铸石、肥料、微晶玻璃、钢渣水泥、磷肥、建筑防火材料等
有色金属废渣	水泥、砖瓦、砌块、混凝土、渣棉、道路材料、金属回收等
化学废渣、塑料废渣	再生塑料、炼油、代砂石铺路、土壤改良剂等；生产水泥、矿渣、矿渣棉、轻集料等
硫铁矿渣、电石渣	炼铁、水泥、砖瓦、水泥添加剂、生产硫酸、制硫酸亚铁等
磷石膏、磷渣	制砖、代石灰作建筑材料、烧水泥、水泥添加剂、熟石膏、大型砌块等

3.3.5 可再生能源利用

本小节主要针对太阳能利用，地热能利用请参考本章地源热泵系统相关内容。

1. 太阳能利用相关知识

太阳能是太阳内部连续不断的核聚变反应产生的能量，太阳总辐射能量约为 3.75×10^{26} J。

地球每年从太阳上获得的辐射能量为 5.44×10^{24} J。地球上的风能、水能、海洋温差能、波浪能、生物质能以及部分潮汐能都来源于太阳，地球上的化石能源（煤、石油、天然气等）实质上也是自远古以来贮存下来的太阳能。

1）太阳辐射照度

太阳辐射透过大气层到达地面的过程中因被大气层吸收和反射而减弱。其中，透过大气层直接辐射到地面的称为直接辐射；被大气层吸收后再辐射到地面的称为散射辐射；直接辐射和散射辐射之和称为总辐射。单位面积、单位时间的物体表面接收的太阳辐射能以辐射照度表示。辐射照度随不同地域的地理纬度、大气透明度、季节、时间不同而发生变化，它决定建筑的得热状况，直接影响建筑冬季供暖和夏季防热设计以及建筑利用太阳能的潜力。辐射照度的计量单位为 W/m^2。

2）太阳能资源利用优势

人类利用太阳能已有3000多年的历史。自1615年法国工程师所罗门·德·考克斯发明第一台太阳能发动机开始，将太阳能作为一种能源和动力加以利用至今已有近400年的历史。太阳能与常规能源相比有几个显著优势：

其一，太阳能储量巨大，是人类可以利用的最丰富的能源，足以供人类使用几十亿年。

其二，太阳能无地域限制。地球表面任何地方都有太阳能，便于就地开发利用，不存在运输问题。尤其对于交通不发达的农村、海岛和边远地区，太阳能更具利用价值。

其三，太阳能是一种洁净的能源。在开发利用中不会排放废弃物，基本不会影响生态平衡，不会造成污染与公害。

2. 我国太阳能资源分布

我国拥有丰富的太阳能资源。据估算，我国陆地表面每年接受的太阳辐射能约为

50×10^{18} kJ。从全国年太阳辐射总量的分布来看，太阳能的高值中心和低值中心都处在北纬 22°~35° 这一带。青藏高原是高值中心，那里平均海拔高度在 4000m 以上，大气层薄而清洁，透明度好，纬度低，日照时间长。四川盆地是低值中心，那里雨多、雾多，晴天较少。总体上看，西部地区年太阳辐射总量高于东部地区，而且除西藏和新疆两个自治区外，基本上都是南部低于北部。南方多数地区雾多、雨多，处在北纬 30°~40° 地区，太阳能的分布情况与一般的太阳能随纬度而变化的规律相反，不是随着纬度的增大而减少，而是随着纬度的增大而增加。太阳辐射总量大的地区主要有西藏、青海、新疆、内蒙古南部、山西、陕西北部、河北、山东、辽宁、吉林西部、云南中部和西南部、广东东南部、福建东南部、海南岛东部和西部以及台湾地区的西南部等广大地区；四川和贵州两省的太阳年辐射总量最小；其他地区的太阳年辐射总量居中。

按接受太阳能辐射量的大小，我国大致上可分为五类地区，见表3-3-12。

3. 建筑太阳能利用的方式

根据能量转化方式，建筑太阳能利用方式分为四种：太阳光能直接利用；太阳能转化为热能；太阳能转化为电能；太阳能转化为化学能。其中以光热转换和光电转换的应用为主。

按照是否采用机电设备，建筑太阳能利用方式可以分为"被动式"和"主动式"两种。"被动式"太阳能利用不采用机电设备，力求以自然的方式获取能量，结构相对简单，造价较低。"主动式"需要采用机电设备，利用电能等辅助能源，比"被动式"结构复杂，且造价相对较高。

建筑太阳能综合利用方式和技术体系如图3-3-48所示。

3.4 创新型绿色建筑策略

3.4.1 建筑智能化系统与技术

我国早期是以建筑内自动化设备的配备作为智能建筑的定义，建筑内主要配备以下系统：建筑物自动化系统（BA）、通信自动化

中国太阳能资源分布　　　　表3-3-12

地区类型	年日照时数/h	年辐射总量/($MJ/m^2 \cdot a$)	包括的主要地区	备注
一类	3200~3300	6680~8400	宁夏北部，甘肃北部，新疆南部，青海南部，西藏西部	最丰富地区
二类	3000~3200	5852~6680	河北西北部，山西北部，内蒙古南部，宁夏南部，甘肃中部，青海东部，西藏东南部，新疆南部	较丰富地区
三类	2200~3000	5016~5852	山东，广西，江西，浙江，湖北，福建北部，广东北部，陕西南部，安徽南部	中等地区
四类	1400~2000	4180~5016	湖南，江西，广西，浙江，湖北，福建北部，广东北部，陕西南部，安徽南部	较差地区
五类	1000~1400	3344~4180	四川大部分地区，贵州	最差地区

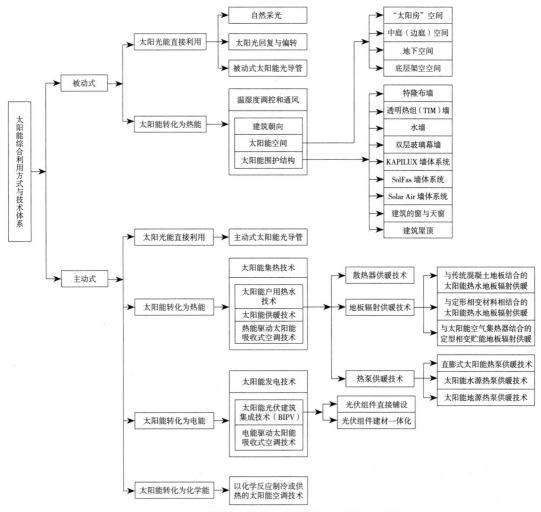

图3-3-48 建筑太阳能综合利用方式和技术体系示意图

系统（CA）、办公自动化系统（OA）、安全保卫自动化系统（SA）和消防自动化系统（FA），将这5种功能结合起来的建筑也称为5A建筑，外加结构化综合布线系统（SCS）、结构化综合网络系统（SNS）、智能楼宇综合信息管理自动化系统（MAS）（图3-4-1）。这类以建筑内自动化设备的功能与配置进行定义的方法，虽具有直观、容易界定等特点，但因技术的进步与设备功能的发展是无限的，如果以此作为智能建筑的定义，那么定义的描述必须随着技术与设备功能的进步同步更新。

我国《智能建筑设计标准》GB 50314-2015中对智能建筑的定义为：以建筑物为平台，基于对各类智能化信息的综合应用，集架构、系统、应用、管理及优化组合为一体，具有感知、传输、记忆、推理、判断和决策的综合智慧能力，形成人、建筑、环境互为协调的整合体，为人们提供安全、高效、便利和可持续发展功能环境的建筑。《标准》中把智能化系统分成以下几个部分：

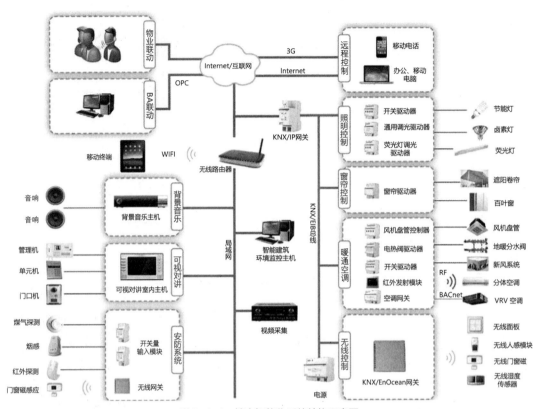

图 3-4-1　楼宇智能化系统结构示意图

1. 信息化应用系统（Information Application System，IAS）

信息化应用系统以信息设施系统和建筑设备管理系统等智能化系统为基础，为满足建筑物的各类专业化业务、规范化运营及管理的需要，由多种信息设施、操作程序和相关应用设备等组合而成的系统。

2. 智能化集成系统（Intelligent Integration System，IIS）

智能化集成系统是为实现建筑物的运营及管理目标，基于统一的信息平台，以多种智能化信息集成方式形成的具有信息汇聚、资源共享、协同运行、优化管理等综合应用功能的系统。

3. 信息设施系统（Information Facility System，IFS）

信息设施系统是为满足建筑物的应用与管理对信息通信的需求，将各类具有接收、交换、传输、处理、存储和显示等功能的信息系统整合，形成具有建筑物公共通信服务综合基础条件的系统。

4. 建筑设备管理系统（Building Management System，BMS）

建筑设备管理系统是对建筑设备监控系统和公共安全系统等实施综合管理的系统。

5. 应急响应系统（Emergency Response System，ERS）

应急响应系统是为应对各类突发公共安

全事件，提高应急响应速度和决策指挥能力，有效预防、控制和消除突发公共安全事件的危害，具有应急技术体系和响应处置功能的应急响应保障机制或履行协调指挥职能的系统。

6. 公共安全系统（Public Security System，PSS）

为维护公共安全，运用现代科学技术，具有以应对危害社会安全的各类突发事件而构建的综合技术防范或安全保障体系综合功能的系统。

7. 机房工程（Engineering of Electronic Equipment Plant，EEEP）

机房工程是为提供机房内各智能化系统设备及装置的安置和运行条件，以确保各智能化系统安全、可靠和高效地运行与便于维护的建筑功能环境而实施的综合工程。

3.4.2　BIM 技术

BIM（Building Information Modeling）技术是一种应用于工程设计、建造、管理的数据化工具，通过对建筑的数据化、信息化模型整合，在项目策划、运行和维护的全生命周期中进行信息共享和传递，使工程技术人员对各种建筑信息作出正确理解和高效应对，为设计团队以及包括建筑施工、运营单位在内的各方提供协同工作的基础，在提高生产效率、节约成本和缩短工期方面发挥重要作用。

BIM 技术的核心是一个由计算机三维模型所形成的数据库，这些数据信息在建筑全过程中动态调整，并可以及时、准确地调用数据库中的相关数据，加快决策进度，提高决策质量，从而提高项目质量（图 3-4-2）。

1. 工程设计阶段

在概念设计阶段，设计人员需对拟建项目的选址、方位、外形、结构形式、耗能与可持续发展、施工与运营概算等问题作出决策，BIM 技术可以对各种不同的方案进行模拟与分析，且为联合更多的参与方投入该阶段提供了平台，使作出的分析决策及早得到反馈，保证了决策的正确性与可操作性。

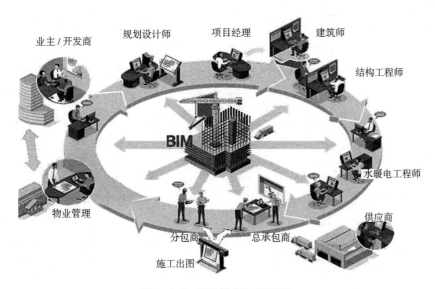

图3-4-2　BIM 技术体系示意图

对于传统建设项目设计模式，各专业包括建筑、结构、暖通、机械、电气、通信、消防等的设计之间极易出现矛盾冲突且难以解决。BIM整体参数模型自动更新的法则可以让项目参与方灵活应对设计变更，减少施工人员与设计人员所持图纸不一致的情况。

2. 工程实施阶段

BIM技术可以优化施工方案。BIM技术可以将与BIM模型具有互用性的4D软件、项目施工进度计划与BIM模型联系起来，以动态的三维模式模拟整个施工过程与施工现场，能及时发现潜在的问题和优化施工方案（包括场地、人员、设备、空间冲突、安全问题等）。同时，4D施工模拟还包含了临时性建筑如起重机、脚手架、大型设备等的进出场时间，为节约成本、优化整体进度安排提供了帮助。

细节化的构件模型可以由BIM设计模型生成，可用来指导预制生产与施工。由于构件是以3D的形式被创建的，所以便于数控机械化自动生产。当前，这种自动化的生产模式已经成功地运用在钢结构加工与制造、金属板制造等方面，从而可生产预制构件、玻璃制品等。这种模式可方便供应商根据设计模型对所需构件进行细节化的设计与制造，准确性高且缩减了造价与工期；同时，消除了利用2D图纸施工时由于周围构件与环境的不确定性导致的构件无法安装甚至重新制造的尴尬。

BIM技术使精益化施工成为可能。由于参数模型提供的信息中包含了每一项工作所需的资源，包括人员、材料、设备等，所以其为总承包商与各分包商之间的协作提供了基石，可最大化地保证资源准时制管理、削减不必要的库存管理工作、减少无用的等待时间、提高生产效率。

3. 运营维护阶段

BIM参数模型可以为业主提供建设项目中所有系统的信息，在施工阶段作出的修改将全部同步更新到BIM参数模型中，形成最终的BIM竣工模型，该竣工模型作为各种设备管理的数据库为系统的维护提供依据。此外，BIM可同步提供有关建筑使用情况或性能、入住人员与容量、建筑已用时间以及建筑财务方面的信息。同时，BIM可提供数字更新记录，并改善搬迁规划与管理。BIM还促进了标准建筑模型对商业场地条件（例如零售业场地，这些场地需要在许多不同地点建造相似的建筑）的适应。有关建筑的物理信息（例如完工情况、承租人或部门分配、家具和设备库存）和关于可出租面积、租赁收入或部门成本分配的重要财务数据都更加易于管理和使用。稳定访问这些类型的信息可以提高建筑运营过程中的收益与成本管理水平。

BIM的实现手段是核心软件，与CAD技术只需一个或几个软件不同的是，BIM需要一系列软件来支撑。除BIM核心建模软件之外，BIM的实现需要大量其他软件的协调与帮助（图3-4-3）。一般可以将BIM软件分成以下两大类型：BIM核心建模软件，包括建筑与结构设计软件（如Autodesk Revit系列、GraphiSoftArchiCAD等）、机电与其他各系统的设计软件（如Autodesk Revit系列、Design Master等）；基于BIM模型的分析软件，包括结构分析软件（如PKPM、SAP2000等）、施工进度管理软件（如MS Project、Navisworks等）、制作加工图Shop Drawing的深化设计软

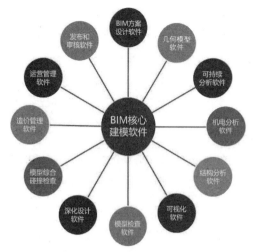

图3-4-3 BIM核心软件分类示意图

件（如 Xsteel 等）、概预算软件、设备管理软件、可视化软件等。

3.4.3 工业化建筑技术

工业化建筑技术指通过现代化的制造、运输、安装和科学管理的生产方式，代替传统建筑业中分散的、低水平的、低效率的手工业生产方式。它的主要标志是建筑设计标准化、构配件生产工厂化、施工机械化和组织管理科学化（图3-4-4）。

建筑设计标准化，是对建筑构件的类型、规格、质量、材料、尺度等规定统一标准。对于其中建造量大、使用面积广、共性多、

通用性强的建筑构配件及零部件、设备装置或建筑单元，经过综合研究，编制成配套的标准设计图，进而汇编成建筑设计标准图集。标准化设计的基础是采用统一的建筑模数，减少建筑构配件的类型和规格，提高通用性。

1. 主要内容

1）建筑构配件生产的工业化

对于建筑中量多面广，易于标准化设计的建筑构配件，由工厂进行集中批量生产，采用机械化手段，提高劳动生产率和产品质量，缩短生产周期。批量生产出来的建筑构配件进入流通领域成为社会化的商品，可促进建筑产品质量的提高，使生产成本降低，最终，推动建筑工业化的发展。

2）建筑施工的装配化和机械化

建筑设计的标准化、构配件生产的工厂化和产品的商品化，使建筑机械设备和专用设备得以充分开发应用。专业性强、技术性高的工程（如桩基、钢结构、张拉膜结构、预应力混凝土等项目）可由具有专用设备和技术的施工队伍承担，使建筑生产进一步走向专业化和社会化。

3）组织管理科学化

组织管理科学化，是指生产要素的合理

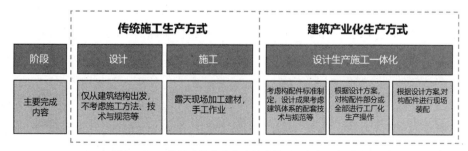

图3-4-4 传统建筑生产方式与建筑工业化生产的对比

组织，即按照建筑产品的技术经济规律组织建筑产品的生产。提高建筑施工和构配件生产的社会化程度，也是建筑生产组织管理科学化的重要方面。针对建筑业的特点，一是注重产品的设计、生产和施工等方面的综合协调，使产业结构布局和生产资源合理化；二是生产与经营管理方法的科学化，要运用现代科学技术和计算机技术促进建筑工业化的快速发展。

2. 相关措施

（1）建筑工业化，首先应从设计开始，从结构入手，建立新型结构体系，包括钢结构体系、预制装配式结构体系，要让大部分的建筑构件，包括成品、半成品，实行工厂化作业。一是要建立新型结构体系，减少施工现场作业。多层建筑应由传统的砖混结构向预制框架结构发展；高层及小高层建筑应由框架结构向剪力墙或钢结构方向发展；施工上应从现场浇筑向预制构件、装配式方向发展；建筑构件、成品、半成品以工厂化生产制作为主。二是要加快施工新技术的研发，主要是在模板、支撑及脚手架施工方面有所创新，减少施工现场的湿作业。在清水混凝土施工、新型模板支撑和悬挑脚手架方面有所突破；在新型围护结构体系上，大力发展和应用新型墙体材料。三是要加大"四新"成果的推广应用力度，减少施工现场的手工操作。在积极推广住建部10项新技术的基础上，加快这10项新技术的转化和提升，其中包括提高部品部件的装配化、施工的机械化能力。

（2）在新型结构体系中，应尽快推广建设钢结构建筑，应用预制混凝土装配式结构

建筑，研发复合木结构建筑。在我国，进行钢结构建设的时机已比较成熟，我国已连续8年世界钢产量第一，一批钢结构建筑已陆续建成，相应的设计标准、施工质量验收规范已出台；同时，钢结构以其施工速度快、抗震性能好、结构安全度高等特点，在建筑中应用的优势日渐突出；钢结构使用面积比钢筋混凝土结构增加4%以上，可大大缩短工期；在工程建设中采用钢结构技术有利于建筑工业化生产，促进冶金、建材、装饰等行业的发展，促进防火、防腐、保温、墙材和整体厨卫产品与技术的提高，况且钢结构可以回收再利用，节能、环保，符合国民经济可持续发展的要求。

（3）预制装配式结构应积极提倡。基本上所有的混凝土结构都是现场浇筑的，不仅污染环境，制造噪声，还提高了工人的劳动强度，又难以保证工程质量。预制装配式结构体系（简称"世构体系"），是采用预制钢筋混凝土柱，预制预应力混凝土梁、板，通过钢筋混凝土后浇部分将梁、板、柱及节点连成整体的框架结构体系，具有减少构件截面、减轻结构自重、便于工厂化作业、施工速度快等优点，是替代砖混结构的一种新型多层装配式结构体系。

（4）复合木结构应尽快研发。复合木结构不仅适用于大跨度的建筑，还可用于广大村镇的建筑和二至三层的别墅中。与混凝土结构不同，复合木结构作为今后的新型结构形式之一，具有人性化和环保的特点。针对杨树快速生长和再生的特点，应着力开发杨树木材的深加工技术，包括木材的处理、复合、成型等，制作成建筑用的柱、梁、板等

构件，并使其具有防虫、防火、易组合的能力。大量使用复合木结构，可减少对钢材、水泥、石子等建材的需求，这对资源是一种保护；同时，也为广大种植杨树的农民提供了一个优越的市场，不仅提升了杨树的使用价值，而且还为广大农民脱贫致富找到了一个新途径。复合木结构的潜在能量将随着技术的成熟日益显现出来，必将会为我国的建筑业带来一场革命。

3. 建造方式

（1）工厂化建造是指采用构配件定型生产的装配施工方式，即按照统一标准定型设计，在工厂内成批生产各种构件，然后运到工地，在现场以机械化的方法装配成房屋的施工方式。采用这种方式建造的住宅可称为预制装配式住宅，主要有大型砌块住宅、大型壁板住宅、框架轻板住宅、模块化住宅等类型。预制装配式住宅的主要优点是：构件工厂生产，效率高，质量好，受季节影响小，现场安装的施工速度快。缺点是：需以各种材料、构件生产基地为基础，一次投资很大；

构件定型后灵活性小，处理不当，易使住宅建筑单调、呆板；结构整体性和稳定性较差，抗震性不佳。日本为克服预制装配式住宅抗震性差的缺点，在预制混凝土构件连接时采用节点现浇的方式，以加强其整体的强度和结构的稳定性，取得了很好的效果。这类结构被称为预制混凝土结构（PC），目前我国的万科公司正在进行相关的实验和改进。长沙远大住宅工业有限公司则已经运用国际最先进的PC构件进行工业化住宅生产了（图3-4-5）。

（2）现场建造是指直接在现场生产构件，生产的同时就组装起来，生产与装配过程合二为一，但是在整个过程中仍然采用工厂内通用的大型工具和生产管理标准。根据所采用的工具模板类型的不同，现场建造的工业化住宅主要有大模板住宅、滑升模板住宅和隧道模板住宅等。采用工具式模板在现场以高度机械化的方法施工，取代了繁重的手工劳动。与预制装配方式相比，它的优点是：一次性投资少，对环境的适应性强，建筑形

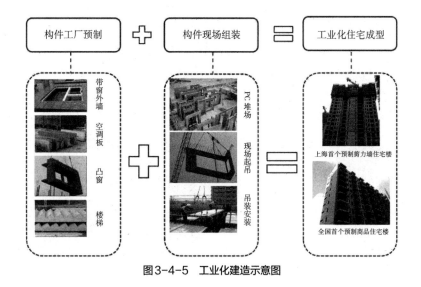

图3-4-5　工业化建造示意图

式多样，结构整体性强。缺点是：现场用工量比预制装配式大，所用模板较多，施工容易受季节的影响。

3.5 绿色建筑设计案例

3.5.1 深圳市建筑科学研究院办公楼

1. 项目概况

项目基地位于深圳市福田区北部梅林片区，总建筑面积 1.82 万 m^2，地上 12 层，地下 2 层，建筑功能包括实验、研发、办公、学术交流、休闲、生活辅助设施及地下停车等。建筑设计采用功能立体叠加的方式，将各功能板块根据性质、空间需求和流线组织，分别安排在不同的竖向空间体块中，附以针对不同需求的建筑外围护构造，从而形成由内而外自然生成的独特建筑形态（图 3-5-1）。

建科大楼是深圳市建筑科学研究院针对目前节能建筑的高成本、高门槛而自行策划、自主设计的科研办公基地，探索目前条件下切实可行的绿色建筑实现方案，对特定地域、特定条件下的绿色建筑作了很好的诠释。将适用于夏热冬暖地区的各项绿色、节能、可持续建筑技术整合运用到一座实际运行的办公楼中，低成本建设形成可复制、可推广的"示范"效应，推动南方地区绿色、节能建筑的普及。项目为联合国开发计划署（UNDP）低能耗和绿色建筑集成技术示范与展示平台、国家首批可再生能源示范工程、国家绿色建筑双百工程、国家"十一五"科技支撑计划之"华南地区绿色办公建筑室内外综合环境改善示范工程"，深圳市循环经济示范工程。

2. 场地可持续利用设计

项目用地面积为 $3000m^2$，容积率达到 4，为典型的较高密度城市建设开发模式。建筑

图 3-5-1 建科大楼造型

设计将首层架空 6m，形成开放的城市共享绿化空间。空中第 6 层和屋顶设置整层的绿化花园，标准层的垂直交通核也与开放的绿化平台相联系，共同形成了超过用地面积 1 倍的室外开放绿化空间。在大楼的西面，设计竖向的由爬藤植物组成的绿叶幕以及水平方向的花池，成为建筑西面的热缓冲层。这样一来，分布在整个大楼的"绿肺"组成了一个立体的绿化系统，缓解了区域热岛效应。

3. 节水技术

深圳是一个缺水城市，建科大楼采用雨水回收、中水回用、人工湿地、场地回渗涵养等措施，以积极的态度实现了系统化节水技术的综合运用。

首层架空绿化结合人工湿地系统，作为中水处理系统的一部分，与周边水景和园林景观相协调。屋面雨水经轻质种植土和植物根系自然过滤后，由场地透水构造层多孔管收集汇合后流至地下生态雨水回收池，用于室外景观绿化浇洒。

场地必需的硬质铺装部分（如消防通道）采用新型高透水构造设计（图3-5-2），充分涵养地下水资源，对雨水进行有效回渗和收集，减少地面雨水径流。

室内污水采用污、废合流，经化粪池处理后排入人工湿地前处理池，处理后提升至人工湿地。经人工湿地处理后的水达到中水回用水水质标准，可回用于大楼各卫生间冲厕及屋顶花园绿化浇洒。通过形成内部用水自循环系统，大大降低了对市政给水排水的压力。

4. 节能技术

建科大楼从设计到建造共采用了 40 多项

图3-5-2　建科新型高透水结构

绿色建筑技术，2009 年 4 月通过竣工验收并投入使用。运行以来，与一般办公建筑相比，在造价降低 1/3 的前提下，节能达到 65.9%，节水达到 53%，年减少 CO_2 排放 1097.85t。

1）自然通风设计

深圳属亚热带海洋性气候，夏长冬短，气候温和，年平均气温为 22.5℃，最高气温为 38.7℃。深圳的自然通风条件优越，年平均风速为 2.7m/s，年主导风向为东南风。自然通风对于建筑节能的贡献很大。根据现场测试显示，由于受山地和周围建筑的影响，该项目所在地夏季主导风向为东南偏南风，冬季主导风向为东北偏北风。针对这种条件，经优化后采用了"吕"字形平面（图 3-5-3），为室内自然通风创造了良好的条件，经初步测算，自然通风节能贡献率超过 10%。

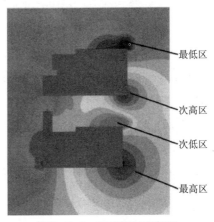

图3-5-3　平面优化自然通风

2）照明节能设计

由于大楼采用"吕"字形平面布局，将建筑进深控制在合适的尺度，提高了室内可利用自然采光区域的比例。通过在外窗的合适位置设置遮阳反光板，可在适度降低临窗过高照度的同时，将多余的日光通过反光板和浅色顶棚反射向纵深区域，相对传统方案，20%的室内面积的采光得到改善，理想情况下可节约用电约6万度。

3）围护结构设计

设计通过对多种可能的窗墙比组合进行模拟计算分析，并结合竖向功能分区，确定建筑外围护构造选型。在人员较少或对人工照明依赖度较高的低层部分（展厅和实验室），设计不同规格的条形深凹窗（图3-5-4），自由灵活地适应不同的开窗面积需求。人员密集的办公区域则采用能充分利用自然光的水平带窗设计（图3-5-5），结合外置遮阳反光板和隔热构造窗间LBG铝板幕墙，在窗墙比、自然采光、隔热防晒之间找到最佳平衡点。

西向立面采用多种遮阳防晒措施，利用光伏双通道幕墙将防晒与隔热、通风、清洁能源利用有机整合；利用外墙悬挑的花坛，将垂直绿化与防晒相结合；利用全部布置在西面的开放通透的"景观楼梯间"和减少对电梯的依赖、鼓励上下两层走楼梯的健康工作方式相配套，尝试各种建筑西向空间利用的可能。

4）空调系统节能设计

为使大楼的空调系统具有示范作用，并可进行实测和研究，设计中，根据房间使用功能和时间使用上的差异，对不同功能的区域采取不同的空调方式。

图3-5-4　大楼挤塑式水泥板立面

图3-5-5　大楼悬窗

地下1层、首层空间采用水环式空调+室外水景冷却，由于靠近景观水池，管路系统简单，运行可靠，在使用时间上也可以灵活安排。

2层、3层、4层、7层、8层、9层、10层、11层北区均属大空间办公区域，大空间办公场所人员较多，湿负荷较大，采用温度和湿度分开处理的方法，即高温冷水机组+冷却塔+干式风机盘管（辐射顶板）+溶液新风除湿的模式。溶液除湿的动力采用热泵驱动或太阳能驱动，干式风机盘管（或辐射吊顶）所使用的高温冷水（18℃）由高温冷水机组进行制备，而高温冷水机组的能效比较传统 7~12℃冷水机组有较大提高。

9 层和 11 层南区为小开间办公室，空调总面积约为 400m²，空调负荷约 60kW。考虑到院部办公除平时正常时间使用空调外，某些房间还会在节假日不定期使用，故采用风冷变频多联空调系统 + 全热新风系统。

5）可再生能源的利用

在能源危机与生态危机的双重压力下，如何在能耗大户——建筑物中开发利用清洁、可再生能源，减少对传统能源的依赖，是目前建筑科研单位的重要研究方向。该项目尝试在太阳能、风能等新能源利用与建筑一体化设计上，探索出可行的实现方案。

太阳能光电利用方面——结合屋面活动平台遮阳构架设置单晶硅、多晶硅光伏电池板及 HIT 光伏组件（图 3-5-6）；西立面结合遮阳防晒，采用透光型薄膜光伏组件，在发电的同时还具有隔声和隔热功能，充当了双通道玻璃幕墙。此外，还将光伏发电板和遮阳构件结合，见缝插针地将遮挡与利用充分结合。太阳能光伏系统总安装功率为80.14kW，年发电量约 73766kW·h。

太阳能光热利用——针对不同太阳能集热产品的特性，分别采用半集中式热水系统、可承压的 U 形管集热器、集中式热水系统、分户式热水系统、热管式集热器等，供应厨房、淋浴间、公寓和空调系统的需要。专家工作区采用太阳能热水溶液除湿空调系统，以浓溶液干燥空调新风，降低空调除湿负荷，并减少空调能耗（图 3-5-7）。

屋架顶部安装五架 1kW 微风启动风力发电风机，并对其进行监测，对未来城市地区微风环境风能利用前景进行研究和数据积累。

图 3-5-6 建科大楼 HIT 光伏组件

图 3-5-7 建科大楼冷却塔

6）建筑智能节能设计

建科大楼的控制系统本着舒适、节能的原则，根据建筑环境的变化调节建筑物各部分运行状态。实现智能化控制和实时计量，包括电梯用电计量、办公用能分层计量、照明分层计量、饮水机的集中计量与控制以及雨水收集和使用的计量，同时，将采集的数据提供给相关研究部门进行统计分析，为未来设计、优化系统提供基础资料支持。

5. 人性化设计

在整个建筑环节中，技术和社会意义是建筑设计的两个重要方面，设计将各种适合夏热冬暖地区的建筑做法与结构、设备等有机结合，从建筑的全生命周期出发，从建筑本体出发，倡导一种绿色的工作和生活模式，以最节约的资源、最少的污染创造现代、健康、舒适的办公环境，营造高效、快乐、人性化的工作氛围，感悟绿色人生观。所有的办公室和会议室都围绕着中庭，本着"每间房间都能看到阳光"的理念，每个办公室和会议室都能自行"光合作用"，为员工们创造最舒适的工作环境。

6. 室内设计

大楼的各项选材优先采用本地材料和3R材料，同时采取措施将废旧材料对环境的影响减至最小。主要措施有：主体结构采用高强钢筋和高性能混凝土技术，每层均设有废旧物品分类回收空间，鼓励办公用品的循环使用；办公家具、桌椅均采用符合可循环材料标准的产品等。减少装修材料的使用，局部采用土建装修一体化设计（图3-5-8、图3-5-9）。

1~5层围护结构采用ASLOC水泥纤维板+内保温系统，整个围护结构系统厚140mm，比传统的外墙装饰材料（30mm）+砌块墙体（200mm）+内保温材料（30mm）要薄约120mm，节约了使用空间，7~12层围护结构采用带形玻璃幕墙+砌体墙+LBG板（外墙外保温与装饰铝板的结合体），窗墙比达到

了70%，有效地增大了室内采光面，同时，由深圳市建筑科学研究院与厂家共同研发的LBG板解决了高层建筑外墙外保温系统容易脱落、开裂等问题。

室内环境充分体现人性化设计。大楼在每层下风向的西北角设有专用吸烟区，也是建筑北座在西面的一个热缓冲层。为满足研究和能耗审计的需要，建立墙体内表面温度、房间温度、湿度长期监控，同时对CO_2进行长期监控与预测，并定期监测噪声等级。建筑采用中悬外窗，强化自然通风。内部功能房间装修时采用低VOCs与低甲醛的涂料和胶粘剂，使用不含甲醛的复合木质材料；办公区中的复印机、打印机集中设置，并设置排风措施。

7. 声环境控制

为避免室外交通噪声对室内环境的影响和不同工作空间之间的相互影响，提升办公空间的声环境品质，设计对门窗、楼板、地面、顶棚、室内隔墙均采取构造措施作隔声降噪处理，并对噪声进行计算机声学模拟，以精确指导建筑噪声控制设计。从大的功能空间分布到针对性地适度减少某些特殊位置的开

图3-5-8 报告厅的井字梁顶棚

图3-5-9 木材的使用

窗面积，探索在城市交通干道邻近区域营造舒适办公声环境的途径（图3-5-10）。

3.5.2 中意清华环境节能楼

1. 项目概况

中意清华环境节能楼坐落于清华大学东南角，是一座融绿色、生态、环保、节能理念于一体的智能化教学科研办公楼，是清华大学环境学院的院馆（图3-5-11）。环境节能楼由意大利政府和中国科技部共同建设，提供了双方在环境和能源领域发展长期合作的平台，同时也为中国在建筑物的CO_2减排潜能方面提供了模型范本。

中意清华环境节能楼是中意节能专家、科研人员和建筑师通力协作的成果。该楼由意大利著名建筑设计师马利奥·古奇内拉设计，是一座高40m的退台式C形建筑，主体建筑为地上10层、地下2层，总建筑面积为2万m^2。该楼是"绿色建筑"的典范，遵循可持续发展原则，体现人与自然融合的理念，通过科学的整体设计，集成应用了自然通风、自然采光、低能耗围护结构、太阳能发电、中水利用、绿色建材和智能控制等国际上最先进的技术、材料和设备，充分展示了人文与建筑、环境及科技的和谐统一。

环境节能楼通过建筑设计、设备和材料选择、施工、运行管理等关键环节来充分展示国际上最先进的节能技术。该楼以太阳能和天然气作为主要的能源，屋顶和退台上安装的太阳能电池板可以利用太阳能发电，同时采用天然气发电和热电冷三联供系统，冬季发电机组产生的废热直接用于采暖，夏季发电机组产生的废热用于驱动吸收式制冷机。

图3-5-10 大楼噪声环境模拟分析

图3-5-11 中意清华环境节能楼建成图

2. 建筑用材

大楼地下为钢筋混凝土结构，地上为钢结构。建筑地面以上楼层的施工材料为北京普遍使用且可完全回收再利用的钢材，楼层和楼体双层玻璃外壳均采用钢梁和钢柱构成的支撑框架，并采用了现浇的方式使混凝土楼板与钢梁系统紧密结合。地下楼层除采用钢筋混凝土结构外，由排间距为8m×8m的柱子支撑。

3. 造型与景观设计

大楼的造型方案是在充分分析大楼周围的地形条件和北京的气候特点后制定的。大楼呈东西对称的双翼C形结构，北面的暴露面积小，而南面层层跌落的结构和建筑物的对称性是项目设计组的主要创意。大楼坐落在长、宽各 60m 的广场内,楼板层层向后升高,以确保室内光照能最大限度地利用,并增加了内庭花园的光照和空气对流。东西均匀分布的楼梯间和电梯间,增强了整个建筑的结构刚度,南侧的露台和悬臂式结构既为下层露台遮阳,也是太阳能光伏发电系统的支架(图 3-5-12)。

就景观而言,大楼设有内庭花园。花园布置得错落有致,配以树木、流水和花草。庭内的浅水池和植被区,具有意大利花园的典型风格。花园内还种植了很多树木,西北面的树林可阻止冬季的寒风,而南边的树木则可为夏季遮荫(图 3-5-13)。

4. 幕墙设计

大楼通过造型和 4 种外立面的设计,控制外部环境,从而获得最佳的内部环境。为了尽可能地减少冬季寒风对大楼的侵袭,大楼北立面采用了完全不透明且保温性良好的材料,蓝色的立面令大厦雄伟壮观,高光部分的 U 值为 1.4W/($m^2 \cdot k$),日光系数为 43%;东立面和西立面采用了双层幕墙以控制光线的直射,使整个办公空间可以控制进光亮并实现最佳的采光效果,内部玻璃立面

图 3-5-13 大楼景观设计

的 U 值为 1.4W/($m^2 \cdot k$),日光系数为 43%,而外部玻璃立面的 U 值为 5.4W/($m^2 \cdot k$),日光系数为 76%。另外,因东、西两侧的幕墙由透明和不透明的模块组成,外部呈丝网状,密度不一的水平丝网线条使建筑看起来更为雅致(图 3-5-14)。

南立面同样是双层玻璃幕墙,内部玻璃立面的 U 值为 1.4W/($m^2 \cdot k$),日光系数为 43%,加之装有光伏电池,呈梯形悬垂分布在南立面表面上,同时起到了遮挡太阳光照射的作用。东、西两翼的南墙的 U 值为 1.3W/($m^2 \cdot k$),日光系数为 42%。

大楼面向天井的双翼内侧采用了双层单幕墙系统(图 3-5-15),在外层安装了由倾

图 3-5-12 大楼露台悬臂式结构

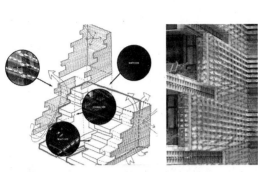

图3-5-14　大楼外立面结构示意图

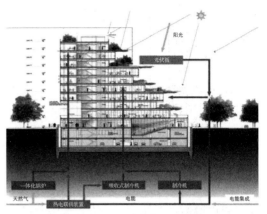

图3-5-16　大楼节能系统示意图

斜角度各不相同的反射玻璃构成的玻璃百叶，避免室内被强光直射，同时改善自然光照明效果（室内光线分配均匀）。

5. 节能设计

全过程地模拟日照分析、模拟遮阳分析，进行能源和节能设计对策研究，成为大楼设计的核心。能源和节能分析，最大化地利用自然光源，减少对人工光源的依赖，降低暖通空调系统的电力需求，以清洁的热电冷联供系统满足供电需求是大楼能源和节能设计的五个解决之道（图3-5-16）。

除了前面描述的低能耗围护结构外，工程具体所采用的其他节能技术主要包括：热电冷联供系统，太阳能光伏板，高效冷凝锅炉，辐射顶板。

1）热电冷联供

项目配备的热电冷联供系统是能源系统的核心。热电冷联供系统设置以两台天然气发电机组为主，外加数台吸收式冷却器。设计策略为以电定热，发电机组并网不上网。发电的同时，对燃气轮机的排气和冷水套及润滑油废热进行回收利用，用于冬季供暖、夏季制冷和生活热水制备，多级梯次的能源利用，可保证大楼的能源综合利用率达到83%左右的水平。

热电冷联供系统的最大装机容量为250kVA，在连续运行阶段，功率降为200~210kW，每台机组的热回收功率在高温（110~120℃）条件下可达130kW，在低温情况下（70~80℃）则可达255kW。

南立面示意图

东西立面示意图

北立面示意图

图3-5-15　大楼幕墙结构示意图

通过发电机组排烟装置及冷却系统回收的热量可常年用于 HVAC 和水暖系统：在寒冬季节，回收的热量将供给顶板辐射供暖系统、空气处理装置以及卫生热水锅炉；在温暖的季节，回收的热量则可供给吸收式冷却器进行冷气转换，以满足夏季大楼对冷气的需求（图 3-5-17）。

鉴于北京的冬冷夏热的气候状况，大楼除了热电冷联供系统外，还配置有两台高效冷凝锅炉和三部压缩冷却器，对热电冷联供系统进行补充，以充分保证大楼在冬季或夏季对供暖和制冷的需求。

2）光伏发电系统

大楼南侧悬臂式结构安装了太阳能光伏发电系统（图 3-5-18），包括 190 个模块，每个模块的额定功率为 105Wp，共计 20kWp。模块安装在两个不同的区域，每个区域 95 块，分布在大楼的东、西两翼呈梯形布置的露台上。光伏发电系统与 6 台变流器配置，将光电池产生的直流电转化为大楼设施所需的交流电。太阳能光伏发电系统的应用提高了可

再生能源利用水平，优化了建筑的能源结构。

6. 楼宇智能化设计

大楼在建造上还采用了其他生态节能设计，如楼宇自动控制系统、照明系统日照反馈控制、雨水收集和水循环利用系统以及全热回收型新风机组。整个大楼的服务功能完全由中央控制系统监控。为了控制室内的温度，每个办公室和实验室均安置了与中央控制系统相联的电子单元。每个控制单元都设有一个电动双向阀。中央控制系统的功能在于既要满足大楼的高舒适性，又要保证低能耗（图 3-5-19）。

图 3-5-18　露台上的光伏发电组件

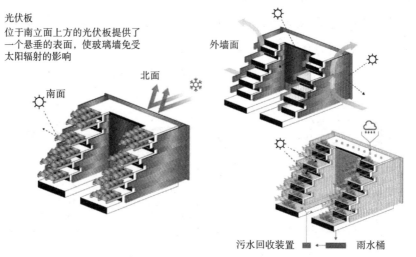

光伏板
位于南立面上方的光伏板提供了一个悬垂的表面，使玻璃墙免受太阳辐射的影响

北面

南面

外墙面

污水回收装置　　雨水桶

图 3-5-17　大楼季节应对分析图

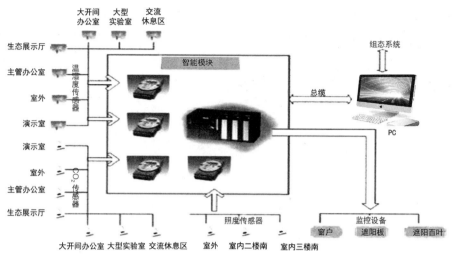

图3-5-19 大楼智能调控系统示意图

 复习思考题

1. 我国不同地区的绿色建筑设计策略有哪些?

2. 绿色建筑场地设计过程中需要注意的设计要点有哪些?

3. 绿色建筑的"被动设计"和"主动设计"有何异同? 分别列举三条设计手法。

4. 在新时代背景下, 有哪些绿色建筑策略?

5. 请列举你所在地区可利用的绿色建筑设计手法, 并结合熟知的建筑案例加以说明。

第 4 章
绿色建筑评价

4.1 绿色建筑评价体系的发展阶段和评价方式

从 20 世纪 90 年代绿色建筑评价体系诞生之时就开始有学者对其进行研究。该领域的研究很多，主要包含了两种类型：一种是对绿色建筑评价体系在整体上的比较分析和探讨，另一种是采用新的研究方法对绿色建筑评价体系的考察和验证。

4.1.1 对绿色建筑评价体系整体上的比较分析和探讨

1999 年，Drury Crawley 和 Ilari Aho 以 BREEAM、BEPAC、LEED、GBA 为例分别对绿色建筑评价体系作为房地产市场工具、建筑性能的具体目标、建筑设计指导、基于性能表现的建筑规范、既有建筑环境审计等几种功能的潜在市场应用和发展趋势进行了

探讨，提出现有绿色建筑评价体系应在以下四个方面有所改进：①评价体系能够对建筑和建筑活动的参与者产生有效影响；② LCA 工具应和绿色建筑评价体系相结合；③绿色建筑评价体系作为设计导则应以市场需求为导向；④应当开发不同尺度的绿色建筑评价体系。

同年，Raymond J. Cole 在《建筑环境评价方法：阐明意图》一文中指出，绿色建筑评价体系提供了一个使建筑业主追求更高环境标准的核查表，为设计决策提供了支持信息，提供了建筑环境影响的客观评价。作者对绿色建筑评价体系的一系列特征进行了讨论：在关于是实际性能评价还是预期性能评价方面，对于实际性能评价，考虑了真实的建筑环境负荷，然而却受到运行很大程度的影响，对于预期性能评价，虽然并不真实，但却在设计前期提供了引导未来的可能。在

关于定性评价还是定量评价方面，定性评价是开放和灵活的，可以有评估者自己理解的条目，但需要依靠权威的第三方评价机构进行评价，耗费大量的时间和精力；而定量评价比较严格，能够减少主观性。在绿色建筑评价体系是评价工具还是设计工具方面，尽管绿色建筑评价体系最初是作为评价工具而进行设计的，但是其同时也具有设计导则的作用。通常，对于评价的功能，在使用过程中根据使用者对评价体系的理解的不同而有所不同。Raymond J. Cole 进一步指出：评价体系的边界包含了标准、时间和尺度 3 个维度。标准维度分为生态（资源使用、生态负荷等）和人类（室内环境质量、经济性等），可进一步细分为可定量的、明确的性能因素（例如能源使用、水的使用）以及定性的因素（例如生物多样性）。时间维度针对全生命周期进行评价，在环境研究领域已经采用了生命周期评价的方法来作为建筑构件调整及改扩建后建筑环境性能对比的依据。尺度维度以建筑为中心，包括大于建筑的尺度（例如社区）和小于建筑的尺度（例如建筑构件）。这 3 个层面可以作为绿色建筑评价体系边界设置合理性的判定依据（图 4-1-1）。

2001 年，浅见泰司在《居住环境：评价方法与理论》一书中，从安全性、保健性、便利性、舒适性、可持续性 5 个方面明确了居住环境的 5 个评价要素，讲述了如何分解居住环境的概念；阐明了居住环境定量化和指标化的理论基础，为判断现有居住环境评价指标的适用性提供标准，总结了指标选择中注意的问题；采用定量化的方法对各要素进行评价，引入了以货币为单位的评价方法，

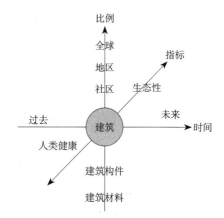

图 4-1-1 绿色建筑评价体系的范围

对各居住环境要素进行整合，最后详细论述了居住环境评价方法如何在日本的环境整备政策中得到应用。

2005 年，Raymond J. Cole 在《建筑环境评价方法：意图与角色的再定义》一文中，对近年出现的绿色建筑评价体系与其最初的开发目的进行了比较，通过对可能会涉及的领域和已经被应用的领域进行探讨，对未来绿色建筑评价体系的发展进行了展望。文中对大量绿色建筑评价体系进行了分析，涉及评价体系的简洁性与复杂性，作为市场转型的工具，鼓励广泛的不同利益团体之间的对话，更重要的是，在目前全球可持续发展的背景之下，绿色建筑评价体系能够通过有效的重构满足可持续发展的目标。

2007 年，Appu Haapio 等对包含绿色建筑评价工具在内的 BEES、ATHENA、BREEAM 等 16 个建筑环境性能评价工具从建筑类型、使用者、生命周期阶段、支持数据库、通常的结果表达形式等方面进行了分类探讨，探讨了绿色建筑评价的实际结果如何影响决策，例如：使用者会主动地选择那些对自己有利的绿色建筑评价体系；如果不

采用强制手段，低质量的建筑根本不会参与评价等。最后指出：绿色建筑评价体系数量庞大，应针对不同的目的和对象开发，认真分析绿色建筑评价体系带来的收益。

同年，Grace K.C. Ding 从评价体系的开发、所扮演的角色以及局限性三个方面对 ABGR、CASBEE、Eco-Quantum、GBTool、LEED 等 20 个国际上的绿色建筑评价体系进行了比较，探讨并开发了基于多维决策方法的可持续建造项目决策模型，该模型从可持续建造的角度出发，包含了经济回报、能源消耗、生态利益产出和环境影响四个方面，评价目的是以较小的环境影响和资源消耗获得较高的经济回报以及生态利益产出。

2008 年，Bing Chen 等对 Ecohomes、NABERS、BREEAM、SPA 等绿色建筑评价体系的住宅版本进行了比较，从可持续性、评价性质、目标建筑、建筑生命周期阶段、评估范围等几个方面进行分析，区别了这几个评价体系之间的不同特征，进一步探讨了绿色建筑评价体系对决策过程的影响，绿色建筑评价体系如何作为不同利益集团之间的交流平台等问题。

2010 年，Yuya Kajikawa 等以 LEED、BREEAM、GBTool、CASBEE 为例，从整合不同知识、设计导则、评价标签和交流工具 4 个功能层面出发，对绿色建筑评价体系的优势、局限性和未来发展方向进行了探讨，分别指出了绿色建筑评价体系在这四个方面具有的优点和缺点，如表 4-1-1 所示，推动绿色建筑的发展必须依靠知识创新、可靠的方法以及有效的实施。

2011 年，Ricardo Mateus 提出建立一套包含了经济、社会等因素的更加全面的可持续建筑评价指标体系来满足建筑设计及决策的需要。这个体系应当具有足够的可操作性、透明性和灵活性，能够适用于不同建筑类型和建筑技术。在此基础上进一步探讨了该评价体系在城市区域新建和改建居住建筑中的应用。可以看出，对绿色建筑评价体系从整体层面上的分析和总结，可以对新的绿色建筑评价体系的建立和绿色建筑评价体系的优化和完善提供重要参照。

2017 年，Xinyi Zhou 发现现有相关研究中，对标准发展的纵向研究较为稀缺，对于标准的解析，所选用的标准相对较旧，解

绿色建筑评价体系缺点比较　　　　表4-1-1

	整合	设计导则	标签	交流
优点	推动不同专业知识之间的整合	作为设计导则鼓励了更好的设计和行为	标志了环境友好型的设计和行为	作为市场转型工具鼓励设计团队之外的广泛利益团体之间的对话
	—	列出的每个条目都可以指导设计	提高了用户的满意度	—
缺点	定性和定量评价相混合	缺少经济性评价（高分并不代表高的性能和回报）	用户如何使用标签工具并不明确	不能反映知识的更新
	权重并不明确	—	是否能弥补认证带来的额外费用	学术和产业领域的合作不够

析又较为浅薄，对于标准的对比研究，成果较少，又鲜有如文本般对于较广地域的全面比较研究，对此，选取了覆盖世界大多地区且应用最为广泛的 6 个绿色建筑评价标准：英国的 BREEAM、美国的 LEED、日本的 CASBEE、德国的 DGNB、加拿大的 GBTool、中国的《绿色建筑评价标准》作为研究对象，采用纵横结合的研究方法，其中以时间轴为维度的纵向研究是针对同一标准在不同时间颁布的版本进行研究从而探索标准的发展脉络，总结发展趋势，以空间轴为维度研究同一阶段六个国家的最新标准版本，对各标准从结构到内容进行细致比较，在同一逻辑框架内进一步解析各标准之间的差异性，为日后《标准》的进一步完善提供了基础参考。

2020 年，Xinfu Zhou 等人对比了日本 CASBEE 评价体系和我国《标准》中的评价体系，指出：①结构体系上，首先针对评价对象，《标准》的评价对象没有区分建筑类型，更为笼统；指标方面，两种评价体系表述不同，但内容相似，我国绿标更偏重于积极性的发挥而日本则偏重于降低对外部环境的负面影响。②评价方式上，我国绿标为政府机构主持，日本 CASBEE 是通过一种个人软件开发加第三方机构主持，实现公开、公正的评价途径，相比较而言，透明性及社会认可度更高。③评价方法上，日本通过正面效益与负面效益的比值得分来衡量绿色建筑的品质，我国是根据正面效益的程度来衡量绿色建筑的品质，更容易忽视建筑所处环境的负面效益。最终，通过讨论日本绿色建筑评价体系与我国环境现状的兼容性，为我国绿色建筑评价体系从社会意识增强、测评技术开发及专业人才培养三个方面提出了发展建议。

4.1.2　对绿色建筑评价体系的考察和验证

2007 年，S. Humbert 对 LEED 进行了定量分析，指出：评价体系的高分并不一定代表着低的环境影响。他采用 LCA 工具从人类健康、生态质量、气候变化、资源消耗四个方面对加利福尼亚州的一座办公建筑进行了研究，发现运行阶段（尤其是电耗以及交通）相关的环境影响最为显著，减少运行能耗和使用绿色电力能有效降低环境影响，而 LEED 中能够得到高分的多层停车库指标的环境影响很大。

2008 年，美国新建筑协会（NBI）发表了一份针对美国市场上 LEED 认证项目的能耗使用后评估报告（POE），分析了 121 栋 LEED-NC 认证建筑的能源性能，提供了 LEED 项目的目的与结果之间的重要联系信息。调查结果显示：LEED 认证项目平均的主要能源性能表现优于非 LEED 认证建筑。

2009 年，Newsham 撰文对这份报告的分析结果进行了质疑，他指出：虽然通过 LEED 认证的建筑平均比没有申请 LEED 认证的建筑单位面积能耗减少 18.39%，但是其中 28.35% 的建筑比没有申请 LEED 认证的建筑能耗更高。

2009 年，Scofield 进一步对 NBI 的研究报告所采用的研究方法和研究过程进行了质疑，他指出：在通过 LEED 认证的建筑中，占总量 60% 的小建筑仅消耗 10% 的能源，而占总量 10% 的大型建筑消耗了几乎一半以上的能源，因此，大型建筑主导了 LEED 的能源消耗，通过 LEED 认证的建筑反而消耗了更多的能源。

可以看出，近年来新的方法被逐渐运用到绿色建筑评价体系的优化中，伴随着跨学科的方法和工具的采用，对绿色建筑评价体系的科学性也提出了新的要求和挑战。

4.2 我国绿色建筑发展体系介绍

4.2.1 中国大陆地区绿色建筑发展背景

现代意义上的绿色建筑在我国起步较晚，但发展比较快。和世界绿色建筑的发展情况相仿，我国现代意义上的绿色建筑发展大致可分为 3 个阶段：1986—1995 年为探索起步阶段；1996—2005 年为研究发展阶段；2006年至今为全面推广阶段。

1. 探索起步阶段

我国发展现代意义上的绿色建筑是从抓建筑节能工作开始的，这是由我国的基本国情决定的。以我国 1986 年颁布实行的《民用建筑节能设计标准（采暖居住建筑部分）》为标志，我国正式启动了建筑节能工作。节能是绿色建筑的基本要素之一，因而《民用建筑节能设计标准（采暖居住建筑部分）》的贯彻实施标志着我国开始了绿色建筑的探索起步阶段。我国的绿色建筑在探索中起步，在起步中探索。以建筑节能作为绿色建筑的核心内容和突破口，通过科技项目和示范工程来带动绿色建筑的起步和推进，对促进我国绿色建筑的起步发挥了重要作用。

从 1986—1995 年的 10 年间，我国先后颁布实行了许多与绿色建筑要求有关的法律、标准、规范和政策等法律法规政策性文件，如：《民用建筑设计通则》《中华人民共和国城市规划法》《城市居住区规划设计规范》和《民用建筑节能设计标准（采暖居住建筑部分）》等。同时，我国实施和实践了许多举世瞩目的绿色建筑项目和工程，如长江三峡水利枢纽工程（图 4-2-1）等。长江三峡水利枢纽工程是人类历史上最伟大的一项绿色工程实践，是人类对自然的适应和改造相统一的旷世创举。

2. 研究发展阶段

随着 1990 年国际社会对可持续发展思想的广泛认同和世界绿色建筑的发展以及我国绿色建筑实践的不断深入，绿色建筑的理念在我国逐渐地清晰起来，受到了来自众多方面的更大关注。1996 年，国家自然科学基金会正式将"绿色建筑体系研究"列为我国"九五"计划重点资助研究课题。这标志着我国的绿色建筑事业由探索起步阶段进入了研究发展阶段。

1996—2005 年的 10 年间，我国绿色建筑在研究中发展，以研究促发展，以发展带

图 4-2-1 长江三峡水利枢纽工程

动研究，进一步完善和颁布实行了许多与绿色建筑有关的法律、标准、规范和政策等法律法规政策性文件，例如：《中华人民共和国建筑法》《中华人民共和国节约能源法》《住宅建筑规范》和《住宅性能评定技术标准》等。国家各有关政府部门、科研院所、大专院校等均加大了投入，进行了更为广泛的绿色建筑、生态建筑和健康住宅方面的理论和技术研究，例如住房和城乡建设部与科技部组织实施了国家"十五"科技攻关计划项目"绿色建筑关键技术研究"，重点研究了我国的绿色建筑评价标准和技术导则，开发了符合绿色建筑标准的具有自主知识产权的关键技术和成套设备，并通过系统的技术集成和工程示范，形成了我国绿色建筑核心技术的研究开发基地和自主创新体系，在更大的范围内进行了许多宝贵的工程实践，取得了举世公认的伟大成就。以"绿色奥运、科技奥运、人文奥运"为主题的31个奥运场馆和中国国家大剧院（图4-2-2）等一大批国家重点工程项目的建设极大地推动和促进了我国绿色建筑事业的发展，为在我国全面推广绿色建筑奠定了坚实的基础。同时，设立了"全国绿色建筑创新奖"，拉开了在我国全面推广绿色建筑的序幕。

3. 全面推广阶段

2006年，我国发布了《国家中长期科学和技术发展规划纲要》，绿色建筑及其相关技术被列为重点领域及优先主题，作为国家发展目标纳入国家中长期科学和技术发展的总体部署。随后，颁布实行了第一部《绿色建筑评价标准》，这标志着我国的绿色建筑事业由研究发展阶段步入了全面推广阶段。

至今，已有一批按此标准进行设计建造的绿色建筑项目，如我国第一高楼"上海中心"（图4-2-3）、上海市建筑科学研究院绿色建筑工程研究中心办公楼（图4-2-4）和后勤工程学院绿色建筑示范楼（图4-2-5）等。其中，"后勤工程学院绿色建筑示范楼"是首批住房城乡建设部"绿色建筑示范工程""可再生能源与建筑集成技术应用示范工程"，是中美两国在环保领域的交流示范项目，获得了美国绿色建筑LEED金奖认证、国家绿色建筑设计评价三星级认证，并获"全国绿色建筑创新奖"一等奖。

图4-2-2　中国国家大剧院

图4-2-3　"上海中心"

图4-2-4　上海市建筑科学研究院绿色建筑
工程研究中心办公楼

图4-2-5　后勤工程学院绿色建筑示范楼

国家启动了"绿色建筑示范工程""低能耗建筑示范项目"和"可再生能源与建筑集成技术应用示范工程",发布了《中国应对气候变化的政策与行动白皮书》,强调要积极推广节能省地环保型建筑和绿色建筑,新建筑严格执行强制性节能标准,加快既有建筑节能改造,1.5亿 m^2 供热计量和节能改造任务分解到了各地区,在24个省市启动了国家机关办公建筑和大型公共建筑节能监管体系试点工作等。

2008年3月,中国城市科学研究会绿色建筑与建筑节能专业委员会成立,次月,中国绿色建筑评价标识管理办公室成立。

2009年,我国又一次成功地举办了"第五届国际智能、绿色建筑与建筑节能大会暨新技术与产品博览会",大会的主题是"贯彻落实科学发展观,加快推进建筑节能"。前四届大会的主题分别是:第一届"智能建筑、绿色住宅、领先技术、持续发展";第二届"绿色、智能——通向节能省地型建筑的捷径";第三届"推广绿色建筑——从建材、结构到评估标准的整体创新";第四届"推广绿色建筑,促进节能减排"。

4. 未来发展

回顾二十多年来我国绿色建筑的发展历程,在政府的大力倡导、积极支持和全力推动下,经过全体国民的共同努力,我国的绿色建筑取得了世界瞩目的伟大又辉煌的成就,处于世界绿色建筑发展的潮头,成为引领全球绿色建筑发展的先锋。

未来摆在我们面前的任务将更加艰巨,责任将更加重大,使命将更加光荣。作为全球发展最快和最大的发展中国家,我们已经对人类的绿色建筑发展作出了应有的贡献,未来我们还将继续作出应有的贡献,也一定能够作出更大的贡献。

今后一个时期,我国发展和全面推广绿色建筑主要应从更加广泛地推广和树立绿色建筑知识和意识,进一步探索发展绿色建筑的激励政策、法制约束和推广机制,进一步建立、健全和完善各类绿色建筑的规范标准,有计划、有步骤地推进建筑能源结构的调整,逐步加大清洁可再生能源在建筑能耗中的比例,加强相关政府管理部门对建筑房地产业必要的绿色建筑行政监管等几个方面做好工作。

全面推广绿色建筑是我国建筑业和房地产业的重大战略转折,需要全社会的共同参与、智慧、经验和努力,我们要抓住机遇,共同努力，为在我国全面推广绿色建筑，早日实现资源节约型和环境友好型的绿色化新城镇建设的宏伟目标而奋斗。

4.2.2　中国香港地区绿色建筑发展背景及评价标准

1. 中国香港地区绿色建筑发展背景

我国香港地区对于生态环保意识的宣传和生态环保实践活动开始得较早。1968 年成立了非政府民间性环保组织——香港长春社，积极倡导可持续发展理念，致力于保育自然、保护环境和文化遗产，提升当代和未来的社会生活品质，确保香港履行其对地区乃至世界的生态环境责任，主张合适的生态环境政策，监察政府的生态环境工作，推动生态环境教育，带头实践并促使公众参与生态环境保护，为香港地区绿色建筑的发展拉开了序幕。

香港地区现代意义上的绿色建筑发展大致始于 1980 年，基本上经历了两个阶段：1980—1995 年为绿色建筑的研究探索阶段；1996 年至今为绿色建筑的规范发展阶段。

1）研究探索阶段

香港大学于 1980 年成立了城市规划及环境管理研究中心，提供城市规划及相关范畴的研究院课程，并广泛进行香港和珠三角地区可持续发展问题的研究。这标志着我国香港地区的绿色建筑开始了研究探索阶段。

1983 年，香港慈善团体——地球之友成立，旨在提高公民的环保意识、监察环保工程及推动香港的可持续发展，通过教育、研究和各种活动，达到保护和改善香港地区环境的目的。

1986 年，香港环境保护署（Environmental Protection Department）成立，其整体目标是

在香港商界推动和改善可持续发展进程，促使香港社会各界人士保护环境，推动香港地区的可持续发展。随后，设立了香港环境技术中心（Centre for Environmental Technology，CET），由有经验的各大企业向香港其他企业机构提供改善环境的咨询和信息，并于 1989 年颁布了首届香港工业奖（2005 年与"香港服务业奖"合并，改为"香港工商业奖"），亦称环保成就奖，以表彰环保成就卓著的香港地区生产商。同时，开始对各行各业的组织机构在遵守环保法规、实施环境管理体系、采取污染防御措施、改善能源效益和善用资源等方面的行为进行评审。至今，已评审了 100 多家，还每年举办一次香港工商环保会议，汇集香港及国际上的环保专家，就环保问题发表意见、交流经验和商讨有关解决方案。1995 年起，开展了香港环保标章（Eco-Labelling）生命周期分析，并着手进行适用于香港地区的"香港建筑环境评估法"体系研究。

2）规范发展阶段

1996 年由香港环境技术中心和香港理工大学等单位参加，在英国的"建筑研究所环境评估法"（Building Research Establishment Environmental Assessment Method，BREEAM 体系）的基础上，制定了适合于香港地区的"香港建筑环境评估法"体系（Hong Kong Building Environment Assessment Method，HK-BEAM 体系），作为香港地区绿色建筑标识评价的依据，并指导建筑的绿色化设计与改善。这标志着我国香港地区的绿色建筑进入了规范发展阶段。

十几年来，香港地区已有约 150 个建设项目（建筑总面积约 700 万 m²）进行了 HK-

BEAM 体系的绿色建筑标识评价论证。

HK-BEAM 体系后来经过 1999 年的修订、升级和更新，于 2003 年又作了调整试行，2004 年定稿为现行版本。HK-BEAM 体系是目前世界上使用最广泛的绿色建筑评价标准之一。

这一时期，香港开设了建筑物能源效益奖、环保产品奖（Hong Kong Eco-Products Award）、环保企业奖和"环保建筑大奖"（GBA），推出了《建筑物能源效益守则》，设立了香港可持续发展论坛，每年举办 4 次大型国际环保会议（EnviroSeries），成立了商界环保协会（Business Environment Council，BEC）、独立的公共政策智囊组织——思汇政策研究所、特区政府持续发展组、环保建筑协会（HK-BEAM Society）、环保建筑专业议会（Professional Green Building Council，PCBC）、"可持续发展建筑资源中心"、特区政府可持续发展委员会、可持续发展公民议会、香港可持续传讯协会和室内空气质素服务中心（IAQ Solutions Centre）并计划成立"香港绿色建筑协会"（Hong Kong Green Building Council，HKGBC）。

2008 年起，由特区政府环境局和发展局负责，对未来所有的政府建筑工程和基建项目，都必须进行绿色建筑标识评价认证，取得香港建筑物环境评估金级以上的认证证书。

计划耗资约 50 亿港元建造的添马舰"门常开"香港特区政府新总部大楼（图 4-2-6），已设计了 21 项创新的绿色环保概念。特区政府对添马舰工程项目所定的目标是必须达到"建筑环境评估法"HK-BEAM 体系中最高的白金级水准。

经过多年的绿色建筑发展实践，香港积累了丰富的绿色建筑经验：首先是要有各级领导的重视和支持，第二是要有各方的明确分工和职责，第三是要有切实可行的客观指标，第四是要有对可持续发展战略信念的执着坚守，第五是要有各个阶段的大众协作和积极参与。如今，以人为本、实而不华、安宁和谐、节能减排、建筑热环境、微气候、自然通风采光和可持续发展等绿色建筑理念日益深入人心，所有相关人士都积极参与，共同推动建筑物绿色化程度的改善。

由香港环保建筑专业会议提出的香港首个将军澳堆填区"零碳小区"（图 4-2-7）建设方案正在进行广泛的讨论和研究论证。香港的绿色建筑正在由绿色建筑单体向绿色建筑小区和绿色建筑城市的方向发展。

图 4-2-6　香港特区政府新总部大楼

图 4-2-7　香港首个将军澳堆填区"零碳小区"

2. 香港地区绿色建筑评价标准体系简介

香港地区绿色建筑评价标准分为住宅建筑和公共建筑，每种建筑类型对应同样的指标体系：节地与室外环境、节能与能源利用、节水与水资源利用、节材与材料资源利用、室内环境质量和运营管理。每类指标包括控制项、一般项与优选项。

绿色建筑应满足标准住宅建筑或公共建筑中所有控制项的要求，并按满足一般项数和优选项数的程度，划分为三个等级，等级划分按表4-2-1、表4-2-2确定。

当本标准中某条文不适应建筑所在地区、气候与建筑类型等条件时，该条文可不参与评价，参评的总项数相应减少，等级划分时对项数的要求可按原比例调整确定。

4.2.3 中国台湾地区绿色建筑发展背景及评价标准

1. 中国台湾地区绿色建筑发展背景

绿色建筑在我国台湾地区简称为"绿建筑"。台湾地区的绿建筑发展大致经历了三个阶段：1970—1980年，为研究起步阶段；1990—2003年为政策引导阶段；2004年至今为法制化发展阶段。

1）研究起步阶段

1970—1980年，台湾地区的绿色建筑主要处于研究起步阶段。随着1970年代两次世界能源危机的发生和台湾地区能源形势的日益严峻，在政府和学者的共同努力下，台湾地区推出了《建筑设计省能对策》，并研究制定了《建筑技术规则建筑节约能源规范草案》；1975年后台湾大学等相继成立了建筑与城乡

绿色建筑评级标准 表4-2-1

等级	一般项数（共43项）						优选项数（共14项）
	节地与室外环境（共7项）	节能与能源利用（共9项）	节水与水资源利用（共6项）	节材与材料资源利用（共8项）	室内环境质量（共6项）	运营管理（共7项）	
★	3	3	3	5	3	4	—
★★	4	5	4	6	4	5	6
★★★	5	7	5	7	5	6	10

绿色建筑评级标准 表4-2-2

等级	一般项数（共41项）						优选项数（共11项）
	节地与室内环境（共8项）	节能与能源利用（共7项）	节水与水资源利用（共6项）	节材与材料资源利用（共7项）	室内环境质量（共6项）	运营管理（共7项）	
★	4	2	3	3	2	4	—
★★	5	3	4	4	3	5	4
★★★	6	4	5	5	4	6	6

研究所，开启了绿色建筑的研究起步阶段。进入 1980 年后，台湾地区先后成立了能源委员会和能源与矿业研究所，对建筑节能进行统一管理和研究。

2）政策引导阶段

从 1990 年起，台湾地区开始了"建筑节约能源优良作品的评选及奖励活动"，由此进入了绿色建筑的政策引导阶段。至 2003 年的十余年间，台湾地区先后研究制定了科学定量化的建筑节能（ENVLOAD）规定和适合于热湿气候地区的"绿建筑评估系统"（Ecology, Energy Saving, Waste Reduction & Health, EEWH），成立了"永续发展委员会"和"绿建筑委员会"，组建了绿建筑研究机构，推行了绿建筑标章制度，"绿建筑评估系统"以及《绿建筑解说与评估手册》和"绿建筑推动方案"，开展了大规模的"绿色建筑改造运动"和"优良绿建筑设计作品评选"活动，对台湾地区的绿色建筑发展产生了深远的影响，受到了国际业界的广泛关注。

3）法制化发展阶段

从 2004 年起，绿建筑被正式纳入台湾地区建筑设计规则之中，绿建筑的发展进入了法制化发展阶段，驶入了快车道。此后，台湾地区每年定期举办绿建博览会，推出了"绿建材标章制度"，成立了"台湾地区绿建筑发展协会"（TCBC），形成了以绿建筑评估体系、绿建筑标章制度、绿建材标章制度和绿建筑设计奖励金制度等为基本构架的绿建筑机制。

绿色建筑的知识和理念已经融入了台湾地区的中小学教材，大专院校开设了 60 多门绿色建筑的有关课程，相关高科技先进企业结成了绿色建筑企业联盟，绿色建筑所培植出的生态文明和可持续发展的幼芽受到全岛民众的精心呵护与浇灌。

2008 年台湾地区核定实施了"生态城市绿建筑推动实施方案"。截至 2008 年底，共有 1953 项建筑获得了绿建筑标章或证书，涌现了大批优秀的绿建筑项目，取得了巨大的经济效益、社会效益和环境效益。图 4-2-8 所示为"优良绿建筑奖"获奖项目——宜兰县政中心凯旋国民中学新建校园一角。

2. 台湾地区绿色建筑评价标准简介

我国台湾地区 EEWH 绿色建筑评价系统是在 1999 年以台湾地区亚热带气候为研究基础建立的绿色建筑评价系统。最初的版本制定了七大评价指标，内容包含建筑物本体以及周围基地环境，但未包含舒适性、生态性等更高层次的内容。2003 年 EEWH 将"生物多样性指标""室内环境指标"加入七大指标中，成为九大指标并且将各指标依照其内容与属性归纳为：①生态性指标（Ecology），该指标包含生物多样性、绿化量、基地保水等三项指标；②节能性指标（Energy Saving），该指标含日常节能指标；③减废性指标（Waste Reduction），该指标含二氧化碳减量、废弃物减量等指标；④健康性指标（Healthy），该指

图4-2-8　宜兰县政中心凯旋国民中学新建校园一角

标含水资源、污水及垃圾处理等指标。2015年，EEWH进行条文部分内容的调整，引入了新系数，修正计算方式，同时根据绿色建筑发展的现状，细化了评价内容，修改了基准值，对评价的要求也有所提高。

台湾地区EEWH绿色建筑评价标准与大陆ESGB评价标准对比如表4-2-3所示。

台湾与大陆绿色建筑评价标准对比　　　　表4-2-3

评价系统层级		量化评价规则	
ESGB	EEWH		
目标层 原则	安全耐久 健康舒适 生活便利 资源节约 环境宜居	生态 节能 减废 健康	系统分 Q、R_s
准则层 框架	安全耐久 室内空气品质 水质 声光环境 服务设施 室内热湿环境 出行与无障碍 智慧运行 物业管理 节地与土地利用 节能与能源利用 节水与水资源利用 节材与绿色建材 场地生态与景观 室外物理环境	生物多样性 绿化量 场地保护 日常节约能耗 二氧化碳减排 废弃物减排 室内环境 水资源环境 污水垃圾治理	各评分框架指标控制项得分 $Q = \sum Q_{si}$ $R_s = \sum R_{si}$ Q_{si}、R_{si}
对象层 细则	场地安全 建筑结构 外部设施 内部设施构件 外门窗 防水层 疏散通道 安全防护标识 抗震性能 人员防护措施 安全防护产品 室外路面防滑措施 人车分流 建筑适变性 建筑材料耐久性……		$Q_{si} = w_i \times Q_i$ 初级得分 $i -$ 基准值 i $R_{si} = a_i \times$ 基准值 i $+ c_i$ 各评分框架指标评分项得分 $Q_i =$ 设计值 i

4.3 我国大陆地区绿色建筑评价体系介绍

绿色建筑的概念为：在全寿命期内，节约资源、保护环境、减少污染，为人们提供健康、适用、高效的使用空间，最大限度地实现人与自然和谐共生的高质量建筑。而评价就是评估和估量，通常是指根据一定的

标准对事物作出优劣判断。其实践是一项系统工程，不仅需要建筑师具备绿色设计理念，并采取相应的设计方法，还需要管理层、业主都具有较强的意识。这种多层次合作关系的介入，需要在整个过程中确立明确的评价及认证系统，以定量的方式检测建筑设计生态目标达到的效果，用一定的指标来衡量其所达到的预期环境性能实现的程度。评价系统不仅指导、检验绿色建筑实际建设效果，同时也为建筑市场提供制约和规范，引导建筑向节能、环保、健康舒适、讲求效益的轨道发展。下面简单介绍我国于2019年颁布的《绿色建筑评价标准》（以下简称《标准》）。

1. 评价对象和评价方法

《标准》适用于民用建筑的单栋建筑或建筑群，评价涉及建筑安全耐久、健康舒适、生活便利、资源节约（节地、节能、节水、节材）和环境宜居五个方面，对应五项评价指标。评价对象应落实并深化上位法定规划及相关专项规划提出的绿色发展要求；涉及系统性、整体性的指标，应基于建筑所属工程项目的总体进行评价。绿色建筑评价应在建筑工程竣工后进行，在建筑工程施工图设计完成后，可进行预评价，满足《标准》中五类指标下所有控制项的要求并计算五类指标的评分项和其他指标的加分项得分来进行评价最后得分的判定。

2. 评价特点

《标准》关注建筑的全生命周期，希望能在规划设计阶段充分考虑并利用环境因素，而且确保施工过程中对环境的影响最低，在实际运行阶段可以为人们提供健康、舒适、

低消耗、无害的活动空间，拆除后又可将对环境的危害降到最低。在满足建筑的使用功能和节约资源、保护环境之间的关系时，不提倡为达到单项指标而过多地增加消耗，同时，也不提倡为减少资源消耗而降低建筑的功能要求和适用性。强调将安全耐久、健康舒适、生活便利、资源节约、环境宜居五者之间的矛盾放在建筑全生命周期内统筹考虑与正确处理。同时，还应重视信息技术、智能技术和绿色建筑的新技术、新产品、新材料与新工艺的应用。《标准》以"四节一环保"为基本约束，遵循以人民为中心的发展理念，评价方式符合目前国家鼓励创新的发展方向，评价指标体系名称易懂、易理解和易接受，评价指标名称体现了新时代所关心的问题，能够提高人们对绿色建筑的可感知性。

我国大陆地区建筑行业发展的两大问题就是对资源的浪费和对环境的破坏，因此，大陆地区绿色建筑评价标准制定的目的就是提高建筑资源利用率，提高建筑行业的环境意识。2019版《标准》相比于2014版，对评价的总体目标提出了更高的要求，相比于之前"四节一环保"的评价基础，更加强调了绿色发展理念，目的是能够针对性地提

高运营时效，在满足人民日益增长的美好生活需要的同时，可以提高绿色建筑的高质量发展。

《标准》重点对绿色建筑使用性能进行评价，评价对象为两类，分别是住宅建筑和公共建筑。《标准》的评价内容指标由之前的"四节一环保"变为安全耐久、健康舒适、生活便利、资源节约、环境宜居，兼顾了之前的"四节一环保"并且融入了健康建筑及绿色生活等更全面的内容。

《标准》中一级评价指标按照控制项、评分项分类，每个指标均包含控制项与评分项，加分项统一设置，其中加分项包括管理层面和创新层面两个部分。

评价等级分为基本级、一级、二级、三级，当被评价建筑满足全部控制项要求时，可得基础分400分，达到基本级；当每项指标评分大于等于该项总分的30%，同时满足评价的绿色建筑进行全装修，全装修工程质量、选用材料及产品质量符合国家现行有关标准的规定及满足《标准》中表4-3-1对应的技术要求时，总评分大于600可评为一星级，总评分大于700可评为二星级，总评分大于850可评为三星级。

《绿色建筑评价标准》指标分析　　　　表4-3-1

一级指标	控制项	评分项	评价内容
安全耐久	8	9	场地安全、建筑结构、外部设施、内部设施构件、建筑外门窗、防水层设置、疏散通道、安全防护标识、抗震性能、人员防护措施、安全防护产品、室外路面防滑措施、人车分流、建筑适变性、建筑材料耐久性
健康舒适	9	11	污染物浓度、水质安全健康、建筑声环境、室内热湿环境、围护结构热工性能、装饰材料环保性、建筑光环境、自然通风效果、可调节遮阳设施
生活便利	6	13	无障碍系统、公共交通站点、停车场充电设施、自动监管设备、公共服务便利性、城市开敞空间、健身场地和空间、能源管理系统、智能化服务系统、物业管理规程、定期评估、绿色教育宣传

续表

一级指标	控制项	评分项	评价内容
资源节约	10	18	分区设备系统能耗调节、分区温度、能耗分项计量、照明功率密度、水资源统筹利用、建筑形体与造型、建筑材料节约、节约集约利用土地、合理开发地下空间、机械式停车、冷热源机组能效、合理利用可再生能源、节能卫生器具、绿化灌溉、景观水体、非传统水源、土建与装修一体化设计及施工、绿色建材
环境宜居	7	9	建筑规划布局、绿化用地设置、竖向设计、场地内污染源、生活垃圾分类、场地生态环境、规划雨水径流、室外吸烟区布置、绿色雨水基础设施、室外物理环境

4.3.1　安全耐久

2018 年 12 月初,《绿色建筑评价标准》修订审查会在北京顺利召开。根据住房与城乡建设部公告 2019 年第 61 号文,《绿色建筑评价标准》自 2019 年 8 月 1 日起实施。在新的阶段,绿色建筑被赋予了"以人为本"的属性,建筑从之前的功能本位、资源节约转变为同时重视建筑的人居品质、健康性能。编制组从百姓的视角创新构建指标体系,将原国标中以"四节一环保"为核心的评价体系更新为"安全耐久、服务便捷、舒适健康、环境宜居、资源节约、管理与创新"。其中安全感是最基本的,对应的建筑安全耐久性也是建筑最基本的性能要求。

"安全是绿色建筑质量的基础和保障;绿色建筑的安全以人为本,区别于以物作为考虑对象;建筑使用安全是社会关注度高、群众感知性强的问题;强调预防和前置考虑安全问题,不同于安全生产;绿色建筑对安全的评价有助于更好地实现安全生产目标。"将安全耐久章节作为新国标第一章,说明其基础性,更说明其不可或缺的地位。

《绿色建筑评价标准》中"安全与耐久"章节总共有 17 项条文,其中控制项 8 条,评分项 9 条,控制项和评分项要求基本平衡。

与上一版标准相比,新国标新增条文 12 条,占本章节条文总数的 70%,余下条文延续 2014 年版的内容。

"安全与耐久"的条文设计从多个维度综合进行考虑。首先是场地安全与诊断识别,这是一个基本的问题。绿色建筑首先要选址正确,若选址错误,在生态保护区、湿地公园建一个绿色零能耗的建筑,无论怎样节能节水也是违背了绿色建筑的本源。其次,条文考虑建筑本体与不适用的诉求。条文中有对建筑物的物理属性的相关规定,这是建筑安全耐久的基本属性要求;有强化人的使用安全的规定,这是从使用人群的属性出发;有关于建筑安全保护与维护的条文,属于管理属性;有关于建筑耐久性、建筑适变的条文,这是面向未来的、基于建筑时间属性的考虑。章节的每一项条文均是涵盖和综合考虑了以上不同维度后的相应策略和要求。章节新增的 12 条都是以人的安全为核心的。需要说明的是,建筑安全中更高层级的概念,比如空气质量(有毒物质)、水质、无障碍(全龄友好)均涉及安全的概念,考虑到整个标准的章节和体系,将上述概念安排到其他章节里面,属于间接相关评价标准。

安全耐久的绿色建筑在设计上需要注重以下方面的问题：

1. 场地安全

场地安全是绿色建筑的基本和前提，绿色建筑首先须规避地质灾害、洪涝、爆炸等风险和化学、辐射等污染。需要强调的是我国许多地区含氡土壤的危害问题一直存在，尤其是人们长期停留的住宅建筑和高度敏感的幼儿建筑更是关注的重点。含氡土壤具有致癌风险，在自然状况下，氡存在于空气中，易通过呼吸道进入人体，所以，在绿色建筑场地选址时，需要按照国家相关标准对场地土壤氡含量进行检测，如果检测结果超标，则必须进行防氡设计和施工。

考虑到场地安全问题，在绿色建筑项目规划时，建筑的选址设计非常重要。项目所在地的自然气候会间接地影响到建筑物的设计形式等，若是建筑物选址没有充分地研究当地的自然风貌，使得建筑物没有很好地融入当地自然环境当中，则无法发挥出建筑物的综合社会效益。

例如在建筑物规划选址时，若是建筑物处于低洼地区，则会对建筑物的整体功能性、实用性产生一定影响。因为在冬季时节，低温气流会在低洼地区聚集，随着低温气流聚集的不断增多形成了"霜洞"，在霜洞效应的影响下，规划建筑区的局部会受到寒流的影响，给局部建筑物的使用造成一定影响。因此，在建筑物选址规划设计时，需要把当地的地理环境和自然环境以及建筑物的使用功能等因素综合考虑进去，尽量让建筑物不受到自然环境的负面影响。在建筑物开始设计规划时，需要合理地选址，若是由于建筑所处地

区的地质环境限制，无法全部规避不利的地质结构，那么要保证建筑物不处于同一水平面的最低处，这样就可以很好地规避霜洞效应的负面影响。由此可见，在建筑设计规划初期，合理的选址对整个项目都有着积极的影响。

2. 结构安全

现阶段不断出现建筑外墙保温层、屋面构件、建筑外门窗、外墙饰面以及幕墙等脱落导致人身伤亡的事故，社会负面影响巨大。建筑的主体结构和非主体结构随着时间的推移和气候的影响，其安全与耐久性也将发生变化，需要在建筑运营过程中加强检查、维护和管理，确保其长期安全。

在建筑工程结构设计的过程中需要考虑的外加作用主要包括一般作用、偶然作用、影响结构材料性能的环境因素作用等。建筑工程方案进行设计的时候，需要保障建筑工程及其构件在投入使用的过程中，整个生命周期是可靠的、固定的。在对建筑工程结构具体方案进行设计的过程中，需要加强对以下几方面的重视：第一，在一般作用以及环境等因素的影响下，需要保证建筑物的适用性要求；第二，必须保证建筑结构的承载能力，保证建筑工程在一般作用以及正常范围内的偶然作用下，可有效地抵抗外力影响，使建筑工程不会受到严重的破坏；第三，在自然灾害或者其他重大因素的影响下，建筑工程结构的整体性不会受到较大的破坏，即需要有效地保证建筑工程结构的完整性、稳定性、牢固性。尽管就目前情况看，我国并没有出台完善的结构牢固性规范标准，但是，在建筑工程结构设计方案中，需要设计人员

通过科学的结构计算与合理的结构布置，并结合科学合理的构造措施，有效地保证建筑工程的牢固性。

3. 外部设施安全

外遮阳、太阳能设施、空调室外机、外墙花池等外部设施应与建筑主体结构统一设计、施工，并应具备安装、检修与维护条件。

以空调安装安全设计为例，安装空调时不仅要注意屋内打孔位置，空调外机的安放位置也是特别值得注意的地方。空调外机安装的位置不恰当，出现漏水现象时，就会波及无辜的邻居家。国内大部分的空调外机都直接安装在外墙上，这样的安装不是特别合理，具有一定的危险性，如果空调外机的底座生锈或不结实可能导致外机脱落，伤到过路人，还不利于空调外机的散热，外机常年无法正常散热会严重损耗空调的正常使用寿命。

空调外部机器的安装与建筑结构设计有很大的关系，日本的室内结构与我国比较相似，但是，日本建筑的阳台一般都是狭长型的，更像一个走廊。因此，可以把空调外机设置在阳台上，具体的设计安装方法有两种，一种是悬挂式，一种是落地式。

悬挂式可以充分地保证空调外机散热完全，可以延长空调的使用寿命。悬挂式（图4-3-1）的具体做法是把空调设计在阳台一侧的顶棚上，这样的设计不仅可以完全实现空调外机的散热，而且也不会阻碍室外的阳光照射进屋内。此外，悬挂式设计还可以让住户随时观察空调有无漏水现象，及时解决漏水问题。

落地式（图4-3-2）的设计在日本比较常见，这种设计比较简单，因此得到了广泛

图4-3-1 悬挂式空调安装

图4-3-2 落地式空调安装

的应用。一般将外机固定在阳台的角落，但不是把空调外机直接放在地面上。首先要在空调底部设计一层厚厚的橡胶底座，减弱空调外机运行时的噪声，同时隔绝空调外机的热量与地面的直接传导，考虑到空调外机可能出现的漏水情况，要在空调旁边设计一个凹槽，这样水就会顺着凹槽流到阳台地漏中，不会影响楼下的邻居。

4. 内部构件安全

建筑外门窗必须安装牢固，其抗风压性能和水密性能应符合国家现行有关标准的规定。建筑内部构件、设备和设施需要有效连接，并能适应建筑主体结构的变形，以保障在长期使用期间和特殊灾害下建筑内部构

件、设备、设施的安全性，连接要满足承载力验算及国家相关规范规定的构造要求，特别是室内装修设计时要关注安全设计，在运营过程中，需定期检查、维修与管理。

5. 室内外交通安全

在建筑室内，走廊、疏散通道等通行空间应满足紧急疏散、应急救护等要求，且应保持畅通。目前，绿色建筑设计中，比较容易忽视的是在公共建筑及居住建筑的大堂设应急救护电源插座，这些应急措施没有强制规定，但是非常值得鼓励。另外，在寸土寸金的城市，由于管理不善，应急通道经常没法保持通畅，这是实际运营管理中应特别关注的。在建筑室外，采取人车分流措施，且步行和自行车交通系统有充足的照明。核心关注点是因为照明不足而导致的安全问题。设计人车分流，夜里通行照明充足，人行区处于安全视线范围内，对于开放街区尤其重要，考虑路面平均照度、路面最小照度和垂直照度，避免照度过大和眩光。针对商业区域的照明还需要控制其光污染。

在立体空间的人车分流实践方面，日本的汐留遵循立体化空间开发模式，多栋建筑联合开发，空中连廊形成二层步行系统，与地铁、轻轨无缝衔接。二层平台在环境塑造上舒适、宜人，人的活动基本都在平台和建筑内部，很少与城市交通出现交织。这种立体化的人车分流形式被广泛应用于一些大城市的中心区域，如日本的台城，美国的辛辛那提、圣保罗市等。图4-3-3为日本立体空间人车分流案例。

6. 安全标识系统

绿色建筑安全设计要求设置安全防护的警示和引导标识系统。安全防护措施与警示标识的设置，除了应满足其功能性外，还应具有艺术性和美观性，展现人性化，凸显绿色建筑的绿色设计。图4-3-4为绿色餐饮建筑的标识设计。

7. 防滑措施

建筑地面是十分重要的工程部位，人们行走的地面都应是防滑的，它不仅是建筑装饰效果，而且更直接关系到人身安全问题。很多地区的新型建筑关注的是地面光亮、华丽的装饰效果，而忽略了因地面光滑使人滑倒摔伤，造成人身伤害，甚至死亡。尤其是在建筑物的出入口、人行道、广场、住宅小区小道、幼儿园、学校、敬老院、宾馆、学校、超市、厕所、浴室、泳池、楼梯踏步和各种人行通道以及各类公共建筑内人们经常行走的地（路）面，都会造成因地面不防滑而使人摔伤的情况。

图4-3-3 人车分流设计

图4-3-4 标识系统设计

8. 适变性措施

绿色建筑设计应采取提升建筑适变性的措施，包括通用开放、灵活可变的使用空间设计或建筑使用功能可变措施。这需要观念的改变和采取行动的动力，建筑适变是为了提高建筑的耐久性，很多建筑被拆除不是因为寿命到期，而是因为功能不再满足使用需求，适应功能变化就可避免因不满足使用功能而被拆除。采用与建筑功能和空间变化相适应的设备、设施布置方式或控制方式，这是支撑现代智能建筑的要求，是和物联网、信息化乃至区块链、人工智能等高新技术的结合，为新技术提供了新的运用场景。图 4-3-5 为波多尔住宅的可移动空间设计示意。

波尔多住宅作为库哈斯住宅设计的代表作，除了精巧的结构以外，这栋住宅还有一个特别之处，那就是将升降机引入建筑设计，以实现建筑空间的可变。考虑到住宅的男主人在经历车祸后腿脚不便，库哈斯为这栋三层的住宅设计了一部升降平台，使男主人能轻松地到达房屋的每一层，并且从人性化和个性化的角度出发，库哈斯将升降平台所在区域及周围打造成了男主人的专属空间。不同于普通的电梯，由于没有四周的围合，这个大小为 $3m \times 3.5m$ 的升降平台其实是一块可以移动的楼板，与四周楼板紧密地结合，使它比其他的垂直交通工具显得更加贴合建筑，更像是建筑结构本身。随着升降高度的改变，升降平台可以与楼板齐平或错开，从而改变室内格局，实现了建筑空间的变化。

9. 材料耐久易修

使用高性能的结构材料可以节约建筑物的材料用量，同时，材料的品质和耐久性优良可保证其使用功能维持时间长，延长使用期限，减少在房屋全生命周期内的维修次数，从而减少对材料的需求量，进而减少废旧拆除物的数量，减轻对环境的污染。

4.3.2 健康舒适

建筑主要是为人服务，绿色建筑的发展更应体现"以人为本"的新时代特征。绿色建筑正从关注节能环保向回归人本、关注人居环境中的健康和福祉转变。因此，在修订《绿色建筑评价标准》2019 版时，专门设置了"健康舒适"一章，旨在创建一个健康宜居的室内环境，提升建筑使用者对于绿色建筑的体验感和获得感，强化对使用者健康和舒适的关注，提高和新增了对室内空气质量、水质等以人为本、利于健康舒适的有关指标的要求。

《绿色建筑评价标准》中"健康舒适"一章通过"空气品质、水质、声环境与光环境、室内热湿环境"五个要素，对人体健康及舒适程度进行衡量。本章共设置了 20 项条文，其中控制项 9 项，评分项 11 项；新增条文 6 项，沿用 2014 版相关条文 3 项，其余条文在 2014

图4-3-5 波多尔住宅升降平台

版相关条文的基础上发展而来。图 4-3-6 所示为目前低能耗建筑的性能特点示意。

健康舒适的绿色建筑环境需要注重以下方面：

1. 室内空气品质

建筑需对室内主要空气污染物浓度进行控制，包括氨、甲醛、苯、总挥发性有机物、氡等，并要求其浓度低于现行国家标准《室内空气质量标准》；选用的装饰装修材料需满足国家现行绿色产品评价标准中对有害物质限量的要求。

绿色建筑的围护结构需要较高的气密性，为满足室内人员卫生安全所需的新风，必须进行机械通风。由于绿色建筑整体的低能耗性，新风系统的能耗会占据很大一部分。建筑新风系统不仅仅是为室内提供新鲜空气，保证室内空气的洁净，满足人体的健康需求，而且还与被动式建筑有机结合，致力于仅靠户式新风一体机消除室内热湿负荷，保证良好的热舒适性，并达到节能效果。目前，被动式超低能耗建筑带有高效热回收的置换新风系统设计，其核心内容是室外新风与室内排风中的热量进行交换，对新风进行预热或预冷，从而达到节能的目的。图 4-3-7 所示为被动式新风机热交换模式工作原理图，两排四管制表冷器可对冷却除湿后的空气进行再热，避免送风"冷"感，适合高温高湿地区使用。图 4-3-8 为被动式新风机旁通模式原理图，适合过渡季节，直接引入室外过滤净化后的空气，免费制冷，降低运行成本。

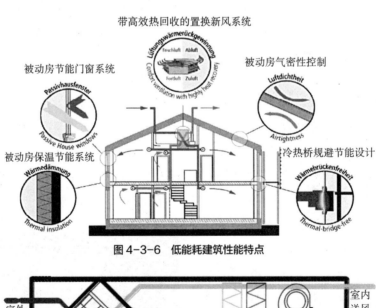

图 4-3-6 低能耗建筑性能特点

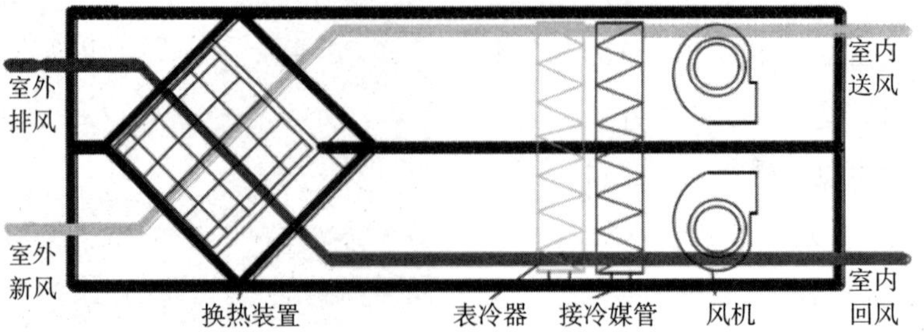

图 4-3-7 被动式新风机热交换模式工作原理图

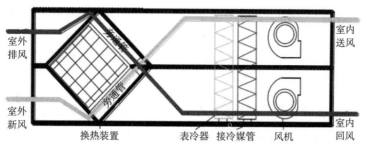

图4-3-8 被动式新风机旁通模式原理图

2. 水质

水质是水的物理、化学、生物等性的综合体现，不满足水质标准的水将会给建筑的使用者带来健康隐患，水质安全是保证绿色建筑健康属性的重要支撑。新《标准》控制项要求绿色建筑生活饮用水供水水质必须符合现行国家标准《生活饮用水卫生标准》GB 5749-2006 中规定的常规指标及建筑所在地供水主管部门规定的非常规指标。随着人民生活需求和建筑功能的日趋多样化，分质供水逐渐成为各类建筑的普遍需求。直饮水、非传统水源、游泳池水、供暖空调系统用水、景观水体等的水质符合现行相关国家标准的要求；生活饮用水给水水池、水箱等储水设施采取措施满足卫生要求。

绿色建筑的水质安全保障伴随着建筑的整个运行生命周期，实时监测和定期检测建筑二次供水（图4-3-9）各系统水质，可以帮助物业管理方有效掌握水质情况，及时发现水质超标状况，并进行有效处理。水质在线监测系统通过配置在线监测仪器设备，实时监测关键性位置和代表性测点的重点水质指标，并将监测数据上传到远程数据管理平台，由数据管理平台对监测数据进行存储、自动分析及事故报警，能够随时提醒管理者发现水质异常变化，及时采取有效措施，避免水质恶化事故扩大。相对于水质在线监测的实时监测与反馈，水质定期检测虽然在时效性上有所不足，但是胜在检测的水质指标更加全面，可以在实时监测的基础上定期检测更多的水质指标，可以与水质在线监测互为补充和验证，有助于对建筑二次供水水质的全面了解，杜绝水质监测的盲点。

除了水质安全，排水卫生也是营造健康生活空间的必要条件之一。《绿色建筑评价标准》针对便器水封设置控制项，要求绿色建筑选用构造内自带水封的便器。当建筑采用构造内不带水封的便器时，需要通过在便器排水管道下游安装存水弯的形式设置水封，

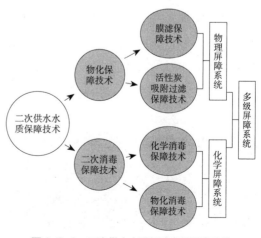

图4-3-9 二次供水水质保障多级屏障系统

而便器至存水弯之间的这段管道容易在管壁上附着污物且不易清理，其产生的有害气体逸入室内，产生异味，甚至可能危害人体健康。选用构造内自带水封的便器，水封位于便器排水管最上游前端，能够最大限度地避免排水系统内有害气体进入室内，保障室内空气品质。

目前，模块化户内中水集成系统是较为先进的绿色建筑排水设计。其核心内容是将卫生洁具的排水横支管集成模块化（图4-3-10），形成集同层排水与户内"三洗"（洗衣、洗澡、洗手）废水收集、自动回用循序冲厕于一体的户内节水集成装置系统。该系统现有下沉式、侧立式两种构造和安装方式，工厂化生产，现场装配。

3. 声环境

建筑物室内的噪声分为外部噪声和内部噪声。外部噪声主要包括交通噪声、工业噪声、施工噪声等。内部噪声主要包括人为噪声、电器噪声、设备噪声。室内背景噪声分析计算对于建筑方案和建筑设计至关重要。

对于交通噪声，建议沿路一侧种植高大、浓密、常绿、复层绿化带，道路邻近建筑物附近设置减速带，停车场出入口设置"低速慢行、禁鸣喇叭"等告示牌，将交通噪声对建筑声环境的影响降到最小。

对于工业噪声，一般采用减振（减振垫、

图4-3-10 模块化同层排水技术

隔振器、避振沟）、消声（管道消声器）、吸声（吸声墙面及吊顶）、隔声（隔声墙体、隔声门窗）等措施，从控制声源和阻断传播方面达到治理噪声的目的。

对于室内噪声的控制，可以考虑从建筑的结构设计优化入手。目前，绿色建筑常用的隔声措施分为两种：一是楼板隔声；二是墙体隔声。

传统的住宅建筑中采用普通的混凝土楼板，在实际测量中，这种光裸楼板撞击声级为83dB，达不到《民用建筑隔声设计规范》中规定的70dB的最低要求，造成的结果便是"楼上脱双鞋，楼下惊半夜"，上下层居民之间的噪声干扰十分严重。实践中，常采用以下几种方法来改进：

楼地面面层：在楼板本身的撞击隔声性能达不到国家规范要求的标准时，可以通过改善楼地面面层的方法来进行设计。比如可以将面层做成弹性面层，直接减弱撞击物对于楼板的冲击力，这样一来就降低了楼板本身所产生的振动的影响。这种方法一般是在楼板结构层的面层上铺设柔软和有一定弹性的面层材料，例如织物地毯、各类木地板、橡胶地板以及塑料地面等，这些材料都可以对楼板的撞击隔声性能提供不同程度的改善和提高。

浮筑楼面：浮筑楼面采用弹性垫层来隔绝撞击声，把弹性垫层加设在楼板与硬质面层之间，共同构成复合楼板，从而以钢筋混凝土楼面层（作为质量层）与其下铺设的弹性垫层（类似弹簧）一起，共同构成一个有效的隔振系统（图4-3-11）。

当建筑物的隔墙采用单质的轻质材料做

成时,其较轻的自重对于结构来说是有利的,但是其隔声效果却往往不能满足要求。目前绿色建筑设计中改善轻质墙体隔声性能的途径可分为以下几种:

(1)单层墙体改为双层或者多层结构:根据质量定律,靠增加墙体的厚度来提高隔声量是既不经济也不合理的。如果把单层墙分成与单层墙同样重量的含有空气层的双层墙,其隔声量可大大增加。双层墙提高隔声能力的主要原因是:声波入射到第一层墙时,使墙板发生振动,该振动通过空气层传到第二层墙时,被空气层"弹簧"的减振作用削弱,减少了向第二层墙的传递,带空气层的双层墙体较无空气层的墙体的隔声量得到提高。因此,当在现场遇到厚度允许、墙体质量允许,要求隔声量较高的情况时,可考虑将单层墙设计成带有空气层的双层墙,且每层墙的面密度不同,从而提高轻质墙体的隔声性能。

(2)复合结构墙体:这种墙体材料的制品采用了一种"夹芯"的办法,在制品的空隙中填入具有吸声或提高隔声性能的材料,在不增加制品厚度、质量增加不多的情况下,提高轻质墙体的隔声性能。

4. 光环境

建筑光环境设计是建筑方案设计的重要内容。良好的光环境能改善人员的视觉舒适性,提高人员的精神状态,在居住区,有利于人们生活品质的提高,创造良好的家居环境,在工作场所,有利于提高人员的劳动生产率。另外,通过在室内引入自然光照明,可以有效地减少建筑对人工照明的灯光电力需求,对于热负荷较高的地区,可减少由人

工照明所产生的热负荷,进而降低由此带来的空调系统负荷。因此,在大型公建中,自然采光的利用是低能耗可持续设计的基本内容之一,也出现了一批高水平的运用自然采光的建筑,如深圳大学建筑系馆(图4-3-12)。

自然采光的成功设计对绿色建筑至关重要。它是满足建筑节能、使居住者满意、提高生产力、满足人体健康的关键。合理的自然采光对建筑布局和活动分区有很大的影响。

建筑师要采用不同的方式利用屋顶采光(光线来自天窗或屋顶扫光采集装置)和侧光(光线来自建筑周边墙上的窗户)。屋顶采光将光线均匀散射到较大的建筑面积上。

要正确区分日照和自然采光。大多数情况下,直射的太阳光带给室内过多的热量和

图4-3-11 浮筑楼面橡胶减振器

图4-3-12 深圳大学建筑系馆采光中庭

太阳光而使人产生视觉不舒适和热不舒适。用来提供自然采光的天窗应该用散射（而不是透明）玻璃。控制由天窗射入的太阳光线对建筑节能具有关键作用。侧窗的设计一定要包括对眩光和热能的控制。没有遮阳的大面积玻璃窗通常很难成功地设计自然采光。

室内装修饰面层和家具布置对房间的自然采光也很重要。屋顶和墙面应刷成反射系数高的浅颜色。办公室的隔断和分隔间要在满足私密性要求的前提下尽可能矮，以减少对光线的遮挡。一个很好的自然采光设计与控制同时也会减少能耗。具体的采光设计需要从以下几个环节着手：

采光分区划分：自然采光分区是将建筑的几个具有相同照度要求的不同空间划分为同一采光区，以节省设计与控制的造价。自然采光的安排与配置可以恰当地根据每一区域的具体要求而设计，以达到最佳设计标准。

天窗采光：天窗是将日光通过屋顶传递到室内的一种自然采光方式。任何一个系统，只要太阳光线来自于房间顶部，都可认为是天窗采光，天窗可将日光传递到室内，同时对眩光又比较容易控制。任何一种天窗都必须控制直接太阳辐射，因为高强度的热/光可产生眩光，又会增加室内热量。天窗的光线来自于顶部，而不是侧面，使墙面使用的自由度增加。此外，各种天窗和高侧窗使建筑形式更具有表现力。图4-3-13展示了湖北武汉的旧厂房改建成艺术中心所采用的天窗采光设计（图4-3-13）。

侧面采光：侧光是通过侧墙上的开口向室内提供自然采光。任何一个采光系统，只要它是从侧面将自然光提供到同一水平面上，都可认为是侧光。侧光经常利用外墙上的窗户提供光源，如较低的侧天窗、日光天井上的垂直开口，都属于侧光一类。侧光窗户在提供自然采光的同时，又为建筑与室外提供了一个视觉联系。窗户的高度和房间进深的关系是考虑自然采光的重要因素。根据建筑场地的情形，窗户高度也是一个决定景观的关键因素。侧光系统经常包含两部分：低窗口既提供景观，又提供自然采光；高度较高的窗口仅起自然采光作用，这一窗口经常与光线反射板配合使用。侧光倾向于高而进深小的房间，因为它的表现力很强，因此侧光是很好的建筑设计策略。

反光板遮挡：反光板是将侧面（通常是从侧窗）射进的太阳光线均匀分布在室内。太阳光线从反光板的反射面反射到顶棚，再反射到室内空间，形成均匀的照度分布（图4-3-14）。反光板的形状、材料和位置决定了太阳光线的分布。反光板可放在室外，也可放在室内，或同时放在室外和室内。

反光板可以改变射进太阳光的方向，增加散射光，一个设计很好的反光板可以起到改善视觉舒适度的作用，同时由于它可提高离玻璃较远的空间的采光系数，因此可降低

图4-3-13　湖北ADC艺术中心采光天窗

图4-3-14 澳大利亚中央公园反光板设计

空间的照度对比，减少对人工照明的需求。反光板常用在办公空间和学校内，这些空间需要更均匀的光线分布，以提高视觉舒适感，减少人工照明费用。

很多情况下，仅靠天然光不能达到应有的照度标准，而且夜间也没有天然光可以利用。因此，我们就需要采用人工照明来进行补充。人工照明不仅可以弥补天然采光的不足，保证空间在任何时间都达到一定的照度，而且还可以营造优美、明亮的氛围，为建筑的室内外环境和景观增加光彩。

人工照明是现代建筑中能耗最高的几个方面之一。一个"绿色"的人工照明系统既可降低照明能耗，又可减少室内制冷的能耗。为最大限度地提高效率，人工照明应被看作自然采光的辅助手段，而不是取代自然采光。现有很多方法可以最大限度地提高人工照明系统的效率和质量。从技术方面而言，这些方法包括选择合适的照明设备和控制装置。从建筑设计方面而言，这些内容包括空间几何形状的合理设计，建筑表面的适当选择，照明设备的位置相对于几何空间、其他部件（如管道系统）和自然采光源的精细安排。

一个真正的节能照明系统是它正好满足设计指标的要求。一个节能系统中，采光系统的控制性能起着非常关键的作用。采光控制可分成三种：手动、自动和混合式。手动控制最常见，而且一次造价最低。自动控制系统（利用感光元件，随着自然采光的变化和其他使光亮变暗的因素的影响，调节灯光明暗程度或关掉灯源，以保证恒定的室内照度）可能是长期来说造价最低的控制方式。混合式控制系统结合了自动系统的节能功能和一定程度的手工控制，可以把两者的优点结合起来。在人工照明的设计策略上，一般需要注意以下几个方面：

第一，确定比较详细的采光照明设计方案，明确自然采光与人工照明如何相互作用与补充。

第二，确定照明系统设计目标与指标。这些指标包括不同工作内容所需空间的表面照度以及空间背景环境所要达到的照度水平。

第三，选择合适的光源和灯具，使其照度水平和传递效率的性价比达到最高。

5. 室内热湿环境

绿色建筑内需具有良好的室内热湿环境，可采取的措施包括：优化建筑空间和平面布局，改善自然通风效果；设置可调节遮阳设施，改善室内热舒适。

民用建筑室内热湿环境应区分人工冷热源热湿环境与非人工冷热源热湿环境。人工冷热源热湿环境指使用供暖、空调等人工冷热源进行热湿环境调节的房间或区域。非人工冷热源热湿环境指未使用人工冷热源，只通过自然调节或机械通风进行热湿环境调节的房间或区域。室内热湿环境的划分主要考虑了我国不同地区的经济发展情况及实际建筑的不同情况和使用要求。

不同季节，建筑室内热湿环境的设计要点也不同，其措施如下：

夏季防热措施。建筑物的夏季防热应采取环境绿化、自然通风、建筑遮阳和围护结构隔热等综合性措施。例如：

第一，建筑物的总体布置，单体的平面、剖面设计和门窗的设置应有利于自然通风，并尽量避免主要使用房间受东、西日晒。

第二，为了遮挡直射阳光，防止室内局部过热，不同朝向的窗户宜采用不同形式的遮阳。同是在建筑设计中，可结合外廊、阳台、挑檐等处理达到遮阳的目的。

第三，屋顶和东、西向外墙内表面温度应通过验算，保证满足隔热设计标准的要求。

第四，为防止潮霉季节地面泛潮，住宅、托幼等建筑的地面面层宜采用微孔吸湿材料，必要时，地面可采用架空做法等。

冬季保温措施。与夏季相类似，建筑物同样应采取以下综合性措施：

第一，建筑物宜设在避风、向阳地段，尽量争取主要房间有较多日照。

第二，建筑物的外表面积与其包围的体积之比应尽可能小，平、立面不宜出现过多的凹凸面。

第三，严寒和寒冷地区的居住建筑，不应设开敞式楼梯间和冷外廊，出入口处宜设置门斗。

第四，北向窗户的面积应予控制，其他朝向的窗户面积也不宜过大，并尽量减小窗户缝隙的长度，加强窗户的密闭性。

第五，外墙、屋顶、直接接触室外空气的楼板、不供暖地下室上面的楼板和不供暖楼梯间的隔墙等围护结构应通过保温验算，保证其热阻不低于所在地区要求的最小总传热阻。严寒地区居住建筑底层地面周边一定范围内应采取有效的保温措施。

第六，当有散热器、管道、避龛等嵌入外墙时，应保证该处外墙的热阻不低于建筑物所在地区要求的最小总传热阻。

4.3.3　生活便利

随着社会经济的发展及人民生活水平的提高，人们对于建筑使用环境的要求也在不断提高，不再满足于基本的居住或使用功能，逐渐对建筑及其周边环境与配套设施的舒适性、便利性和多样性等方面予以关注。随着我国社会主要矛盾的转移，人民日益增长的对美好生活的需要也愈加凸显。建筑是为使用者服务的，因此，绿色建筑在以往关注节约的基础上，也应加强对于建筑使用效果的关注，提供更好的生活和工作条件，更好地发挥建筑的不同功能和作用。

《绿色建筑评价标准》在"生活便利"一章共设置了19项条文，其中控制项6项，评分项13项，新增条文5项，其余条文均在本标准2014版的基础上发展而来。

"生活便利"一章主要从出行与无障碍、服务设施、智慧运行、物业管理四个方面对绿色建筑提出了生活便利性应达到的基本要求。其中"出行与无障碍""服务设施"两节的主要着眼点在于建筑的最终用户，希望能为住宅建筑的住户和公共建筑的使用者提供便利的使用条件。"智慧运行""物业管理"两节的着眼点既包括建筑的最终用户，也包括建筑的运营管理维护人员，希望能为这些人群在使用建筑和维持建筑正常运营时提供更加便利的使用条件和高效的工作条件。

1. 无障碍设计

《绿色建筑评价标准》规定：建筑、室外场地、公共绿地、城市道路相互之间应设置连贯的无障碍步行系统。我国的城市建设目前大都局限在"人"的生存需要的层面上，所以，我国大多数城市还属于"经济型城市"，在城市建设过程中总是把商业区、中高档住区、工厂、企业的建设放在第一位，残疾人参与社会的程度还很低，以"人"为本的无障碍设计并未得到真正的重视。当然，这是一个社会性的问题，受到经济发展水平等诸多因素的影响，但是城市规划建设部门和管理者应当把占城市居民相当部分的残疾人的需求真正纳入"以人为本"的设计理念中。城市设计和建设是满足城市居民自上而下的需要的过程，在此过程中，应把"人"的健康需要放在首要的位置，而不是只考虑经济效益和片面的景观效果。目前，绿色建筑无障碍设计可分为以下几个方面：

（1）入口设计：入口设计总体应遵循五个原则，分别是独立通行、包容性、易识别、可视性强和保护性。

第一，独立通行即所有使用者都能够独立通过入口进入建筑。无论任何时候，建筑入口都能够让残疾人在不需要帮助的情况下独立进入建筑。

第二，包容性的主入口即无论残疾人还是非残疾人都能够无障碍使用主入口。当为特殊的群体设计入口时，比如工作人员、学生、

参观者或者持票者，应保证该入口是对所有人无障碍的。

第三，易识别的入口即建筑所有的入口都应有清晰的标志。易识别的入口能够帮助所有人，尤其是残疾人快速找到入口。

第四，可视性强的入口即建筑入口应是明显的并且利用色彩能够更清晰地辨认门和建筑。如果建筑入口是全玻璃的，在入口的高点处应设置出大约1400mm×1600mm的明显的区域，该区域应在颜色和亮度上与全玻璃入口完全区分，这有利于视觉障碍者的安全出入。

第五，设置入口雨篷。在建筑入口处，残疾人往往由于移动受限、辅助设施或者感官缺失等原因导致进入建筑较慢，入口处的雨篷则有一定的保护作用。

（2）水平交通设计：公共建筑水平交通的无障碍设计有三个基本的设计原则，即通行的畅通无阻、走廊通道的无障碍和水平交通的信息无障碍。水平交通通常指门厅、走廊、通道等，这些地方大部分在公共建筑中是向公众开放的，因此所有使用者都应该能够在建筑中的水平方向畅通无阻地移动。门厅、走廊和通道中有许多潜在的危险和障碍，例如文件柜、家具、公共电话、灭火设备、废纸篓等，这些障碍都应当安排好放置位置，不能阻挡使用者的通行。公共建筑中的信息障碍往往会对不熟悉建筑内部空间流线的使用者造成疑惑。信息的无障碍能够帮助使用者方便、快捷地使用建筑功能。信息的无障碍可以从以下几点考虑：第一，设计合理的指向性标志；第二，可触摸的信息，如在建筑地面进行标识，设置可触摸地图或带有盲

文等；第三，利用灯光引导路径；第四，利用色彩对比区分不同的路径和区域。

（3）竖向交通设计：楼梯是公共建筑交通系统中基本的组成部分，在危险发生的时候，它也是重要的疏散通道，因此，可以说，楼梯是无障碍设计的重要部分。楼梯的形式以直线为主，因为弧形楼梯容易使视觉障碍者失去方向感，并且弧形楼梯的台阶内侧和外侧水平宽度不同，给残疾人的使用带来了很大的不便，甚至有发生危险的可能。

楼梯还应具有良好的照明环境，将照明环境和色彩对比结合起来，能够帮助视力障碍者清楚地辨别踏步的位置和尺寸，以保证其安全地使用楼梯。

（4）无障碍卫生间设计：卫生设施在任何建筑中都是不可或缺的重要组成部分之一，同时也是无障碍设计的重点部位。英国对于公共建筑中的无障碍卫生设施的数量并没有进行具体的规定，一般根据公共建筑的类型和使用情况进行不同数量的设计，但是在公共建筑中应至少设置一个无性别限制的无障碍厕所供有需求的顾客和访问者使用。一般来说，无障碍卫生设施应安排在空间使用率较高的通道以及容易发现和到达的地方，其卫生洁具应与其背景有较强的色彩对比，地面应为防滑地面且不会反光。

（5）信息与标识设计：标识是指被设计成文字或者图形的视觉展示符号，其目的是为使用者提供清晰且易于理解的方向、信息以及引导。标识是可以帮助人们理解环境和行动信息的一种直观的手段。优秀的标识设计可以被不同国家、不同民族、不同文化的人理解。利用标识设计达到信息的无障碍是英国公共建筑无障碍设计中非常重要的部分。而如果标识设计系统混乱，则不仅会对残疾人，而且会对所有人造成不便。如表4-3-2所示，在标识设计过程中，应考虑整体研究、语言、位置、照明等因素。

无障碍标识设计要点   表4-3-2

考虑因素	设计要点
整体研究	考虑整体的标识系统设计而不是对单独的标识进行设计
语言	标识的语言表达应使用简单的英语
标志	无论在任何地方，都使用被认可的图像标识
位置	将重要的标识放置在明显的、一致的和符合逻辑的地方
照明	确保标志有良好的照明环境
文字/图片大小	根据距离选择合适的大小
文字/图片样式	使用简单的无衬线字体和标准符号
触感	确保标识中可触摸的信息是有触感的
色彩和对比	确保标识信息和其背景具有足够的色彩对比
表面抛光	对所有标识中的元素进行不反射的抛光（non-reflective finish）

2. 服务设施

绿色建筑应为使用者提供便利的公共服务，根据《绿色建筑评价标准》的规定，公共服务的设计可分为以下几个方面：

（1）周边设施的可达性：绿色建筑设计中应充分考虑其入口与周边设施的关系，尽量做到方便、可达。以住宅建筑为例，场地周边 500m 范围内应具有 3 种以上服务设施。此外，住宅小区的出入口应尽量靠近学校、医院和群众文化活动设施。这样的设计能让住宅小区与周边设施在一定范围内形成一个功能完善的服务圈，为使用者提供便利的公共服务。

（2）开敞空间的可达性：此处的开敞空间包括城市公园绿地、广场以及公共运动场地等，设计尽量做到步行可达。

（3）合理设置健身场地和空间：体育运动作为提高生命质量和健康水平最为重要的手段，逐渐成为城市居民休闲活动的首选。早在 2014 年，国务院 46 号文件就提出了"加快体育强国建设，不断满足人民群众日益增长的体育需求""鼓励社会力量建设小型化、多样化的活动场馆和健身设施"和"在城市社区建设 15 分钟健身圈"的意见。健身场所不是单纯的物理空间，而是具有体育文化形态和功能模式的场域，能够侧面体现建筑自身的精神气质。因而，优秀的健身场所之营建不仅能提升居民的健身意欲，打造建筑文化的名片，更重要的是通过进入该场所锻炼身体，深化他们对该建筑的情感认同，使主体获得存在感。图 4-3-15 为胶州市澳门路廊桥，是一个能提供健身服务的多功能建筑。

图 4-3-15　复合功能桥梁

3. 智慧运行

随着社会经济的发展及人民生活水平的提升，人们对于建筑的使用要求也在不断提高，而智慧化、信息化等新领域、新技术的不断涌现，也在逐渐影响和改变人们日常生活和工作的环境和方式。绿色建筑在以往关注节约的基础上，也应加强对于建筑使用效果的关注，采用智慧化、信息化等新技术改善生活和工作条件，并推动绿色技术措施的落地。因此，《绿色建筑评价标准》中专门设置了智慧化、信息化相关的运行管理评价条文。

（1）自动监控管理系统：绿色建筑中应设置具备自动监控管理功能的建筑设备管理系统，通过完善建筑设备管理系统的自动监控管理功能，确保建筑物的高效运营管理。结合《智能建筑设计标准》GB 50314-2015、《建筑设备监控系统工程技术规范》JGJ/T 334-2014 等可以看出，考虑到项目的功能需求、经济性等因素，并非所有建筑都必须配置建筑设备管理系统并实现自动监控管理功能，不同规模、不同功能的建筑项目是否需要设置以及需设置的系统监控内容应参照相关标准、规范，根据实际情况合理确定、规范设置。对于建筑规模较小、功能单一，建筑设备形式简单（比如均采用分散式空调、未设或少设公区和夜景照明、绿化均采用市政供水）而未单设自动监控管理系统。

绿色建筑应设置电、气、热的能耗计量系统和能源管理系统，旨在通过建筑能耗数据的计量监测、统计分析、管理，保障且体现绿色建筑预期的节能效果。对于公共建筑，冷热源、输配系统和电气等各部分能源应进行独立分项远传计量。对于住宅建筑，鉴于各户之间的相对独立性与私密性，主要针对其公共区域提出分项计量与管理要求（如公共动力设备用电、室内公共区域照明用电、室外景观照明用电等）。对于计量数据采集频率不作强制性要求，可根据具体工作需要进行灵活设置。为加强建筑的可感知性，要求住宅建筑每户均设置空气质量监控系统，公共建筑主要功能房间应设置空气质量监控系统。

（2）信息网络系统：随着信息技术的发展，信息网络系统（图4-3-16）正成为智能建筑工程中各类智能化系统互联互通的基础设施，其质量好坏影响整个智能建筑工程的使用性能。目前，为了实现更加便捷、适用的生活和工作环境，提高用户对绿色建筑的感知度等，信息网络前沿设计提出了智能化服务系统的设置要求。

智能化服务系统包括智能家居监控系统、智能环境设备监控系统、智能工作生活服务系统等，智能化服务系统可能会涵盖家电控制、照明控制、安全报警、环境监测、建筑设备控制、工作生活服务等多种功能。住宅建筑中常见的智能化服务功能有：空调、风扇、窗帘、空气净化器、热水器、电视、背景音乐、厨房电器等的控制，照明场景控制，设备系统出现运行故障或安全隐患（包括环境参数超限）时的安全报警，室内外的空气温度、湿度、二氧化碳浓度、空气污染物浓度、声环境质量等的监测，养老服务预约、就医预约等。

公共建筑中常见的智能化服务功能有：

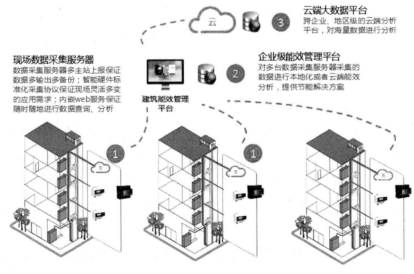

图4-3-16　绿色建筑信息管理系统

空调、风扇、窗帘、空气净化器等的控制，照明灯具的分区、分时控制，安全报警，室内外的空气温度、湿度、二氧化碳浓度。空气污染物浓度、声环境质量等的监测，会议室预约、就餐预约、访客预约等。上述预约功能一般可通过在社区服务小程序、办公自动化 OA 系统等应用软件系统中增设相关服务功能模块加以实现。

4. 物业管理

绿色建筑物业管理是维持建筑内部秩序的重要环节，其内容要求制定完善的节能、节水、节材、绿化的操作规程、应急预案。各项操作规则应在各个岗位现场显著位置明示，保证工作质量和设备设施安全、高效运行；应急预案中应明确规定各种突发事故的处理流程、人员分工、严格的上报和记录程序，并对专业维修人员的安全有严格的保障措施。

物业管理机构在保证建筑的使用性能要求、投诉率低于规定值的前提下，实现将经济效益与建筑用能系统的耗能状况、水资源等的使用情况直接挂钩，通过绩效考核，调动运营管理工作者的绿色运营意识、激发其绿色管理的积极性，提升物业管理部门的管理服务水平和效益，有效促进运行的节能、节水。

4.3.4　资源节约

资源节约是绿色建筑的重要目标，因此，在绿色建筑的各项性能指标中，节能的重要性不言而喻，其设定的重要依据是相关的节能设计、运行能耗标准。以"四节一环保"为基本约束，并紧密跟进建筑科技发展，将建筑工业化、海绵城市、健康建筑、建筑信息模型等高新建筑技术和理念融入绿色建筑要求中，加大强制内容的力度，确保达到绿色建筑的基本要求。通过扩充控制项和基本规定的强制内容以及延续对"资源节约"的重点评价，保障了绿色建筑在资源节约和环境保护方面的基本要求。

《绿色建筑评价标准》在"资源节约"一章共设置了 28 项条文，其中控制项 10 项，评分项 18 项。从结合场地自然条件和建筑功能需求的角度，共分为节地与土地利用、节能与能源利用、节水与水资源利用、节材与绿色建材四个方面对绿色建筑性能优化与资源节约提出要求。

1. 节地与土地利用

节地与土地利用是建设项目前期科学规划、合理布局、精心设计必须落实的核心技术要点，主要涉及资源与环境保护、卫生与安全等关键性要求以及土地利用、室外环境、交通设施与公共服务、场地设计与场地生态等评价内容。

（1）土地利用：土地利用涉及节约集约用地、绿化用地设置、地下空间利用三个重要内容。绿色建筑建设项目应适度提高容积率、建设普通住宅并充分利用地下空间，从而实现提高土地使用效率、节约集约利用土地的目的；同时引导建设项目优化建筑布局与设计，设置更多的绿化用地，提高土地使用的生态功能，从而改善和美化环境、调节小气候、缓解城市热岛效应。图 4-3-17 为深圳东昌小学地下空间改造示意。

（2）室外环境：室外环境涉及光污染控制、环境噪声控制、风环境要求、降低热岛强度的措施四个重要内容，它们是评价绿

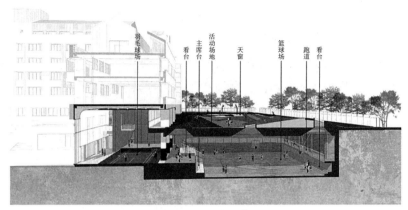

羽毛球场　看台　主席台　活动场地　天窗　篮球场　跑道　看台

图4-3-17　地下体育馆

色建筑室外环境的关键性内容和指标。

（3）交通设施与公共服务：交通设施与公共服务涉及公共交通联系、无障碍设计、停车场所设置、公共服务配置等多方面内容。它们是影响着绿色建筑使用者的生活、工作的关键性内容和指标，是绿色建筑项目规划布局和建筑设计重要的考评内容。

（4）场地设计和场地生态：场地设计与场地生态涉及场地利用与生态保护、绿色雨水设施设计、雨水径流控制、绿化绿植要求等内容。场地设计与场地生态是遵循低影响开发的原则，评价绿色建筑室外场地保护与利用的关键性内容和指标。

针对以上设计原则，建设项目应对场地进行勘查，充分利用可利用的自然资源，包括原有地形地貌、水体、植被等，尽量减少土石方工程量，减少开发建设对原场地及周边环境生态系统的改变，工程结束后应及时采取生态修复措施，减少对原场地环境的破坏。表层土含有丰富的有机质、矿物质和微量元素，适合植物和微生物的生长，场地表层土的保护和回收利用是保护土壤资源、维持生物多样性的重要方法之一。项目施工应合理安排，分类收集，保存并利用原场地的表层土。

利用场地空间编制场地雨水综合利用方案或雨水专项规划设计，旨在通过建筑、景观、道路和市政等不同专业的整合与协调设计，合理利用场地中的河流、湖泊、水塘、湿地、低洼地等设置绿色雨水基础设施（如雨水花园、下凹式绿地、屋顶绿化、植被浅沟、雨水截流设施、渗透设施、雨水塘、雨水湿地、景观水体、多功能调蓄设施等），或利用场地的景观设计、相应的截污措施以及硬质铺装等透水设计，以更加接近自然的方式控制城市雨水径流及径流污染（图4-3-18），从经济性和维持区域水环境的良性循环的角度出发，控制径流总量，保护水环境，减少城市洪涝灾害，达到有限土地资源多功能开发、利用的目标。

合理搭配乔木、灌木和草坪，以乔木为主，能够提高绿地的空间利用率、增加绿量，使有限的绿地发挥更大的生态效益和景观效益。种植区域的覆土深度应满足乔、灌木自然生长的需要，满足申报项目所在地有关覆土深度的控制要求。

图4-3-18　北京768创意园雨水花园

植物配置应充分体现本地区植物资源的特点，突出地方特色，选择适应当地气候和土壤条件的植物，耐候性强、病虫害少，可有效降低后期的维护费用。鼓励各类公共建筑采用屋顶绿化和墙面垂直绿化等多元的绿化方式，既能增加绿化面积，有效截留雨水，又可以改善屋顶和墙壁的保温隔热效果，改善小气候，美化环境。

2. 节能与能源利用

能源消耗是建筑运营的必然需求，建筑节能也得到了行业的大力关注。根据国务院《能源发展战略行动计划（2014–2020年）》，"十三五"末期，我国的一次能源消费总量控制为48亿吨标准煤，而据统计，2017年我国建筑运行的总能耗达到7.63亿吨标准煤，占全国社会能源消耗的21%。伴随着城镇化的发展，建筑规模不断扩大，建筑用能的总量压力持续存在。资源节约是绿色建筑的重要目标，因此，在绿色建筑的各项性能指标中，节能的重要性不言而喻，其设定的重要依据是相关的节能设计、运行能耗标准。

（1）温度节能：建筑内不同功能空间、不同高度空间的温度设定对能耗至关重要，

在保证主要功能空间要求的前提下，合理降低过渡空间的温度标准要求，能够达到明显的节能效果。《绿色建筑评价标准》提出，建筑应结合使用人员不同的行为特点和功能要求合理区分设定室内温度标准。其主要目标是门厅、中庭、走廊以及高大建筑空间中超出人员活动范围的空间，强调《民用建筑供暖通风与空气调节设计规范》GB 50736-2012中的规定：人员短期逗留区域空调供冷工况室内设计参数宜比长期逗留区域提高1~2℃，供热工况宜降低1~2℃。表4-3-3给出了所引用的《民用建筑供暖通风与空气调节设计规范》中的温度设计参数。在工程应用中，如高大空间的中庭，不必全空间进行统一温度控制，可采用局部空调的方式进行设计，在保证使用功能的前提下，降低建筑总体能耗。

（2）照明节能：降低建筑照明能耗，同样是减少建筑用能的重要途径。对于建筑空间来说，在建筑外区部位存在自然采光区域，在太阳光充足时，自然采光区域有通过自然采光满足使用需求的可能性，因此，在照明设计中，可结合天然采光与人工照明的灯光

人员长期逗留区空调设计参数　　　　　　　　　　　　表4-3-3

类别	热舒适等级	温度/℃	相对湿度/（%）
供热工况	I级	22~24	≥30
	II级	18~22	—
供冷工况	I级	24~26	40~60
	II级	26~28	≤70

布置形式，合理选择照明控制模式。自然采光区域的人工照明控制应独立于其他区域的照明控制，有利于单独控制采光区的人工照明，实现照明节能。

照明节能的措施可分为以下几个内容：

第一，建立智能化综合照明管理系统。自动控制系统技术日益成熟，采用智能化方式是绿色建筑照明系统发展的时代方向。智能化综合照明管理系统的重点在于依据建筑的需要，实时调节各区域照明设备的光照强度，能科学地节约照明系统电量，是建筑节能的重要方式之一。设计应对建筑功能进行分区、分段控制，以红外感应、光线控制、时间控制等智能调节为主要方式，辅以人工调节手段，设置不同使用条件下的照明控制模式，由此在满足利用需求的基础上显著减少不必要的能源消耗。同时，建筑内照明设备应采用统一联网监控，总控制室设置在便于操作处，由专人负责。

第二，积极采用绿色照明能源。除传统电力来源之外，建筑可采用太阳能、风能等天然绿色能源。我国北部大面积太阳能资源一类地区可在屋顶设立太阳能光伏电池板，收集太阳能，转换为电能，直接利用的同时，还能进行能源储备。东南沿海地区利用风能资源优势，配备风力发电机，为建筑内照明提供电力。我国绿色能源的使用技术处于世界顶尖水平，合理利用清洁能源能够有效减少对自然环境的破坏，又能提高资源利用效率。

（3）热源节能：供暖热源节能（图4-3-19）的途径包括各种废热、余热利用，太阳能、地能供暖，另外还有提高锅炉系统的运行效率等环节。供热锅炉房节能技术包括锅炉及其辅机选型、锅炉房工艺设计和运行管理等。比如居住建筑的供暖供热应以热电厂和区域锅炉房为主要热源。在工厂区附近，应充分利用工业余热和废热。再则，城市新建的住宅区，在当地没有热电厂和工业余热、废热可资利用的情况下，应建立以集中锅炉房为热源的供热系统。此外，新建居住建筑的供暖供热系统，应按热水连续采暖的方法进行设计。住宅区内的商业、文化及其他公共建筑以及工厂生活区的供暖方式可根据其使用性质、供热要求通过技术经济比较确定。

（4）输配节能：供热管网节能首先应考虑室外供暖管网的节能调控，室外供暖管网中各建筑的并联环路之间的水力平衡是整个供暖系统达到节能的必要条件。供暖管网节能必须处理好管道的保温。为了减少管网输送过程中的热能损失，必须做好管道保温处理。设计一、二次热水管网时，应采用经济合理的敷设方式。对于庭院管网和二次管网，宜采用直接埋管敷设；对于一次管网，当直径较大且地下水水位不高时，可采用地沟敷设。

低温地板辐射供暖技术是一种新兴的节能供暖技术。工作原理是使加热的低温热水流经铺设在地板层中的管道（图4-3-20），并通过管壁的热传导将其周围的混凝土地板加热后使地板以辐射的方式向室内传热，达到舒适的供暖效果。

（5）运行管理节能：为了使供热系统运行科学合理，必须在其中设置必要的计量与监测仪表和其他控制装置，还应根据建筑的具体功能要求选择经济、合理的供热方式。

（6）空调蓄冷系统节能：空调就是使用人工手段，借助于各种设备创造适宜的人工室内气候环境来满足人类生产生活的各种需要。空调建筑系指一般夏季空调降温建筑，亦即室温允许波动范围为±2℃的舒适性空调建筑。

空调建筑节能除了应采取建筑措施，如窗户遮阳以减少太阳辐射得热，围护结构隔热以减少传热得热，加强门窗的气密性以减少空气渗透得热，采用重质内墙以降低空调负荷的峰值等，由此降低空调运行能耗之外，还应采用高效的空调节能设备或系统以及合理的运行方式来提高空调设备的运行效率。

目前，空调系统概括起来可分为两大类：集中式和分散式（包括局部方式）。其中，集中式空调系统，也就是我们常说的中央空调（图4-3-21），在空调机房内所有的空气处理设备（风机、过滤器、加热器、冷却器、加湿器和减湿器等）一应俱全，还有冷水机

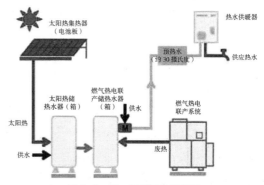

图4-3-19　供暖系统示意图

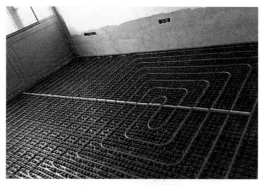

图4-3-20　地暖管铺设

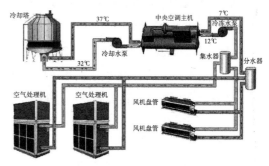

图4-3-21　中央空调设施图

组及各种循环系统、空气处理设备，其主要组件有：制冷机组、冷冻水泵、冷却水泵、冷却塔以及空调箱等。空气处理后，由风管送到各空调房里。这种空调系统的热源和冷源也是集中的。它处理空气量大，运行可靠，便于管理和维修，但机房占地面积大。

集中式空调系统常见的节能方式如下：

第一，新型围护结构。现代建筑立面追求通透化，采用大面积玻璃幕墙。为了解决其与空调负荷之间的矛盾，欧洲较早地采用了双层围护结构方式：外层为透明结构，两层玻璃之间相距0.5~2m，中间设有可调节的遮阳百叶，在我国俗称为呼吸幕墙（图4-3-22）。有些呼吸幕墙按楼层分段，也称为通风窗。呼吸式幕墙的结构原理就是由内外两层幕墙所构成，内外墙之间具有一个相对封闭的空气流动空间，即空气在内墙下部的进风口进入内外墙空间，然后在内墙上部的出风口将空气流出，通过进风口与出风口之间的空间流动，可以实现内外墙之间的热量交换，实现节能的目的。

第二，排风热回收。在空调系统、新风空调系统中，采用全热或显热交换器回收排风中的余热，可以有效地减少新风负荷，是常用的节能方法。全热交换器的芯材由不燃吸湿性材料或带吸湿性涂层的材料构成。夏季时，低温低湿的排风通过芯材，使芯材冷却。同时，由于水蒸气分压力差的作用，芯材释放出部分水分。当被冷却除湿后的芯材与高温高湿的新风接触时，吸收新风中的热量与

水分，使新风降温减湿。因此，全热交换器比显热交换器更为常用。

第三，新风供冷。新风供冷是自然冷却的一种形式，利用新风供冷的设备，国外称为空气节能器，其直接利用室外低温、低焓空气供冷，全部或部分替代人工冷源，达到节能的目的。自然冷却的另一种形式是在室外低温空气的前提下，利用冷却水间接冷却空调冷水，这种设备国外称为水节能器。

第四，控制室内冷热混合损失。小型建筑和内热负荷很小的无内区建筑冬季无需供冷；采用了通风窗、双层围护结构的建筑，消除了建筑外区热负荷，冬季也无需供暖。二者室内不存在冷、热气流的混合现象。而在大型高标准的办公、商业建筑中，冬季内、外区负荷明显，供冷、供热同时进行。

（7）利用可再生能源：建筑在施工和使用过程中均属于耗能大户，为降低建筑耗能及其对环境造成的影响，必须设法提高建筑能源利用率，并积极利用可再生能源。常见的可再生能源包括太阳能、风能、地热能等。

第一，太阳能。作为最为常见的可再生能源，一般情况下，建筑设计必须重点关注太阳能的利用，如用于建筑物的照明、加热、发电、制冷供暖。一般采用集热的方式储存太阳能热能，然后基于需要开展针对性利用，如设置保温墙板于建筑内部，而集热器放置于建筑外部，以此实现对太阳能的收集，建筑内部保温墙壁可通过热管传输热量以实现热能存储。太阳能热水器集热也属于太阳能的典型应用。在具体设计中，光伏技术属于常用的太阳能利用技术，配合集热器，即可满足建筑物的遮阳集热需要，这种设计适用

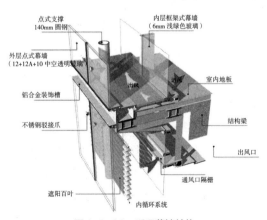

图4-3-22　呼吸幕墙结构

于高层建筑。利用太阳能光伏发电开展的建筑设计同样属于典型的太阳能利用方式，这一方式不仅能够满足建筑的热水系统需要，还可以避免热量从屋顶传入室内，并在需要时将太阳能转化为电能，满足建筑部分电能需求。

基于太阳能的建筑设计可结合实际需要围绕被动式太阳能利用和主动式太阳能利用展开。常见的被动式太阳能利用包括太阳房供暖系统、太阳能热水器、太阳能低温热水地板等。以太阳能低温热水地板为例，作为我国高档小区建筑常用的太阳能利用方式，太阳能低温热水地板能够配合专用的太阳能集热器收集热量，配合低温水即可将热量通过地板实现大面积的均衡辐射散热，实现均衡供热，提高舒适性。由于专用的太阳能集热器体积较大，设计师会结合建筑外形针对性地设计太阳能集热器的形状与安装位置，以此提高建筑的美观性。主动式太阳能利用指的是将太阳能转换为电能，设计师一般会将光伏发电装置设置在墙体、窗台、屋顶等位置，以此将太阳能转换为电能，很多时候，设计师会将建筑材料与光电转换材料相结合，设计出兼具光电转换功能和建筑美学的建筑。图4-3-23为建筑中的太阳能利用示意图。

第二，风能。风能同样属于常见的可再生能源，其在建筑设计中的利用可有效改善建筑内部温度，并能够在降低能耗的同时提高建筑物的舒适度。在具体设计中，设计师需结合建筑所在地风向特征，开展科学的规划设计，以此对建筑朝向、室内和室外规划进行合理设计，避免夏季风因建筑间距控制不当而受到阻挡，同时提高建筑对冬季风的抵御能力。此外，设计师还需要通过巧妙的建筑外立面与内部结构设计，保证建筑物内部能够形成过堂风，提高建筑物内部空气流通性，由此即可更好地利用风能，降低地暖、空调的使用量，室内空气环境改善、环境保护、节能减排等目标也能够顺利实现。此外，风能的利用还应重点关注其在提高建筑物结构抗风方面的表现，以此合理布置建筑的结构和门窗位置，并针对性地选用风能发电装置，进一步提升风能的利用水平。

第三，地热能。在建筑设计中，地热能这一可再生能源的利用同样不应被忽视，如采用地源热泵技术，建筑物的能耗即可得到更好的控制。在基于地源热泵技术的建筑设计中，地源热泵技术可以充分发挥地热能的能源属性，因此，具体设计需结合设计的针对性优化场所规划、选址、机房位置选择，地源热泵系统具备的多样化交换方式需得到重点关注，配合水文地质勘查结果及充分的预先调查，即可保证地热能得到更好的利用。

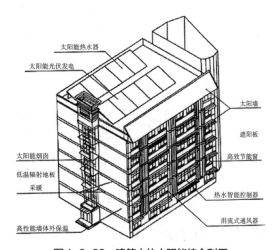

图4-3-23　建筑中的太阳能综合利用

地热能利用原理就是通过热泵机组将土壤中的低品位能源转换为可以直接利用的高品位能源。可以在冬季把地热能作为热泵供暖的热源，把高于环境温度的地能中的热能取出来为室内供暖，在夏季，把地热能作为空调的冷源，把室内的热能取出来释放到低于环境温度的地能中，以实现冬季向建筑物供热、夏季制冷，并可根据用户的要求同时提供热水。

浅地层地源热泵空调（简称"地源热泵"，图4-3-24）是一种使用可再生能源的高效、节能、环保型的工程体系。

3. 节水与水资源利用

绿色建筑在建筑的全生命期内重点关注"资源节约"和"环境保护"，节约水资源、保护水环境是绿色建筑的关键目标之一。根据当前国内绿色建筑行业发展的需求和近年来绿色建筑工程的经验，我国于2019年颁布了新版《绿色建筑评价标准》，在"资源节约"章节中的控制项和评分项均对绿色建筑节水提出了更加全面的要求。目前，绿色建筑节水设计可分为以下多个方面：

（1）制定水资源利用方案：水资源利用方案是所有绿色建筑节水设计的基础与依据，

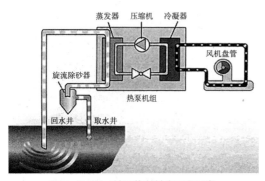

图4-3-24 地源热泵基本原理示意

目的是合理规划建筑可资利用的水资源，提高水资源利用效率。

（2）采用节水器具与设备：采用节水器具是绿色建筑节水设计的主要措施之一，是"节流"的最佳体现。随着我国器具节水理念的普及、节水卫生器具技术和相关产业的发展、相关国家标准及行业标准的实施，器具节水已然成为绿色建筑节水的必选技术。目前，建筑节水器具与设备设计的相关内容如下：

第一，器具用水效率等级。2014版《绿色建筑评价标准》中，控制项对节水器具要求较低，符合现行《节水型生活用水器具》CJ164等标准的最低要求即可达标，并未对节水性能的高低提出要求。随着器具节水技术的发展，越来越多节水性能更高的节水器具开始得到普及和应用，我国在近年来也陆续颁布了《水嘴水效限定值及水效等级》GB 25501–2019、《坐便器水效限定值及水效等级》GB 25502–2017、《小便器水效限定值及水效等级》GB 28377–2019、《淋浴器水效限定值及水效等级》GB 28378–2019、《便器冲洗阀用水效率限定值及用水效率等级》GB 28379–2012等一系列标准，器具节水性能的差异已不可忽略。器具用水效率等级相关条文鼓励项目采用节水性能更高的节水器具，按上述国家颁布的用水效率等级标准分级评价。图4-3-25为常见的节水器具改造方式。

第二，节水灌溉。随着人民生活水平的提高，城市绿化面积不断增加，绿化灌溉用水量逐年增长。绿化灌溉设计中应考虑采用节水技术以降低绿化用水量，例如优先采用中水、雨水等非传统水源进行绿化灌溉。此外，

图4-3-25　节水过滤嘴

设计还可以采用喷灌、微灌等节水灌溉方式以及感应设备和自控系统辅助绿化灌溉。

第三，空调节水。相关研究表明，公共建筑集中空调系统的冷却水补水量可以达到建筑室内总用水量的30%~50%，是名副其实的"用水大户"。《绿色建筑评价标准》就空调节水单独设置条文要求，旨在引导有空调系统设置需求的项目积极采用节水冷却技术，减少冷却水系统不必要的耗水。条文要求设有集中空调冷却水系统的项目采取措施减少除蒸发耗水外的不必要耗水，并将运行时的蒸发耗水量在冷却水补水量中的占比作为评价节水效果的量化指标。同时，也鼓励有空调系统设置需求的项目采用无蒸发耗水的冷却技术。

（3）非传统水源利用：建筑中可利用的非传统水源有再生水、雨水，相关管理部门许可时可考虑取用湖泊河道水，邻近海边的项目还可以考虑利用海水等。非传统水源可用作冲厕用水、景观用水、绿化用水、汽车冲洗用水、路面冲洗用水、地面冲洗用水等非与人身接触的生活用水，雨水还可用作循环冷却系统补水和消防用水。雨水和中水不

应用作生活饮用水及游泳池用水等。与人体接触的景观娱乐用水不得使用再生水。在考虑非传统水源的用途时，应注意源水与用水在时间上基本是相对应的，如：建筑中水应优先用于冲厕，因为中水的来源与冲厕用水的使用在时间上基本是相对应的；而雨水回用可优先考虑绿化用水、冷却塔补水，这也是因为降雨期和绿化用水、冷却塔补水在季节上正好是一致的。当保证冲厕用水、绿化用水、冷却塔补水后尚有富余时，可供洗车、道路冲洗、垃圾间冲洗等非饮用用水点使用。降雨量大的地区应尽量收集利用雨水；缺水地区应优先考虑雨水和再生水的使用。

第一，再生水。再生水包括市政再生水（以城市污水处理厂出水或城市污水为水源）和建筑中水（以建筑生活排水、杂排水、优质杂排水为水源）。缺水地区在规划设计阶段应考虑再生水的利用，代替市政自来水用作冲厕用水以及绿化、景观、道路浇洒、洗车等非饮用用水。建筑中水水源的选择是中水设计的首要环节，应根据排水的水质、水量、排水状况和中水回用的水质、水量，在水量平衡的基础上，从经济、技术和水源水质、水量稳定性等各方面综合考虑。中水水源可取自城市污水处理厂出水、市政污水、生活排水、杂排水、优质杂排水和其他可以利用的水源。处理工艺应根据处理规模、水质特性和利用、回用用途及当地的实际情况和要求，经全面的技术经济比较后优选确定。在保证满足再生利用要求、运行稳定可靠的前提下，使基建投资和运行成本的综合费用最为经济节省，运行管理简单，控制调节方便，同时要求具有良好的安全、卫生条件。所有的再生处理

工艺都应有消毒处理，确保出水水质的安全。

第二，雨水。雨水是天然、免费的水源，不需要支付水资源使用费用，水质一般较好，经过简单处理后就可以直接回用，是最好的杂用水水源之一。我国降雨量的时空分布差异很大，西北地区降雨量小，东南地区降雨量大。雨水的利用更应该遵循"因地制宜"的原则。建筑设计应结合当地气候条件和住区地形、地貌等特点，除采取措施增加雨水渗透量外，还可以通过完善的雨水收集、处理、储存、利用等配套设施，对屋顶雨水和其他地表径流雨水进行收集、调蓄、利用。

从节约用水和综合效益方面考虑，最应该推广的雨水利用方式是收集、存储和回用兼顾的雨水回收利用系统（图4-3-26），只有这种系统才能将削减洪峰、协助防洪、节约用水、保护环境等雨水利用的作用统一起来。但雨水利用应该因地制宜，不应一味要求所有建筑或建筑区域都采用复杂的雨水利用技术。对于不同的项目应该有不同的建议和要求，例如对于占地面积大、屋面集中的公共建筑和区域，应该要求屋面雨水蓄集利用或园区雨水综合收集利用；对于占地面积大，但建筑和屋面分散的居住小区，应推荐设置绿化和地面雨水渗透利用。

建筑或小区中设有雨水回用和中水合用系统时，原水宜分别调蓄和净化处理，出水可在清水池混合。

第三，景观水体。《绿色建筑评价标准》要求，当住宅项目场地内设有景观水体时，不得采用市政给水作为景观用水。《民用建筑节水设计标准》也规定，景观用水不得采用市政供水和自备地下水井供水。因此，景观水体只能使用非传统水源。设计景观水体时，应根据非传统水源的情况合理规划水景规模。根据雨水或再生水等非传统水源的水量和季节变化的情况，设计合理的住区水景面积，避免美化环境却大量浪费宝贵的水资源。景观水体的规模应根据景观水体所需补充的水量和非传统水源可提供的水量确定，非传统水源水量不足时，应缩小水景规模。

4. 节材与绿色建材

面对当今世界资源短缺和环境恶化的巨大挑战，绿色建筑已成为建筑领域可持

图4-3-26　雨水回收利用系统示意

续发展的必然趋势。建筑材料作为建筑的载体，是建筑的物质基础和基本元素。1988年第一届国际材料科学研究会提出了 Green Materials；1990 年日本科学家山本良一提出 Eco-Materials；1992 年联合国在巴西里约热内卢召开了"环境与发展世界首脑会议"，通过了《21 世纪议程》，在这样的大背景下提出了绿色建筑材料。绿色建筑材料的内涵不同于单一性的新型功能建筑材料，是在满足建材行业基本质量标准的前提下，在原料采集、生产制造、材料使用、废弃再生的全生命周期内减少对地球资源、能源的消耗，降低环境的负荷，有利于建筑使用者的身心健康。满足建筑绿色发展需求的建筑材料，主要体现在低消耗、低能耗、低排放、无污染、多功能、可循环利用六大方面，其内涵与绿色建筑的理念（图 4-3-27）是一致的。

绿色建材是指采用清洁生产技术、少用天然资源和能源、大量使用工业或城市固态废弃物生产的无毒害、无污染、无放射性、有利于环境保护和人体健康的建筑材料。绿色建材与传统的建材相比，可归纳出以下十个方面的基本特征：

第一，其生产所用原料尽可能少用天然资源，大量使用废渣、垃圾、废液等废弃物。

第二，采用低能耗制造工艺和无环境污染的生产技术。

第三，在产品配制或生产过程中，不得使用甲醛、卤化溶剂或芳香族碳氢化合物，产品中不得使用含有汞及其化合物的颜料和添加剂。

第四，产品的设计以改善生产环境、提高生活质量为宗旨，即产品不仅不损害

图4-3-27 绿色建材理念示意

人体健康，而且应有益于人体健康，产品具有多种功能，如抗菌、灭菌、防霉、除臭、隔热、阻燃、调温、调湿、消磁、防射线、抗静电等。

第五，产品可循环或回收利用，无污染环境的废弃物。在可能的情况下选用废弃的建筑材料：如拆卸下来的木材、五金等，减轻垃圾填埋的压力。

第六，避免使用能够产生破坏臭氧层的化学物质的机构设备和绝缘材料。

第七，购买本地生产的建筑材料，体现建筑的乡土观念。

第八，避免使用会释放污染物的材料。

第九，最大限度地减少加压处理木材的使用，在可能的情况下，采用天然木材的替代物——塑料木材，当工人对加压处理木材进行锯切等操作时，应采取一定的保护措施。

第十，将包装减到最少。

绿色建材的环境协调性与使用性能之间并不是总能协调发展、相互促进的，因此，生态建材的发展不能以过分牺牲使用性能为代价。性能低的建筑材料势必影响耐久性和使用功能，如在生产环节中为节能利废而牺牲性能并不一定能提高材料的环境协调性。在绿色建材发展中，国内外不少研究者关注

根据环保和生态平衡理论设计制造新型建筑材料，如无毒装饰材料，绿色涂料，采用生活和工业废弃物生产的建筑材料，有益健康和杀菌、抗菌的建筑材料，低温或免烧水泥、土陶瓷等。从宏观来看，我国发展绿色建材，现阶段的重点应放在引入资源和环境意识上，采用高新技术对占主导地位的传统建筑材料进行环境协调化改造，尽快改善建材工业对资源的浪费和严重污染环境的状况。其实，提高传统建筑材料的环境协调性并不是排斥发展新型的绿色建材，而是前面所述的发展绿色建材的重要内容和方法之一。

4.3.5　环境宜居

室外环境，既关系到人们在室外活动的感受及健康、生态保护，又会影响建筑室内环境品质及能源节约。希望通过条文的设置，真正提高建筑的"内在品质"，提高体验感和获得感。

目前，绿色建筑环境宜居设计主要分为以下方面：

1. 建筑日照

《绿色建筑评价标准》提出，设计应保证建筑室内的环境质量，减少对周边建筑的影响。建筑内部环境获得充足的日照是保证室内卫生、改善室内小气候、提高舒适度等的重要因素。充足的日照不仅给人们带来温暖，促进血液循环和新陈代谢，还能增强人体对钙和磷的吸收。我国现行的住宅、宿舍、托儿所、幼儿园、中小学校、养老设施、医院等建筑设计标准都提出了具体的日照要求，在规划、设计时应遵照执行。同时，建筑布局还应兼顾周边，减少对相邻的住宅、幼儿

图4-3-28　中庭格栅设计避免太阳直晒

园生活用房等有日照标准要求的建筑产生不利的日照遮挡。新建项目应注意使周边满足日照标准的要求，改造项目不可降低原有建筑的日照水平。图4-3-28是辽宁腾龙公寓的建筑日照设计示意。

2. 室外热环境

设计应提高人们户外活动的热安全性和热舒适度。室外热环境可以解释为作用在外围护结构上的一切热物理量的总称，是由太阳辐射、大气温度、空气湿度、风、降水等因素综合组成的一种热环境。建筑物受所在地的自然气候条件影响较大，应遵循当地的热环境变化规律及特征，选择合适的建造方法。此外，室外热环境会在不同程度上影响室内热环境的品质，因此，良好的室外热环境能够有效提升建筑整体环境质量。

项目规划设计时，应充分考虑场地内热环境的舒适度，良好的场地风环境、充足的遮阳措施、合理的绿化设计等都能够有效提高环境舒适度。

3. 室外物理环境

建筑室外物理环境的影响因素主要包括噪声、光污染、风环境和热岛强度。

（1）场地噪声。噪声会给人带来生理及心理上的危害，长期处于噪声环境中，会影响人们的正常工作、休息，可能会出现头痛头昏、耳鸣、易疲倦以及睡眠不良等问题；严重者身体各方面都有可能受到不同程度的影响。噪声是极为不利的环境污染，因此需要优化场地声环境质量。

控制环境噪声的目的是减少环境噪声对人们工作和生活的影响。优化场地声环境质量的主要作用包括：一是保证人员在建筑室内外活动时的良好声环境；二是为控制建筑室内声环境创造良好的前提条件。

（2）光污染。控制光污染的目的在于营造健康舒适的天然光环境及人工照明光环境。建筑物光污染包括建筑反射光（眩光）、夜间的室外夜景照明以及广告照明等造成的光污染。光污染会产生让人感到不舒服的眩光，还会降低人对灯光信号等重要信息的辨识力，甚至给道路带来安全隐患。

现行国家标准《玻璃幕墙光热性能》GB/T 18091-2015对玻璃幕墙的可见光反射比作了规定，将玻璃幕墙造成的光污染定义为有害光反射，会对人、生态环境和天文观测等造成负面影响。光污染控制策略包括降低建筑物表面（玻璃和其他材料、涂料）的可见光反射比，合理选配照明器具，采取防止溢光措施等。

（3）场地风环境。控制风环境的目的在于优化场地布局，为营造舒适的室外风环境创造条件。以冬季、过渡季和夏季的典型风速和风向为条件，分别进行风速和风压的计算。冬季建筑物周围人行区应保证人们正常室外活动的基本要求。风速过大会使行人的

冷吹风感增强，容易产生流涕、呼吸不适等症状；建筑的迎风面与背风面风压差过大，容易造成冷风向室内渗透，也会增加建筑的供暖能耗，不利于建筑节能。夏季、过渡季场地通风不畅会在某些区域形成无风区和涡旋区，将影响室外散热和污染物消散，不利于人们的身心健康。

（4）热岛强度。控制热岛强度的目的在于提高室外活动场地的舒适性，排解城市中心过量余热，减少建筑的空调能耗。其控制指标包括：场地遮阳面积、屋顶和路面的太阳辐射反射系数、屋顶的绿化面积、太阳能板水平投影面积等。

夏季，"热岛"现象不仅会使人们中暑的概率变大，同时还容易形成光化学烟雾污染，并增加建筑的空调能耗，给人们的生活和工作带来负面影响。室外活动场地采用遮阳措施可有效降低地表温度。相关措施有屋顶绿化、种植行道树等。

4. 绿化设计

绿化设计是从绿化方式、绿植配置、物种选择等方面，提升建筑的健康性和舒适性。植物具有净化空气、含蓄水源、改善微气候、减弱热岛效应等作用。绿化是城市建设的重要内容，如各类公共建筑进行屋顶绿化和墙面垂直绿化，这样既能增加城市绿化面积，又可以改善屋顶和墙壁的保温隔热性能，还可有效滞留雨水。常见的绿化布局手法有垂直绿化，即利用檐、墙、杆、栏等栽植藤本植物、攀缘植物和垂吊植物，达到防护、绿化和美化等效果，适合在西向、东向、南向的低处种植。此外，合理的植物种类搭配也能够提高绿地的空间利用率、增加绿量，充

分发挥生态效益和景观效益。在选择植物品种时，宜选择易于成活、有地方特色、维护成本低且无毒害的物种，确保绿化的安全、经济性。目前，绿色建筑绿化设计主要包括以下内容：

第一，环境绿化。绿色植物与绿色建筑有着非常密切的关系。而原生植被处在地带性植被阶段，是最稳定的，因此能最大限度地发挥其良好的生态、经济及社会效益。植物容易与当地的文化融为一体，形成具有地方特色的植物景观。甚至有些植物材料逐渐演化为一个国家或地区的象征，与当地建筑一同创造了独具地方特色的城市。

绿地是改善城市环境质量最经济、有效的方法。单纯从生态学的角度来看，城市内部及其周边的绿地越多，生态效应发挥得越好。

制冷季节（夏季），树木的荫蔽可以带给室内舒适的感觉。树木通过阻挡照射到墙壁以及屋顶的阳光，可以防止房屋加热至超过周围环境的温度，或者一个特定区域的一般的空气温度。此外，树木的树荫可以防止周围环境吸收太阳热量。在供暖季节（冬季），可以通过植物遮挡寒风，节约供暖能源。

第二，屋顶绿化。实验证明，绿化屋顶夏季可降温，冬季可保暖。据测试，只要市中心建筑物上植被覆盖率增加10%，就能在夏季最炎热的时候，将白天的温度降低2~3℃，并能够减少污染。

一般经过绿化的屋顶，不但可调节夏、冬两季的极端温度，还可保护建筑物本身的基本构件，防止建筑物产生裂纹，延长使用寿命。同时，屋顶花园还有储存降水的功用，

图4-3-29　中庭格栅设计避免太阳直晒

对减轻城市排水系统的压力，减少污水处理费用都能起到良好的缓解作用。创造自然有效的生态用地，规划完善的良性生态循环，屋顶花园不但为鸟类、蜜蜂、蝴蝶找到了新的生存空间，而且也为濒危植物提供了自由生长的家园。图4-3-29为深圳岗厦城中村屋顶绿化设计示意。

该案例的主要手段为将场地内尚未有效利用的屋面增厚，置入第二地表。第二地表用于涵养雨水，增添绿化（可用于蔬菜或景观植物种植）。二维的地表依据各场地空间的特性在Z轴产生变化，其下产生了可促进邻里社交的亭、台、楼、阁，其上则是可坐可行的"绿山"。

第三，垂直绿化。垂直绿化是以建筑物、构筑物立面（如墙体、柱体）等为载体的一种绿化形式。垂直绿化可以提高绿化率，丰富景观。不同类型的垂直绿化不仅可形成不同的景观效果，满足不同的需要，增加城市绿量，改善城市环境，构成城市现代化的新视角，而且可调节建筑物与周围环境的联系，使自然植物与人工建筑实现有机结合和互相延续，保护和美化环境，使人们更贴近自然，建筑物更融入绿色中。再则，垂直绿化具有

吸附尘埃、净化空气、降低污染、隔离噪声、保温隔热、减缓热岛效应、提高环境湿度的效应，因而在城市生态建设中占有重要地位。绿化的情趣对人的心理感受的影响比其他物质享受更为深远，使人们心理上产生一系列美好的刺激。此外，垂直绿化还能保护建筑，减少维护费用。立体绿化相当于给建筑穿了一件绿色的外衣，减缓墙体、屋面直接遭受自然的风化等作用，延长围护结构的使用寿命，改善围护结构的保温隔热性能，节约能源。种植屋面具有隔热效果，夏季可使室内温度比普通屋面的降低4℃。覆土厚度越大，降温效果越好。种植屋面的保温效果（不论北方或南方）很明显。特别是在干旱地区，入冬后，草木枯死，土壤干燥，保温性能更佳，保温效果随土层厚度增大而增加。种植屋顶有很好的热惰性，不随大气气温骤然升高或骤然下降而大幅波动。垂直绿化在夏季通过吸收与反射，可有效减少太阳辐射和长波辐射对围护结构的破坏，且有隔热的作用。冬季，附着在墙面的枝条可降低表面风速，减少热量散失。图4-3-30为万科某集合住宅的垂直绿化设计。

图4-3-30　立体社区的概念

5. 雨水专项设计

绿色建筑做雨水专项设计的目的不仅仅是为了雨水的回收利用，还能防止因降雨导致的场地积水或内涝。建设海绵城市，即构建低影响开发雨水系统，主要是指通过"渗、滞、蓄、净、用、排"等多种技术途径，实现城市良性水文循环，提高对径流雨水的渗透、调蓄、净化、利用和排放能力，维持或恢复城市的海绵功能。国务院办公厅2015年10月印发的《关于推进海绵城市建设的指导意见》指出，建设海绵城市，统筹发挥自然生态功能和人工干预功能，有效控制雨水径流，实现自然积存、自然渗透、自然净化的城市发展方式，有利于修复城市水生态、涵养水资源，增强城市防涝能力，扩大公共产品有效投资，提高新型城镇化质量，促进人与自然和谐发展。

因此，无论是在水资源丰富的地区还是在水资源贫乏的地区，实行海绵城市建设均具有一定的实际价值。建设相关要求应按照现行行业标准《城乡建设用地竖向规划规范》CJJ 83-2016，确定工程项目场地条件及所在地年降水量等因素，有效组织雨水下渗、滞蓄，并进行关于雨水收集、排放的合理的经济分析与选择。

雨水径流控制是绿色建筑雨水专项设计的重要内容。雨水径流控制率是指通过自然和人工强化的入渗、滞蓄、调蓄和收集回用，场地内累计得到控制的雨水量占总降雨量的比例。设计时应依据场地的实际情况，通过合理的技术、经济比较来确定最优方案。对于湿陷性黄土地区等自然条件特殊的地区，应根据当地相关规定实施雨水控制利用。

从区域的角度来看，雨水的过量收集也

会导致原有水体的萎缩或影响水系统的良性循环。要使地面恢复到自然地貌的环境水平，最佳的雨水控制量应以雨水排放量接近自然地貌为标准，因此，从经济性和维持区域性水环境的良性循环的角度出发，径流的控制率应当适中（除非具体项目有特殊的防洪排涝设计要求）。

6. 场地标识系统

场地标识系统为《绿色建筑评价标准》中的新增内容，其目的是为建筑使用者带来便捷的使用体验。日常生活、工作及娱乐消费活动中经常能遇到居住区和公共建筑内外标识缺失或不易被识别的情况，给使用者带来极大的困扰。因此，将这项指标作为评价标准中的控制项要求，提升使用者的使用满意度，体现出了人文主义关怀。

标识系统一般包括导向标识和定位标识，常见的导向标识有人车分流标识、公共交通接驳引导标识、公共卫生间导向标识、健身慢行道导向标识、健身楼梯间导向标识以及其他促进建筑便捷使用的导向标识；常见的定位标识有楼座及配套设施定位标识。公共建筑标识系统设计时应当参考现行国家标准《公共建筑标识系统技术规范》GB/T 51223-2017，住宅建筑也可参照执行。在设计和设置标识系统时，还应考虑建筑使用者的识别习惯，通过色彩、形式、字体、符号等整体进行设计，形成统一性和可辨识性，并考虑老年人、残障人士、儿童等不同人群对于标识的识别和感知的方式。

7. 污染源排放控制

污染源排放控制的目的在于限制污染源超标排放。污染源是指造成环境污染的污染物发生源，通常指向环境排放有害物质或对环境产生有害影响的场所、设备、装置或人体。所有以不适当的浓度、数量、速度、形态和途径进入环境系统并对环境产生污染或破坏的物质或能量，统称为污染物。污染源可分为天然污染源和人为污染源。本条规定建筑场地内不应存在未达标排放或者超标排放的气、液或固态污染源。常见的污染源，例如：易产生噪声的运动和营业场所，油烟未达标排放的厨房，煤气或工业废气超标排放的燃煤锅炉房，污染物排放超标的垃圾堆等。

此外，在《绿色建筑评价标准》中还特别强调两点：一是建设时场地内及周边不能存在污染源，既有的污染源必须经治理合格；二是建成后，不能产生新的污染源。

8. 生活垃圾设施

生活垃圾一般分四类，包括有害垃圾、易腐垃圾（厨余垃圾）、可回收垃圾和其他垃圾。生活垃圾分类收集涉及三个功能或目标：第一是清洁卫生，垃圾收集要容器化或密闭化，主要对象是其他垃圾；第二是环境友好，降低垃圾处理对环境的影响，主要对象是有害垃圾，减少这些垃圾进入垃圾填埋场、焚烧厂等处理设施，从而减少可能的环境影响；第三是可持续发展，就是把生活垃圾中可以进行资源利用的部分分出来，促进资源永续利用。生活垃圾几乎每人每天都产生，涉及个人、单位、企业，每个人都有责任与义务参与生活垃圾分类收集。生活垃圾分类收集需要做好衔接，即有害垃圾分类收集与危险废物管理的衔接、厨余垃圾（易腐垃圾）分类收集与生物质资源化利用的衔接、可回收物分类与再生资源回收的衔接。

4.3.6 提高与创新

作为规范和引领我国绿色建筑发展的根本性技术标准，《标准》自修订工作启动起就备受行业关注。《标准》秉承"以人为本，强调性能，提高质量"的技术路线，以"高水平、高定位、高质量"为修订原则，全面贯彻了绿色发展的理念，丰富了绿色建筑的内涵，重构了新时代条件下的绿色建筑评价指标体系，增设了"提高与创新"部分的综合性条文。

鼓励包括但不限于节约资源、保护生态环境、保障安全健康、智慧友好运行、传承历史文化等方面的创新。凡是符合建筑行业绿色发展方向、绿色建筑定义理念，且未在《标准》中其他任何条款上得分的任何新技术、新产品、新应用、新理念，都可申请其他创新加分；但项目的创新点应较多地超过相应指标的要求，或达到合理指标但具备显著降低成本或提高工效等优点。在智慧友好运行方面，按照智慧建筑有关标准进行评价认定，或在智慧管理系统、智慧服务系统、智慧家居系统、智慧教育展示系统、人工智能、数据收集分析等方面效果突出，经专项论证通过。

4.4 国外绿色建筑评价体系介绍

发达国家绿色建筑起源于20世纪60年代，90年代开始，理论研究进入正轨。绿色建筑在其40多年的研究中由建筑个体、单纯的技术上升到体系层面，由建筑设计扩展到环境评估、区域规划等多种领域，形成了整体性、综合性和多学科交叉的特点。

绿色建筑在发达国家的发展延缓到了今天，其成熟的标志性的运行模式就是建立了绿色建筑评估系统。绿色建筑评估体系的建立是对绿色建筑发展和实践的延伸，是绿色建筑可持续发展的有效保证。

4.4.1 美国绿色建筑发展背景及 LEED 评价体系

1. 美国绿色建筑的发展背景

美国的绿色建筑发展始于1960年，大致经历了四个阶段：1960年为绿色建筑的萌芽阶段；1970—1980年为绿色建筑的探索阶段；1990年为绿色建筑的形成阶段；2000年以来为绿色建筑的迅速发展阶段。

1）萌芽阶段

1960年，随着世界环保运动的兴起，从对环境的关注开始，美国的绿色建筑进入了萌芽阶段，绿色建筑运动开始萌动。

以1962年美国人蕾切尔·卡逊（Rachel Carson）出版的《沉寂的春天》（*Silent Spring*）为发端的环保运动对人类的生态环境意识和可持续发展意识产生了持续不断的影响。此后，美国成立了"环保协会"（Environmental Defense），颁布了《国家环境政策法》（NEPA）。1969年，美国提出了"生态建筑"的概念，绿色建筑的初期理念开始形成。

2）探索阶段

进入1970年后，美国制定了许多至今仍在起作用的划时代的环境法规，开始领跑世界环境保护。同时，进行了绿色建筑理念和知识体系的探索，成立了美国环保局，促成了1972年联合国第一次人类环境会议的召开。由此，每年的4月22日被定为"世界地球日"。

随后，美国相继颁布了《清洁空气法》（Clean Air Act）、《清洁水法》（Clean Water Act）和《安全饮用水法》（Safe Drink Water Act），对全球环保运动的兴起起到了积极的促进作用，导致1986年21国签署了《保护臭氧层维也纳公约》，1987年24国签署了《关于消耗臭氧层物质（ODS）的蒙特利尔议定书》，到2002年11月议定书第十四次缔约方大会时已有142个缔约方的代表及一些国际组织和非政府组织观察员与会，包括40多个国家派出的部长级代表和由我国国家环境保护总局、外交部、农业部、财政部组成的中国代表团。全球对环境和气候的重视程度可见一斑。在2002年联合国"可持续发展世界首脑会议"（WSSD）上，进一步明确了实施《蒙特利尔议定书》的时间表。

3）形成阶段

1990年，美国的绿色建筑进入形成阶段，绿色建筑的组织、理论和实践都得到了一定的发展，形成了良好的绿色建筑发展的社会氛围。这一时期，成立了美国绿色建筑委员会（USGBC），发布了绿色建筑评价标准体系LEED（Leadership in Energy and Environmental Design），至1999年，其会员发展到近300个。2000年前夕，在美国成立了世界绿色建筑协会（World Green Building Council，WorldGBC/WGBC）。

4）迅速发展

进入2000年后，美国的绿色建筑步入了一个迅速发展阶段。绿色建筑的组织、理论、实践和社会参与程度都呈现出了空前的局面，取得了骄人的业绩。到2009年6月，美国绿色建筑委员会（USGBC）会员已经突破了20000个。

2002年起，美国每年举行一次绿色建筑国际博览会，目前已经成为全球规模最大的绿色建筑国际博览会之一。

2009年，LEED3.0版推出。全美50个州和全球90多个国家或地区已有35000多个项目，超过4.5亿 m^2 建筑面积，通过了LEED论证，图4-4-1和图4-4-2所示分别为通过了LEED论证的美国俄勒冈州波特兰市的波特兰中心剧场（Portland Center Stage）的新家——格丁剧院（Gerding Theatre）和我国的北京奥运村。

2009年1月25日，美国新政府在白宫最新发布的《经济振兴计划进度报告》中强调，近年要对200万所美国住宅和75%的联邦建筑物进行翻新，提高其节能水平。这说明，在深受金融危机之苦、亟待经济恢

图4-4-1 改建前的军工厂和改建完成后的格丁剧院　　图4-4-2 北京奥运村

复重建之际，正值美国面临千头万绪时，美国新政府毅然将绿色建筑之产业变革作为美国经济振兴的重心之一，表明了美国政府对走绿色建筑之路，再造美国辉煌的决心和信心。同年4月，建于1931年的美国纽约的地标性建筑帝国大厦斥资5亿美元进行翻新和绿色化改造。经过节能改造后，帝国大厦的能耗将降低38%，每年将减少440万美元的能源开支。帝国大厦的率先垂范无疑会为全社会的绿色化改造提供可资借鉴的样本。

目前，美国的绿色建筑当之无愧地处于世界领先地位，其市场化运作和全社会参与机制等成功经验值得我们分析和借鉴。

2. 美国 LEED 评价体系简介

美国 LEED 体系（图4-4-3）：1995年由美国绿色建筑委员会编写并推行了《能源与环境设计先导》（Leadership in Energy and Environmental Design），目前在世界各国的各类建筑评估体系中被认为是最完善、最有影响力的评估标准。

LEED 评价体系主要包括可持续建筑选址、绿色施工、水资源利用、能源与大气、资源与材料、室内环境质量、创新及区域优先等8个方面。LEED 评价体系包括众多子系统，这些子系统具有相同的核心理念，但是针对不同的建造过程或建筑类型，具体包括：建筑设计建造评价体系（LEED-BD+C）、既有建筑运行和维护评价体系（LEED-O+M）、社区发展评价体系（LEED-ND）、居住建筑评价体系（LEED-HOMES）、室内设计和建

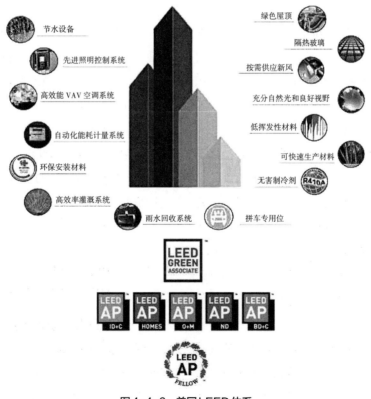

图4-4-3　美国LEED体系

造评价体系（LEED-ID+C）。

评价体系分为预认证与正式认证，其中，预认证只适用于 LEED-CS 标准，具有非强制性，而正式认证是针对 LEED 评价体系的全部评价对象。LEED 项目正式认证流程大致如下：首先，项目注册后进入设计阶段，在设计阶段，收集设计阶段信息资料并进行相关性能计算，丁设计阶段结束时提交审查，并获得此阶段的审查结果，但此时不进行打分，进入施工阶段后，同样进行施工阶段的信息资料收集及相关性能计算，在施工阶段完成后，结合收集的资料与设计阶段资料进行共同审核后进行打分及正式认证，最终，依据得分高低可将评价建筑分为白金、金、银和铜四个认证等级。

3. 美国 LEED 评价体系案例

1）项目环境概况

像素大楼（Pixel Building）位于墨尔本市区，是一栋办公楼，该项目受格罗康集团委托，505 工作室负责设计，项目占地面积 250m²，建筑面积 1000m²。

2）选用材料和技术

建筑立面。大楼复杂多彩的外墙包裹了建筑西侧及北侧，成了像素大楼的标志。它们是由种植的植被、遮阳百叶、双层玻璃幕墙以及太阳能遮阳共同组成的综合系统。所有建筑材料做到零浪费，而且组装较为简单，彩色面板不仅能够提供最大的日光、阴影、视野和眩光控制，同时这些面板又具有可回收性。

节水措施。像素大楼采用创新性的灰水系统，用芦苇基系统对灰水进行回收利用。该系统中，主要供给水源为雨水，来自于设置的绿色屋顶及蓄水系统，可以用来收集、过滤和处理雨水，依据墨尔本的年平均降雨量进行设计，使得该水量可以满足建筑内所有非饮用水的需求。

节能系统。像素大楼的结构楼板中有冷水管，冷水管内是中央空调制冷设备所用冷水，当楼层的混凝土结构板裸露在办公空间中时，冷水管楼板就可以不断地为室内提供冷源。大楼装备了能源捕捉系统，可以在排气到室外环境中时进行热交换，以减少整体能耗，排风中的冷量或热量，被集热装置收集，再次用来在冬季时加热或夏季时冷却进入室内的新风，大楼内每个工位下设置有循环寄存器，可以由使用者独立调节。另外，像素大楼利用燃气作为空调的能量来源，有效减少了碳排放，大楼其他能量来源还有风力发电机、太阳能光电系统。

其他创新设计。像素大楼采用了多项创新性技术，得到了 LEED 评价中 5 分的创新得分，包括碳中和、真空厕所系统、厌氧消化系统和集约式停车系统。

3）项目评价

本项目获得了 105 点 Green Star 得分和 LEED 评价体系中的 100 分完美成绩，另外，设计阶段还获得了 5 分的创新得分，代表着世界领先水平。

4.4.2 英国绿色建筑发展背景及 BREEAM 评价体系

1. 英国绿色建筑的发展背景

绿色建筑的萌动始于生态、环境和能源问题。英国作为工业革命的发源地，率先进入蒸汽时代，社会生产力得到了空前的发展，一举成为世界工厂。到 1840 年前后，英国成为世界上第一个工业化国家。

然而，自由放任式的工业化过程如同一把双刃剑，它在给英国带来经济繁荣与社会发展的同时，也带来了生态恶化和环境污染的严重问题，人们的居住环境日渐恶劣，河流的污染日益严重，大气的污染趋于严峻，以至于英国伦敦有"雾都"和"死亡之都"的别称。

也正因为如此，英国成为世界上环保立法最早的国家之一。至 1947 年，以《都市改善法》为标志，英国的国家环保法开始形成，到 1974 年的《污染控制法》，标志着英国环境保护的基本法律体系架构已经建立。经过 1990 年的修改，英国的环境保护法律由以污染治理为主转为以污染预防为主，其环保状况得到进一步的改善。

在这样的时代背景下，为了提倡和推动绿色建筑的实践和发展，英国"建筑研究所"BRE（Building Research Establishment）于 1990 年率先制定了世界上第一个绿色建筑评估体系"建筑研究所环境评估法"BREEAM 评估体系（Building Research Establishment Environmental Assessment Method），后几经完善，对英国乃至全世界的绿色建筑实践和发展都产生了十分积极的影响，而且被荷兰等国或地区直接或参考引用，图 4-4-4 为著名的绿色建筑——荷兰 Delft 大学图书馆。

2007 年，英国成立了"英国绿色建筑委员会"（The UK Green Building Council，UK-GBC）。2009 年，英国联手美国和澳大利亚，意图联合创立一个国际性的绿色建筑评估体系标准，使绿色建筑在塑造未来低碳发展方

图4-4-4 荷兰 Delft 大学图书馆

向方面发挥更加重要的作用。

目前，英国正在积极引导 2500 万英国家庭成为更加环保节能的"绿色家庭"，以确保到 2050 年实现减少英国全国 80% 碳排放的目标，并规定所有自 2016 年开始建造的房屋都必须达到"零碳排放"的标准。

2. BREEAM 评价体系简介

英国的 BREEAM（图 4-4-5）：1990 年，由英国建筑研究中心（BRE）提出的"建筑研究所环境评估法"（Building Research Establishment Environmental Assessment Method），是世界上第一个绿色建筑综合评估体系，也是评估建筑环境质量和性能应用最广泛的方法之一。

英国的绿色建筑评价体系主要包括绿色建筑评价测算工具及评价标准两部分，其中绿色建筑评价测算工具包含五类，分别为：①居住建筑能耗研究模型，即 BREDEM，包括计算年能耗及月能耗的两个工具；②建筑能源评价工具，即 SAP，用于进行基础能效标准计算；③精简版建筑能耗模型，即 SBEM，用于对以商业建筑为主的非居住建筑的能耗水平进行评价；④被动式节能房规划工具，即 PHPP，作用同 SAP，但更复杂，

图4-4-5 英国BREEAM体系

同时计算结果更加准确可靠；⑤英国医院环境评价工具，即NEAT，用于评价医院日常运行对环境的影响。以上五个常用绿色建筑评价测算工具旨在对建筑性能的测评提供技术及数据支持；评价标准分为英国建筑研究院环境评价方法（即BREEAM）、国家住宅内院评价体系（即NHER）、生态住宅既有建筑标准、皇家建筑设施工程学会基准、被动式节能房标准等。其中BREEAM作为一个成熟的第三方独立评估标准，具有6个评价子工具，分别为：新建建筑、既有建筑、社区、基础设施、更新与装修、新居——房屋质量标志。BREEAM中的BREEAM-NC 2014评价体系，对项目认证通过得分高低进行分类，评价体系包含对全球、区域、场地与室内环境的影响，评价条款可划分为10大类评价领域，分别为管理、健康宜居、能耗、交通、水、建筑材料、垃圾废弃物、土地使用与生态、污染以及创新性内容。该评价体系对于不同评价领域根据其重要性赋予不同的权重，同时又允许指标互偿，每个评价领域的得分乘以环境因素的对应权重，加上创新分值，可以得出评价的最终分值，根据认证级别得分的对应要求可以获得最终的认证等级。

在项目认证方面，BREEAM-NC 2014评价体系分为设计阶段评价及运行阶段评价，在设计阶段获得的是临时认证证书，在运行阶段才能获得最终认证证书，参评项目最终被分为合格、良好、优良、优秀和卓越五个等级并颁发对应的证书，其中获得优秀与卓越登记的建筑需在运行后三年内获得BREEAM对应的性能认证，否则三年后会被降级。

4.4.3 日本绿色建筑发展背景及CASBEE评价体系

1. 日本绿色建筑的发展背景

日本是世界上最提倡环保的国家之一，但其绿色建筑的规模化发展大致始于20世纪90年代中后期，至今不过20余年的历史。由于日本社会各界的高度重视，绿色建筑在日本得到了快速的发展，受到了世界各国的极大关注和很高的评价。

日本的绿色建筑经历了一个从自发到成熟的演变过程。

1）政府积极介入

首先是国家立法机关和政府通过法律和法规等形式积极介入，推进住宅的节能环保设计和应用。政策制定和推进的主体包括国土交通省、环境省以及经济产业省等机关和各都道府县等地方自治体。日本政府早在1979年就颁布了《关于能源合理化使用的法律》，后经两次修订和完善。

2）非政府团体推进

另外，日本的其他社会组织也积极推进绿色建筑的发展，如"财团法人建筑环境节省能源机构""环境共生住宅推进协议会"

"产业环境管理协会"等组织，认定、评价、普及和表彰节能和绿色建筑环保事业。

此外，还有各种民间非政府团体（NGO）、非营利团体（NPO）等，制定各种认定、认证制度，不断淘汰污染和高能耗产品，提高和促进企业产品的节能和环保性能。譬如知名度较高的"优良住宅部品制度"等。

3）设计与技术研发

日本在建筑节能方面已经取得了很显著的效果，在保持同样生活水平的情况下，以每户为计算单位的生活能耗量，日本仅为英、法、瑞典的50%和美国的30%左右，成为世界上能源利用率最高的国家之一。

日本提出了"建筑的节能与环境共存设计"和"环境共生住宅"的概念，就是在建筑设计时必须把长寿命、与自然共存、节能、节省资源与能源的再循环等因素考虑进去，以保护人类赖以生存的地球环境，构建大众参与"环境行动"的社会氛围；同时，将这些要素和要求以法律、法规的形式予以明确，并注重节能技术的研究和开发，如在新建的房屋中广泛采用隔热材料、反射玻璃、双层窗户等。围护结构的传热系数也控制得非常严格。对于全玻璃幕墙建筑，多利用设计技巧达到节能标准等。图4-4-6为日本多层太阳能住宅。

4）规范评价体系

日本的绿色建筑评价体系主要是CASBEE（Comprehensive Assessment System for Building Environmental Efficiency），建筑物综合环境性能评价方法。该方法是在限定的环境性能条件下，从"环境效率"定义出发进行评价，以各种用途、规模的建筑物作为

图4-4-6 日本多层太阳能住宅

评价对象，评估通过措施降低建筑物环境负荷的效果。

CASBEE评估体系分为Q（建筑环境性能、质量）与LR（建筑环境负荷的减少）。Q主要包括：Q1——室内环境；Q2——服务性能；Q3——室外环境。LR主要包括：LRI——能源；LR2——资源、材料；LR3建筑用地外环境。

CASBEE采用5分评价制：1分为满足最低要求，3分为达到一般水平，分数依次递增。各个子项得分乘以其对应权重系数的结果之和，得出SQ与SLR，即参评项目最终的Q或LR得分。根据评分结果，在细目表中可计算出建筑物的环境性能效率，即Bee值，Bee值越高，表明该建筑物的可持续性越强。

2. 日本CASBEE评价体系简介

CASBEE评价体系适用的建筑类型分为非居住建筑及居住类建筑两大类，其中居住建筑不包括独栋别墅类型。评价指标分为三级，一级指标包含室内环境、服务品质、建筑用地内的室外环境、能源消耗、建材消耗和建筑用地外环境。各级指标又具有不同的权重。该评价体系的内容反映出了CASBEE

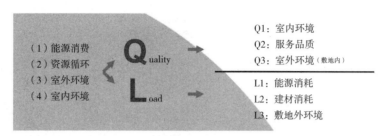

图4-4-7　日本CASBEE评价体系

对于绿色建筑的定义，即在创造更加舒适的建筑环境及更高水平的建筑环境性能的同时，尽可能少地对环境造成影响。

CASBEE 的评价指标分为 Q 和 L 两类，其中 Q 包括室内环境、服务质量、建筑用地内的室外环境，L 包括能源消耗、建材消耗和建筑用地外环境，对其得分根据 1~5 级的标准进行判断，每条 1 分即为 1 级，为最低得分，3 分为 3 级，为合格得分，代表发展的一般水平，5 分为 5 级，代表最高标准，最终评价结果分为得分表和评估结果表，先根据得分表中的得分，依据权重算出 SQ1~SQ3，得到最终 Q 与 L 的得分，结果就会以数字和表格的形式通过计算表达出来（图4-4-7）。

4.4.4　荷兰 GreenCalc+ 评价体系（模型）

1. 荷兰绿色建筑发展背景

1974 年荷兰开始将节约能源作为社会经济的一个重要发展目标。1987 年，提出可持续建筑，包括：材料最大限度地循环利用；能源高效利用；提升品质。

1995 年，荷兰提出了第一个建筑全生命周期分析以及在建筑行业提高 20% 的木材使用率，建筑中采用节水器具等各种绿色建筑的新概念。同年，推出了第一个可持续建筑的

图4-4-8　前荷兰银行总部办公楼

发展计划和"分级跨越"概念：将绿色建筑由一种概念变为建筑项目中的一个必需流程。该计划的目标就是要使绿色建筑成为标准，在建筑的各个步骤都得以体现。1997 年实施了第二个可持续建筑的发展计划。2004 年，荷兰的可持续建筑进入了一个新的发展时期，可持续发展和绿色建筑的要求在建筑领域强制实施。政府在知识转化、市政规划、消费者宣传和能源利用等方面均加大了力度。图4-4-8 为坐落在阿姆斯特丹的绿色建筑物——前荷兰银行总部办公楼，它装有自动百叶窗、热回收系统和数据型气候湿热调节器。楼内照明设备能够自动调节，有效提高使用率。

2. 荷兰 GreenCalc+ 评价体系简介

GreenCalc+ 的开发于 1997 年由荷兰住

房、发展空间与环境部公共管理局结合市场需求而启动。GreenCalc+ 工具开发定位为能够为建筑、小区以及建筑部件提供一个简单但准确、有效的环境消耗信息的工具，其中包括建筑建造和使用产生的环境负荷。GreenCalc+ 软件可用于公共建筑、住宅建筑、小区的基础设施和设备，如道路、污水处理、变电站等的环境负荷评价。

GreenCalc+ 软件评价内容包括：单体建筑的绿色评价、不同建筑的对比、对小区进行绿色建筑分析、小区规划对比分析、建筑部品或产品的环境负荷比较以及评估开发商的绿色建筑预期指标等。

GreenCalc+ 评价时，工具界面包含设计、建筑和结果，参数输入和结果部分分别有材料、能源、水和交通四个方面，涵盖了评价的各个方面的内容，最终评价结果通过后台运算后以表格及数值的形式输出，实现了对绿色建筑全生命周期的定量评价。

4.4.5　新加坡 Green Mark

1. 新加坡绿色建筑发展背景

新加坡的绿色建筑主要指的是符合新加坡建设局（BCA）于 2005 年出台的"绿色建筑标志"（Green Mark）评价系统的建筑。该系统主要针对 5 个指标，包括节能、节水、环境保护、室内环境质量和其他绿色性能。分设 4 个标准，认证级 Certified、金奖 Gold、超金奖 GoldPlus 和白金奖 Platinum，图 4-4-9 为获得白金奖的新加坡国家图书馆。

新加坡从 2005 年开始推行绿色建筑标志认证，2007 年执行第二版，2008 年，把新建建筑分为居住建筑和非居住建筑，2010 年执

图4-4-9　新加坡国家图书馆

行"绿色建筑标识"评价系统。新加坡政府计划到 2030 年做到 80% 的建筑通过认证。

1）可持续规划体系

2006 年第一轮《绿色建筑总体规划》出台，将绿色建筑理念传递给整个行业。在规划的指导下，以政府为首的所有公共部门的建筑必须达到绿色建筑标志最低标准——认证奖。随着推广的成功，新加坡建设局于 2009 年公示了第二轮《绿色建筑总体规划》，短期目标为到 2030 年"变绿"新加坡已有建筑的 80%，长期目标为 95%。

2007 年，新加坡建设局颁布了《可持续建设规划》，目的在于增强本国建筑产业的前景及绿色积极性。新加坡建设局和其他公共机构、科研中心及行业协会联合成立了三方联合实体——建设指导小组（SC），目标是使新加坡 30%~50% 的建筑减少对混凝土的依赖，并寻求更加可持续的替代方案。2009 年，《可持续建设规划》对行业可持续的贡献获得了国际专家小组的认可，并给予合法化。

2009 年，新加坡建设局制定了《建筑能源效率总体规划》（BEEMP），探讨了解决新加坡日益增长的能源消耗问题的方案。规划包括建筑整个生命周期的节能策略，如初期的

能源效率设计标准、使用期限内的能源管理程序等。同时，规划也包括能源审计、为空调高负荷政府建筑建立能源效率目录等内容。

2）规章制度及立法

立法：《建筑管制法》是最早设立的确保新加坡建筑安全及品质的法案。2008年经修订后，加入了环境可持续的要素，使绿色建筑运动获得了规模经济和最低成本。为保证绿色建筑的数量，新加坡建设局强制规定了新标准，即所有不小于2000m²的新建筑及正在改造的老建筑都要达到绿色建筑标志的最低标准——认证奖。这一规定大大加速了其绿色建筑发展的进程。

待定的新法规：待定的《能源节约法2013》若通过审批，将要求年耗能15GW以上的公司雇佣节能经理，因此，一些耗能较大的工业可能受到影响。另外，新加坡建设局已经开始酝酿一项新立法，即要求所有业主提交建筑数据，如能源使用情况，建设局将通过分析这些综合数据以设定能源使用基准。此外，国家发展部正着手修订《建筑管制法》，强制已有建筑达到绿色建筑标志的最低标准。目前，新加坡建设局正与工业家及利益相关者商议此项提案。

2. 新加坡 Green Mark 评价体系简介

新加坡政府（新加坡建设局BCA和国家环境署）推出了"绿色建筑"标志计划，推动绿色建筑的发展，其主要目的在于将环境友好、可持续发展的理念贯彻到新建筑物规划、设计和建造的过程中，降低对环境的影响。

新加坡Green Mark评价体系的制定过程借鉴了国际广泛认可的优秀设计和实践标准。总体而言，Green Mark划分为新建建筑、现有建筑及非建筑体系。针对不同的评价对象，Green Mark系统设子评价体系，评价内容的指标及分数比重均存在差异，甚至有很大的不同，包括住宅建筑、非住宅建筑、现有建筑物、内部装饰、基础设施、新建和现有园林、海外项目。

对于非住宅建筑，Green Mark评价体系主要包括：气候适应性设计、建筑能源性能（能源效率、可持续能源）、资源管理（水、材料、废弃物）、智慧和健康建筑及创新绿色技术等五个方面。

GreenMark项目认证流程（图4-4-10）：

第一阶段：要获得绿色标识认证，项目应对自身进行评估来证明其绿色性能，并通过施工材料审查及现场实地审查验证其设计符合自身评估内容及设计规范，最终将此阶段符合设计标准的文件在新加坡房屋建造管理局的线上进行提交。

第二阶段：第二阶段仅适用于Green Mark评出的超金项目和铂金项目，此阶段需用一整年的实际运行数据来证明之前模拟得出的节能量，若项目能够通过材料和数据证明其所用的节能措施的效果，便可以不进行认证。

3. 新加坡 GreenMark 评价体系案例

1）项目环境概况

新加坡国立大学SDE4大楼位于新加坡南岸ClementiRoad上的一个小山坡上，是设计与环境学院的新成员，也是校园大改造的一部分。项目合作伙伴包括思锐建筑事务所（Serie Architects）、新加坡的Multiply Architects建筑事务所、基础设施顾问盛裕集团（Surbana Jurong）和承建商鹿岛建设（Kajima Corporation）。SDE4占地面积为8588m²，共有6层，内部分布着大大小小的

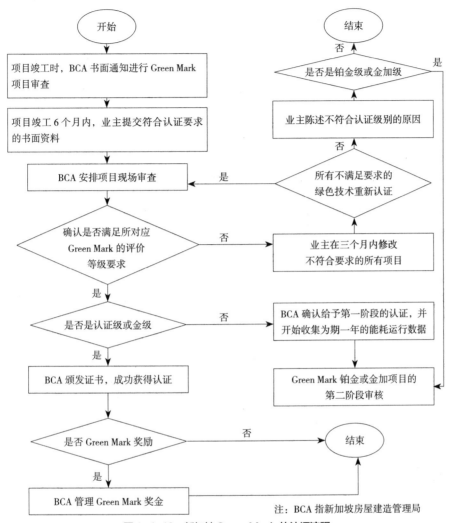

图4-4-10 新加坡GreenMark的认证流程

研究室、设计工作室和公共学习空间。建筑非常适应当地的气候，内部设有 1500m² 的设计工作室、500m² 的开放式广场、各式各样的公共和社交空间、工作区、研究中心、咖啡店、图书馆，是新加坡国立大学首座净零能耗建筑（Net-Zero Energy Building），也是新加坡首个独立设计建造的净零能耗建筑。

2）选用材料和技术

场地与布局方面。该建筑将植物和景观作为室内环境的一部分。东、西两面的屋顶和穿孔屏风提供了遮阳作用。在玻璃幕墙上，有巨大的悬挑和百叶窗。为了保证自然通风，大多数玻璃窗都是可开启的。设计将建筑无缝地嵌入现有场地和现有树木之间。

材料方面。建筑中使用最频繁的材料之一是高性能双层中空玻璃（DGU），这对空间的性能至关重要。采用穿孔波纹铝屏幕作为遮光装置，创造出一个波浪形的表面，给人一个窗帘的印象。另外，设置了高性能太阳能光伏（PV）板在表面收集太阳能。

能源利用方面。SDE4采用混合式制冷系统，将空调和多个吊扇相结合，使冷空气循环，产生一种舒适的室内温度体验，同时不会让人感觉到室外空调机的声音过于刺耳。屋顶上设置了一个"太阳能农场"，容纳了1200多块光伏电池板，在阳光充足的时候产生的能量完全足够供给自身消耗的能量。

3）项目评价

本项目是新加坡新建的第一个零耗能建筑，已获得新加坡的绿色建筑标志白金认证（Green Mark Platinum Certification），设计与环境学院也申请了国际WELL建筑研究院（IWBI）的认证。

4.4.6 德国DGNB评价体系

DGNB是德国绿色建筑评价体系，该体系由政府直接参与，融合了世界先进的绿色环保理念和德国高水平的工业技术，评标核心条款有14条，共包括环境质量、经济质量、社会文化和功能质量、技术质量、过程质量及选址品质6个评价板块，不同板块都有不同的比重，其中环境质量22.5%，经济质量22.5%，社会文化和功能质量22.5%，技术质量22.5%，过程质量10%，其中选址品质单独评估，不包括在总体测评中，评价时，根据不同类型的评价对象，可以有不同的评价体系。

DGNB的参评阶段为建筑全生命周期，参评项目可分为建筑类和街区类，其中建筑类分为新建办公建筑、既有办公建筑、住宅建筑、公寓建筑、疗养建筑、教育建筑、旅馆建筑、零售商业建筑、装配式建筑、工业建筑、租赁建筑，街区类分为城市街区、办公商业区、工业区、活动区，评审人员由项目开发商从DGNB官方网站的评审人员名单中选择跟自己的项目情况匹配的评审人员，之后由DGNB独立的评审办公室对项目进行评价。评价的计算方式是通过每项得分点得到的评价分数进行逐级加权，最后评估等级分为铂金级（总分 ≥ 80%；单项 ≥ 65%），金级（总分 ≥ 65%；单项 ≥ 50%），银级（总分 ≥ 50%；单项 ≥ 35%），铜级（总分 ≥ 35%；单项不作要求，但仅针对既有建筑）。

DGNB覆盖了环境、经济与社会三方面因素，评价过程覆盖项目建设的全生命周期，对前期建设成本进行有效管理，同时对投资风险也可以进行规避。该评价标准由于按照高于欧盟标准体系的原则进行建立，适用于不同国家的气候与经济环境，因此被众多国家采用。在评价的全过程中，本评价标准始终以建筑的性能为核心内容，从而可以避免较多技术堆砌带来的不必要的浪费。

复习思考题

1.《绿色建筑评价标准》的评价对象是什么？

2.《绿色建筑评价标准》中将绿色建筑划分为哪几个等级？

3. 绿色建筑评价体系诞生于何时？

4. 浅见泰司在《居住环境评价方法与理论》一书中明确了居住环境的评价要素，包括哪五项？

5. 目前在世界各国的各类建筑评估体系中被认为是最完善、最有影响力的评估标准是什么？

第 5 章
绿色施工及运营管理

5.1 绿色施工理念概述

5.1.1 绿色施工的概念

绿色施工是指在工程建设中，在保证质量、安全等基本要求的前提下，通过施工组织、材料采购、科学管理和技术进步，最大限度地节约资源、减少对环境的负面影响的施工活动，以"四节一环保"为基本约束，以"以人为本"为核心要求，强调从施工到竣工验收全过程的绿色理念。

绿色施工在实现"绿色建筑"的过程中的作用（图 5-1-1）。

施工活动，是建筑产品生产过程中的重要环节。传统的施工，以追求工期为主要目标，把节约资源和保护环境放在次要位置。为了适应当代建筑的持续发展，资源高效利用和环境保护优先的观念，一定会成为施工技术发展的必然趋势。

图 5-1-1 绿色施工在实现"绿色建筑"过程中的作用

绿色施工不等同于绿色建筑，绿色建筑包含绿色施工。

绿色施工与文明施工的关系：绿色施工是在新时期建筑可持续发展的新理念，绿色施工高于文明施工，严于文明施工。

文明施工在我国施工企业中的实施有很长的历史，中心是"文明"，也含有环境保护的理念。文明施工是指保持施工场地整洁、卫生、施工程序合理的一种施工活动。文明施工的基本要素是：有整套的施工组织设计（或施工方案），有严格的成品保护措施，临时设施布置合理，各种材料、构件、半成品堆放整齐有序，施工场地平整，道路畅通，排水设施得当，机具设备状况良好，施工作业符合消防和安全要求等。

5.1.2 绿色施工的主要内容

绿色施工是一个系统工程，而且是全开放的。《绿色施工导则》中将其称为总体框架，如图 5-1-2 所示。

1. 绿色施工管理

绿色施工管理主要包括组织管理、规划管理、实施管理、评价管理和人员安全与健康管理五个方面。

1）组织管理

（1）建立绿色施工管理体系，并制定相应的管理制度与目标。

（2）项目经理为绿色施工第一责任人，负责绿色施工的组织实施及目标实现，并指定绿色施工管理人员和监督人员。

2）规划管理

（1）编制绿色施工方案。该方案应在施工组织设计中独立成章，并按有关规定进行审批。

（2）绿色施工方案应包括以下内容：

a. 环境保护措施：制定环境管理计划及应急救援预案，采取有效措施，降低环境负荷，保护地下设施和文物等资源；

b. 节材措施：在保证工程安全与质量的前提下，制定节材措施，如进行施工方案设计时节材优化，建筑垃圾减量化，尽量利用可循环材料等；

c. 节水措施：根据工程所在地的水资源状况，制定节水措施；

d. 节能措施：进行施工节能策划，确定目标，制定节能措施；

e. 节地与施工用地保护措施：制定临时用地指标、施工总平面布置规划及临时用地节地措施等。

3）实施管理

（1）绿色施工应对整个施工过程实施动

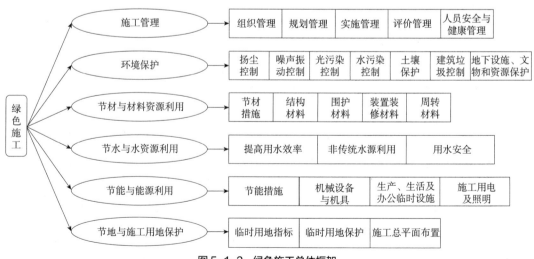

图 5-1-2 绿色施工总体框架

态管理。加强对施工策划、施工准备、材料采购、现场施工、工程验收等各阶段的管理和监督。

（2）应结合工程项目的特点，有针对性地对绿色施工作相应的宣传，通过宣传营造绿色施工的氛围。

（3）定期对职工进行绿色施工知识培训，增强职工绿色施工意识。

4）评价管理

（1）对照相关的指标体系，结合工程特点，对绿色施工的效果及采用的新技术、新设备、新材料与新工艺，进行自评估。

（2）成立专家评估小组，对绿色施工方案、实施过程至项目竣工，进行综合评估。

5）人员安全与健康管理

（1）制定施工防尘、防毒、防辐射等预防职业危害的措施，保障施工人员的长期职业健康。

（2）合理布置施工场地，保护生活及办公区不受施工活动的有害影响。施工现场建立卫生急救、保健防疫制度，在安全事故和疾病疫情出现时提供及时救助。

（3）提供卫生、健康的工作与生活环境，加强对施工人员的住宿、膳食、饮用水等生活与环境卫生的管理，明显改善施工人员的生活条件。

2. 环境保护

工程施工对环境的破坏很大。大气环境污染的主要来源之一是大气中的总悬浮颗粒物，粒径小于 $10\mu m$ 的颗粒可以被人类吸入肺部，对健康十分有害。悬浮颗粒包括道路尘、土壤尘、建筑材料尘等。施工土方作业阶段、结构安装阶段、装饰装修阶段的作业

区，目测扬尘高度，国家都明确提出了量化指标，如要求土方作业区目测扬尘高度小于 $1.5m$，结构施工、装饰装修作业区目测扬尘高度小于 $0.5m$。对噪声与振动控制、光污染控制、水污染控制、土壤保护、建筑垃圾控制以及地下设施、文物和资源保护等也提出了定性或定量要求。

1）扬尘控制

扬尘，是一种非常复杂的混合源灰尘，是空气中最主要的污染物之一。美国环境保护局在发布的报告中指出，空气污染物中扬尘占92%，其中28%来自裸面，23%来自建筑工地。扬尘已成为我国大多数城镇的主要空气污染物。建筑施工中的扬尘主要来源于土方工程、施工中的垃圾、裸露的堆积材料等。扬尘的防治：

（1）运送土方、垃圾、设备及建筑材料等，不污损场外道路。运输容易散落、飞扬、流漏的物料的车辆，必须采取措施封闭严密，保证车辆清洁。施工现场出口应设置洗车槽。

（2）土方作业阶段，采取洒水、覆盖等措施，达到作业区目测扬尘高度小于 $1.5m$，不扩散到场区外。

（3）结构施工、安装、装饰装修阶段，作业区目测扬尘高度小于 $0.5m$。对易产生扬尘的堆放材料，应采取覆盖措施；对粉末状材料，应封闭存放；场区内可能引起扬尘的材料及建筑垃圾搬运，应有降尘措施，如覆盖、洒水等；浇筑混凝土前清理灰尘和垃圾时尽量使用吸尘器，避免使用吹风器等易产生扬尘的设备；机械剔凿作业时，可采用局部遮挡、掩盖、水淋等防护措施；高层或多层建筑清理垃圾应搭设封闭性临时专用道或采用容器吊运。

（4）施工现场非作业区达到目测无扬尘的要求。对现场易飞扬物质采取有效措施，如洒水、地面硬化、围挡、密网覆盖、封闭等，防止扬尘产生。

（5）构筑物机械拆除前，做好扬尘控制计划。可采取清理积尘、拆除体洒水、设置隔挡等措施。

（6）构筑物爆破拆除前，做好扬尘控制计划。可采用清理积尘、淋湿地面、预湿墙体、屋面敷水袋、楼面蓄水、建筑外设高压喷雾状水系统、搭设防尘排栅和直升机投水弹等综合降尘措施。选择风力小的天气进行爆破作业。

（7）在场界四周隔挡高度位置测得的大气总悬浮颗粒物（TSP）月平均浓度与城市背景值的差值不大于 $0.08mg/m^3$。

2）噪声与振动控制

建筑施工噪声是指影响周围环境的声音，对居民的工作和生活会产生影响，对人体的影响是多方面的，是一种感觉性公害，具有分布广、波动大的特点。

建筑施工的振动源主要来自打桩机、凿岩机、风铲、电钻、电锯、车辆等运输工具。

振动的传递途径：同时传递到整个人体表面或其他部分外表面；振动通过支撑表面传递至整个人体，例如通过站着的人的脚、坐着的人的臀部或斜躺着的人的支撑面，这种情况通常称为全身振动；振动作用于人体的个别部位，如头或四肢，这种加在人体的个别部位，并且只传递到人体某个局部的振动（一般区别于全身振动）称为局部振动。还有一种情况，虽然振动没有直接作用于人体，但人却能通过视觉、听觉等感受到振动，

也会对人造成影响。这种虽不直接作用于人，但却能影响到人的振动称为间接振动。

影响振动作用的因素是振动频率、加速度和振幅。人体只对 1~1000Hz 的振动产生振动感觉。频率在发病过程中起重要作用。30~300Hz 会引起末梢血管痉挛，发生白指。频率相同时，加速度越大，其危害亦越大。振幅大、频率低的振动主要作用于前庭器官，并可使内脏产生移位。频率一定时，振幅越大，对机体影响越大。人对振动的敏感程度与身体所处位置有关。人体立位时，对垂直振动敏感；卧位时，对水平振动敏感。

振动对居民造成的影响主要为干扰居民的睡眠、休息、读书和看电视等日常活动。若居民长期生活在振动干扰的环境里，会对身体健康造成危害。

噪声与振动的防治：

（1）现场噪声排放不得超过《建筑施工场界环境噪声排放标准》GB 12523-2011 的规定。

（2）在施工场界对噪声进行实时监测与控制。监测方法按照《建筑施工场界环境噪声排放标准》的规定执行。

（3）使用低噪声、低振动的机具，采取隔声与隔振措施，避免或减少施工噪声和振动。

3）光污染控制

光污染是指由人工光源导致的违背人生理与心理需求或有损于生理与心理健康的现象，包括眩光污染、射线污染、光泛滥、频闪等。光污染可分为白亮污染、人工白昼、彩光污染等类型。有关专家指出，这一污染源有可能成为 21 世纪直接影响人类身体健康

的又一环境杀手。建筑施工造成的光污染，主要来自电焊弧光和夜间施工照明。

光污染防治：

（1）尽量避免或减少施工过程中的光污染。夜间室外照明灯加设灯罩，透光方向集中在施工范围。

（2）电焊作业采取遮挡措施，避免电焊弧光外泄。

4）水污染控制

水污染，是指水体因某种物质的介入，而导致其化学、物理、生物或者放射性等方面特性的改变，从而影响水的有效利用，危害人体健康或者破坏生态环境，造成水质恶化的现象。水污染主要是由于人类排放的各种外源性物质（包括自然界中原先没有的）进入水体后，超出了水体本身自净作用所能承受的范围，就算是水污染了。水污染源：主要是由人类活动产生的污染物构成，它包括工业污染源、农业污染源和生活污染源三大部分。

工程施工期间造成的水污染，主要是雨水冲刷因施工造成的裸面尘土，增加了水中悬浮物，污染地表水。水污染防治：

（1）施工现场污水排放应达到《污水综合排放标准》GB 8978–2002 的要求。

（2）在施工现场，应针对不同的污水，设置相应的处理设施，如沉淀池、隔油池、化粪池等。

（3）污水排放应委托有资质的单位进行废水水质检测，提供相应的污水检测报告。

（4）保护地下水环境。采用隔水性能好的边坡支护技术。在缺水地区或地下水位持续下降的地区，基坑降水尽可能少地抽取地下水；当基坑开挖抽水量大于 50 万 m^3 时，应进行地下水回灌，并避免地下水被污染。

（5）对于化学品等有毒材料、油料的储存地，应有严格的隔水层设计，做好渗漏液收集和处理。

5）土壤保护

土壤是一个非常复杂的系统，组成的要素一般是指地球陆地表面，包括浅水区的具有肥力、能生长植物的疏松层，由矿物质、有机质、水分和空气等组成，是不可再生的资源。工程施工期间，保护土壤的主要措施：

（1）保护地表环境，防止土壤侵蚀、流失。因施工造成的裸土应及时覆盖砂石或种植速生草种，以减少土壤侵蚀；因施工造成容易发生地表径流，从而导致土壤流失的情况，应采取设置地表排水系统、稳定斜坡、植被覆盖等措施，减少土壤流失。

（2）沉淀池、隔油池、化粪池等不发生堵塞、渗漏、溢出等现象。及时清掏各类池内沉淀物，并委托有资质的单位清运。

（3）对于有毒有害废弃物，如电池、墨盒、油漆、涂料等，应回收后交有资质的单位处理，不能作为建筑垃圾外运，避免污染土壤和地下水。

（4）施工后应恢复被施工活动破坏的植被（一般指临时占地内）。与当地园林、环保部门或当地植物研究机构进行合作，在先前开发地区种植当地或其他合适的植物，以恢复剩余空地地貌或科学绿化，补救施工活动中人为破坏植被和地貌造成的土壤侵蚀。

6）建筑垃圾控制

工程施工中，会产生大量的建筑垃圾，据统计，每 1 万 m^3 产生垃圾 500~600t，建筑垃圾大部分被露天堆放或填埋处理。按我国现有在建工程面积计算，最少产生 20 亿 t 建筑垃圾，不仅污染环境，还占用土地资源。控制建筑垃圾的主要措施：

（1）制定建筑垃圾减量化计划，如住宅建筑，每 1 万 m^2 的建筑垃圾不宜超过 400t。

（2）加强建筑垃圾的回收再利用，力争建筑垃圾的再利用和回收率达到 30%，建筑物拆除产生的废弃物的再利用和回收率大于 40%。对于碎石类、土石方类建筑垃圾，可采用地基填埋、铺路等方式提高再利用率，力争再利用率大于 50%。

（3）施工现场生活区设置封闭式垃圾容器，施工场地生活垃圾实行袋装化，及时清运。对建筑垃圾进行分类，并收集到现场封闭式垃圾站，集中运出。

7）地下设施、文物和资源保护

地下设施主要是指地下空间（人防、地下室等）、地下交通设施、地下管线、地下构筑物等。文物是我国宝贵的文化遗产。其共同特征：隐蔽不可见性。地下设施、文物和资源保护的主要措施：

（1）施工前应调查清楚地下各种设施，做好保护计划，保证施工场地周边的各类管道、管线、建筑物、构筑物的安全运行。

（2）施工过程中一旦发现文物，立即停止施工，保护现场，通报文物部门并协助做好工作。

（3）避让、保护施工场区及周边的古树名木。

（4）逐步开展统计分析施工项目的 CO_2 排放量以及各种植被和树种的 CO_2 固定量的工作。

3. 节材与材料资源利用

1）节材措施

（1）图纸会审时，应审核节材与材料资源利用的相关内容，达到材料损耗率比定额损耗率降低 30%。

（2）根据施工进度、库存情况等合理安排材料的采购、进场时间和批次，减少库存。

（3）现场材料堆放有序。储存环境适宜，措施得当。保管制度健全，责任落实。

（4）材料运输工具适宜，装卸方法得当，防止损坏和遗撒。根据现场平面布置情况就近卸载，避免和减少二次搬运。

（5）采取技术和管理措施提高模板、脚手架等的周转次数。

（6）优化安装工程的预留、预埋、管线路径等方案。

（7）应就地取材，施工现场周边 500km 以内生产的建筑材料用量占建筑材料总重量的 70% 以上。

2）结构材料

（1）推广使用预拌混凝土和预拌砂浆。准确计算采购数量、供应频率、施工速度等，在施工过程中动态控制。结构工程使用散装水泥。

（2）推广使用高强钢筋和高性能混凝土，减少资源消耗。

（3）推广钢筋专业化加工和配送。

（4）优化钢筋配料和钢构件下料方案。钢筋及钢结构制作前应对下料单及样品进行复核，无误后方可批量下料。

（5）优化钢结构制作和安装方法。大型钢结构宜采用工厂制作，现场拼装；宜采用分段吊装、整体提升、滑移、顶升等安装方法，减少方案的措施用材量。

（6）采取数字化技术，对大体积混凝土、大跨度结构等专项施工方案进行优化。

3）围护材料

（1）门窗、屋面、外墙等围护结构选用耐候性及耐久性良好的材料，施工应确保密封性、防水性和保温隔热性。

（2）门窗采用密封性、保温隔热性、隔声性良好的型材和玻璃等材料。

（3）屋面材料、外墙材料具有良好的防水性能和保温隔热性能。

（4）当屋面或墙体等部位采用基层加设保温隔热系统的方式施工时，应选择高效节能、耐久性好的保温隔热材料，以减小保温隔热层的厚度及材料用量。

（5）屋面或墙体等部位的保温隔热系统采用专用的配套材料，以加强各层次之间的粘结或连接强度，确保系统的安全性和耐久性。

（6）根据建筑物的实际特点，优选屋面或外墙的保温隔热材料系统和施工方式，例如保温板粘贴、保温板干挂、聚氨酯硬泡喷涂、保温浆料涂抹等，以保证保温隔热效果，并减少材料浪费。

（7）加强保温隔热系统与围护结构的节点处理，尽量降低热桥效应。针对建筑物的不同部位的保温隔热特点，选用不同的保温隔热材料及系统，以做到经济适用。

4）装饰装修材料

（1）贴面类材料在施工前，应进行总体排版策划，减少非整块材的数量。

（2）采用非木质的新材料或人造板材代替木质板材。

（3）防水卷材、壁纸、油漆及各类涂料基层必须符合要求，避免起皮、脱落。各类油漆及胶粘剂应随用随开启，不用时及时封闭。

（4）幕墙及各类预留预埋应与结构施工同步。

（5）木制品及木装饰用料、玻璃等各类板材宜在工厂采购或定制。

（6）采用自粘类片材，减少现场液态胶粘剂的使用量。

5）周转材料

（1）应选用耐用、维护与拆卸方便的周转材料和机具。

（2）优先选用制作、安装、拆除一体化的专业队伍进行模板工程施工。

（3）模板应以节约自然资源为原则，推广使用定型钢模、钢框竹模、竹胶板。

（4）施工前应对模板工程的方案进行优化。多层、高层建筑使用可重复利用的模板体系，模板支撑宜采用工具式支撑。

（5）优化高层建筑的外脚手架方案，采用整体提升、分段悬挑等方案。

（6）推广采用外墙保温板替代混凝土施工模板的技术。

（7）现场办公和生活用房采用周转式活动房。现场围挡应最大限度地利用已有围墙，或采用装配式可重复使用围挡封闭。力争工地临建房、临时围挡材料的可重复使用率达到70%。

4. 节水与水资源利用的技术要点

1）提高用水效率

（1）施工中采用先进的节水施工工艺。

（2）施工现场喷洒路面、绿化浇灌不宜使用市政自来水。现场搅拌用水、养护用水应采取有效的节水措施，严禁无措施浇水养护混凝土。

（3）施工现场供水管网应根据用水量设计布置，管径合理、管路简捷，采取有效措施减少管网和用水器具的漏损。

（4）现场机具、设备、车辆冲洗用水必须设立循环用水装置。施工现场办公区、生活区的生活用水采用节水系统和节水器具，提高节水器具配置比率。项目临时用水应使用节水型产品，安装计量装置，采取有针对性的节水措施。

（5）施工现场建立可再利用水的收集处理系统，使水资源得到梯级循环利用。

（6）施工现场分别对生活用水与工程用水确定用水定额指标，并分别计量管理。

（7）大型工程的不同单项工程、不同标段、不同分包生活区，凡具备条件的，应分别计量用水量。在签订不同标段分包或劳务合同时，将节水定额指标纳入合同条款，进行计量。

（8）对混凝土搅拌站点等用水集中的区域和工艺点进行专项计量考核，其中重点考核施工现场的雨水、中水或可再利用水的收集利用系统。

2）非传统水资源利用

（1）优先采用中水搅拌、中水养护，有条件的地区和工程应收集雨水用于养护。

（2）处于基坑降水阶段的工地，宜优先采用地下水作为混凝土搅拌用水、养护用水、冲洗用水和部分生活用水。

（3）现场机具、设备、车辆冲洗及喷洒路面、绿化浇灌等用水，优先采用非传统水源，尽量不使用市政自来水。

（4）大型施工现场，尤其是雨量充沛地区的大型施工现场建立雨水收集利用系统，充分收集自然降水用于施工和生活中适宜的部位。

（5）力争施工中非传统水源和循环水的再利用量大于30%。

3）用水安全

在非传统水源和现场循环再利用水的使用过程中，应制定有效的水质检测与卫生保障措施，以避免对人体健康、工程质量以及周围环境产生不良影响。

5. 节能与能源利用

1）节能措施

（1）制定合理的施工能耗指标，提高施工能源利用率。

（2）优先使用国家、行业推荐的节能、高效、环保的施工设备和机具，如选用变频技术的节能施工设备等。

（3）施工现场分别设定生产、生活、办公和施工设备的用电控制指标，定期进行计量核算、对比分析，并有预防与纠正措施。

（4）在施工组织设计中，合理安排施工顺序、工作面，以减少作业区域的机具数量，相邻作业区充分利用共有的机具资源。安排施工工艺时，应优先考虑耗用电能或其他能耗较少的施工工艺。避免设备额定功率远大于使用功率或超负荷使用设备的现象。

（5）根据当地气候和自然资源条件，充分利用太阳能、地热等可再生能源。

2）机械设备与机具

（1）建立施工机械设备管理制度，开展用电、用油计量，完善设备档案，及时做好维修保养工作，使机械设备保持低耗、高效的状态。

（2）选择功率与负载相匹配的施工机械设备，避免大功率施工机械设备低负载长时间运行。机电安装可采用节电型机械设备，如逆变式电焊机和能耗低、效率高的手持电动工具等，以利节电。机械设备宜使用节能型油料添加剂，在可能的情况下，考虑回收利用，节约油量。

（3）合理安排工序，提高各种机械的使用率和满载率，降低各种设备的单位耗能。

3）生产、生活及办公临时设施

（1）利用场地自然条件，合理设计生产、生活及办公临时设施的体形、朝向、间距和窗墙面积比，使其获得良好的日照、通风和采光。南方地区可根据需要在其外墙窗设遮阳设施。

（2）临时设施宜采用节能材料，墙体、屋面使用隔热性能好的材料，减少夏天空调、冬天取暖设备的使用时间及耗能量。

（3）合理配置供暖、空调、风扇数量，规定使用时间，实行分段分时使用，节约用电。

4）施工用电及照明

（1）临时用电优先选用节能电线和节能灯具，临电线路合理设计、布置，临电设备宜采用自动控制装置。采用声控、光控等节能照明灯具。

（2）照明设计以满足最低照度为原则，照度不应超过最低照度的20%。

6. 节地与施工用地保护的技术要点

1）临时用地指标

临时用地，主要包括工程施工期间，临时建的生产和生活用房，施工便道占地等，不改变土地的用途和土地的属权。

（1）根据施工规模及现场条件等因素合理确定临时设施，如临时加工厂、现场作业棚及材料堆场、办公生活设施等的占地指标。临时设施的占地面积应按用地指标所需的最低面积设计。

（2）要求平面布置合理、紧凑，在满足环境、职业健康与安全及文明施工要求的前提下尽可能减少废弃地和死角，临时设施占地面积有效利用率大于90%。

2）临时用地保护

（1）应对深基坑施工方案进行优化，减少土方开挖和回填量，最大限度地减少对土地的扰动，保护周边自然生态环境。

（2）红线外临时占地应尽量使用荒地、废地，少占用农田和耕地。工程完工后，及时对红线外占地恢复原地形、地貌，使施工活动对周边环境的影响降至最低。

（3）利用和保护施工用地范围内原有绿色植被。对于施工周期较长的现场，可按建筑永久绿化的要求，安排场地新建绿化。

3）施工总平面布置

（1）施工总平面布置应做到科学、合理，充分利用原有建筑物、构筑物、道路、管线为施工服务。

（2）施工现场的搅拌站、仓库、加工厂、作业棚、材料堆场等的布置应尽量靠近已有交通线路或即将修建的正式或临时交通线路，缩短运输距离。

（3）临时办公和生活用房应采用经济、美观、占地面积小、对周边地貌环境影响较小，且适合于施工平面布置动态调整的多层轻钢活动板房、钢骨架水泥活动板房等标准化装配式结构。生活区与生产区应分开布置，并设置标准的分隔设施。

（4）施工现场围墙可采用连续、封闭的轻钢结构预制装配式活动围挡，减少建筑垃圾，保护土地。

（5）施工现场道路按照永久道路和临时道路相结合的原则布置。施工现场内形成环形通路，减少道路占用土地。

（6）临时设施布置应注意远近结合（本期工程与下期工程），努力减少和避免大量临时建筑拆迁和场地搬迁。

5.2 绿色施工相关规范简介

5.2.1 《建筑工程绿色施工规范》简介

1.《规范》的编制背景

2010年3月，住建部《2010年工程建设标准规范制订、修订计划（第一批）》（建标【2010】43号）中将《建筑工程绿色施工规范》（以下简称《规范》）列为该计划的国家标准制定项目。《规范》的主编单位为中国建筑股份有限公司、中国建筑技术集团有限公司；参编单位有中国建筑第八工程局有限公司等20家国内知名施工企业。

编制工作从2010年6月开始，到2013年6月正式报批通过，共三年时间。参与编制的企业遍布全国各地，都是有多年丰富的施工管理经验，特别是近年来在绿色施工管理领域有创新和尝试的优秀施工企业，因此，《规范》基本能代表现阶段国内先进的绿色施工技术和管理方法（表5-2-1）。

2.《规范》的原则

（1）研究与编制适合建筑工程施工的绿色施工规范，以建筑工程先进的施工技术、工艺和管理方法为对象，与相关标准合理衔接，系统、科学，前瞻性与可操作性及经济性相结合，把握好施工管理与施工技术的关系。

（2）结合我国不同地区的情况，荐举先进技术，以淘汰落后的建筑技术和产品。

（3）全面总结，重点阐述。以节能、节地、节水、节材和环境保护为主要目标，贯彻执行国家技术经济政策，总结我国建筑工程施工技术、方法及经验，推广运用新技术、新工艺、新材料、新机具，实现绿色施工。

（4）强化施工管理和施工技术应用过程控制，保障工程施工质量。

（5）和《建筑工程绿色施工评价标准》CB/T 50640-2010形成姊妹篇套应用。

（6）遵循先进性、便于操作的原则，指导建筑工程施工现场实施绿色施工技术，以"四节一环保"为基本约束，以"以人为本"为核心要求，贯彻落实绿色发展理念，推进绿色建筑高质量发展，节约资源，保护环境，满足人民日益增长的美好生活需要。

《规范》的研究对象、范围及目的 表5-2-1

研究对象	研究范围	研究目的
先进的施工技术 先进的施工工艺 先进的施工管理方法	全国不同地区的绿色施工过程控制	以"四节一环保"为基本约束 以"以人为本"为核心要求 推广"四新技术"

3.《规范》的特色

1）章节划分有利于过程控制

与《绿色施工导则》和《建筑工程绿色施工评价标准》按传统的"四节一环保"划分章节不同，本《规范》按建筑工程十大分部进行章节划分（表5-2-2）。在十大分部的划分基础上，结合绿色施工特点，进行合并、扩展和补充。

《规范》的章节划分　　表5-2-2

本规范的主要章节	对应建筑工程十大分部	备注
4 施工准备	无	补充
5 施工场地	无	补充
6 地基与基础	1 地基与基础	一致
7 主体结构工程	2 主体结构	一致
8 装饰装修工程	3 装饰装修	一致
9 保温和防水工程	4 建筑屋面；10 建筑节能工程	合并和扩展
10 机电安装工程	5 建筑给水排水及供暖；6 建筑电气；7 智能建筑；8 通风与空调；9 电梯	合并
11 拆除工程	无	补充

这样划分更利于施工过程控制，符合本《规范》中"强化施工技术应用过程控制"的原则。

2）管理主体更丰富

除了强调施工单位的职责外，对建设单位、设计单位、监理单位等相关单位都制定了相应的职责要求，更能体现绿色施工是绿色建筑全生命周期的一个环节，它的实施应该是对绿色设计的延续和落实，是进行绿色运营的前提和基础。所以，绿色施工不应该是施工单位的单独活动，而是绿色建筑全生命周期中承上启下的重要一环。

建筑全生命周期：

合理选址→规划设计→绿色施工→运营管理→报废拆除→材料的回收循环再利用。

3）施工阶段更具体

现阶段，我们实施的绿色施工管理，往往在基础施工阶段和主体施工阶段控制得比较好，而主体验收后进入装饰装修和设备安装阶段，因为多专业队伍进场、交叉作业增加等原因，很多绿色施工措施得不到落实，部分绿色施工设施遭到破坏，一些计量、定额管理工作也难以延续。

本《规范》根据建筑工程十大分部，将装饰装修工程、保温和防水工程以及机电安装工程单独成章，对这几个专业队伍提出符合专业特点的绿色施工要求，这样做更有利于管理，也是保障绿色施工管理能贯穿整个施工阶段的有力措施。

4）覆盖范围更全面

本《规范》涉及拆除工程，前面提到了绿色建筑的全生命周期包括"合理选址→规划设计→绿色施工→运营管理→报废拆除→材料的回收循环再利用"，可以看到报废拆除也是绿色建筑全生命周期中重要的一环。

在我们进行建筑施工的时候，也经常会穿插部分拆除作业。同时，拆除工程的实施主体也是施工单位，因此将绿色拆除归入绿色施工范围，使绿色施工系统更全面，更系统。

4.《规范》相关要求

1）基本规定

本章分别列举了建设、设计、监理、施工四方的职责，强调四方都是责任主体，需协同履责（表5-2-3）。

本章从组织与管理方面，列举了纲领性的共性要求，就绿色施工从组织管理、教育培训、计量统计、自检评价、人员健康以及创新研究等方面提出管理层面上的要求。

本章包括资源节约和环境保护两大部分，主要是采用列举法从"四节一环保"的五个

四方责任主体　　　表5-2-3

责任主体	基本职责
建设单位	在编制工程概算和招标文件时，应明确绿色施工的要求，并提供包括场地、环境、工期、资金等方面的条件保障
	应向施工单位提供建设工程绿色施工的设计文件、产品要求等相关资料，保证资料的真实性和完整性
	应组织设计、监理、施工等单位建立工程项目绿色施工的管理机制
	应组织协调工程参建各方的绿色施工管理工作
设计单位	应按国家有关标准和建设单位的要求进行工程的绿色设计
	应支持、配合施工单位做好建筑工程绿色施工的有关设计工作
监理单位	应对建筑工程绿色施工承担监理责任
	审查专项绿色施工方案和技术措施，并在实施中做好监督检查工作
施工单位	施工单位是建筑工程绿色施工的实施主体，应组织绿色施工的全面实施
	实行总承包管理的建设工程，总承包单位应对绿色施工负总责
	总承包单位应对专业承包单位的绿色施工实施管理，专业承包单位应对工程承包范围内的绿色施工负责
	施工项目部应建立以项目经理为第一责任人的绿色施工管理体系，制定绿色施工管理制度，负责绿色施工的组织实施，进行绿色施工教育培训，定期开展自检、联检和评价工作

方面分别提出实施的基本措施和要求，这些都是实施绿色施工管理最起码的要求：

"应"怎么，就是只要实施绿色施工管理就应该做到的，类似于《建筑工程绿色施工评价标准》中的控制项，也是只要努力就基本能够做到的措施。

"宜"怎么，是推荐做法，是根据绿色施工实施管理总结出来的比较成熟的绿色施工技术。现阶段，因为成本、地域等原因，使用有所限制，大家应结合地方特征和项目特点，尽力科学采用。

在本章中多处地方对数据收集和指标控制提出了要求，而且全部是"应"，可见其重视程度：

（1）施工现场的生产、生活、办公区域及主要施工机械和耗能大的设备应分别进行耗能和耗水计量。

（2）施工现场应建立机械保养、限额领料、建筑垃圾再利用的台账和清单。

（3）施工现场应按照生活用水与工程用水的定额指标进行控制。

（4）应制定施工能耗指标，明确节能措施。

（5）应建立施工机械设备管理制度。应建立施工机械设备档案，并进行用电、用油计量，并做好相应记录；应及时做好机械设备维修保养工作。

在绿色施工组织中，对指标控制提出以下要求：

（1）按照生产、生活办公区分别对用水、用电、用油进行指标控制，并且将相关指标要求写入分包合同条款。

（2）对主要材料的消耗进行指标控制，要求主要材料损耗率比定额损耗率降低30%以上。

（3）对主要材料运距进行指标控制，要求距施工现场500km范围内生产的材料重量占全部材料总重量的70%以上。

（4）对建筑垃圾产量进行指标控制，要求每万平方米建筑面积的建筑产量控制在400t以下。

（5）对建筑垃圾回收再利用率进行指标

控制，要求建筑垃圾回收利用率大于30%。

在绿色施工组织中，对数据收集提出以下要求：

（1）绿色施工要求尽可能采取数据收集方式，只有当无法进行数据收集时才能采用其他方式。

（2）数据收集应该三定（定时、定人、定设备）、四有（有规划、有制度、有表格、有监督）。

（3）数据收集应科学、动态、适用。

（4）数据收集应及时处理，处理手段包括汇总、统计、分析、对比等。

2）施工准备

施工单位应根据设计资料、场地条件、周边环境和绿色施工总体要求，明确绿色施工的目标、材料、方法和实施内容，并在图纸会审时提出需要设计单位配合的建议和意见。

施工单位应编制包含绿色施工管理和技术要求的工程绿色施工组织设计、绿色施工方案或绿色施工专项方案，并经审批通过后实施。绿色施工组织设计、绿色施工方案或绿色施工专项方案编制应符合下列规定：

（1）应考虑施工现场的自然与人文环境特点。

（2）应有减少资源浪费和环境污染的措施。

（3）应明确绿色施工的组织管理体系、技术要求和措施。

（4）应选用先进的产品、技术、设备、施工工艺和方法，利用规划区域内设施。

（5）应包含改善作业条件、降低劳动强度、节约人力资源等内容。

施工现场宜推行电子文档管理。施工单位宜建立建筑材料数据库，应采用绿色性能相对优良的建筑材料。

施工单位宜建立施工机械设备数据库。应根据现场和周边环境情况，对施工机械和机具进行节能、减排和降耗指标分析和比较，采用高性能、低噪声和低能耗的机械。

在绿色施工评价前，依据工程项目环境影响因素分析情况，应对绿色施工评价要素中一般项和优选项的条目数进行相应调整，并经工程项目建设方和监理方确认后，作为绿色施工的相应评价依据。

在工程正式开工前，工程单位应完成绿色施工的各项准备工作。

5. 施工场地

1）一般规定如下：

（1）在施工总平面设计中，应对施工场地、环境和条件进行分析，确定具体实施方案。

（2）施工总平面布置宜利用场地及周边现有和拟建建筑物、构筑物、道路和管线等。

（3）施工前应制定合理的场地使用计划；施工中应减少场地干扰，保护环境。

（4）临时设施的占地面积可按最低面积指标设计，有效使用临时设施用地。

（5）塔吊等垂直运输设施的基座宜采用可重复利用的装配式基座或利用在建工程的结构。

2）施工现场平面布置应符合下列原则：

（1）在满足施工需要的前提下，应减少施工用地。

（2）应合理布置起重机械和各项施工设施，统筹规划施工道路。

（3）应合理划分施工分区和流水段，减少专业工种之间的交叉作业。

（4）施工现场平面布置应根据施工各阶段的特点和要求，实行动态管理。

（5）施工现场生产区、办公区和生活区应实现相对隔离。

（6）施工现场作业棚、库房、材料堆场等的布置宜靠近交通线路和主要用料部位。

（7）施工现场的强噪声机械设备宜远离噪声敏感区。

3）临时设施要求如下：

施工现场大门、围挡和围墙宜采用可重复利用的材料和部件，并应工具化、标准化。施工现场入口应设置绿色施工制度图牌。施工现场道路布置应遵循永久道路和临时道路相结合的原则。

施工现场主要道路的硬化处理宜采用可周转使用的材料和构件。施工现场的围墙、大门和施工道路周边宜设绿化隔离带。

临时设施的设计、布置和使用，应采取有效的节能降耗措施，并符合下列规定：

（1）应利用场地自然条件，临时建筑的体形宜规整，应有自然通风和采光，并应满足节能要求。

（2）临时设施宜选用由高效保温、隔热、防火材料制成的复合墙体和屋面以及密封的保温隔热性能好的门窗

（3）临时设施建设不宜使用一次性墙体材料。

办公和生活临时用房应采用可重复利用的房屋。

严寒和寒冷地区外门应采取防寒措施。夏季炎热地区的外窗宜设置外遮阳。

6. 地基与基础工程

1）一般规定如下：

（1）桩基施工应选用低噪、环保、节能、高效的机械设备和工艺。

（2）地基与基础工程施工时，应识别场地内及相邻周边现有的自然、文化和建（构）筑物特征，并采取相应的保护措施。场内发现文物时，应立即停止施工，派专人看管，并通知当地文物主管部门。

（3）应根据气候特征选择施工方法、施工机械，安排施工顺序，布置施工场地。

（4）地基与基础工程施工应符合下列要求：

a. 现场土、料存放应采取加盖或植被覆盖措施。

b. 土方、渣土装卸车和运输车应有防止遗撒和扬尘的措施。

c. 对施工过程中产生的泥浆，应设置专门的泥浆池或泥浆罐车用于储存。

（5）基础工程涉及的混凝土结构、钢结构、砌体结构工程应按本规范第7章有关要求执行。

2）土石方工程要求如下：

（1）土石方工程在开挖前应进行挖、填方的平衡计算，综合考虑土石方场内的有效利用、运距最短、运程最合理以及施工工序的紧密衔接。

（2）工程渣土应分类堆放和运输，其再生利用应符合现行国家标准《工程施工废弃物再生利用技术规范》GB/T 50743-2012的规定。

（3）土石方工程开挖宜采用逆作法或半逆作法进行施工，施工中应采取通风和降温等改善地下工程作业条件的措施。

（4）在受污染的场地进行施工时，应对土质进行专项检测和治理。

（5）土石方爆破施工前，应进行爆破方案的编制和评审；应采取防尘和飞石控制措施。

（6）4级风以上天气，严禁土石方工程爆破施工作业。

3）桩基工程要求如下：

（1）成桩工艺应根据桩的类型、使用功能、土层特性、地下水位、施工机械、施工环境、施工经验、制桩材料供应条件等，按安全适用、经济合理的原则进行选择。

（2）混凝土灌注桩施工应符合下列规定：

a. 灌注桩采用泥浆护壁成孔时，应采取导流沟和泥浆池等排浆及储浆措施。

b. 施工现场应设置专用泥浆池，并及时清理沉淀的废渣。

（3）工程桩不宜采用人工挖孔成桩。因特殊情况而采用时，应采取护壁、通风和防坠落措施。

（4）在城区或人口密集地区施工混凝土预制桩和钢桩时，宜采用静压沉桩工艺。静力压桩宜选择液压式和绳索式压桩工艺。

（5）工程桩桩顶剔除部分的再生利用应符合现行国家标准《工程施工废弃物再生利用技术规范》的规定。

4）地基处理工程要求如下：

（1）换填法施工应符合下列规定：

a. 回填土施工应采取防止扬尘的措施，4级风以上天气严禁回填土施工。施工间歇时应对回填土进行覆盖。

b. 当采用砂石料作为回填材料时，宜采用振动碾压方式。

c. 灰土过筛施工应采取避风措施。

d. 开挖原土的土质不适宜回填时，应采取土质改良措施后加以利用

（2）在城区或人口密集地区，不宜使用强夯法施工。

（3）高压喷射注浆法施工的浆液应有专用容器存放，置换出的废浆应及时收集清理。

（4）采用砂石回填时，砂石填充料应保持湿润。

（5）基坑支护结构采用锚杆（锚索）时，宜采用可拆式锚杆。

（6）喷射混凝土施工宜采用湿喷或水泥裹砂喷射工艺，并采取防尘措施。喷射混凝土作业区的粉尘浓度不应大于 $10mg/m^3$，喷射混凝土作业人员应佩戴防尘用具。

5）地下水控制要求如下：

（1）基坑降水宜采用基坑封闭降水方法。

（2）基坑施工排出的地下水应加以利用。

（3）采用井点降水施工时，地下水位与作业面的高差宜控制在 250mm 以内，并根据施工进度进行水位自动控制。

（4）当无法采用基坑封闭降水，且基坑抽水对周围环境可能造成不良影响时，应采用对地下水无污染的回灌方法。

7．主体结构工程

1）一般规定如下：

（1）预制装配式结构构件，宜采取工厂化加工方式；构件的存放和运输应采取防止变形和损坏的措施；构件的加工和进场顺序应与现场安装顺序一致，不宜二次倒运。

（2）基础和主体结构施工应统筹安排垂直和水平运输机械。

（3）施工现场宜采用预拌混凝土和预拌砂浆。现场搅拌混凝土和砂浆时，应使用散

装水泥；搅拌机棚应有封闭降噪和防尘措施。

2）混凝土结构工程要求如下：

（1）钢筋工程

a. 钢筋宜采用专用软件优化放样下料，根据优化配料结果合理确定进场钢筋的定尺长度；在满足相关规范要求的前提下，合理利用短筋。

b. 钢筋工程宜采用专业化生产的成型钢筋。钢筋现场加工时，宜采取集中加工方式。

c. 钢筋连接宜采用机械连接方式。

d. 进场钢筋原材料和加工半成品应存放有序、标识清晰、储存环境适宜，并应采取防潮、防污染等措施，建立健全保管制度。

e. 钢筋除锈时，应采取避免扬尘和防止土壤污染的措施。

f. 钢筋加工中使用的冷却液体，应过滤后循环使用，不得随意排放。

g. 钢筋加工产生的粉末状废料，应按建筑垃圾及时收集和处理，不得随意掩埋或丢弃。

h. 钢筋安装时，绑扎丝、焊剂等材料应妥善保管和使用，散落的余废料应及时收集利用。

i. 箍筋宜采用一笔箍或焊接封闭箍。

（2）模板工程

a. 应选用周转率高的模板和支撑体系。模板宜选用可回收利用率高的塑料、铝合金等材料。

b. 宜使用大模板、定型模板、爬升模板和早拆模板等工业化模板及支撑体系。

c. 当采用木或竹制模板时，宜采取工厂化定型加工、现场安装的方式，不得在工作面上直接加工拼装。在现场加工时，应设封闭场所集中加工，并采取有效的隔声和防粉尘污染措施。

d. 模板安装精度应符合现行国家标准《混凝土结构工程施工质量验收规范》的要求。

e. 脚手架和模板支撑宜选用承插式、碗扣式、盘扣式等管件合一的脚手架材料搭设。

f. 高层建筑结构施工，应采用整体或分片提升的工具式脚手架和分段悬挑式脚手架。

g. 模板及脚手架施工应及时回收散落的铁钉、铁丝、扣件、螺栓等材料。

h. 短木方应采用叉接接长后使用，木、竹胶合板的边角余料应拼接并合理利用。

i. 模板隔离剂应选用环保型产品，并派专人保管和涂刷，剩余部分应及时回收。

j. 模板拆除宜按支设的逆向顺序进行，不得硬撬或重砸。拆除平台楼层的底模，应采取临时支撑、支垫等防止模板坠落和损坏的措施，并应建立维护维修制度。

（3）混凝土工程

a. 在混凝土配合比设计中，应减少水泥用量，增加工业废料、矿山废渣的掺量；当混凝土中添加粉煤灰时，宜利用其后期强度。

b. 混凝土宜采用泵送、布料机进行布料浇筑；地下大体积混凝土宜采用溜槽或串筒浇筑。

c. 超长无缝混凝土结构宜采用滑动支座法、跳仓法和综合治理法施工；当裂缝控制要求较高时，可采用低温补仓法施工。

d. 混凝土振捣应采用低噪声振捣设备振捣，也可采取围挡降噪措施；在噪声敏感环境中或钢筋密集时，宜采用自密实混凝土。

e. 混凝土宜采用塑料薄膜加保温材料覆盖进行保湿、保温养护；当采用洒水或喷雾养护时，养护用水宜使用回收的基坑降水或雨水；混凝土竖向构件宜采用养护剂进行养护。

f. 混凝土结构宜采用清水混凝土，其表面应涂刷保护剂。

g. 混凝土浇筑余料应制成小型预制件，或采用其他措施加以利用，不得随意倾倒。

h. 清洗泵送设备和管道的污水应经沉淀后回收利用，浆料分离后可用作室外道路、地面等垫层的回填材料。

3）砌体结构工程要求如下：

（1）砌体结构宜采用工业废料或废渣制作的砌块及其他节能环保的砌块。

（2）砌块运输宜采用托板整体包装，现场应减少二次搬运。

（3）砌块湿润和砌体养护宜使用检验合格的非自来水源。

（4）混合砂浆掺合料可使用粉煤灰等工业废料。

（5）砌筑施工时，落地灰应及时清理、收集和再利用。

（6）砌块应按组砌图砌筑；非标准砌块应在工厂加工，按计划进场，现场切割时应集中加工，并采取防尘降噪措施。

（7）毛石砌体砌筑时产生的碎石块，应加以回收利用。

4）钢结构工程要求如下：

（1）钢结构深化设计中，应结合加工、运输、安装方案和焊接工艺要求，确定分段、分节数量和位置，优化节点构造，减少钢材用量。

（2）钢结构安装连接宜选用高强螺栓连接，钢结构宜采用金属涂层进行防腐处理。

（3）大跨度钢结构安装宜采用起重机吊装、整体提升、顶升和滑移等机械化程度高、劳动强度低的方法。

（4）钢结构加工应制定废料减量计划，优化下料，综合利用余料，废料应分类收集、集中堆放、定期回收处理。

（5）钢材、零（部）件、成品、半成品件和标准件等应堆放在平整、干燥的场地或仓库内。

（6）复杂空间钢结构制作和安装，应预先采用仿真技术模拟施工过程和状态。

（7）现场钢结构涂料应采用无污染、耐候性好的材料。防火涂料喷涂施工时，应采取防止涂料外泄的专项措施。

5）其他要求：

（1）装配式混凝土结构安装所需的埋件和连接件以及室内外装饰装修所需的连接件，应在工厂制作时准确预留、预埋。

（2）钢混组合结构中的钢结构构件，应结合配筋情况，在深化设计时确定与钢筋的连接方式。钢筋连接、套筒焊接、钢筋连接板焊接及预留孔应在工厂加工时完成，严禁安装时随意割孔或后焊接。

（3）索膜结构施工时，索、膜应工厂化制作和裁剪，现场安装。

8. 装饰装修工程

1）一般规定如下：

（1）施工前，块材、板材和卷材应进行排版优化设计。

（2）门窗、幕墙、块材、板材宜采用工厂化加工。

（3）装饰用砂浆宜采用预拌砂浆，落地灰应回收使用。

（4）装饰装修成品、半成品应采取保护措施。

（5）材料的包装物应全部分类回收。

（6）不得采用沥青类、煤焦油类材料作为室内防腐、防潮处理剂。

（7）应制定材料使用的减量计划，材料损耗率宜比额定损耗率降低30%。

（8）室内装饰装修材料按现行国家标准《民用建筑工程室内环境污染控制规范》GB 50325-2020的要求进行甲醛、氨、挥发性有机化合物和放射性物质等有害指标的检测。

（9）民用建筑工程验收时，必须进行室内环境污染物浓度检测。其限量应符合表5-2-4的规定。

民用建筑工程室内环境污染物浓度限量　表5-2-4

污染物	Ⅰ类民用建筑工程	Ⅱ类民用建筑工程
氡（Bq/m³）	≤ 200	≤ 400
甲醛（mg/m³）	≤ 0.08	≤ 0.1
苯（mg/m³）	≤ 0.09	≤ 0.09
氨（mg/m³）	≤ 0.2	≤ 0.2
TVOC（mg/m³）	≤ 0.5	≤ 0.6

2）地面工程要求如下：

地面基层处理应符合下列规定：

（1）基层粉尘清理应采用吸尘器；没有防潮要求的，可采用洒水降尘等措施。

（2）基层需要剔凿的，应采用噪音剔凿机具和剔凿方式。

地面找平层、隔汽层、隔声层施工应符合下列规定：

（1）找平层、隔汽层、隔声层厚度应控制在允许偏差的负值范围内。

（2）干作业应有防尘措施。

（3）湿作业应采用喷洒的方式保湿养护。

水磨石地面施工应符合下列规定：

（1）应对地面洞口、管线口进行封堵，墙面应采取防污染措施。

（2）应采取水泥浆收集处理措施。

（3）其他饰面层的施工宜在水磨石地面施工完成后进行。

（4）现制水磨石地面应采取控制污水和噪声的措施。

施工现场切割地面块材时，应采取降噪措施；污水应集中收集处理。

地面养护期内不得上人或堆物，对地面养护用水，应采用喷洒方式，严禁养护用水溢流。

3）门窗及幕墙工程要求如下：

（1）木制、塑钢、金属门窗应采取成品保护措施。

（2）外门窗安装应与外墙面装修同步进行，宜采取遮阳措施。

（3）门窗框周围的缝隙填充应采用憎水保温材料。

（4）幕墙与主体结构的预埋件应在结构施工时埋设。

（5）连接件应采用耐腐蚀材料或采取可靠的防腐措施。

（6）硅胶使用应进行相容性和耐候性复试。

4）吊顶工程要求如下：

（1）吊顶施工应减少板材、型材的切割。

（2）应避免采用温湿度敏感材料进行大面积吊顶施工。

（3）高大空间的整体顶棚施工，宜采用

地面拼装、整体提升就位的方式。

（4）高大空间吊顶施工时，宜采用可移动式操作平台等节能节材设施。

5）隔墙及内墙面工程要求如下：

（1）隔墙材料宜采用轻质砌块、砌体或轻质墙板，严禁采用实心烧结黏土砖。

（2）预制板或轻质隔墙板间的填塞材料应采用弹性或微膨胀的材料。

（3）抹灰墙面应采用喷雾的方法进行养护。

（4）使用容剂型腻子找平或直接涂刷溶剂型涂料时，混凝土或抹灰基层含水率不得大于8%；使用乳液型腻子找平或直接涂刷乳液型涂料时，混凝土或抹灰基层含水率不得大于10%。木材基层含水率不得大于12%。

（5）涂料施工应采取遮挡、防止挥发和劳动保护等措施。

9. 保温和防水工程

1）一般规定如下：

（1）保温和防水工程施工时，应分别满足建筑节能和防水设计的要求。

（2）保温和防水材料及辅助用材，应根据材料特性进行有害物质限量的现场复检。

（3）板材、块材和卷材施工，应结合保温和防水的工艺要求，进行预先排版。

（4）保温和防水材料在运输、存放和使用中应根据其性能采取防水、防潮和防火措施。

2）保温工程要求如下：

（1）保温施工宜选用结构自保温、保温与装饰一体化、保温板兼作模板、全现浇混凝土外墙与保温一体化和管道保温一体化等方案。

（2）采用外保温材料的墙面和屋顶，不宜进行焊接、钻孔等施工作业。确需施工作业时，应采取防火保护措施，并应在施工完成后，及时对裸露的外保温材料进行防护处理。

（3）应在外门窗安装工程，水暖及装饰工程需要的管卡、挂件，电气工程的暗管、接线盒及穿线等施工完成后，进行内保温施工。

（4）现浇泡沫混凝土保温层施工应符合下列规定：

a. 水泥、集料、掺合料等宜工厂干拌、封闭运输。

b. 拌制的泡沫混凝土宜泵送浇筑。

c. 搅拌和泵送设备及管道等的冲洗水应收集处理。

d. 养护应采用覆盖、喷洒等节水方式。

（5）保温砂浆施工应符合下列规定：

a. 保温砂浆材料宜采用预拌砂浆。

b. 现场拌合应随用随拌。

c. 落地灰应收集利用。

（6）玻璃棉、岩棉保温层施工应符合下列规定：

a. 玻璃棉、岩棉类保温材料,应封闭存放。

b. 玻璃棉、岩棉类保温材料现场裁切后的剩余材料应封闭包装、回收利用。

c. 雨天、4级以上大风天气不得进行室外作业。

（7）泡沫塑料类保温层施工应符合下列规定：

a. 聚苯乙烯泡沫塑料板余料应全部回收。

b. 现场喷涂硬泡聚氨酯时，应对作业面采取遮挡、防风和防护措施。

c. 现场喷涂硬泡聚氨酯时，环境温度宜为 10~40℃，空气相对湿度宜小于 80%，风力不宜大于 3 级。

d. 硬泡聚氨酯现场作业应准确计算使用量，随配随用。

3）防水工程要求如下：

（1）基层清理应采取控制扬尘的措施。

（2）卷材防水层施工应符合下列规定：

a. 宜采用自粘型防水卷材。

b. 采用热熔法施工时，应控制燃料泄漏，并控制易燃材料储存地点与作业点的间距。高温环境或封闭条件下施工时，应采取措施加强通风。

c. 防水层不宜采用热粘法施工。

d. 采用的基层处理剂和胶粘剂应选用环保型材料，并封闭存放。

e. 防水卷材余料应及时回收处理。

（3）涂膜防水层施工应符合下列规定：

a. 液态防水涂料和粉末状涂料应采用封闭容器存放，余料应及时回收。

b. 涂膜防水宜采用滚涂或涂刷工艺，当采用喷涂工艺时，应采取遮挡等防止污染的措施。

c. 涂膜固化期内应采取保护措施。

（4）块瓦屋面宜采用干挂法施工。

（5）蓄水、淋水实验宜采用非自来水源。

（6）防水层应采取可靠的成品保护措施。

10. 机电安装工程

1）一般规定要求如下：

（1）机电安装工程施工应采用工厂化制作、整体化安装的方法。

（2）机电安装工程施工前应对通风空调、给水排水、强弱电、末端设施布置及装修等

进行综合分析，并绘制综合管线图。

（3）机电安装工程的临时设施安排应与工程总体部署协调。

（4）管线的预埋、预留应与土建及装修工程同步进行，不得现场临时剔凿。

（5）除锈、防腐宜在工厂内完成，现场涂装时应采用无污染、耐候性好的材料。

（6）机电安装工程应采用低能耗的施工机械。

2）管道工程要求如下：

（1）管道连接宜采用机械连接方式。

（2）供暖散热器组装应在工厂完成。

（3）设备安装产生的油污应随即清理。

（4）管道实验及冲洗用水应有组织排放，处理后重复利用。

（5）污水管道、雨水管道实验及冲洗用水宜利用非自来水源。

3）通风工程要求如下：

（1）预制风管宜进行工厂化制作。下料时应按先大管料，再小管料，先长料，后短料的顺序进行。

（2）预制风管安装前应将内壁清扫干净。

（3）预制风管连接宜采用机械连接方式。

（4）冷媒储存应采用压力密闭容器。

4）电气工程要求如下：

（1）电线导管暗敷应做到线路最短。

（2）应选用节能型电线、电缆和灯具等，并应进行节能测试。

（3）预埋管线口应采取临时封堵措施。

（4）线路连接宜采用免焊接头和机械压接方式。

（5）不间断电源柜试运行时应进行噪声监测。

（6）不间断电源安装应防止电池液泄漏，废旧电池应回收。

（7）电气设备的试运行不得低于规定时间，且不应超过规定时间的 1.5 倍。

11. 拆除工程

1）一般规定如下：

（1）拆除工程应制定专项方案。拆除方案应明确拆除的对象及其结构特点、拆除方法、安全措施以及拆除物的回收利用方法等。

（2）建筑物拆除过程应控制废水、废弃物、粉尘的产生和排放。

（3）建筑物拆除应按规定进行公示。

（4）4 级及以上大风、大雨或冰雪天气，不得进行露天拆除施工。

（5）建筑拆除物处理应符合充分利用、就近消纳的原则。

（6）拆除物应根据材料性质进行分类，并加以利用；剩余的废弃物应作无害化处理。

2）拆除施工准备要求如下：

（1）拆除施工前，拆除方案应得到相关方批准；应对周边环境进行调查和记录，界定影响区域。

（2）拆除工程应按建筑构配件的情况，确定保护性拆除或破坏性拆除。

（3）拆除施工应依据实际情况，分别采用人工拆除、机械拆除、爆破拆除和静力破碎的方法。

（4）拆除施工前，应制定应急预案。

（5）拆除施工前，应制定防尘措施；采取水淋法降尘时，应采取控制用水量和污水流淌的措施。

3）拆除施工要求如下：

（1）人工拆除前应制定安全防护和降尘

措施。拆除管道及容器时，应查清残留物性质并采取相应安全措施，方可进行拆除施工。

（2）机械拆除宜优先选用低能耗、低排放、低噪声机械，并应合理确定机械作业位置和拆除顺序，采取保护机械和人员安全的措施。

（3）在爆破拆除前，应进行试爆，并根据试爆结果，对拆除方案进行完善。

（4）爆破拆除时，防尘和飞石控制应符合下列规定：

a. 钻机成孔时，应设置粉尘收集装置，或采取钻杆带水作业等降尘措施。

b. 爆破拆除时，可采用在爆点位置设置水袋的方法或多孔微量爆破方法。

c. 爆破完成后，宜用高压水枪进行水雾消尘。

d. 对于重点防护的范围，应在其附近架设防护排架，并挂金属网防护。

（5）对烟囱、水塔等高大建（构）筑物进行爆破拆除时，应在倒塌范围内采取铺设缓冲垫层或开挖减振沟等触地防振措施。

（6）在城镇或人员密集区域，爆破拆除宜采用噪声小、对环境影响小的静力爆破，并应符合下列规定：

a. 采用具有腐蚀性的静力破碎剂作业时，灌浆人员必须戴防护手套和防护眼镜。

b. 静力破碎剂不得与其他材料混放。

c. 爆破成孔与破碎剂注入不宜同步施工。

d. 破碎剂注入时，不得进行相邻区域的钻孔施工。

e. 孔内注入破碎剂后，作业人员应保持安全距离，不得在注孔区域行走。

f. 使用静力破碎发生异常情况时，必须

停止作业；待查清原因采取安全措施后，方可继续施工。

4）拆除物的综合利用

（1）建筑拆除物分类和处理应符合现行国家标准《工程施工废弃物再生利用技术规范》的规定；剩余的废弃物应作无害化处理。

（2）不得将建筑拆除物混入生活垃圾，不得将危险废弃物混入建筑拆除物。

（3）拆除的门窗、管材、电线、设备等材料应回收利用。

（4）拆除的钢筋和型材应经分拣后再生利用。

5.2.2 《建筑工程绿色施工评价标准》简介

1.《标准》的相关基本规定

绿色施工评价应以建筑工程施工过程为对象进行评价。

绿色施工项目应符合以下规定：

（1）建立绿色施工管理体系和管理制度，实施目标管理。

（2）根据绿色施工要求进行图纸会审和深化设计。

（3）施工组织设计及施工方案应有专门的绿色施工章节，绿色施工目标明确，内容应涵盖"四节一环保"要求。

（4）工程技术交底应包含绿色施工内容。

（5）采用符合绿色施工要求的新材料、新工艺、新技术、新机具进行施工。

（6）建立绿色施工培训制度，并有实施记录。

（7）根据检查情况，制定持续改进措施。

（8）采集和保存过程管理资料、见证资料和自检评价记录等绿色施工资料。

（9）在评价过程中，应采集反映绿色施工水平的典型图片或影像资料。

发生下列事故之一，不得评为绿色施工合格项目：

（1）发生安全生产死亡责任事故。

（2）发生重大质量事故，并造成严重影响。

（3）发生群体传染病、食物中毒等责任事故。

（4）施工中因"四节一环保"问题被政府管理部门处罚。

（5）违反国家有关"四节一环保"的法律法规，造成严重社会影响。

（6）施工扰民造成严重社会影响。

2.《标准》的评价框架体系

评价阶段宜按地基与基础工程、结构工程、装饰装修与机电安装工程进行。建筑工程绿色施工应根据环境保护、节材与材料资源利用、节水与水资源利用、节能与能源利用和节地与土地资源保护五个要素进行评价。评价要素应由控制项、一般项、优选项三类评价指标组成。评价等级应分为不合格、合格和优良。绿色施工评价框架体系应由评价阶段、评价要素、评价指标、评价等级构成。

3.《标准》的环境保护评价指标

控制项如下：

（1）现场施工标牌应包括环境保护内容。

（2）施工现场应在醒目位置设环境保护标识。

（3）施工现场应对文物古迹、古树名木采取有效保护措施。

（4）现场食堂应有卫生许可证，炊事员

持有效健康证明。

一般项如下：

资源保护应符合下列规定：

（1）应保护场地四周原有地下水形态，减少抽取地下水。

（2）危险品、化学品存放处及污物排放应采取隔离措施。

人员健康应符合下列规定：

（1）施工作业区和生活办公区应分开布置，生活设施应远离有毒有害物质。

（2）生活区应有专人负责，应有消暑或保暖措施。

（3）现场工人劳动强度和工作时间应符合现行国家标准《体力劳动强度分级》GB 3869–1997 的有关规定。

（4）从事有毒、有害、有刺激性气味和强光、强噪声施工的人员应佩戴相应的防护器具。

（5）深井、密闭环境、防水和室内装修施工应有自然通风或临时通风设施。

（6）现场危险设备、危险地段、有毒物品存放地应配置醒目的安全标志，施工应采取有效的防毒、防污、防尘、防潮、通风等措施，应加强人员健康管理。

（7）厕所、卫生设施、排水沟及阴暗潮湿地带应定期消毒。

（8）食堂各类器具应清洁，个人卫生、操作行为应规范。

扬尘控制应符合下列规定：

（1）现场应建立洒水清扫制度，配备洒水设备，并应有专人负责。

（2）对裸露地面、集中堆放的土方应采取抑尘措施。

（3）运送土方、渣土等易产生扬尘的车辆应采取封闭或遮盖措施。

（4）现场进出口应设冲洗池和吸湿垫，应保持进出现场车辆清洁。

（5）易飞扬和细颗粒建筑材料应封闭存放，余料及时回收。

（6）易产生扬尘的施工作业应采取遮挡、抑尘等措施。

（7）拆除爆破作业应有降尘措施。

（8）高空垃圾清运应采用密封式管道或垂直运输机械完成。

（9）现场使用散装水泥应有密闭防尘措施。

废气排放控制应符合下列规定：

（1）进出场车辆及机械设备废气排放应符合国家年检要求。

（2）不应使用煤作为现场生活的燃料。

（3）电焊烟气的排放应符合现行国家标准《大气污染物综合排放标准》GB 16297–1996 的规定。

（4）不应在现场燃烧木质下脚料。

建筑垃圾处理应符合下列规定：

（1）建筑垃圾应分类收集，集中堆放。

（2）废电池、废墨盒等有毒有害的废弃物应封闭回收，不应混放。

（3）有毒有害废物分类率应达到100%。

（4）垃圾桶应分为可回收利用与不可回收利用两类，应定期清运。

（5）建筑垃圾回收利用率应达到30%。

（6）碎石和土石方等应用作地基和路基填埋材料。

污水排放应符合下列规定：

（1）现场道路和材料堆放场周边应设排水沟。

（2）工程污水和实验室养护用水应经处理达标后排入市政污水管道。

（3）现场厕所应设置化粪池，化粪池应定期清理。

（4）工地厨房应设隔油池，应定期清理。

（5）雨水、污水应分流排放。

光污染应符合下列规定：

（1）夜间焊接作业时，应采取挡光措施。

（2）工地设置大型照明灯具时，应有防止强光线外泄的措施。

噪声控制应符合下列规定：

（1）应采用先进机械、低噪声设备进行施工，机械、设备应定期保养维护。

（2）产生较大噪声的机械设备，应尽量远离施工现场办公区、生活区和周边住宅区。

（3）混凝土输送泵、电锯房等应设有吸声降噪屏或其他降噪措施。

（4）夜间施工噪声声强值应符合国家有关规定。

（5）吊装作业指挥应使用对讲机传达指令。

施工现场应设置连续、密闭，能有效隔绝各类污染的围挡。

施工中，开挖土方应合理回填利用。

优选项如下：

（1）施工作业面应设置隔声设施。

（2）现场应设置可移动环保厕所，并应定期清运、消毒。

（3）现场应设噪声监测点，并应实施动态监测。

（4）现场应有医务室，人员健康应急预案应完善。

（5）施工应采取基坑封闭降水措施。

（6）现场应采用喷雾设备降尘。

（7）建筑垃圾回收利用率应达到50%。

（8）工程污水应采取去泥沙、除油污、分解有机物、沉淀过滤、酸碱中和等处理方式，实现达标排放。

4.《标准》的节材与材料资源利用评价指标

控制项如下：

（1）应根据就地取材的原则进行材料选择并有实施记录。

（2）应有健全的机械保养、限额领料、建筑垃圾再生利用等制度。

一般项如下：

材料的选择应符合下列规定：

（1）施工应选用绿色、环保材料。

（2）临建设施应采用可拆迁、可回收材料。

（3）应利用粉煤灰、矿渣、外加剂等新材料降低混凝土及砂浆中的水泥用量；粉煤灰、矿渣、外加剂等新材料掺量应按供货单位推荐掺量、使用要求、施工条件、原材料等因素通过实验确定。

材料节约应符合下列规定：

（1）应采用管件合一的脚手架和支撑体系。

（2）应采用工具式模板和新型模板材料，如铝合金、塑料、玻璃钢和其他可再生材质的大模板和钢框镶边模板。

（3）材料运输方法应科学，应降低运输损耗率。

（4）应优化线材下料方案。

（5）面材、块材镶贴，应做到预先总体排版。

（6）应因地制宜，采用新技术、新工艺、新设备、新材料。

（7）应提高模板、脚手架体系的周转率。

资源再生利用应符合下列规定：

（1）建筑余料应合理使用。

（2）板材、块材等的下脚料和撒落的混凝土及砂浆应科学利用。

（3）临建设施应充分利用既有建筑物、市政设施和周边道路。

（4）现场办公用纸应分类摆放，纸张应两面使用，废纸应回收。

优选项如下：

（1）应编制材料计划，应合理使用材料。

（2）应采用建筑配件整体化或建筑构件装配化安装的施工方法。

（3）主体结构施工应选择自动提升、顶升模架或工作平台。

（4）建筑材料包装物回收率应达到100%。

（5）现场应使用预拌砂浆。

（6）水平承重模板应采用早拆支撑体系。

（7）现场临建设施、安全防护设施应定型化、工具化、标准化。

5.《标准》的节水与水资源利用评价指标

控制项如下：

（1）签订标段分包或劳务合同时，应将节水指标纳入合同条款。

（2）应有计量考核记录。

一般项如下：

节约用水应符合下列规定：

（1）应根据工程特点，制定用水定额。

（2）施工现场供水、排水系统应合理适用。

（3）施工现场办公区、生活区的生活用水采用节水器具，节水器具配置率应达到100%。

（4）施工现场对生活用水与工程用水应分别计量。

（5）施工中应采用先进的节水施工工艺。

（6）混凝土养护和砂浆搅拌用水应合理，应有节水措施。

（7）管网和用水器具不应有渗漏。

水资源的利用应符合下列规定：

（1）基坑降水应储存使用。

（2）冲洗现场机具、设备、车辆用水，应设立循环用水装置。

优选项如下：

（1）施工现场应建立基坑降水再利用的收集处理系统。

（2）施工现场应有雨水收集利用的设施。

（3）喷洒路面、绿化浇灌不应使用自来水。

（4）生活、生产污水应处理并使用。

（5）现场应使用经检验合格的非传统水源。

6.《标准》的节能与能源利用评价指标

控制项如下：

（1）对施工现场的生产、生活、办公和主要耗能施工设备应设有节能的控制措施。

（2）对主要耗能施工设备应定期进行耗能计算核算。

（3）国家、行业、地方政府明令淘汰的施工设备、机具和产品不应使用。

一般项如下：

临时用电设施应符合下列规定：

（1）应采取节能型设施。

（2）临时用电应设置合理，管理制度应齐全，并应落实到位。

（3）现场照明设计应符合国家现行标准《施工现场临时用电安全技术规范》JGJ 46-2005 的规定。

机械设备应符合下列规定：

（1）应采用能源利用效率高的施工机械设备。

（2）施工机具资源应共享。

（3）应定期监控重点耗能设备的能源利用情况，并有记录

（4）建立设备技术档案，并应定期进行设备维护、保养。

临时设施应符合下列规定：

（1）施工临时设施应结合日照和风向等自然条件，合理采用自然采光、通风和外窗遮阳设施。

（2）临时施工用房应使用热工性能达标的复合墙体和屋面板，顶棚宜采用吊顶。

材料运输与施工应符合下列规定：

（1）建筑材料的选用应缩短运输距离，减少能源消耗。

（2）应采用能耗少的施工工艺。

（3）应合理安排施工工序和施工进度。

（4）应尽量减少夜间作业和冬期施工的时间。

优选项如下：

（1）根据当地气候和自然资源条件，应合理利用太阳能或其他可再生资源。

（2）临时用电设备应采用自动控制装置。

（3）使用的施工设备和机具应符合国家、行业有关节能、高效、环保的规定。

（4）办公、生活和施工现场，采用节能照灯具的数量应大于80%。

（5）办公、生活和施工现场用电应分别计算。

7.《标准》的节地与土地资源保护评价指标

控制项如下：

（1）施工现场布置应合理并应实施动态管理。

（2）施工临时用地应有审批用地手续。

（3）施工单位应充分了解施工现场及毗邻区域内人文景观保护要求、工程地质情况及基础设施管线分布情况，制定相应保护措施，并应报请相关方核准。

一般项如下：

节约用地应符合下列规定：

（1）施工总平面布置应紧凑，并应尽量减少占地。

（2）应在经批准的临时用地范围内组织施工。

（3）应根据现场条件，合理设计场内交通道路。

（4）施工现场临时道路布置应与原有及永久道路兼顾考虑，并应充分利用拟建道路为施工服务。

（5）应采用预拌混凝土。

保护用地应符合下列规定：

（1）应采取防止水土流失的措施。

（2）应充分利用山地、荒地作为取、弃土场的用地。

（3）施工后应恢复植被。

（4）应对深基坑施工方案进行优化，并应减少土方开挖和回填量，保护用地。

（5）在生态脆弱的地区施工完成后，应进行地貌复原。

优选项如下：

（1）临时办公和生活用房应采用结构可靠的多层轻钢活动板房、钢骨架多层水泥活动板房等可重复使用的装配式结构。

（2）对施工时发现的地下文物资源，应进行有效保护，处理措施应恰当。

（3）地下水位控制应对相邻地表和建筑物无有害影响。

（4）钢筋加工应配送化，构件制作应工厂化。

（5）施工总平面布置应能充分利用和保护原有建筑物、构筑物、道路和管线等，职工宿舍应能满足 $2m^2$／人的使用面积要求。

8.《标准》的评价方法

绿色施工项目自评价次数每月不应少于1次，且每个阶段不应少于1次。

评价方法如下：

（1）控制项指标，必须全部满足。评价方法应符合表5-2-5的规定。

控制项评价方法　　表5-2-5

评分要求	结论	说明
措施到位，全部满足考评指标要求	符合要求	进入评分流程
措施不到位，不满足考评指标要求	不符合要求	一票否决，为非绿色施工项目

（2）一般项指标，应根据实际发生项执行的情况计分，评价方法符合表5-2-6的规定。

一般项计分标准　　表5-2-6

评分要求	评分
措施到位，满足考评指标要求	2
措施基本到位，部分满足考评指标要求	1
措施不到位，不满足考评指标要求	0

（3）优选项指标，应根据实际发生项执行情况加分，评价方法应符合表5-2-7的规定。

优选项加分标准　　表5-2-7

评分要求	评分
措施到位，满足考评指标要求	1
措施基本到位，部分满足考评指标要求	0.5
措施不到位，不满足考评指标要求	0

要素评价得分应符合下列规定：

（1）一般项得分按百分制折算，并按下式进行计算：

$$A=\frac{B}{C}\times 100$$

式中：A——折算分；

B——实际发生项条目实得分之和；

C——实际发生项条目应得分之和。

（2）优选项加分应按照优选项实际发生条目加分求和 D。

（3）要素评价得分：F（要素评价得分）$=A$（一般项折算分）$+D$（优选项加分）。

批次评价得分应符合下列规定：

（1）批次评价应按表5-2-8的规定进行要素权重确定。

（2）批次评价得分 $E=\sum$（要素评价得分 $F\times$ 权重系数）。

其中，阶段评价得分 $G=\dfrac{\sum 批次评价得分 E}{评价批次数}$

批次评价要素权重系数　表5-2-8

评价要素	地基与基础、结构工程、装饰装修与机电安装
环境保护	0.3
节材与材料资源利用	0.2
节水与水资源利用	0.2
节能与能源利用	0.2
节地与施工用地保护	0.1

单位工程绿色评价得分应符合下列规定：

（1）单位工程评价应按表5-2-9的规定进行要素权重确定：

单位工程要素权重系数表　表5-2-9

评价阶段	权重系数
地基与基础	0.3
结构工程	0.5
装饰装修与机电安装	0.2

（2）单位工程评价得分 $W=\sum$ 阶段评价得分 $G\times$ 权重系数。

单位工程绿色施工等级应按下列规定进行判定：

（1）有下列情况之一者为不合格：

控制项不满足要求；

单位工程总得分 $W<60$ 分；

结构工程阶段得分 <60 分。

（2）满足以下条件者为合格：

控制箱全部满足要求；

单位工程总得分 60 分 $\leqslant W<80$ 分，结构工程得分 $\geqslant60$ 分；

至少每个评价要素各有一项优选项得分，优选项总分 $\geqslant5$。

（3）满足以下条件者为优良：

控制项全部满足要求；

单位工程总得分 $W\geqslant80$ 分，结构工程得分 $\geqslant80$ 分；

至少每个评价要素中有两项优选项得分，优选项总分 $\geqslant10$。

9.《标准》的评价组织和程序：

1）评价组织

（1）单位工程绿色施工评价应由建设单位组织，项目施工单位和监理单位参加，评价结果应由建设、监理、施工单位三方签认。

（2）单位工程施工阶段评价应由监理单位组织，项目建设单位和施工单位参加，评价结果应由建设、监理、施工单位三方签认。

（3）单位工程施工批次评价应由施工单位组织，项目建设单位和监理单位参加，评价结果应由建设、监理、施工单位三方签认。

（4）企业应进行绿色施工的随机检查，并对绿色施工目标的完成情况进行评估。

（5）项目部应会同建设和监理单位根据绿色施工情况，制定改进措施，由项目部实施改进。

（6）项目部应接受建设单位、政府主管部门及其委托单位的绿色施工检查。

2）评价程序

（1）单位工程绿色施工评价应在批次评价和阶段评价的基础上进行。

（2）单位工程绿色施工评价应由施工单位书面申请，在工程竣工验收前进行评价。

（3）单位工程绿色施工评价应检查相关技术和管理资料，并应听取施工单位《绿色施工总体情况报告》，综合确定绿色施工评价等级。

（4）单位工程绿色施工评价结果应在有关部门备案。

3）评价资料

单位工程绿色施工评价资料应包括：

（1）绿色施工组织设计专门章节，施工方案的绿色要求、技术交底及实施记录。

（2）绿色施工要素评价表应按 5-2-10 的格式进行填写。

（3）绿色施工批次评价汇总表应按表5-2-11 的格式进行填写。

（4）绿色施工阶段评价汇总表应按表5-2-12 的格式进行填写。

（5）反映绿色施工要求的图纸会审记录。

（6）单位工程绿色施工评价汇总表应按表 5-2-13 的格式进行填写。

绿色施工要素评价表 表5-2-10

工程名称		编号		
		填表日期		
施工单位		施工阶段		
评价指标		施工部位		
				评价结论
控制项				
	标准编号及标准要求	计分标准	应得分	实得分
一般项				
优选项				
评价结果				
签字栏	建设单位	监理单位	施工单位	

绿色施工批次评价汇总表 表5-2-11

工程名称		编号	
		填表日期	
评价阶段			
评价要素	评价得分	权重系数	实得分
环境保护		0.3	
节材与材料资源利用		0.2	
节水与水资源利用		0.2	
节能与能资源利用		0.2	
节地与施工用地保护		0.1	
合计		1	
评价结论	1. 控制项： 2. 评价得分： 3. 优选项： 结论：		
签字栏	建设单位	监理单位	施工单位

绿色施工阶段评价汇总表 表5-2-12

工程名称		编号	
		填表日期	
评价阶段			
评价批次	批次得分	评价批次	批次得分
1		9	
2		10	
3		11	
4		12	
5		13	
6		14	
7		15	
8		……	
小计			
签字栏	建设单位	监理单位	施工单位

注：阶段评价得分 $G = \dfrac{\sum 批次评价得分 E}{评价批次数}$

单位工程绿色施工评价汇总表　表5-2-13

工程名称		编号	
		填表日期	
评价阶段	阶段得分	权重系数	实得分
地基与基础		0.3	
结构工程		0.5	
装饰装修与机电安装		0.2	
合计		1	
评价结论			
签字栏	建设单位（章）	监理单位（章）	施工单位（章）

（7）单位工程绿色施工总体情况总结。

（8）单位工程绿色施工相关方验收及确认表。

（9）反映评价要素水平的图片或影像资料。

绿色施工评价资料应按规定存档。所有评价表编号均应按时间顺序的流水号排列。

5.2.3　绿色施工案例

1. 工程概况

本工程位于重庆市渝北区两路空港新城中央公园附近，建筑总面积约 10 万 m²，施工内容包含土建、钢构、安装、装饰装修、玻璃幕墙、景观工程等。本工程属一类高层，最大建筑高度（地上/地下）：172.8m/-17.2m，最大建筑层数（地上/地下）：36F/-4F，主要结构体系为框架核心筒结构（图5-2-1）。

2. 施工管理（图5-2-2~图5-2-4）

图5-2-1　重庆新闻传媒中心

图5-2-2　管理组织机构图

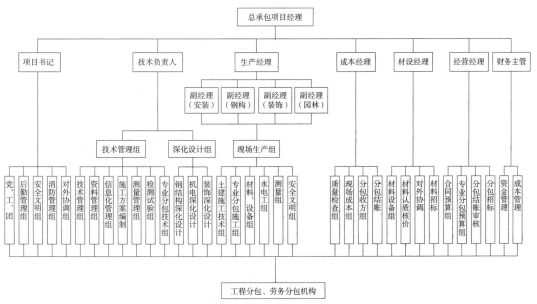

图5-2-3 组织框架图

图5-2-4 项目部大门处张贴管理成员职责

3. "四节一环保"主要措施实施情况

1) 绿色施工管理控制指标

（1）环境保护

建筑垃圾产生量：每万平方米垃圾产生量不超过200t，各类建筑垃圾的再利用和回收率在公司指标的基础上再上升20%。

噪声控制：施工现场严格按照国家指标《建筑施工场界噪声限值》GB 12523-1990、《建筑施工场界噪声测量方法》GB 12524- 1990和重庆市有关文件要求，前期主体施工时每月定期4次检测，后期装饰阶段每月2次检测。限制噪声为：白天 ≤ 70dB，夜间 ≤ 55dB。

（2）节材与材料资源利用

主要材料损耗率：钢材为2.1%，木材为3.5%，混凝土为1.4%。周转材料使用率大于65%。

（3）节水与水资源利用

水资源要求为 $3m^3$/万元产值，非传统水和循环水利用率大于3%，节水型产品设备和计量装置配备率大于90%。

（4）节能与能源利用指标

用电要求为69度/万元产值。节能设备配备率大于100%。

2) 本项目绿色施工实施指标

环境保护指标：建筑垃圾，每万平方米垃圾产生量不超过200t，各类建筑垃圾的再利用和回收率达到30%以上。

节材与材料资源利用指标：主要材料损耗率：钢材为 3%，木材为 5%，混凝土为 2%。周转材料使用率大于 65%。

节水与水资源利用指标：水资源要求为 3.5m³/ 万元产值，非传统水和循环水利用率大于 3%，节水型产品设备和计量装置配备率大于 90%。

节能与能源利用指标：用电要求为 89 度 / 万元产值。节能设备配备率大于 100%。

3）绿色施工管理措施

项目部开展绿色施工工程的宣传教育和技术交底，并建立了绿色施工管理制度，发动项目部成员积极参加绿色施工活动。

加强宣贯学习：召集管理人员学习绿色施工的相关文件（国家指标及公司文件）；组织各参建单位举行绿色施工研讨会和专项方案策划；定期对职工进行绿色施工知识培训，增强职工绿色施工意识。施工过程中，共组织 4 次培训，培训人数达 50 人次以上。

项目部制定了一系列的绿色施工管理制度。管理制度在项目部宣传栏以及大门处都有张贴，不仅起到了宣传作用，还明确了各参建单位的职责。现场安装了监控器，对绿色施工进行动态监控是其职能之一（图 5-2-5、图 5-2-6）。

（1）环境保护

现场入口处"七牌二图"中明确规定了绿色施工内容和措施，现场各施工区域张贴环保标识，不仅可对施工人员进行约束，还起到了一定的宣传作用。项目部生活区设有环境保护制度，食堂还张贴了食堂卫生管理制度和食堂炊事员岗位职责。保证生活区干净、清洁，防止食物中毒等事情发生。现

图5-2-5 远程监控设备

图5-2-6 绿色施工研讨会

场设置民工就餐区、饮用水区和现场医务室（图 5-2-7~ 图 5-2-10）。

垃圾处理措施：施工过程中，垃圾处理分三个方面：办公区域、生活区域、施工区域。

办公区域：办公区主要控制纸张的使用和回收利用，办公区垃圾分两种形式处理：一种为纸张的回收利用，一种为办公生活垃圾处理（图 5-2-11）。

生活区域：项目部生活区域人员众多，所以产生的垃圾量也大，我们在每一栋活动板房不远处设置垃圾桶。垃圾桶都分为可回收和不可回收，并设置了垃圾集中堆放场地，每天安排清洁工人将每栋活动板房的垃圾收集到堆放点，集中清理出场（图 5-2-12）。

图 5-2-7　项目部宣传栏悬挂绿色标牌、张贴宣传标语

图 5-2-8　食堂管理制度、职责及就餐环境干净整洁

图 5-2-9　民工就餐环境

施工区域：现场施工区域的垃圾产生量是整个工程中比重最大的，但建筑垃圾中可回收的量也是最大的。现场设置了垃圾回收池，并分开回收。废弃建筑材料（对土体无污染）用作回填材料。项目部青年突击队定期对现场的白色垃圾进行清理（图 5-2-13）。

图5-2-10 施工现场医务服务

图5-2-11 办公区垃圾桶和纸张回收箱

图5-2-12 生活区垃圾桶设置

光污染和噪声污染控制：工程在施工过程中对光污染采取"转、遮、控、禁"的措施，严格要求夜间施工避免灯光直射居民区，焊割等强光源作业采取遮挡措施。塔吊照明灯采用俯视角，满足塔吊工作照明。

工程地点虽然处于市郊，但依然对噪声进行严格控制，施工过程中，尽量将工作安排在白天进行，对于必须进行夜间施工的工作，为

图5-2-13　施工现场垃圾回收

图5-2-14　塔吊照明设备采用俯视角

图5-2-15　办公区使用低亮度照明，不致影响员工休息

避免影响工地附近及本项目部其他人员的夜间休息，施工现场配备了噪声检测设备，做到随时进行检测，提示作业人员，使噪声污染得到了有效控制（图5-2-14~图5-2-16）。

扬尘控制：现场采用20cm厚混凝土硬化道路及地坪，每天都安排人员对道路进行清扫、洒水降尘，控制灰尘外扬。施工期间，闲散土地都种植了绿色植物，办公区域、生活区域都设置了绿化带，绿化率达到75%以上（图5-2-17~图5-2-22）。

（2）节材与材料资源利用

工程开工伊始，项目部就对材料提出了严格的控制要求，并采用了很多新技术、新材料以达到节省材料的目的。现场施工采用新型的木塑方、木塑板，重复使用率比普通木模板高出3~4次。安全防护方面，采用了新型的塑钢格栅安全网，回收利用次数比普通安全网高出4次以上；电梯井防护门，可回收次数达到6次以上；箍筋采用现场统一加工，最大限度地节省钢材用量；施工防护

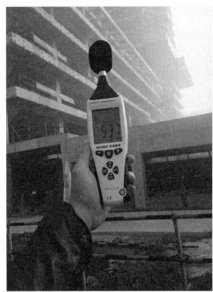

图 5-2-16　施工现场噪声检测（白天、夜晚）及检测记录

图 5-2-17　材料堆放场地采用喷淋降尘

图 5-2-18　项目部绿化停车场

图 5-2-19　循环水集水池

图 5-2-20　进出施工现场车辆进行冲洗

图5-2-21　硬化路面洒水降尘

图5-2-22　裸露土体采用彩条布覆盖

图5-2-24　施工外架采用机械提升外爬架

图5-2-23　绿色塑钢安全网

图5-2-25　电梯井防护安全门

外架采用外爬架，减少周材的使用量，加快工期的同时，节约了材料资源（图5-2-23~图5-2-31）。

（3）节水与水资源利用

现场主要使用自来水，少量抽取地下水。修砌了建筑用水沉淀池，施工用水能重复使

图5-2-26　现场新型可回收木塑方材料

图5-2-27　箍筋采用现场统一加工

图5-2-29　早拆架施工可节省工期

图5-2-30　钢筋直螺纹连接可节省用量

图5-2-28　可重复使用轻质活动板房

图5-2-31　废旧模板用作柱体护脚和梯步挡板

用。每天安排水电工值班，每个用水口都张贴了节水标志，劳务分包合同上明确了节水指标。项目部入口设置了车辆冲洗点，冲洗点设置沉淀池，水经沉淀可重复使用，并能用于道路洒水降尘。非传统水和循环水利用率大于3%（图5-2-32）。

（4）节电与能源资源利用

项目部办公室采用活动板房，安装塑钢门窗，减少能耗。办公室人员下班后及时关闭灯、计算机、空调等电器设备。办公室照明统一采用节能灯管。现场的机械设备按期保养、维护，对现场机械设备做到随用随开，人离机停。项目部后期工作人员安排在一起集中办公，进一步减少了能源消耗。现场塔吊的照明采用金属卤化灯，平台上施工作业时，可减少碘钨灯照明作业，做到节省能源消耗。项目部、劳务部统一采用节能灯管照明，施工方案上明确了能源的利用，做到理论和实际现场的结合。施工现场各区域都采用节能灯管，覆盖率为100%（图5-2-33、图5-2-34）。

图5-2-33　生活区、办公区均采用节能灯管

图5-2-32　利用循环水冲洗设备

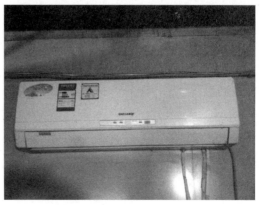

图5-2-34　项目部办公室、宿舍安装节能空调

（5）节地与土地资源保护

施工现场位于同茂大道路边，在施工过程中，通过修建施工便道连接现场的场内道路，道路设置成双向两车道，路宽5.5m，满足停车条件，转弯半径为12m，不得超速行驶。工程在各阶段施工中合理安排用地，现场临时用房搭设在以后的二期用地范围之内，临时道路也是以后规划的道路路基，可减少道路硬化成本，节省土地资源。

现场基础的开挖严格按照测量放线给的坐标，严禁超挖，最大限度地减少土石方开挖量。基础施工过程中，现场开挖后的土方合理堆放在现场的闲散土地内，保证回填土运距在500m以内。通过合理地、分阶段地进行平面布置，规划各主要材料堆场，做到整齐划一，既达到了标化现场的目的，又避免了由于盲目布置而导致的重复浪费（图5-2-35~图5-2-37）。

图5-2-35 项目部生活区前土体绿化

图5-2-36 地下室施工完毕后及时回填

图5-2-37 现场材料堆放整齐

5.3　建筑及建筑设备运行管理

绿色建筑最大的特点是对可持续性和全生命周期综合考虑，从建筑的全生命周期的角度，以"四节一环保"为基本约束，以"以人为本"为核心要求，实现建筑的绿色内涵，而建筑的运行阶段占整个建筑全生命周期的95%以上。以"四节一环保"为基本约束，以"以人为本"为核心要求，不仅要使这种理念体现在规划、设计和建造阶段，更需要提升和优化运行阶段的管理技术和模式，并在建筑的运行阶段得到落实。

一个环保绿色的建筑不仅要提供健康的室内空气，而且对热、冷和潮湿提供防护。和较好的室内空气品质一样，合适的热湿环境对建筑使用者的健康、舒适性和工作效率也是非常重要的，而且在保证建筑使用者的健康、舒适性和工作效率的同时，还要考虑建筑及建筑设备运行时是否节能减排，由此可以确定，建筑及建筑设备运行管理的原则包括以下三个方面：①控制室内空气品质；②控制热舒适性；③节能减排。

根据建筑及建筑设备运行管理的原则和2005年建设部、科学技术部印发的《绿色建筑技术导则》中提到的绿色建筑运行管理的技术要点，其管理的内容分为室内环境参数管理、建筑设备运行管理、建筑门窗管理。

5.3.1　室内环境参数管理

1. 合理确定室内温、湿度和风速

假设空调室外计算参数为定值，夏季空调室内空气计算温度和湿度越低，房间的计算冷负荷就越大，系统耗能也越大。通过研究证明，在不降低室内舒适度标准的前提下，合理组合室内空气设计参数可以收到明显的节能效果。

随室内温度的变化，节能率呈线性规律变化，室内设计温度每提高1℃，中央空调系统将减少能耗约6%。当相对湿度大于50%时，节能率随相对湿度呈线性规律变化。由于夏季室内相对湿度一般不会低于50%，所以以50%为基准，相对湿度每增加5%，节能10%。由此，在实际控制过程中，我们可以通过楼宇自动控制设备，将空调系统的运行速度和设定温度差控制在5℃以内，不要盲目地追求夏季室内温度过低，冬季室内温度过高。

通常认为20℃左右是人们最佳的工作温度；25℃以上，人体开始出现一些变化（皮肤温度升高，接下来就会出汗，体力下降，消化系统等发生变化）；30℃左右时，开始心慌、烦闷；50℃的环境里，人体只能忍受1小时。确定绿色建筑室内标准值的时候，我们可以根据国家《室内空气质量标准》GB/T 18883-2002的作适度调整。随着节能技术的应用，我们通常把室内温度在供暖期控制在16℃左右。制冷期，由于人们的生活习惯，当室内温度超过26℃时，并不一定就开空调，通常人们有一个容忍限度，即在29℃时，人们才开空调，所以，在运行期间，通常我们把室内空调温度控制在29℃。

空气湿度对人体的热平衡和湿热感觉有重大的作用。通常，在高温高湿的情况下，人体散热困难，使人感到透不过气，若湿度降低，会感到凉爽。低温高湿环境下，虽说

人们感觉更加阴凉，但如果降低湿度，则会感觉到加温，人体会更舒适。所以，根据室内相对湿度标准，在国家《室内空气质量标准》的基础上作了适度调整，供暖期一般应保证在 30% 以上，制冷期应控制在 70% 以下。

室内风速对人体的舒适感影响很大。当气温高于人体皮肤温度时，增大风速可以提高人体的舒适度，但是如果风速过大，会有吹风感。在寒冷的冬季，增大风速使人感觉更冷，但是风速不能太小，如果风速过小，人们会产生沉闷的感觉。因此，采纳国家《室内空气质量标准》的规定，供暖期在 0.2m/s 以下，制冷期在 0.3m/s 以下。

2. 合理控制新风量

根据卫生要求，建筑内每人都必须保证有一定的新风量。但新风量取得过多，将增加新风耗能量。所以新风量应该根据室内允许 CO_2 浓度和季节及时间的变化以及空气的污染情况来控制新风量以保证室内空气的新鲜度。一般根据气候分区的不同，在夏热冬暖地区主要考虑的是通风问题，换气次数控制在 0.5 次 /h，在夏热冬冷地区则控制在 0.3 次 /h，寒冷地区和严寒地区则应控制在 0.2 次 /h。通常新风量的控制是智能控制，根据建筑的类型、用途、室内外环境参数等进行动态控制。

3. 合理控制室内污染物

控制室内污染物的具体措施有：采用回风的空调室内应严格禁烟；采用污染物散发量小或者无污染的"绿色"建筑装饰材料、家具、设备等，应养成良好的个人卫生习惯，定期清洁系统设备，及时清洗或更换过滤器等；监控室外空气状况，对室外引入的新风应进行清洁过滤处理；提高过滤效果，超标时能及时对其进行控制；对复印机室和打字室、餐厅、厨房、卫生间等产生污染源的地方进行处理，避免建筑物内的交叉污染。必要时，在这些地方进行强制通风换气。

5.3.2 建筑设备运行管理

1. 做好设备运行管理的基础资料工作

基础资料工作是设备管理工作的根本依据，基础资料必须正确齐全。利用现代手段，运用计算机进行管理，使基础资料电子化、网络化，活化其作用。设备的基础资料包括：

（1）设备的原始档案。基本技术参数和设备价格；质量合格证书；使用安装说明书；验收资料；安装调试及验收记录；出厂、安装、使用的日期。

（2）设备卡片及设备台账。设备卡片将所有设备按系统或部门、场所编号，按编号将设备卡片汇集，进行统一登记，形成一本企业的设备台账，从而反映全部设备的基本情况，给设备管理工作提供方便。

（3）设备技术登记簿。在登记簿上记录设备从开始使用到报废的全过程，包括规划、设计、制造、购置、安装、调试、使用、维修、改造、更新及报废，都要进行比较详细的记载。每一台设备建立一本设备技术登记簿，做到设备技术登记及时、准确、齐全，反映该台设备的真实情况，用于指导实际工作。

（4）设备系统资料。建筑的物业设备都是要组成系统才能发挥作用的。例如中央空调系统由冷水机组、冷却泵、冷冻泵、空调末端设备、冷却塔、管道、阀门、电控设备及监控调节装置等一系列设备组成，任何一种设备或传导设施发生故障，系统都不能正常制冷。因此，除了设备单机资料的管理之外，对系统的资料管理也必须加以重视。系统的资料包括：

竣工图：在设备安装、改进施工时，原则上应该按施工图施工，但在实际施工中，往往会碰到许多具体问题需要变动，把变动的地方在施工图上随时标注或记录下来，等施工结束，把施工中变动的地方全部用图重新表示出来，符合实际情况，绘制竣工图，交资料室及管理设备部门保管。

系统图：竣工图是整个物业或整个层面的布置图，在竣工图上，各类管线密密麻麻，纵横交错，非常复杂，不熟悉的人员一时也很难查阅清楚，而系统图就是把各系统分割成若干子系统（也称分系统），子系统中可以用文字对系统的结构原理、运作过程及一些重要部件的具体位置等作比较详细的说明，表示方法灵活直观、图文并茂，使人一目了然，可以很快解决问题。把系统图绘制成大图，可以挂在工程部墙上，强化员工的培训教育意识。

2. 合理匹配设备，实现经济运行

合理匹配设备，是建筑节能的关键。否则，匹配不合理导致"大马拉小车"，不仅运行效率低下，而且设备损失和浪费都很大。在合理匹配设备方面，应注意的事项如下：

（1）要注意在满足安全运行、启动、制动和调速等方面的情况下，选择额定功率恰当的电动机，避免因选择功率过大而造成浪费或功率过小而造成电动机过载运行，缩短电机寿命的现象。

（2）要合理选择变压器容量。由于使用

变压器的固定费用较高且按容量计算，而且在启用变压器时也要根据变压器的容量大小向电力部门交纳增容费。因此，合理选择变压器的容量也至关重要。选得太小，导致过负荷运行，变压器会因过热而烧坏；选得太大，不仅增加了设备投资和电力增容等费用，同时耗损也很可观，使变压器运行效率低，能量损失大。

（3）要注意按照前后工序的需要，合理匹配各工序、各工段的主辅机设备，使上下工序达到优化配置和合理衔接，实现前后工序能力和规模的和谐一致，避免因某一工序匹配过大或过小而造成浪费资源和能源的现象。

（4）要合理配置办公、生活设施，比如空调的选用，要根据房间面积去选择合适的空调型号和性能，否则功率过大造成浪费，功率过小又达不到效果。

3. 动态更新设备，最大限度发挥设备能力

设备技术和工艺落后，往往是产品性能差、消耗高、运行成本高、污染大的一个重要原因，同时对安全管理等方面也有很大影响。因此，要实现节能减排，必须下决心去尽快淘汰那些能耗高、污染大的落后设备和工艺。在淘汰落后设备和技术工艺时，应注意以下事项：

（1）根据实际情况，对设备实行梯级利用和调节使用，逐步把节能型设备从开动率高的环节向使用率低的环节动态更新，把节能型设备用在开动率高的环节，更换下来的高能耗的设备用在开动率低的环节。这样，换下来的设备用在开动率低的环节后，虽然

能耗大、效率低，但由于开动的次数少，反而比投入新设备的成本还低。

（2）要注意对闲置设备按照节能减排的要求进行革新和改造，努力盘活这些设备并用于运行中。

（3）要注意单体设备节能向系统优化节能转变，全面考虑工艺配套，使工艺设备不仅在技术设备上高起点，而且在节能上高起点。

4. 合理利用和管理设备，实现最优化利用能量

节能减排的效率和水平很大程度上取决于设备管理水平的高低。加强设备管理是不需要投资或少投资就能收到节能减排效果的措施。在设备管理上，应注意以下事项：

（1）要把设备管理纳入经济责任制严格考核，对重点设备指定专人操作和管理。

（2）要注意削峰填谷，例如蓄冷空调。针对建筑的性质和用途以及建筑冷负荷的变化和分配规律来确定蓄冷空调的动态控制，完善峰谷分时电价、分季电价，尽量安排利用低谷电。特别是大容量的设备，要尽量放在夜间运行。

（3）设备要做到在不影响使用效果的情况下科学合理使用，根据用电设备的性能和特点，因时因地因物制宜，做到能不用的尽量不用，能少用的尽量少用，在开机次数、开机时间等方面灵活掌握，严格执行主机停、辅机停的管理制度。如：一台 1.5p 分体式空调机如果温度调高 1℃，按运行 10h 计算能节省 0.5kW·h，而调高 1℃，人所能感到的舒适度并不会降低。

（4）要摸清建筑节电潜力和存在的问题，有针对性地采取切实可行的措施挖潜降耗，

坚决杜绝白昼灯、长明灯、长流水等浪费能源的现象发生，提高节能减排的精细化管理水平。

5. 养成良好的习惯，减少待机设备

消除隐性浪费，待机设备是指设备连接到电源上且处于等待状态的耗电设备。在企业的生产和生活中，许多设备大多有待机功能，在电源开关未关闭的情况下，用电设备内部的部分电路处于待机状态，照样会耗能。比如：电脑主机关闭后不关显示器、打印机电源；电视机不看时只关掉电视开关，而电源插头并未拔掉；企业生产中有许多不是连续使用的设备和辅助设备，操作工人为了使用上的便利，在这些设备暂不使用时使其处于待机通电状态……由于诸如此类的许多待机功耗在作怪，等于在作无功损耗，这样，不仅会耗费可观的电能，造成大量电能的隐性浪费，而且释放出的二氧化碳还会对环境造成不同程度的影响。仅以专家测算过的电脑显示器、打印机为例，电脑显示器的待机功耗为 5W，打印机的待机功耗一般也达到 5W 左右，下班后不关闭它们的电源开关，一晚上将至少待机 10 个小时，造成待机耗电 0.1 度（kW·h），全年将因此耗电 36.5 度，按照国内办公设备保有量：电脑 1600 万台、打印机 1894 万台测算，若及时关闭电源减少待机，则每年可节约 12.77 亿 kW·h。因此，在节能减排方面，我们要注意消除隐性浪费，这不仅有利于节约能源，也有利于减少环保压力。要消除待机状态，这其实是一件很容易的事情，只要在生产、生活、办公设备长时间不使用时彻底关掉其电源就可以了。如果我们每个企业都养成这样良好的用电习惯，

每年就可以减少很多设备的待机时间，节约大量能耗。

5.3.3 建筑门窗管理

绿色建筑是资源和能源有效利用、保护环境、亲和自然、舒适、健康、安全的建筑，然而实现其真正的节能，我们通常就是利用建筑自身和天然能源来保障室内环境品质。基本思路是使日光、热、空气仅在有益时进入建筑，其目的是控制阳光和空气于恰当的时间进入建筑以及储存和分配热空气和冷空气以备需要。手段则是通过对建筑门窗的管理，实现其绿色的效果。

1. 利用门窗控制室内得热量、采光等问题的措施

通过窗口进入室内的阳光会增加进入室内的太阳辐射，可以充分利用昼光照明，减少电气照明的能耗，也可减少照明引起的夏季空调冷负荷和冬季供暖负荷。另一方面，增加进入室内的太阳辐射又会引起空调日射得冷负荷的增加。针对此问题所采取的具体措施有：

（1）建筑外遮阳。为了取得遮阳效果的最大化，遮阳构件有可调性增强、便于操作及智能化控制的趋向。有的可以根据气候或天气情况调节遮阳角度；有的可以根据居住者的使用情况（在或不在），自动开关，达到最有效的节能。具体形式有：遮阳卷帘、活动百叶遮阳、遮阳篷、遮阳纱幕等。自动卷帘遮阳篷在满足室内自然采光、节能和热舒适性的同时，还可以解决因夏季室内过热而增加室内空调能耗的问题，根据季节、日照、气温的变化而实现灵活控制显得非常重要。

中庭遮阳篷在夏季完全伸展时，可遮挡大部分太阳辐射和光线，减少眩光的同时能够引入足够的内部光线；冬季时可以完全打开，使阳光进入建筑空间，提高内部温度的同时也可提高照明水平；在过渡季节，则根据室外日照变化自动控制中庭遮阳篷的运行模式（图5-3-1）。其中，夏季室外照度大于60000lx时定义为晴天，低于20000lx时定义为阴天；春秋季节室外照度高于55000lx时定义为晴天，低于15000lx时定义为阴天。因此，夏季室外照度低于20000lx即阴天时，遮阳篷打开，大于60000lx即晴天时关闭；春秋季节室外照度低于15000lx时，遮阳篷打开，高于55000lx时关闭。

（2）窗口内遮阳。目前，窗帘的选择主

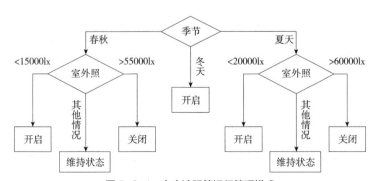

图5-3-1 中庭遮阳篷运行管理模式

要是根据住户的个人喜好来选择面料和颜色的，很少顾及节能的要求。相比外遮阳，窗帘遮阳更灵活，更易于用户根据季节、天气变化来调节适合的开启方式，不易受外界破坏。内遮阳的形式有：百叶窗帘、百叶窗、拉帘、卷帘等。材料则多种多样，有布料、塑料、金属、竹、木等。内遮阳也有不足的地方。当采用内遮阳的时候，太阳辐射穿过玻璃，使内遮阳帘自身受热升温。这部分热量实际上已经进入室内，有很大一部分将通过对流和辐射的方式，使室内的温度升高。

（3）玻璃自遮阳。玻璃自遮阳利用窗户玻璃自身的遮阳性能，阻断部分阳光进入室内。玻璃自身的遮阳性能对节能的影响很大，应该选择遮阳系数小的玻璃。遮阳性能好的玻璃，常见的有：吸热玻璃、热反射玻璃、低辐射玻璃。这几种玻璃的遮阳系数低，具有良好的遮阳效果。值得注意的是，前两种玻璃对采光有不同程度的影响，而低辐射玻璃的透光性能良好。此外，利用玻璃进行遮阳时，必须关闭窗户，会给房间的自然通风造成一定的影响，使滞留在室内的部分热量无法散发出去。所以，尽管玻璃自身的遮阳性能是值得肯定的，但是还必须配合百叶遮阳等措施，才能取长补短。

（4）采用通风窗技术将空调回风引入双层窗夹层空间，带走由日射引起的中间层百叶温度升高的对流热量。中间层百叶在光电控制下自动改变角度，遮挡直射阳光，透过散射可见光。

2. 利用门窗有组织地控制自然通风

自然通风是当今生态建筑中广泛采用的一项技术措施。它是一项久远的技术，我国传统建筑平面布局坐北朝南，讲究穿堂风，都是自然通风、节省能源的朴素运用。只不过当现代人们再次意识到它时，才感到更加珍贵，与现代技术相结合，从理论到实践都提高到了一个新的高度。在建筑设计中，自然通风涉及建筑形式、热压、风压、室外空气的热湿状态和污染情况等诸多因素。自然通风可以在过渡季节提供新鲜空气和降温，也可以在空调供冷季节利用夜间通风，降低围护结构和家具的蓄热量，减少第二天空调的启动负荷。

实验表明，充分的夜间通风可使白天室温低 2~4℃。日本涩谷 TOD 综合体、高崎市政府大楼等都利用了有组织的自然通风对中庭或办公室进行通风，过渡季节免开空调。在外窗不能开启和有双层或三层玻璃幕墙的建筑中，还可以利用间接自然通风，即将室外空气引入玻璃间层内，再排到室外。这种结构不同于一般的玻璃幕墙，双层玻璃之间留有较大的空间，被称为"会呼吸的皮肤"。冬季，双层玻璃间层形成阳光温室，提高建筑围护结构表面温度。夏季，利用烟囱效应在间层内通风，将间层内热空气带走。自然通风在生态建筑上的应用，目的就是尽量减少传统空调制冷系统的使用，从而减少能耗，降低污染。

上海某绿色办公室自然通风运作管理模式如图 5-3-2 所示。

一般办公室工作时间（8：30—17：00）空调系统开启，而下班后"人去楼空"，室外气温却开始下降，这时，通过自然通风的运行管理模式将室内余热散去，可以为第二天的早晨提供一个清凉的办公室室内环境，

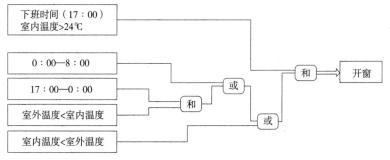

图5-3-2　夏季自然通风管理模式

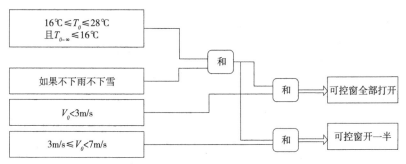

图5-3-3　过渡季节自然通风运行模式

不仅有利于空调节能，更有利于让天然冷源发挥最佳的降温效果，使办公室在日间高温时段可将室内温度控制在舒适范围内。夏季夜间自然通风智能管理模式（图5-3-3）为17：00（下班时间）以后，当室内温度超过24℃时，出现以下情况之一，则按照各自情况的时段将侧窗打开，同时将促进自然通风的风道开启：

（1）早晨0：00—8：00时段内室外温度低于室内温度；

（2）17：00—0：00时段内室外温度低于室内温度；

（3）17：00—8：00时段内室外温度低于室内温度。

通过对窗的开启进行自动控制，从而实现高效的运行，既可降低空调能耗，又可提高室内热舒适性。

5.4　物业管理

5.4.1　物业管理的概念

物业管理是绿色建筑运营管理的重要组成部分，这种工作模式在国际上已十分流行。近年来，我国一直在规范物业管理工作，采取各种措施，积极推进物业管理市场化的进程。但是，对绿色建筑的运营管理相对滞后。早期物业受其建筑功能低端的影响，物业管理的目标、服务内容等处于低级水平。许多人认为物业管理是种低技能、低水平的劳动密集型工作，重建设、轻管理的意识普遍存在，造成物业管理始终处于一种建造功能与实际使用功能相背离的不正常状态。物业管理不仅要提供公共性的专业服务，还要提供非公共性的社区服务，因此也需要有社会科学的基础知识。

1. 绿色建筑物业管理

绿色建筑物业管理的内容，是在传统物业管理内容的基础上的提升，更需要体现出管理科学规范、服务优质高效的特点。绿色建筑的物业管理不但包括传统意义上的物业管理中的服务内容，还应包括对节能、节水、节材、保护环境与智能化系统的管理、维护和功能提升。

绿色建筑的物业管理需要很多现代科学技术的支持，如生态技术、计算机技术、网络技术、信息技术、空调技术等，需要物业管理人员拥有相应的专业知识，能够科学地运行、维修、保养环境、房屋、设备和设施。

2. 智能化物业管理

绿色建筑的物业管理应采用智能化物业管理方式。智能化物业管理与传统的物业管理在根本目的上没有区别，都是为建筑物的使用者提供高效优质的服务。它是在传统物业管理服务内容上的提升，主要表现在以下几个方面：

（1）对节能、节水、节材与保护环境的管理。

（2）安保、消防、停车管理采用智能技术。

（3）管理服务网络化、信息化。

（4）物业管理应用信息系统。采用定量化的管理方法，达到设计目标值，发挥绿色建筑的应有功能。应重视绿色建筑的物业管理，实现绿色建筑建设与绿色建筑物业管理两者的同步发展。

3. ISO 14001 环境管理标准

ISO14000系列标准是国际标准化组织ISO/TC207负责起草的一份国际标准。ISO14000是一个系列的环境管理标准，它包括了环境管理体系、环境审核、环境标志、生命周期分析等国际环境管理领域内的许多焦点问题，旨在指导各类组织（企业、公司）取得表现正确的环境行为。ISO给14000系列标准共预留了100个标准号；该系列标准共分为7个系列，其编号为ISO 14001~ISO14100。

ISO14001标准是ISO14000系列标准的龙头标准，也是唯一可供认证使用的标准。ISO14001中文名称是"环境管理体系规范及使用指南"，于1996年9月正式颁布。ISO14001是组织规划、实施、检查、评审环境管理运作系统的规范性标准，该系统包含五大部分：环境方针；规划；实施与运行；检查与纠正措施；管理评审。物业管理部门通过ISO14001环境管理体系认证，是提高环境管理水平的需要。达到节约能源、降低消耗、减少环保支出、降低成本的目的，可以减少由于污染事故或违反法律、法规所造成的环境风险。

4. 资源管理激励机制

具有并实施资源管理激励机制，管理业绩与节约资源、提高经济效益挂钩。管理是运行节能的重要手段，然而，在过去，往往管理业绩不与节能、节约资源的情况挂钩。绿色建筑的运行管理要求物业在保证建筑的使用性能要求、投诉率低于规定值的前提下，实现物业的经济效益与建筑用能系统的耗能状况、用水和办公用品等的情况直接挂钩。

5.4.2 节能、节水与节材管理

随着全球经济一体化和世界经济的迅猛发展，资源和环境越来越成为全人类共同关心的重要问题和面临的严峻挑战。而我国人口众多，占世界总人口的20%，人均资源相对不足。从能源资源情况来看，一方面能源占有量少，另一方面，我国能源效率和能源利用效率较低，比世界先进水平低10%左右。我国在能源生产和消费过程中引起的生态失衡和环境污染问题也日益严重。从水资源的情况来看，我国人均水资源拥有量只有2200m³，仅为世界平均水平的1/4。我们要从战略发展的高度，充分认识节能、节水与节材工作的重要性和紧迫性。我们要进一步转变观念，牢牢树立起"资源意识""节约意识"和"环境意识"，采取有效措施，切实做好节能、节水、节材和环保工作，要做到节能、节水、节材计划到位，目标到位，措施到位，激励机制和管理制度到位。

1. 制定节能、节水与节材的管理方案

物业管理公司应提交节能、节水与节材管理制度，并说明实施效果。节能管理制度主要包括：业主和物业共同制定节能管理模式，分户、分类地计量与收费；建立物业内部的节能管理机制；节能指标达到设计要求。节水管理制度主要包括：按照高质高用、低质低用的梯级用水原则，制定节水方案；采用分户、分类的计量与收费方式；建立物业内部的节水管理机制；节水指标达到设计要求。节材管理制度主要包括：建立建筑、设备、系统的维护制度；建立物业耗材管理制度，选用绿色材料，减少因维修带来的材料消耗。

2. 节能的智能技术

目前，节能已较为广泛地采用智能技术且效果明显，主要的节能技术如下：

（1）采用能源管理系统，特别是公共建筑。主要的技术为：利用能源消耗动态图，形成操作信息；控制负荷轨迹，预测负荷能力，优化系统实时响应，确定负荷上升或下降；通过分析周期性负荷变化的时间表，改善负荷峰值和谷值，在峰值时尽量减少电器设备的使用。

（2）供热、通风和空调设备节能技术。确定峰值负载的产生原因和开发相应的管理策略，从需要出发设置供热、通风和空调，利用控制系统进行操作；限制在能耗高峰时间对电的需求；根据设计图、运行日程安排和室外气温、季节等情况，建立温度和湿度的设置点；设置的传感器具有根据室内人数变化调整通风率的能力，确定传感器的位置；提供合适的可编程的调节器，具有根据记录的需求图自动调节温度的能力；防止过热或过冷，节约能源10%~20%；根据居住空间，提供空气温度个性化控制。

（3）采用楼宇能源自动管理系统。主要的技术为通过对建筑物的设计参数、运行参数和监测参数的设定，建立相应的建筑物节能模型，用它指导建筑设计、智能化系统控制、信息交互和优化运行等，有效地实现建筑节能管理。其中，能源信息系统EIS（Energy Information System）是信息平台，集成建筑设计、设备运行、系统优化、节能物业管理和节能教育等信息；采用能耗模拟分析给出设计节能和运行节能评估报告，并对建筑的精确模型描述提供定量评估结果和优化控制；能源管理系统EMS（Energy Management System）集中管理楼宇设备的运行能耗状况，由计算机系统管理、检查设备。系统控制设备由网关和组态软件、组件等组成，通过嵌入式系统或 ISP 方式实现远程管理和监控，能源服务管理 ESM（Energy Service Management）负责协调各子系统之间的信息流、分配资源给各子系统、调度日志、系统维护和气象资料管理等。

3. 节水管理

在中国，水资源是比较匮乏的资源之一，且存在分布不均匀的现象。南水北调工程是一项倾全国之力的水利工程，为的就是调节我国水资源不足的问题，节水工程已成为我国节约型社会的一个重要部分。居民用水是政府首要保障的部分，因此，住宅小区的节水意义重大。目前，小区的用水主要分为居民用水、园林绿化灌溉用水、景观用水三大部分。

1）绿化灌溉用水节约措施

绿化率是衡量一个小区适宜居住程度的重要指标。目前，大部分小区都有一定数量的绿化面积，园林绿化灌溉用水已成为小区第一用水大户。此部分节水的成功与否将较大地影响小区节水成功与否。

（1）尽量利用小区周围的多余水资源

当前，多数开发商为营造适宜的居住环境，常将物业选址于河流湖泊等自然水源附近，这种情况下，园林绿化灌溉应合理利用这部分水资源。物业管理公司在设计阶段即可建议开发商在已完成土建工程的小区内增设少量地下管网，从紧邻该小区的河流中提取园林绿化灌溉用水。这样既能满足该小区的绿化用水的需求，又避免了直接使用自来水灌溉带来的高额成本。由于紧邻河水的水质能够满足绿化要求，并且优于自来水直

接浇灌，因此能对小区内植物产生良好的作用，同时也可降低物业管理成本，减轻业主负担。

（2）合理利用季节、天气状况

根据季节变化及实际的天气情况，合理安排园林绿化的灌溉时间、方式及用水量。

2）景观用水节约措施

随着小区内人造景观的不断采用，景观用水已成为小区内仅次于园林绿化灌溉用水的第二用水大户。开展节约型物业管理服务，使其既能充分展示现有景观，又能满足人工水体自然蒸发用水的需求，除在景观设计阶段必须考虑的雨污分流和雨水回收系统外，还必须考虑今后使用景观用水的再循环过滤系统和相关水泵的设计、安装，控制景观用水费。

如将景观的循环水系统与小区内园林绿化喷灌用水需求有机地结合起来，既能符合景观用水的环保要求，又能满足园林绿化植被对灌溉用水中有机成分的需求。

除了关注园林绿化灌溉用水和景观用水之外，节约居民用水也值得重视。在加强节约用水宣传力度的同时，对于小区内给水系统的"跑、冒、滴、漏"现象，小区物业必须加强日常的检查，发现有此类现象存在要及时维修保养，以杜绝不必要的浪费。

4. 建筑设备自动监控系统

公共建筑的空调、通风和照明系统是建筑运行中的主要能耗设备。为此，对绿色建筑内的空调通风系统冷热源、风机、水泵等设备应进行有效监测，对关键数据进行实时采集并记录，对上述设备系统按照设计要求进行可靠的自动化控制。对于照明系统，除

了在保证照明质量的前提下尽量减小照明功率密度外，还可采用感应式或延时的自动控制方式实现建筑的照明。

5. 办公、商场类建筑耗电、冷热量等实行计量收费

以往在公建中按面积收取水、电、天然气、热等的费用，容易导致用户不注意节能，长明灯、长流水现象处处可见，造成大量的浪费。因此，应作为考查的重点内容。要求在硬件方面，能够做到耗电和冷热量的分项、分级记录与计量，分析公共建筑各项能耗大小、发现问题所在和提出节能措施。同时，能实现按能量计量收费，这样可促使业主和用户重视节能。

5.4.3 绿化管理

绿化管理贯穿于规划、施工及养护等整个过程，它是保证工程质量、维护建设成果的关键所在。科学规划和设计是提高绿化管理水平的前提。园林绿化设计除考虑美观、实用、经济等原则外，还须了解植物的生长习性，种植地的土壤、气候、水源水质状况等，根据实际情况进行植物配置，以减少管理成本，提高苗木成活率。在具体的施工过程中，要以乡土树种为主，乔、灌、花、草合理搭配。

为使居住与工作环境的树木、花园及园林配套设施保持完好，让人们生活在一个优美、舒适的环境中，必须加强绿化管理。区内所有树木、花坛、绿地、草坪及相关各种设施，均属管理范围。

1. 制定绿化管理制度并认真执行

绿化管理制度主要包括：对绿化用水进行计量，建立并完善节水型灌溉系统；规范杀虫剂、除草剂、化肥、农药等化学药品的使用，有效避免对土壤和地下水环境的损害。

2. 采用无公害病虫害防治技术

病虫害的发生和蔓延将直接导致树木生长质量下降，破坏生态环境和生物多样性，应加强预测预报，严格控制病虫害的传播和蔓延。增强病虫害防治工作的科学性，要坚持生物防治和化学防治相结合的方法，科学使用化学农药，大力推行生物制剂、仿生制剂等无公害防治技术，提高生物防治和无公害防治的比例，保证人畜安全，保护有益生物，防止环境污染，促进生态可持续发展。

对行道树、花灌木、绿篱定期修剪，对草坪及时修剪。及时做好树木病虫害预测、防治工作，做到树木无暴发性病虫害，保持草坪、地被的完整，保证树木较高的成活率，老树成活率达98%，新栽树木成活率达85%以上。发现危树、枯死树木，及时处理。

5.4.4 垃圾管理

城市垃圾的减量化、资源化和无害化，是发展循环经济的一个重要内容。发展循环经济应将城市生活垃圾的减量、回收和处理放在重要位置。近年来，我国城市垃圾迅速增加，城市生活垃圾中可回收再利用的物质多，如有机质已占50%左右，废纸含量为3%~12%，废塑料制品约5%~14%。循环经济的核心是资源综合利用，而不光是原来所说的废旧物资回收。过去，我们讲废旧物资回收，主要是通过废旧物资回收利用来缓解供应短缺，强调的是生产资料，如废钢铁、废玻璃、废橡胶等的回收利用。而循环经济中要实现减量化、资源化和无害化，重点是城市的生活垃圾。

1. 制定科学合理的垃圾收集、运输与处理规划

首先要考虑建筑物垃圾收集、运输与处理的整体系统的合理规划。如果设置小型有机厨余垃圾处理设施，应考虑其布置的合理性及下水管道的承载能力。其次则是物业管理公司应提交垃圾管理制度，并说明实施效果。垃圾管理制度包括垃圾管理运行操作手册、管理设施、管理经费、人员配备及机构分工、监督机制、定期的岗位业务培训和突发事件的应急反应处理系统等。

2. 垃圾容器

垃圾容器一般设在居住单元出入口附近隐蔽的位置，其外观色彩及标志应符合垃圾分类收集的要求。垃圾容器分为固定式和移动式两种，其规格应符合国家有关标准。垃圾容器应选择美观与功能兼备，并且与周围景观相协调的产品，要求坚固耐用，不易倾倒。一般可采用不锈钢、木材、石材、混凝土、GRC、陶瓷材料制作。

3. 垃圾站（间）的景观美化及环境卫生

重视垃圾站（间）的景观美化及环境卫生问题，用以提升生活环境的品质。垃圾站（间）设冲洗和排水设施，存放垃圾能及时清运，不污染环境、不散发臭味。

4. 分类收集

在建筑运行过程中会产生大量的垃圾，包括建筑装修、维护过程中出现的土、渣土，散落的砂浆和混凝土，剔凿产生的砖石和混凝土碎块，还包括金属、竹木材、装饰装修产生的废料、各种包装材料、废旧纸张等。对于宾馆类建筑，还包括其餐厅产生的厨房垃圾等。众多种类的垃圾，如果弃之不用或不合理处理将会对城市环境产生极大的影响。为此，在建筑运行过程中需要根据建筑垃圾的来源、可否回用、处理难易度等进行分类，对其中可再利用或可再生的材料进行有效回收处理，重新用于生产。

垃圾分类收集就是在源头将垃圾分类投放，并通过分类的清运和回收对其进行分类处理或重新变成资源。垃圾分类收集有利于资源回收利用，同时便于处理有毒有害物质，减少垃圾的处理量，降低运输和处理的成本。在许多发达国家，垃圾资源回收产业在产业结构中占有重要的位置，甚至利用法律来约束人们必须分类放置垃圾。对小区来讲，要求实行垃圾分类收集的住户占总住户数的比例达90%。

5. 垃圾处理

处理生活垃圾的方法很多，主要有卫生填埋、焚烧、生物处理等。由于生物处理对有机厨余垃圾具有减量化、资源化等作用，因而得到一定的推广应用。有机厨余垃圾的生物降解是多种微生物协同作用的结果，将筛选到的有效微生物菌群，接种到有机厨余垃圾中，通过好氧与厌氧联合处理工艺降解生活垃圾，是垃圾生物处理的发展趋势之一。但其前提条件是实行垃圾分类，以提高生物处理垃圾中有机物的含量。

5.5　建筑合同能源管理

20世纪70年代中期以来，一种基于市场的、全新的节能项目投资机制"合同能源管理"在市场经济国家中逐步发展起来，而基于合同能源管理这种节能投资新体制运作的专业化能源管理公司发展十分迅速，尤其是在美国、加拿大，已发展成为一种新兴的节能产业。1997年，这一新机制引进中国，中国在北京市、辽宁省、山东省成立了3个试点公司，现在已经发展到10多家公司。一种新兴的节能投资模式正在中国迅猛发展。在传统的建筑节能投资方式下，节能项目的所有风险和盈利都由实施节能投资的建筑投资方（业主）承担，在合同能源管理方式中，原则上不要求建筑投资方（业主）对节能项目进行大笔投资，一般情况下，建筑投资方（业主）不用投资即可获得节能项目和节能效益，从而实现零风险。

5.5.1　建筑合同能源的定义与分类

建筑合同能源管理（CEM）是一种以减少的能源费用来支付节能项目全部成本的节能投资方式。能源管理合同在实施节能项目的建筑投资方（业主）与专门的节能服务公司（所谓节能服务公司（EMC），是一种基于合同能源管理机制、以营利为直接目的的专业化公司。EMC与愿意进行节能改造的用户签订节能服务合同，为用户的节能项目进行投资或融资，向用户提供节能技术服务，通过与用户分享项目实施后产生的节能效益来营利，实现滚动发展。传统的节能投资方式表现为节能项目的所有风险和盈利都由实施节能投资的建筑投资方（业主）承担；而采用合同能源管理方式，通常不需要建筑投资方（业主）自身对节能项目进行大笔投资。建筑合同能源管理根据合同双方的合作方式的不同，可以分为三种类型，具体如下：

1. 确保节能效益型

这种合同的实质内容是EMC向建筑投资方（业主）保证一定的节能量，或者是保证将用户能源费用降低或维持在某一水平上。其特点是：节能量超过保证值的部分，其分配情况要根据合同的具体规定，要么用于偿清EMC的投资，要么属建筑投资方（业主）所有。

2. 效益共享型

效益共享合同的核心内容是EMC与建筑投资方（业主）按合同规定的分成方式分享节能效益。特点是：在合同执行的头几年，大部分节能效益属EMC，从而补偿其投资及其他成本。

3. 设备租赁型

设备租赁合同采用租赁方式购买设备，在一定时期（租赁期）内，设备的所有权属于EMC，收回项目改造的投资及利息后，设备再属建筑投资方（业主）所有，设备维护和运行时间可以根据合同延长到租赁期以后。其特点是：设备生产商也可通过EMC这种租赁购买设备的方式，促进其设备获得广泛应用。

一般来讲，确保节能效益型相对最安全可靠，效益共享型是相对最常使用的一种，设备租赁型在设备贬值并不十分突出的情况下可获得广泛应用。建筑投资方（业主）选择哪类合同要依据自身的情况而定。

5.5.2 建筑合同能源管理内容

建筑合同能源管理的内容包括两部分，一部分为其实施条件，另一部分为运行模式。

1. 实施条件

实施条件，一方面是管理基础，另一方面是合作空间。管理基础通常有较为系统、完整的能源基础管理数据和管理体系，能源计量的检测率、配备率和器具完好率较高，有良好的能源计量管理基础，能源计量标准器具和能源计量器具的周检合格率高；有多年的内部动力（能源）产品的经济核算的市场运作基础，通过较小的投资可以满足各种动力与能源的核算与审计工作要求，能够取得较准确的合同能源管理需求数据，对节能措施项目进行综合评价。合作空间则是企业供能与用能的效率要有较大的提高空间，可形成 EMC 实施节能项目的内在动力。具体可在以下几个方面进行合作：

（1）供、用电方面。低压系统的节电、电机节电、滤波节电，低效风机更新、水泵更新改造，低压功率因数补偿等。

（2）生产设备方面。主要生产工艺设备采用微机控制，开展天然气熔炼炉、还原炉、干燥箱等高效能、低成本加热设备的研发与合作。

（3）制氢系统。采用天然气制氢系统，相比目前的电解水制氢可大幅降低制氢生产成本。

（4）空调制冷系统。蓄冰制冷设备和模块化水冷冷水机组的技术更新改造，提高制冷系统运行效率，降低制冷系统运行成本。

（5）供热与自采暖。实施目前燃煤集中供蒸汽为分散天然气小锅炉供汽，以满足工艺加热温度的灵活选择，提高生产效率，实现蒸汽使用闭路循环节能技术；合理控制生产岗位供暖温度、澡堂水箱加温，提高用能效率。

（6）供水系统。应用新型全封闭式水循环复用装置，防水箱溢流的自动控制与恒压供水装置，有效节水与节电。与监测机构合作开展用水审计，提高水费回收率来偿还管网改造费用，减少跑、冒、滴、漏；采用微阻缓闭止回阀，以减少能源损耗。

2. 运行模式

节能服务公司（EMC）是一种比较特殊的产业，其特殊性在于它销售的不是某一种具体的产品或技术，而是一系列的节能"服务"，也就是为客户提供节能项目，这种项目的实质是为客户提供节能量。EMC 的业务活动主要包括以下内容：

（1）能源审计。EMC 针对客户的具体情况，对各种节能措施进行评价。测定建筑当前用能量，并对各种可供选择的节能措施的节能量进行预测。

（2）节能项目设计。根据能源审计的结果，EMC 向客户提出如何利用成熟的技术来改进能源利用效率、降低能源成本的方案和建议。如果客户有意向接受 EMC 提出的方案和建议，EMC 就为客户进行项目设计。

（3）节能服务合同的谈判与签署。EMC 与客户协商，就准备实施的节能项目签订"节能服务合同"。在某些情况下，如果客户不同意与 EMC 签订节能服务合同，EMC 将向客户收取能源审计和节能项目设计费用。

（4）节能项目融资。EMC 向客户的节能项目投资或提供融资服务，EMC 用于节能项目的资金来源可能是 EMC 的自有资金、银行商业贷款或者其他融资渠道。

（5）原材料和设备采购、施工、安装及调试。由 EMC 负责节能项目的原材料和设备采购以及施工、安装和调试工作，实行"交钥匙工程"。

（6）运行、保养和维护。EMC 为客户培训设备运行人员，并负责所安装的设备 / 系统的保养和维护。

（7）节能效益保证。EMC 为客户提供节能项目的节能量保证，并与客户共同监测和确认节能项目在项目合同期内的节能效果。

（8）EMC 与客户分享节能效益。在项目合同期内，EMC 对与项目有关的投入（包括土建、原材料、设备、技术等）拥有所有权，并与客户分享项目产生的节能效益。在 EMC 的项目资金、运行成本、所承担的风险及合理的利润得到补偿之后（合同期结束），设备的所有权一般将转让给客户。客户最终将获得高能效设备和节约能源成本，并享受全部节能效益。

5.5.3 发展建筑合同能源管理所面临的困难及解决对策

尽管示范性 EMC 公司和其他以相同模式运营的节能服务公司在全国许多省市推广，并取得了初步成效，但要在我国全面推进建筑合同能源管理，还需要全社会携手 EMC 发展的外部环境，包括提高认识、培育业主的节能观念、调整国家政策等。只有当全社会清晰地认识到节能市场化的意义时，EMC 这一产业才可能在我国迅速发展壮大。目前 EMC 产业发展面临五大瓶颈的制约：

（1）缺乏强有力的法律支持。我国现行节能法律约束力较弱，对能源利用效率低的建筑或行为并没有明确的惩罚措施，对节能行为也缺乏明确的激励政策，特别是没有与节能的环保效益挂钩。

（2）一些正处于起步阶段的 EMC 缺乏运营能力。EMC 的运营机制是全新的，又比较复杂，潜在的 EMC 或者是按 EMC 模式运营却没有受过专业培训的节能服务公司，大多数缺乏综合技术能力、市场开拓能力、商务计划制定能力、财务管理与风险防范能力、后期管理能力等，降低了向用户提供服务的水平。

（3）建筑合同能源管理这一先进的市场节能新机制的运作，与现行企业财务管理制度存在矛盾。"先投资后回收"这一模式按现行企业财务运行模式根本无法作财务核算，目前多是进行变通处理。例如将一台节能锅炉放在企业使用，在合同期内，所有权仍属于节能公司，企业支付节能费既难以进入成本，又无法提折旧，让双方都很为难。

（4）资金短缺且缺乏融资能力。多数以 EMC 模式运营的节能服务公司经济实力较弱，无力提供保证其贷款安全性的担保或抵押，又缺乏财务资信的历史记录等，获得银行支持力度较小。因资金不足，大量好的节能技改项目无法实施。

（5）部分业主缺乏诚信，阻碍了 EMC 模式的推广。节能服务公司因为承担了绝大部分的风险，在获利时需要将资金占用、人员费用等一系列因素都考虑进去。一些业主对此十分眼红，经常发生一次性合作，后面不再合作的事情，甚至故意不支付节能分享利润，使节能服务公司在项目谈判和实施过程中，把大量精力用在了风险控制方面。

为此，根据节能专家的建议，针对出现的问题，提出了下面四种解决方法：修改现行节能法律，出台带有强制性的措施，并与环保政策相衔接，从政策法规上引导全社会，特别是建筑投资者真正重视节能工作；建立政府节能减排基金，通过贴息、补贴、担保等方式支持企业、节能公司利用新型节能模式进行节能改造；对建筑进行能源监测，对能源消耗达不到行业标准或产品标准的建筑提出节能整改建议，限期整改；改革财务管理相关规则，允许EMCo中的费用进入当期产品成本，确保EMCo模式的正常运转。

5.5.4 建筑合同能源管理合作样板及能效分析实例

1. 建筑合同能源管理合作样板

双方合作模式（以某单位年能耗1000万人民币为例）：

- 甲方直接买断模式；
- 双方共同投资模式；
- EMC合同能源模式；
- 产品租赁模式。

（1）甲方直接买断模式

甲方直接支付我公司节能设备款及施工设计费用。

甲方总共需支付货款：480万元

甲方享受全部节能收益：1000万×20%=200万元每年

甲方回收期：480万÷200万/年=2.4年

我方共收益：480万元

（2）双方共同投资模式

甲方与我公司在该项目中共同出资，双方共同分享节能收益。

甲方总共需出资：240万元（即总投资款的50%）

甲方享受5成节能收益：每年100万元

双方合作期限：5年

静态回收期：240万÷100万/年=2.4年

动态回收期：5年+（500万-240万）÷200万/年=6.3年

我方共收益：240万+100万×5=740万

（3）EMC合同能源模式

由我公司为甲方该项目全权出资，双方共同分享节能收益。

甲方前期无需出任何资金！

甲方享受1成节能收益：每年约20万元

双方合作期限：5年

甲方5年内收益：20万×5年=100万元

我方实际收益：180万×5-480万=420万元

（4）产品租赁模式

由我公司为甲方项目出资，甲方定期付给我公司租金。

甲方前期无需出任何资金！

甲方享受全部节能收益：每年约200万元

双方合作期限：2.5年

甲方月付租金：480万÷30月=16万/月

甲方2.5年内收益：500万-480万=20万元

我方共收益：480万元

四种合作方式的比较如表5-5-1所示。

由以上表格可看出：

直接买断模式，甲方可获得最大的节能收益，且回收期较短。我方资金回笼快。

合作模式比较　　　　　　　　　　　表5-5-1

合作模式	甲方最终出资	甲方回收年限	甲方15年收益	甲方收益率
买断模式	480万	2.4年	2520万	☆☆☆☆
共同投资	740万	6.3年	2260万	☆☆☆☆
EMC模式	900万	9年	2100万	☆☆
租赁模式	480万	4.3年	2520万	☆☆☆☆☆

共同投资模式，甲方可获得较高的节能收益，回收期较长。我方资金回笼较慢。

EMC模式，甲方获得的节能收益最低，回收期最长。我方可取得最大的收益，资金回笼慢，有一定风险。

产品租赁模式，甲方可获得最大的节能收益，回收期短。我方资金回收慢，有一定风险。

通过对比分析，建议甲方与我公司采取产品租赁方式，实现各方面多赢的商业合作。

备注：

甲方每年能耗基数以1000万元为基础。

节能精算以每年节省原能耗总量的20%为空间。

节能设备的选型、当地人员成本、渠道费用的支出、合同的条款等诸多因素直接影响合作模式的选择。

2. 合同能源管理能效分析实例（大厦空调系统）

某大厦安装有三台离心冷水机组，每台冷机冷水出口均安装有阀门，在冷机不开启时关闭对应阀门，冷机开启时打开对应阀门。冷水泵为4台37kW立式泵，使用情况为三用一备，每台冷水泵出口分别装有蝶阀。由于中央空调系统安装时间较早，系统陈旧，因此实际运行中存在一些问题。主要表现为：

4台冷水泵的电机和设计流量不匹配，水泵出口阀门开度非常小，稍微开大，电机电流就过载，每台水泵的流量很小，为保证冷机能正常开启，整个供冷季必须同时开启3台水泵。针对这种情况，提出了将其中2台水泵电机更换为45kW，并采取变频控制的解决方案。经组织实施后，进行了系统调试和试运行，完全达到了预期效果。在只开启2台水泵的情况下，不仅水泵出口阀门可以全部开启，减少了1台水泵的使用，而且整个制冷季都可以在较低的频率下运行。

根据原电机运行参数（额定功率37kW，额定电压380V，功率因数0.87）和新电机（额定功率45kW，额定电压380V，功率因数0.8日，额定电流84.2A）实际运行参数（工作频率35Hz，工作电流35A以及大厦供冷时间200d，24h连续运行），可得原水泵耗电536160kW·h，现水泵耗电194400kW·h，改造后可节省电耗341760kW·h。

和改造前相比，项目节能效果非常显著，节省了大约65%的运行费用，并且降低了噪声，改善了工作环境。作为典型的合同能源管理，节能收益分享按70%计算。如以平均电价0.7元/（kW·h）计，合同能源管理公司获得其中的70%，共计117万元。对业主而言，合同能源管理项目期P<J，获得收益

50 万元；系统使用寿命为 15 年左右，共节约电耗 241 万元。

5.6 建筑节能检测、计量、调试与故障诊断

5.6.1 节能检测

目前，全国范围内建筑节能检测都执行《居住建筑节能检验标准》JGJ T132-2009，它是最具权威性的检测方法，它的发布实施，为建筑节能政策的执行提供了一个科学的依据，使得建筑用能由传统的间接计算、目测定性评判发展到现在的直接测量，从此，这项工作进入了由定性到定量、由间接到直接、由感性判断到科学检测的新阶段。

根据对建筑节能影响因素和现场检测的可实施性的分析，我们认为，能够在实验室检测的宜在实验室检测（如门窗等，作为产品，在工程使用前后，它的性状不会发生改变）；除此之外，只有围护结构是在建造过程中形成的，对它的检测只能在现场进行。因此，建筑节能现场检测最主要的项目是围护结构的传热系数，这也是最重要的项目。如何准确测量墙体传热系数是建筑节能现场检测验收的关键。目前，建筑节能现场检测围护结构（一般测外墙和屋顶、架空地板）的传热系数的方法，主要有以下四种：

1. 热流计法

热流计是建筑能耗测定中的常用仪表。该方法是采用热流计及温度传感器测量通过构件的热流值和表面温度，计算得出其热阻和传热系数，如图 5-6-1 所示。

其检测基本原理为：在被测部位布置热流计，在热流计周围的内外表面布置热电偶，通过导线把所测试的各部分连接起来，将测试信号直接输入微机，通过计算机数据处理，可打印出热流值及温度读数。在传热过程稳定后，开始计量。为使测试结果准确，测试应在连续供暖（人为制造室内外温差亦可）稳定至少 7d 的房间中进行。一般来讲，室内外温差愈大（要求必须大于 20℃），其测量误差相对愈小，所得结果亦较为精确，其缺点是受季节限制。该方法是目前国内外常用的现场测试方法，国际标准和美国 ASTM 标准都对热流计法作了较为详细的规定。

2. 热箱法

热箱法是测定热箱内电加热器所发出的全部通过围护结构的热量及围护结构冷热表面温度。它分为实验室标定热箱法和实验室防护热箱法两种，其原理如图 5-6-2、图 5-6-3 所示。

其基本检测原理是人工制造一个一维传热环境，被测部位的内侧用热箱模拟供暖建筑室内条件并使热箱内和室内空气温度保持一致，另一侧为室外自然条件，维持热箱内温度高于室外温度 8℃以上，这样，被测部位的热流总是从室内向室外传递，当热箱内的加热量与通过被测部位的传递热量达到平衡时，通过测量热箱的加热量可得到被测部

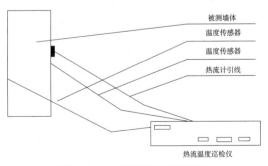

图 5-6-1 热流计法检测示意图

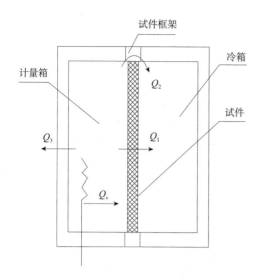

图5-6-2　实验室标定热箱法原理示意图

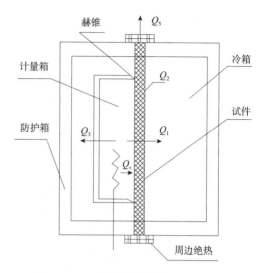

图5-6-3　实验室防护热箱法检测示意图

位的传热量，经计算得到被测部位的传热系数。该方法的主要特点：基本不受温度的限制，只要室外平均空气温度在 25℃ 以下，相对湿度在 60% 以下，热箱内温度大于室外最高温度 8℃ 以上就可以测试。业内技术专家交流后认为，该方法在国内尚属研究阶段，其局限性亦是显而易见的：热桥部位无法测试，况且尚未发现有关热箱法的国际标准或国内权威机构的标准。

3. 红外热像仪法

红外热像仪法目前还在研究改进阶段，它可通过摄像仪测定建筑物围护结构的热工缺陷，通过测得的各种热像图表征有热工缺陷和无热工缺陷的各种建筑构造，用于分析检测结果时作对比参考，因此只能定性分析而不能量化指标。

4. 常功率平面热源法

常功率平面热源法是非稳态法中一种比较常用的方法，适用于对建筑材料和其他隔热材料热物理性能的测试。其现场检测的方法是在墙体内表面人为地加上一个合适的平面恒定热源，对墙体进行一定时间的加热，通过测定墙体内外表面的温度响应辨识出墙体的传热系数。其原理如图 5-6-4 所示。

5.6.2　节能计量

据有关资料显示，早在 1986 年，我国就已经开始试行第一部建筑节能设计标准。但是，建设部 2000 年对北方地区的检查结果表明，真正的节能建筑只占到同期建筑总量的 6.4%。不仅单位建筑面积供暖能耗为发达国家新建建筑的 3 倍以上，而且空调系统的能耗也居高不下。事实上，造成大量能源浪费，不仅是由于缺乏法制和监督，还在于传统的按面积缴纳热费或冷气费的做法大大地纵容了"高能耗"的行为。如果不采用市场化的"按需消费"的先进模式却沿袭"大锅饭"的陋习，寄希望于普通百姓的"高尚觉悟"来节能，则注定会成为"乌托邦"。要想解决该问题，建议我国在供热系统和空调系统中同

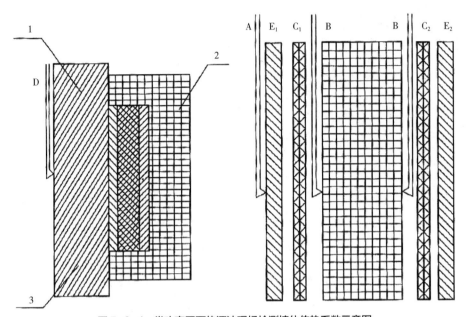

图 5-6-4 常功率平面热源法现场检测墙体传热系数示意图

1—实验墙体；2—绝热盖板；3—绝热层；A—墙体内表面测温热电偶；
B—绝热层两侧测温热电偶；C₁、C₂—加热板；D—墙体外表面测温热电偶；E₁、E₂—金属板

时推广冷热计量，不仅鼓励用户的节能行为，而且可以为公用建筑的能源审计提供便捷有效的途径。所以，要实现建筑节能，计量问题是保障。

1. 冷热计量的方式

要实现冷热计量，通常采用如下方式：①北方公用建筑：可以在热力入口处安装楼栋总表；②北方已有民用建筑（未达到节能标准的）：可以在热力入口处安装楼栋总表，每户安装热分配表；③北方新的民用建筑（达到节能标准的）：可以在热力入口处安装楼栋总表，每户安装户用热能表，采用中央空调系统的公用建筑，按楼层、区域安装冷/热表，采用中央空调系统的民用建筑，按户安装冷/热表。

2. 供暖的计费计量

"人走灯关"是最好的收费实例，同样也是用多少电交多少费的有力佐证。分户供暖

满足计量收费这一制约条件后，市民首先考虑的就是自己的经济利益，现有供热体制就是"大锅饭"，热了就开窗，将热量一放再放。如果采用分户供暖，进而计量收费，居民就会合理设计自家的供热温度，比如卧室，休息时可以调到20℃，平时只需15℃即可。厨房和储藏室不用时保持在零上温度即可，客厅只需16℃就可安全越冬，长期坚持，自然就养成了行为节能的好习惯。分户热计量、分室温控供暖系统的好处是：水平支路长度限于单个住户之内；能够分户计量和调节供热量，可分室改变供热量，满足不同的室温要求。

3. 分户热量表

（1）分室温度控制系统装置。锁闭阀：分两通式锁闭阀及三通式锁闭阀，具有调节、锁闭两种功能，内置外用弹子锁，根据使用

要求，可为单开锁或互开锁。锁闭阀既可在供热计量系统中作为强制收费的管理手段，又可在常规采暖系统中利用其调节功能。系统调试完毕即锁闭阀门，避免用户随意调节，维持系统正常运行，防止失调发生。散热器温控阀：散热器温控阀是一种自动控制散热器散热量的设备，它由两部分组成：阀体部分；感温元件控制部分。由于散热器温控阀具有恒定室温的功能，因此主要用在需要分室温度控制的系统中。自动恒温头中装有自动调节装置和自力式温度传感器，不需任何电源，长期自动工作。它的温度设定范围很宽，连续可调。

（2）热量计装置。热量表（又称热表）是由多部件组成的机电一体化仪表，主要由流量计、温度传感器和积算仪构成。户用热量表宜安装在供水管上，此时流经热量表的水温较高，流量计量准确。如果热量表本身不带过滤器，表前要安装过滤器。热量表用于需要热计量的系统中。热量分配表不是直接测量用户的实际用热量，而是测量每个用户的用热比例，由设于楼入口的热量总表测算总热量，供暖季结束后，由专业人员读表，通过计算得出实际用热量。热量分配表有蒸发式和电子式。

4. 空调的计费计量

能量"商品化"，按量收费是市场经济的基本要求。中央空调要实现按量收费，必须有相应的计量器具和计量方法，根据计量方法的不同，目前中央空调的收费计量器具可分为直接计量和间接计量两种形式。

（1）直接计量形式。直接计量形式的中央空调计量器具主要是能量表。能量表由带信号输出的流量计、两个温度传感器和能量积算仪三部分组成，它通过计量中央空调介质（水）的某系统内瞬时流量、温差，由能量积算仪按时间积分计算出该系统的热交换量。在能量表应用方面，根据流量计的选型，主要可分为三大类型：机械式、超声波式、电磁式。

（2）间接计量形式。间接计费方法有电表计费、热水表计费等。电表计费就是通过电表计量用户的空调末端用电量，作为用户的空调用量依据来进行收费的；热水表计费就是通过热水表计量用户的空调末端用水量，作为用户的空调用量依据来进行收费的。这两种间接计费方法虽简单、便宜，但都不能真正反映空调"量"的实质，中央空调要计的"量"是消耗的能量（热交换量）的多少。按这几种间接计费方法，中央空调系统能量中心的空调主机即使不运行或干脆没有空调主机，只要用户空调末端打开，都有计费，这显然是不合情理的。

（3）当量能量计量法。CFP系列中央空调计费系统（有效果计时型），根据中央空调的实际应用情况，首先检测中央空调的供水温度，只有在供水温度大于40℃（供暖）或小于12℃（制冷）的情况下才计时（确保中央空调"有效果"），然后检测风机盘管的电动阀状态（无阀认为常开）和电机状态（确保用户在"使用"）进行计时（计量的是用户风机盘管的"有效果"使用时间）。但这仅仅是一个初步数据，还得利用计算机技术、微电子技术、通信技术和网络技术等，通过计费管理软件，以这些数据为基础进行合理的计算，得出"当量能量"的付费比例，才能作为收费依据。

综上所述，值得推荐的两种计量方式为直接能量计量（能量表）和当量能量计量，根据它们的特点不同，前者适用于分层、分区等大面积计量，后者适用于办公楼、写字楼、酒店、住宅楼等小面积计量。

5.6.3 建筑系统的调试

系统的调试是重要但容易被忽视的问题。只有调试良好的系统才能够满足要求，并且实现运行节能。如果系统调试不合理，往往要加大系统容量才能达到设计要求，不仅浪费能量，而且会造成设备磨损和过载，也须加以重视。例如有的办公楼未调试好就投入使用，结果由于裙房的水管路流量大大超过应有的流量，致使主楼的高层空调水量不够，不得不在运行一台主机时开启两台水泵供水，以满足高层办公室的正常需求，造成能量浪费。最近几年，新建建筑的供热、通风和空调系统、照明系统、节能设备等系统与设备都依赖智能控制。然而，在很多建筑中，这些系统并没有按期望运行。这样就造成了能源的浪费。这些问题的存在使建筑调试得到了发展。

调试包括：检查和验收建筑系统，验证建筑设计的各个方面，确保建筑是按照承包文件建造的，并验证建筑及系统是否具有预期功能。建筑调试的好处：在建筑调试过程中，对建筑系统进行测试和验证，以确保它们按设计运行并且达到节能和经济的效果；建筑调试有助于确保建筑良好的室内空气品质；施工阶段和居住后的建筑调试可以提高建筑系统在真实环境中的性能，减少用户的不满；施工承包者的调试工作和记录可保证系统按照设计安装，减少在项目完成之后和建筑整个生命周期内问题的发生，也就意味着减少了维护与改造的费用。在建筑的整个生命周期内进行定期的再调试能保证系统连续地正常运行，因此也保持了室内空气品质。建筑再调试还能减少工作人员的抱怨，并提高他们的效率，也减少了建筑业主潜在的责任。

1. 需要调试的建筑系统

在大型复杂的建筑中，大多数系统都是综合的。根据美国供热、通风和空调工程师学会（ASHRAE）出版的暖通空调系统调试指南，具体如表5-6-1所示。

需要调试的系统实例　　　　　表5-6-1

机械	管道	电气	控制		火灾管理		喷淋	电梯	音像系统
热水系统	服务热水器	紧急发电装置	空气处理设备	VAV和定风量末端设备	空气处理设备	风机 VAV和定风量末端设备	立管和喷淋系统		
泵	泵	火灾管理系统	气流测量装置		空气处理装置	防火防烟阀			
电子蒸汽加强器	水槽		水冷式房间空调机组		火灾管理系统				
冷却塔	增压机		火灾管理系统						

续表

	机械	管道	电气	控制	火灾管理		喷淋	电梯	音像系统
制冷设备				建筑管理系统					
空气处理设备	风机								
	VAV 和定风量末端设备								
空气处理装置	风阀								
	防火阀								
	平衡阀								
	防火防烟阀								
气流测量装置									
水槽									
水冷式房间空调机组									
控制系统									
火灾管理系统									

2. 建筑调试的策略

美国供热、通风和空调工程师学会（ASHRAE）指南提供了一个很好的模式，图 5-6-5 所示为一个三步的调试过程，表示了建设项目成员在每一步中的工作和责任，以确保调试策略包含了调试过程中所有必需的工作。

3. 建筑调试报告

调试完成之后，调试代理应交一份调试报告给业主，具体内容如下：

（1）建筑说明，包括大小、位置和用途。

（2）调试组的成员和责任。

（3）该项目包含的建筑、机械和电气等每个系统的书面和（或）系统描述。

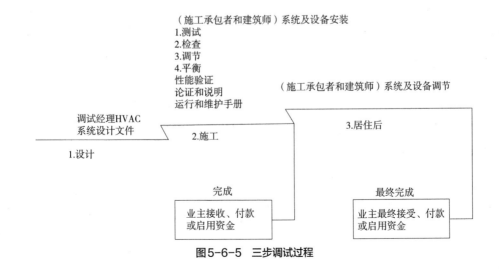

图5-6-5　三步调试过程

（4）最终的项目设计文件和调试计划及说明。

（5）与设计意图有关的系统性能总结。

（6）完成的试运行核对清单。

（7）完成的运行核对清单。

（8）所有的一致意见、不一致意见和费用跟踪表。

（9）每个系统的手册，具体包括以下内容：

1）系统实际意图。

2）系统说明。

3）竣工图。

4）说明书和同意交付使用书。

5）紧急停机和运行程序。

6）测试——平衡及其他测试报告。

7）启动和验证清单和报告。

8）运行及维护手册。

9）材料安全数据图表（MSDS）和化学品弃置要求。

10）培训文件和计划。

5.6.4 设备的故障诊断

建筑设备要具有较高的性能，除了在设计和制造阶段加强技术研究外，在运行过程中时刻保持在正常状态并实现最优化运行也是必不可少的。近年来也有研究表明，商业建筑中的暖通空调系统经过故障检测和诊断调试后，能达到20%~30%的节能效果。因此，加强暖通空调系统的故障预测，快速诊断故障发生的地点和部位，查找故障发生的原因，能降低故障发生的概率。一旦故障诊断系统能自动地辨识暖通空调设备及其系统的故障，并及时地通知设备的操作者，使系统能得到

立即修复，就能缩减设备"带病"运行的时间，也就能缩减维修成本和不可预知的设备停机时间。因此，加强对故障的预测与监控，能够减少故障的发生，延长设备的使用寿命，同时也能够给业主提供持续的、舒适的室内环境，这对提高用户的舒适性、提高建筑的能源效率、增强暖通空调系统的可靠性、减少经济损失具有重要的意义。

1. 故障检测与诊断的定义与分类

故障检测和故障诊断是两个不同的步骤，故障检测是确定故障发生的确切地点，而故障诊断是详细描述故障是什么，确定故障的范围和大小，即故障辨识，按习惯，统称为故障检测与诊断（FDD）。故障检测与诊断的分类方法很多，如按诊断的性质分，可分为调试诊断和监视诊断；如果按诊断推理的方法分，又可以分为从上到下的诊断方法和从下到上的方法；如果按故障的搜索类型来分，又可以分为拓扑学诊断方法和症状诊断方法。

2. 故障检测与诊断技术在暖通空调领域的应用

目前，关于暖通空调的故障检测和诊断以研究对象来分，主要集中在空调机组和空调末端，其中又以屋顶式空调为最多，主要原因是国外这种空调应用最多，另外，这个机型容量较小，比较容易插入人工设定的故障，便于实际测量和模拟故障。表5-6-2列出了暖通空调系统常见的故障及其相应的诊断技术。

说明：并不是表中规定的故障检测与诊断方法不能用于其他的设备，或某个设备只能用表中所示的故障检测与诊断方法，表中所列的只是常用的方法而已。

常用的故障诊断方法   表5-6-2

故障诊断方法	优点	缺点
基于规则的故障诊断专家系统	诊断知识库便于维护，可以综合储存和推广各类规则	如果系统复杂，则知识库过于复杂，对没有定义的规则不能辨识故障
基于模型的故障诊断方法	各个层次的诊断比较精确，数据可通用	计算复杂，诊断效率低下，每个部件或层次都需要单独建模
基于故障树的故障诊断方法	故障搜索比较完全	故障树比较复杂，依赖大型的计算机或软件
基于推理案例的故障诊断方法	静态的故障推理比较容易	需要大量的案例
基于模糊推理的故障诊断方法	发展快，建模简单	准确度依赖于统计资料和样本
基于模式识别的故障诊断方法	不需要解析模型，计算量小	对新故障没有诊断能力，需要大量的先验知识
基于小波分析的故障诊断方法	适合作信号处理	只能将时域波形转换成频域波形表示
基于神经网络的故障诊断方法	能够自适应样本数据，很容易继承现有领域的知识	有振荡，收敛慢甚至不收敛
基于遗传算法的故障诊断方法	有利于全局优化，可以消除专家系统难以克服的困难	运行速度有待改进

3. 暖通空调故障检测与诊断的现状与发展方向

目前开发出来的主要故障诊断工具有：用于整个建筑系统的诊断工具；用于冷水机组的诊断工具；用于屋顶单元故障的诊断工具；用于空调单元故障的诊断工具，变风量箱诊断工具。但上述诊断工具都是相互独立的，一个诊断工具的数据并不能用于另一个诊断工具中。

可以预见，将来的故障诊断工具将是建筑的一个标准的操作部件。诊断学将嵌入到建筑的控制系统中去，甚至故障诊断工具将成为EMCS的一个模块。这些诊断工具可能是由控制系统生产商开发提供的，也可能是由第三方的服务提供商来完成。换句话说，各个诊断工具的数据和协议将是开放的和兼容的，是符合工业标准体系的，具有极大的方便性和实用性。

5.7 绿色建筑的运营管理智能化技术

当前，以计算机为代表的信息产业标志着人类社会已进入知识经济时代。回顾建筑业信息与智能技术应用的历史并展望未来，可以看出建筑业的各个领域现已不同程度地应用了信息与智能技术，并向集成化、网络化与智能化的方向发展。绿色建筑是指在建筑的全生命周期内，最大限度地保护环境、节约资源（节能、节水、节地、节材）和减少污染，为人们提供健康、适用和高效的使用空间，最终实现与自然共生的建筑物。发展绿色建筑，改变传统建筑的高消耗、高污染模式，必须依赖高新技术，特别是信息与智能技术。

目前，工程项目的建设与管理，从总体上看是处于一个保守的状态。这是由于工程项目涉及业主、设计、施工、监理、智能化、物业管理等，还与建材、建筑产品、部品等供应系统有关。建筑物又是一个复杂且使用周期非常长（达50年或更长）的产品。与其他行业相比，消费者对工程项目，特别是住宅的期望并不高。由于住宅的价格高，一般也不去追求时尚前卫性。从这个意义上讲，抑制了建筑业在采用高新技术方面的发展。然而，世界正在经历一场绿色的或者说可持续发展的革命，要求以更持久的方式使用资源，包括能源、水、材料与土地。这必然对建筑物的规划、设计与建造产生非常重要的深远的影响。随着信息革命的兴起和深化，家庭正在或已经成为信息网络中的一个基本节点，使人们可以享受到通信、多媒体、安全防范、娱乐和数据等方面的种种便利。智能化和绿色革命正在改变着建筑物，特别是家居的设计、建造和运作方式。克服建筑业在采用高新技术方面存在的惰性和阻力，才能真正促进绿色建筑的发展。

1. 我国智能化居住小区的现状

我国居住小区智能化系统的建设总体上是以需求为导向，而且带动和培育了一个产业的发展。1999年，只有少量房地产开发商在建设楼盘时规划设计了智能化系统。2000年，大部分商品楼盘都不同程度地建设了智能化系统，甚至于存在某些"炒作"或"广告不实"的现象。不少开发商往往十分看重智能化系统对楼盘销售带来的好处，而对居住小区建成后智能化系统的运行与维护以及所需的运行费用则很少考虑，存在着盲目建设的现象。到2001年，这种具有"盲目性"的建设逐渐"冷"下来，而开始转为"理性"。

目前，全国新建的居住区几乎都不同程度地建设了智能化系统，特别受到青睐的是安防装置与宽带接入网。在直辖市、省会城市以及经济较为发达的沿海城市，已建设了不少高水平的智能化系统。随着时间的推移，对于智能化系统运营与维护、物业管理公司运作等方面，全社会都给予了高度重视，也暴露了不少管理、运行机制方面一些深层次问题，它涉及建设、公安、电信、广电、供水、燃气、电力行业管理，也涉及开发商、业主，甚至政府，但总的发展趋势是健康的。随着人们生活水平的提高，智能化居住小区的建设将会逐渐扩展，甚至将智能化小区扩大为社区或城市。智能化居住小区正是信息化社会，人们改变生活方式的一个重要体现。

2002年，建设部制定并发布《居住小区智能化系统建设要点与技术导则》（以下简称《导则》）。其目的是规范居住小区智能化系统的建设，提高居住小区的性能，使其适应高科技，特别是信息技术的发展，满足住户较长期的需求。《导则》的实施，规范了智能化系统的功能，促进了土建设计与智能化系统建设的紧密结合，规范了居住小区智能化系统总体规划设计和施工图设计。今后应将这部分内容作为设计单位的一个专业，全面提高智能化系统的水平，还可以引导国内智能化系统产品的研发。近几年来，国内围绕小区智能化系统的产品开发迅速增加，特别是IP家庭智能终端、家庭智能化布线箱、数字硬盘录像、物业管理网站等。不少大公司也进入这个市场。由于智能建筑对系统与产品技术要求较高、国外系统与产品相对成熟，而居住小区智能化系统的产品，如可视对讲、多表远程计量、家庭智能终端等，其国外产品价位太高，因此，绝大部分智能化系统有采用国内或合资企业生产的产品的需求。《导则》的实施可促进国内产品开发向实用、先进的方面发展。

居住小区智能化系统的建设对物业管理队伍提出了更高的要求，盲目建设、物业管理人员素质跟不上，将会造成浪费。如何使居住小区配置的智能化系统科学合理，既能满足住户需求，又能使物业管理公司掌握且运行维护费用合理，这是《导则》的内容之一。另外，居住小区智能化系统的建设使物业管理在物联网上展开已成为可能，探索新的物业管理模式也是《导则》的一个内容。

2. 当前智能化居住小区建设中的一些问题

1）盲目追求先进

有些业主贪多求全，过分强调智能化系统的作用，忽视了中国的现实、文化背景和人们的实际生活水平等，超出了业主的功能需求，需求分析不够造成浪费，致使投资效果很不理想，投入使用后发现问题太多。对小区智能化系统的正确定位，科学合理地选择功能及产品是建设成功的关键因素。

智能化系统是高新技术的高度综合，这些高新技术本身也在迅速地发展和更新换代。智能化系统的建成只是一切的开始，在投入运行的几十年时间里，除了需要正确地管理和有效地维护外，还要不断通过实际使用来发现各类系统存在的问题和不足，从

而对系统内的部分硬件和软件进行更新与升级，使其达到最佳运行状态。一般来说，智能化系统产品与设备的生命周期为 10~15 年，综合布线与现场总线等的使用寿命为 15~20 年。这涉及业主利益与维修基金的使用等方面的问题。当前有关部门应研究这方面的体制与政策措施，以便能适时地提升技术与更新设备。

2）重建设、轻管理

许多方案在总体规划阶段就没有考虑系统建成以后所需要的物业管理人员、运行费用等问题，甚至有的只为楼盘促销而建，也就是说，重建设、轻管理。由于物业管理费偏低或物业管理人员素质差，造成了某些系统关闭、停机现象。

3）多表远程计量系统运行管理问题

多表远程计量系统计费没有与有关部门沟通，会造成许多管理问题。有的建成后无法工作，造成浪费。个别小区还将公共环境中的浇花、清洁用电，路灯照明和办公用电等摊到住户身上，常常由此引发纠纷。

4）系统配置与控制室建设不合理

这一误区会造成系统运行效果不佳。如有部分小区安装安防系统只是为了门面，实际上不起多大作用，也有些小区安防系统设计过多，不切合实际。另外，根据众多物业管理公司和系统集成商反映，许多小区的中心控制室非常狭小并且偏隅一方，甚至在地下二层，致使智能化系统投入运行后效果不甚理想。考虑到物业管理人员能及时出警响应，迅速赶到现场，中心控制室位置应首选在小区中间。为便于系统维护和检修，机房面积应恰当。开发商应选择有系统设计和施

工经验，并能规范施工的集成商来完成智能化系统项目。应严格按规范要求进行施工，否则待隐蔽工程结束后便无法更改了，由此造成的损失将是很大的。智能化系统中涉及的弱电系统较多，应尽量将弱电系统管线统一到综合管道（井）中。每个子系统对接地都有一定的要求，应根据不同的子系统确定不同接地与防雷方案，统一施工。

3. 住宅小区智能化系统

住宅小区智能化系统的概念是从智能建筑发展而来的。随着科学技术的发展，特别是信息技术、计算机技术、自动控制技术及物联网等的迅速发展，把这些领域中的技术、产品、应用环境引入到住宅小区中已成为住宅小区建设的发展趋势。随着人们生活水平的不断提高，人们在追求一个安全、舒适、便利的居住环境的同时，也希望可以享受数字化生活的乐趣。这对住宅小区的建设提出了更高的要求。因此，可以说住宅小区智能化系统建设是现代高科技的结晶，也是建筑与信息技术完美结合的产物。

1）系统介绍

（1）安全防范子系统

安全防范子系统对小区周边、出入口、小区内设施及住宅等进行防护，并由物业管理中心统一控制与管理。

（2）管理与监控子系统

管理与监控子系统应包括以下功能模块：

a. 远程抄收与管理；

b. 车辆出入、停放管理；

c. 公共设备监控；

d. 紧急广播与背景音乐；

e. 小区物业管理计算机系统。

（3）信息网络子系统

信息网络子系统是目前住宅小区智能化系统建设中的热门话题，也是技术方案上变化较大的一个系统。对于住户来讲，主要是提供电话、CATV、上网等使用功能。

应根据小区实际情况，按《居住区智能化系统配置与技术要求》CJ/T 174-2003中所列举的基本配置，进行安全防范子系统、管理与监控子系统和信息网络子系统的建设。为实现上述功能，科学、合理布线，每户应不少于两对电话线、两个电视插座和一个高速数据插座。

2）智能技术应用

应推广应用以智能技术为支撑的提高绿色建筑性能的系统与技术，主要包括：集中空调节能控制、建筑室内环境综合控制、空调新风量与热量交换控制、高效的防噪声系统、水循环再生系统、给水排水集成控制系统等，采用高技术的智能新产品，如太阳能发电产品、智能采光照明产品、隐蔽式外窗遮阳百叶等。

3）智能化系统的技术要求

（1）功能效益方面：定位正确，满足用户功能性、舒适性和高效率的需求，采用的技术先进，系统可扩充性强，具有前瞻性，能满足较长时间的应用需求。

（2）公共建筑功能质量方面：智能化系统中的子系统，如通信网络子系统、信息网络子系统、建筑设备监控子系统、火灾自动报警及消防联动子系统、安全防范子系统、综合布线子系统、智能化系统集成等的功能质量满足设计要求，且先进、可靠与实用。

（3）住宅小区功能质量方面：智能化系

统中的子系统，如安全防范子系统、管理与设备监控子系统、信息网络子系统、智能化系统集成等的功能质量满足设计要求，且先进、可靠与实用。

（4）智能化系统施工与产品质量方面：产品与设备等安装规范、质量合格；机房、电源、管线、防雷与接地等的工程质量合格，且满足设计要求；产品质量，采用有品牌、质量好、维护有保障的材料、产品与设备。

 复习思考题

1. 绿色施工的核心内容是什么？
2. 水污染源包括哪三大部分？
3. 建筑及建筑设备运行管理的三项原则是什么？
4.《建筑工程绿色施工规范》的研究目的是什么？

第6章
既有建筑绿色化改造设计与评价

6.1 既有建筑绿色改造的意义

我国既有建筑面积达 560 亿 m^2，但其中绿色建筑面积仅为 4.6 亿 m^2，占现有建筑面积的 0.9%（2015 年数据），既有建筑中非绿色建筑的室内外环境需改善，资源消耗水平高，对其进行绿色化改造很必要。绝大部分的非绿色"存量"建筑，都存在资源消耗水平偏高、环境影响偏大、工作生活环境急需改善、使用功能有待提升等方面的问题。庞大的既有建筑总量加之存在的诸多缺陷，成为建筑领域节能工作，甚至是社会可持续发展的重大难题。对尚可利用的建筑拆除重建，不仅会造成生态环境二次破坏，也是对能源、资源的极大浪费，对其进行改造再利用是解决这些问题的最好途径之一。推进既有建筑绿色改造，可以节约能源资源，提高建筑的安全性、

舒适性和环境友好性，对转变城乡建设发展模式，破解能源资源的瓶颈约束，具有重要的意义。

依据《"十二五"节能减排综合性工作方案》，夏热冬冷地区既有居住建筑节能改造 5000 万 m^2，公共建筑节能改造 6000 万 m^2。李克强于 2014 年在《政府工作报告》中指出，要实施建筑能效提升。住建部节能与科技司从 2014 年 3 月开始着手制订中国建筑能效提升实施路线，并指出建筑节能与绿色建筑在未来要实现从节能建筑到绿色建筑的转变，从单体建筑向区域推动的转变，从"浅绿"到"深绿"的转变。

2016 年 2 月，国家发改委和住建部联合印发《城市适应气候变化行动方案》，指出："提高城市建筑适应气候变化能力，积极发展被动式超低能耗绿色建筑。"绿色建筑等环保

产业将进入新一轮政策期。

6.2　既有建筑绿色改造现状

　　我国既有建筑的绿色改造工作基础较为薄弱，推广任务比较艰巨。新中国成立以来，与既有建筑改造相关的工作和研究一直在进行，2006 年，国家"十一五"科技支撑计划重大项目"既有建筑综合改造关键技术研究与示范"，实现了引导和规范既有建筑综合改造关键技术在我国建筑工程中的推广应用；"十二五"期间，对既有建筑改造进一步深化，实施了国家科技支撑计划项目"既有建筑绿色化改造关键技术研究与工程示范"，希望能够把对既有建筑的综合改造提升为绿色改造，在节能减排的同时，提高既有建筑的综合环境性能。

　　随着建筑节能步伐的加快，既有建筑的节能改造显得越来越重要。1986 年，国家提出了建筑物执行第一步节能 30%，2000 年第二步节能 50% 的标准要求，如今，国内少数省市区已开始执行第三步节能 65% 的标准工作。这三步标准的依次实施，使国内建筑节能的整体水平上升到了新的台阶，为国家顺利实现可持续发展做出了巨大贡献。到目前为止，住房和城乡建设部不仅颁发了寒冷、严寒地区的强制节能标准，而且也颁发了夏热冬冷地区的强制节能标准和夏热冬暖区的强制节能标准。这些标准的出台，证明了建筑节能对社会发展的现实意义，从中也可以看出国家对建筑节能的重视。因此，对既有建筑的节能改造势在必行。

6.2.1　我国各地区既有建筑改造现状

1. 供暖地区

　　（1）供暖地区供热体制改革举步维艰。冬季供暖是我国三北地区居民的基本生活需求。每年供暖期较长，少则 4 个月，多的达 6 个月，保障这些地区城镇居民的冬季供暖是事关城镇经济社会发展与稳定的大事。新中国成立以来，国家非常重视三北地区城镇居民的冬季供暖问题，采取了强有力的措施，大力发展城镇集中供热事业。在计划经济体制下，形成了职工家庭用热，单位交费的福利供热制度。近几年，集中供热的热费收缴难度越来越大。加之三北地区大部分是国家的老工业基地，在经济结构调整过程中，不少企业处于停产、半停产状态，甚至进入破产程序，为职工支付供暖费的能力大大降低，所以造成热费大量拖欠。由于欠费严重，供热企业资金严重短缺，供热难以正常进行，无力进行设施的维修、改造，造成供热设备老化、管网超期服役等问题，供热质量越来越不稳定，严重影响了北方城镇居民冬季的日常工作和生活。为了解决这些问题，2009 年 7 月，国家在东北、华北、西北及山东、河南等地开展了城镇供热体制改革的试点工作，其具体内容包括四个方面：一是停止福利供热，实行用热商品化、货币化；二是逐步推行按用热量分户计量收费的办法，提高节能积极性，形成节能机制；三是加快城镇现有住宅节能改造和供热供暖设施改造，提高热能利用效率和环保水平；四是引入竞争机制，深化供热企业改革，实行城镇供热特许经营制度。

（2）供暖地区居住建筑节能改造零星、分散。北方供暖地区的既有居住建筑节能改造主要是结合供热体制改革进行的。在辽宁、黑龙江和天津等省市，前些年开展了供热系统分户控制节能改造，并且在实施过程中，为了实现分户控制，在楼梯间和室内设置了许多立管和水平管，对用户的室内空间影响较大，造成许多纠纷，群众的抵触情绪和反对意见较大。总体来说，北方供暖地区的既有居住建筑节能改造是零星的、分散的或自发的、探索性的，未形成较大的规模和体系，并且技术不够成熟，方案不够合理，改造资金的筹措主要靠供热单位出资解决，来能与用户利益直接挂钩，存在很大的盲目性，也不规范，这是目前这些地方热改和既有建筑节能改造不能全面推进的主要原因。但是，哈尔滨市一栋既有居住建筑的节能改造项目却是比较成功的。该住宅楼为一栋六层砖混结构建筑，通过在建筑物顶层增加一层斜屋顶房间，用该新增房间建筑面积出售获得的资金为该楼墙面增加保温层，而原有住户不需为外墙保温工程支付任何费用，只需自己出钱将自家的外墙窗户更换为节能型的塑钢中空玻璃窗，大大改善了室内热环境。

（3）供暖地区公共建筑节能改造尚在启动。北方供暖地区的既有公共建筑节能改造目前处于启动状态，一些省市结合国家对政府机构节能的政策要求正在对办公建筑节能改造进行筹划，比如黑龙江、辽宁、宁夏等省区已经对部分办公建筑的能耗现状进行了调查评估，并初步确定了节能改造的技术方案，待资金筹措到位后将予以实施。一些能耗高的大型商业建筑、公益性公共建筑也在建设节约型社会和降低建筑能耗的呼声中，筹划进行节能改造，但却苦于缺乏资金和技术而难以起步。

2. 过渡地区

过渡地区既有建筑节能改造处于论证规划阶段。目前正在对既有居住建筑和公共建筑的节能改造进行调查摸底、论证规划和前期准备。该地区的既有建筑外墙保温隔热性能普遍低于北方供暖地区，尤其是 20 世纪 60 年代建造的居住建筑，其外墙的厚度一般仅为 180mm，屋顶的保温隔热性能、窗户的保温隔热和遮阳性能也都较差，并未设置集中供暖系统，冬季室内温度很低、热环境质量低劣。改革开放以来，随着人民生活水平的提高，许多家庭在冬季开始采用空调供暖。该地区既有公共建筑，特别是 20 世纪八九十年代建成的大型商业和公益性公共建筑，其围护结构较多采用玻璃幕墙，导致建筑物冬季大量散热和夏季大量吸热，室内热环境质量很差，建筑能耗，特别是夏季空调用能量很大。据调查分析，该地区既有非节能建筑的围护结构整体热工性能大大低于现行节能 50% 的夏热冬冷地区建筑节能设计标准的要求。但由于该地区建筑节能工作开展较晚，各地区工作发展很不平衡，除了上海等个别城市对其既有建筑的节能改造进行了规划外，其他地区尚未将对既有建筑的节能改造列入议事日程。

3. 南方地区

南方地区既有建筑节能改造尚处于调查摸索阶段。南方炎热地区多属于夏热冬暖地区，该地区常年温度、湿度较高，许多城市的空调制冷期长达 4~6 个月之久。既有建筑通常较少考虑保温，传统的既有建筑，特别是带有异域色彩的遗存建筑比较注意屋顶隔热和窗户的遮阳设置，但在该地区改革开放以来建成的大量建筑中，其居住建筑开窗率普遍较大，且很少设置遮阳设施，其公共建筑大量采用玻璃幕墙，并且普遍未采取遮阳措施，导致夏季太阳辐射得热过多，对建筑物室内热环境影响很大，大大增加了建筑物空调制冷用能。该地区的建筑节能工作刚刚开始，主要是针对新建建筑执行节能设计标准，建筑门窗隔热、遮阳的技术和设备尚在研究开发之中，立足当地资源的一些新型墙体材料的应用技术规程和标准图集正在编制之中，而大多数地方对既有建筑节能改造未予重视。但从美国能源基金会（EF）正在支持的深圳、广州、福州、厦门四个南方城市夏热冬暖地区建筑节能示范项目的进展情况来看，由于该地区经济发达、对人才的吸引力强，有对建筑节能加大投资的愿望，其工作大有后发之势。

6.2.2　国外既有绿色建筑现状

与我国相比，发达国家较早遇到既有建筑的相关问题。它们颁布法律、法规约束对既有建筑的处理方式，出台经济政策鼓励对既有建筑的绿色改造，制定标准规范引导对既有建筑的绿色改造行为。经过多年的研究和实践，有些国家在既有建筑绿色改造方面积累了丰富的经验。

美国的自然资源消耗量超过了世界总消耗量的 1/4。据统计，美国的能源消耗量占世界能源总消耗量的 24%，而其住宅、商业和工业建筑占美国总二氧化碳排放的 43%，其中 71% 是由于住宅和商业建筑中用电耗能引起的。由 1.07 亿个家庭组成的住宅业消耗的能源最多，接着就是商业和工业建筑。据统计，美国建筑和建筑业消费了全国 48% 的能源，76% 的电力，50% 的原材料，并且产生了 27% 的碳排放，40% 的废弃物。与我国相比，美国有关绿色建筑改造的各项数据都低十多个百分点，这也能够说明，美国的既有建筑绿色化改造比我国做得好。

近年来，加拿大正在积极建造以绿色建筑为代表的健康住宅和健康办公楼的示范性绿色建筑，并向大众推广。加拿大某公司于 1993 年在温哥华建成了两层带阁楼的健康住宅，并向大众展示。实测结果：其"住宅室内空气"满足质量要求。加拿大某公司在多伦多建成了三卧室的健康建筑，建筑使用的材料是低散发量的材料。据称这栋建筑所需能量、水等能自给自足，所用能量通过太阳能获得，水是通过收集雨水，并经净化而得，废料采用生物方法处理。这些建筑符合多数高敏感人对室内空气质量的要求。加拿大正在实施 c-2000 计划，鼓励和提倡建造具有节能和环保功能的示范办公楼。已经建成了面积为 2180m^2 的两层的示范办公楼，建造时使用的是健康型建筑材料，采用了优良的通风设计，因此，室内空气质量优良。

德国的建筑能耗也是相当大的，由于所处纬度较高，冬季较长，建筑的采暖耗能成为德国政府着力解决的一个关键问题。德国建筑师塞多·特霍尔斯建造了一座能在基座上转动的跟踪阳光的太阳房屋，该房屋安装在一个圆盘底座上，由一个小型太阳能电动机带动一组齿轮，该房屋底座在环形轨道上以每分钟 3cm 的速度随太阳旋转。太阳落山以后，该房屋便反向转动，回到起点位置。它跟踪太阳所消耗的电力仅为该房屋太阳能发电量的 1%，而该房屋太阳能量相当于不能转动的太阳能房屋的 2 倍。

6.2.3 国外既有建筑改造的发展

1970 年后爆发的两次石油危机造成的巨大冲击与影响，使开发商认识到新建建筑耗费巨大的能源，能源危机又会迅速提高其成本，于是他们转求更为廉价的建筑方式——既有建筑的改造再利用。

20 世纪 80 年代后，西方对旧建筑的改造包括两方面的内容：一方面是对既有建筑，特别是普通老建筑的性能与功能改造，另一方面是延续了一个时期的对历史性建筑的持续更新与改造再利用。

比如 20 世纪 80 年代中期以来，美国的改造更新继续同城市复兴的实践紧密地结合在一起，以旧金山渔人码头的戏剧性再生为例：从罐头厂到商业中心。

21 世纪以来，西方各国延续着 20 世纪的节奏，大有"将改造进行到底"之势，普遍从节能、绿色、生态等角度出发，掀起了新一轮既有建筑改造热潮。

德国政府还设立了专门的基金用以推动旧房改造，如 KFW 基金，对建筑改造工程提供资金上的支持，使改造工程可以更好地进行，以实现提高建筑舒适度、降低建筑能耗、减少环境污染的三大目标。

具体行动上，德国每年投入大量资金用于住宅改造，旧房改造的内容很多，包括：增加建筑外保温措施（住宅墙体增加保温材料），更换高效门窗（防止热量从门窗散失），替换高能耗的供暖措施（提高热能利用率）。通过这些维护更新方法，德国的旧房改造取得了很高的成效。从政府公布的数字来看，德国进行旧房改造后，居民住宅每平方米减少的二氧化碳排放量达到 40kg/ 年。

德国既有建筑的具体改造技术如下：

（1）德国冬季多以燃油采暖为主，未进行节能改造的住宅，其燃油量在 $20L/m^2$ 以上。路德维希港的一栋示范建筑，主体为砖墙的住宅，外墙贴上 20cm 厚的聚苯乙烯板做外保温，屋顶则采用 29cm 厚的聚苯板，还采用了其他一些措施。改造的结果：在提高室内舒适度的情况下，供暖燃油降到了 $3L/m^2$。

（2）外窗采用了三层玻璃密封窗，采用 Low-E 玻璃，内充惰性气体，外设卷帘或窗板。

（3）以石蜡制成分散的极小颗粒掺入保温材料中，抹于外墙内侧，利用石蜡相变会吸收或放出热量的特性，起调节和保温的作用。

（4）外保温与装饰一体装配化。对于既有建筑的节能改造，应尽量采取施工速度快、没有湿作业、对住户影响小的技术。在聚苯乙烯保温层外贴面砖，在工厂预制成块体，到现场用锚固件固定在外墙上，修补好预留的错开接缝后，外保温与外饰面即可一次完成。该种技术可用于我国既有建筑的节能改造。

英国的既有建筑量巨大，1970 年以后的新建建筑仅占全部建筑的 20.9%，住房基本已经饱和。英国政府每五年修订一次房屋节能标准，不断调整建筑围护结构传热系数的限值，并依次展开节能改造活动。表 6-2-1

列出了英国住宅历年围护结构传热系数的限值，可以看出，英国对围护结构的要求越来越高。

英国住宅围护结构传热系数 [W/（m²·K）] 限值　　　　　　　　表6-2-1

建筑围护结构	1965年	1976年	1980年	1990年	2002年
墙体	1.7	1.0	0.6	0.45	0.35
屋面	1.42	0.6	0.35	0.25	0.16
窗户	—	—	—	3.3	2.0
与地面接触的地板	—	—	—	0.45	0.25

英国既有建筑改造的一些做法：对于旧墙加强保温来说，往墙内空气间层中填入高效保温材料，是最廉价、最迅速的解决方法，施工时不致于扰住户。缺点是热桥问题不能解决，有时在间层内还会出现结露现象。基本上不动旧窗，只在窗户上加透明层，利用中间的空气层保温。其做法是利用原有窗框，或镶在特制的轻质框内，再用螺栓拧上、铁钩钩住或用磁铁吸住。

国外的既有建筑改造活动开始得较早，尤其是近30年来，发达国家在新型建筑保温材料的研究、开发和应用，建筑节能法规的制定和实施，新型建筑节能产品的认证和管理以及建筑使用中的节能等方面做了大量的工作，不但改善了环境，提高了建筑的舒适度，而且节省了宝贵的能源，取得了可观的经济效益。

6.3　既有建筑的绿色改造设计

既有建筑改造问题是一个综合性的问题，涉及的范围较广，层面较多，在我国夏热冬冷地区，由于对其进行的研究不多，因此，在节能改造经验方面积累不足。在借鉴相关地区的改造经验和方法时，应把握以下几个原则：一是对改造的必要性、可行性以及投入收益比进行科学论证，改造收益大于改造成本时方可改造；二是建筑围护结构改造应当与采暖供热系统改造同步进行；三是符合建筑节能设计标准的要求；四是充分考虑采用可再生能源。对既有建筑的节能改造，分以下几个步骤进行：

（1）对整个建筑进行系统测试，全面调查和采集数据，分析既有建筑物的能耗现状，定性分析各部位的节能潜力；

（2）通过对既有建筑的全年（尤其是夏、冬两季）动态能耗模拟，计算和测定能耗数据，依照相关节能设计标准规范的要求，制定既有建筑的节能改造方案，同时通过技术分析，对比各种节能措施的节能效果，确定最优的综合改造方案；

（3）按照既定方案实施节能改造工程；

（4）运行一个周期后，对系统进行评估，总结节能效果，按照计算结果，计算应支付的节能承包的费用。

6.3.1　既有建筑围护结构改造措施

1. 外墙节能改造

由于外墙外保温和外墙内保温相比，具有十分明显的优点，因此既有建筑外墙节能改造一般采用外墙外保温形式。外墙改造后，最小传热阻值应符合相关标准的规定。改造做法及构造要求，当设计有具体规定时，按设计要求进行。

外墙隔热保温改造施工顺序为：外墙脚手架搭设及安全防护布置、墙面基层清理、基层界面处理、外墙保温隔热层施工、外墙装饰面层（保护层）施工、验收。

（1）外墙脚手架搭设及安全防护布置。由于对既有建筑进行节能改造时，该建筑物仍在正常使用，因此，必须进行周密的现场安全防护布置，尽量减少对人们生活和工作的干扰，保证住户安全，确保在施工期间，无物件坠落的现象。

（2）墙面基层清理。将外墙墙面渗漏、风化、起酥部分剔除，清理干净，墙面不平之处，采用水泥砂浆补平，补后砂浆必须与基层连接牢固，以保证墙体基层与外保温隔热层的连接性能。墙面上如果有水管等设施，应暂时拆除，等保温隔热改造完毕后再安装。

（3）基层界面处理。对基层界面进行处理，提高外保温隔热层与基层的粘结强度。

（4）外墙保温隔热层施工。保温隔热材料的实际热工性能及其厚度应满足节能设计标准及设计图纸的要求；应采取适当的构造措施，避免某些部位产生热桥现象。一般来说，墙面上永久性的机械锚固、临时性的固定以及穿墙管道或者外墙上的附着物固定支架等，都会造成局部热桥。在施工中，应注意这些连接件对外墙的保温隔热性能产生的影响。无论是外墙保温隔热砂浆施工，还是保温隔热板施工，均应保证保温隔热层与墙体牢固结合。为防止温度剧烈变化对外墙保温隔热层的破坏，外墙保温隔热层施工时按 7m×7m 以内布置伸缩缝；同时采取措施，避免墙体的变形缝及抹灰接缝的边缘（如门窗洞口、边角处等）产生裂缝，并注意现场

施工的相关要求，其施工质量应符合国家相关标准规范的质量要求。

（5）外墙装饰面层施工。一般外墙饰面层应使用配套的建筑外墙柔性耐水腻子和弹性涂料，在施工时，应符合相关国家标准规范的要求。

2. 屋面节能改造

屋面保温隔热改造做法及构造要求应符合设计要求，其改造后的保温热阻值应符合当地有关标准的规定。

屋面的节能改造施工，其构造较外墙改造简单容易得多。施工时应注意施工荷载及所增加的自重荷载对屋面板结构的影响；当进行坡屋面改造时，亦应考虑到其抗震构造要求。屋面的节能改造施工及其节能处理，须符合现行国家规范《屋面工程质量及验收规范》GB 50207—2012 中的有关要求，其施工质量须符合有关标准规范的规定。

3. 门窗节能改造

既有非节能住宅建筑应尽量提高门窗的节能效果，减少外墙的节能分配。门窗在围护结构中是耗能较高的部分，传统的塑钢窗、木窗或铝合金窗热桥严重、气密性差，在夏季，由于遮阳不足，门窗的隔热性能较差，室外大量热源通过门窗传至室内。

对于外门窗的节能改造，可以在既有门窗不动的基础上安装新的节能门窗，最后再拆除旧的门窗（或采用双层窗），以保证建筑物在改造过程中的使用功能。合理地选用玻璃，可提高建筑外窗的保温隔热性能。门窗的设置应有利于自然通风。改造所用门窗，应具有相关部门出具的"三性"，即气密性、水密性、抗风压性能和其保温性能及力学性

能的检测证书，其性能应符合当地有关标准的规定，且应符合国家相关规范的要求。做好门窗框周边与墙体间的密封处理，减少冷、热桥现象。同时，采取遮阳措施，以减少室外阳光等辐射热传递。

门窗的安装施工应符合国家相关标准规范的规定。

6.3.2　既有建筑供暖制冷改造措施

减少建筑供暖制冷所需的能源消耗以及加强运行维护管理，也是既有建筑节能改造的路径之一。由于暖通空调系统的运行方式很多，设备产品较多，系统的设计与运行技术要求较高，因此，对原系统的运行状况，如能耗指标、运行费用、维护费用、设备性能及空调质量等要有充分的认识，在确定改造方案时，与建筑、装修一起，充分考虑建筑结构对空调热负荷的影响，尽量利用建筑物的方位、形状和平面布置设计来减少建筑物的空调负荷。对空调系统及设备的选用，

也应尽量采用新型、较成熟的节能技术。

（1）冷热源设备应尽量采用热泵机组。热泵的种类有很多，应具体结合当地气候及资源（包括电力、水、蒸汽等）、环境加以选择。

（2）对于采取峰谷分时电价政策的地区，可考虑冰蓄冷等技术。

（3）采用节能的空调方式，如变风量空调系统、低温送风方式。根据建筑物内冷热负荷偏差较大的特点，可采用分层、分区等的空调方式。

对于改造工程的施工，应严格把握好工程的施工质量。不得随意更改设计好的系统；严格控制风管的制作和安装质量，风管系统安装完毕后应进行严密性测试，并达到规范要求；严格把握保温工程的施工质量，其质量的优劣直接影响保温效果和使用寿命；应认真合理地组织好系统的调试，达到设计的要求。

6.3.3　既有建筑绿色化改造流程

能源审计 ▶ 综合诊断 ▶ 改造方案设计、评估 ▶ 改造施工组织设计 ▶ 施工&工程验收 ▶ 运营管理 ▶ 效益监测及分享

1. 综合诊断

结合"四节一环保"的相关指标要求，对既有建筑基本情况的相关数据进行分析，主要包括：

（1）建筑场地利用情况分析；

（2）建筑围护结构的热工性能测算分析；

（3）暖通空调系统的节能潜力测算分析；

（4）建筑室内外节水情况、电气设备运行及能耗分析；

（5）建筑室内外环境分析。

2. 改造方案设计、评估

提出和设计满足"四节一环保"技术要求的既有建筑绿色化改造方案。改造方案应充分考虑以下因素：

（1）投资成本与资金回收方式、回收周期；

（2）所采用的绿色技术的可实施性及实施后的效果；

（3）最大限度地利用原有建筑结构、各类设施及场地条件；

（4）在保证工程质量的前提下，合理采用可再利用或可再循环材料。

3. 改造施工组织设计

根据工程特点，施工项目部应制定施工全过程的绿色施工方案和管理制度、安全及环境保护计划等，重点考虑以下因素：

（1）安全施工保障计划；

（2）降尘、降噪、垃圾减量化和资源化计划；

（3）施工过程的节能、节水方案；

（4）绿色施工培训计划、监督管理机制、奖惩制度。

4. 改造施工及工程验收

（1）施工全过程应严格执行绿色施工的相关要求并实施工程监理；

（2）改造工程的施工质量验收应在相关部门指导下进行。

5. 培训及运行维护

（1）为客户培训设备运行人员；

（2）制定设备和系统的保养和维护方案、应急预案、定期巡检制度；

（3）最大限度地保持与客户的及时沟通和技术交流，建立并维护好与客户的长期关系。

6. 效益监测及分享

（1）共同检测和确认"四节一环保"的改造效果；

（2）根据双方实际监测的数据，按照合同中的约定，可分享"四节一环保"的改造效益。

6.3.4 既有建筑绿色化改造技术

（1）既有建筑围护结构绿色化改造：墙体、屋面、门窗、外遮阳等。

1）外墙、屋面进行保温层改造；

2）屋顶绿化、垂直绿化等；

3）采用高密闭、高绝热性能门窗；

4）玻璃幕墙自然通风改造，如呼吸式玻璃幕墙等；

5）建筑外遮阳改造，如采用可调节外遮阳板等。

（2）照明系统绿色化改造：自然采光、高效照明灯具、智能照明控制系统等。

1）节能灯具；

2）智能控制；

3）最大限度利用自然采光。

（3）供暖空调、热水系统节能：高效空调系统、变频技术、冷热电三联供等。

1）风冷热泵余热回收技术；

2）水泵、风机变频技术；

3）机组群控技术等。

（4）其他机电系统节能：能源管理系统、电梯智能控制系统、灶具节能等（图6-3-1）。

1）电梯节能技术；

2）变压器节能技术；

3）能源管理系统等。

（5）节水系统技术：管网改造、节水器具、非传统水源利用等。

1）升级网管系统；

2）高效节水器具；

3）非传统水源利用等。

（6）可再生能源利用：太阳能热水、太阳能发电、地源热泵等（图6-3-2）。

1）光热；

2）光电；

3）地源热泵等。

（7）运营管理：能耗监管平台、运营策略等。

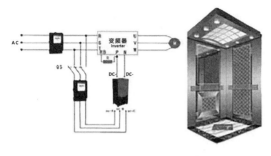

变压器节能

图6-3-1 设备节能

光热技术

光伏发电

图6-3-2 太阳能利用

6.4 既有建筑绿色改造评价标准

近年来，我国既有建筑改造工作已全面展开，多集中在结构安全及节能改造等方面，

既有建筑绿色改造项目还不多，缺乏绿色改造的技术支撑和标准指导。"十一五"期间，一批既有建筑综合改造方面的科技项目顺利实施，积累了科研和工程实践经验。"十二五"期间，科技部组织实施了国家科技支撑计划项目"既有建筑绿色化改造关键技术研究与示范"，针对不同类型、不同气候区的既有建筑绿色改造开展研究。根据住房和城乡建设部《2013年工程建设标准规范制订修订计划》（建标〔2013〕6号），《既有建筑改造绿色评价标准》（现更名为《既有建筑绿色改造评价标准》，以下简称《标准》）列入国家标准制定计划，并受国家科技支撑计划课题"既有建筑绿色化改造综合检测评定技术与推广机制"（2012BAJ06B01）资助。

6.4.1 《既有建筑绿色改造评价标准》简介

《既有建筑绿色改造评价标准》GB/T51141-2015为贯彻国家技术经济政策，节约资源，保护环境，规范既有建筑绿色改造的评价，推进建筑业可持续发展而制定，适用于既有建筑绿色改造评价。既有建筑绿色改造评价应遵循因地制宜的原则，结合建筑类型和使用功能及其所在地域的气候、环境、资源、经济、文化等特点，对规划与建筑、结构与材料、暖通空调、给水排水、电气、施工管理、运营管理等方面进行综合评价。

6.4.2 《既有建筑绿色改造评价标准》的一般规定

在《既有建筑绿色改造评价标准》中，相关术语界定如下：①绿色改造（green

retrofitting），以节约能源资源、改善人居环境、提升使用功能等为目标，对既有建筑进行维护、更新、加固等活动；②预防性维护（preventive maintenance），为延长设备使用寿命、减少设备故障和提高设备可靠性而进行的计划内维护；③跟踪评估（tracking evaluation），为确保建筑设备和系统高效运行，定期对建筑设备和系统的运行情况进行调查和分析，并对未达到预期效果的环节提出改进措施的工作。

既有建筑绿色改造评价应以进行改造的建筑单体或建筑群作为评价对象。评价对象中的扩建建筑面积不应大于改造后建筑总面积的50%。既有建筑绿色改造评价应分为设计评价和运行评价。设计评价应在既有建筑绿色改造工程施工图设计文件审查通过后进行，运行评价应在既有建筑绿色改造通过竣工验收并投入使用一年后进行。申请评价方应对建筑改造进行技术和经济分析，合理确定建筑的改造内容，选用适宜的改造技术、设备和材料，对设计、施工、运行阶段进行全过程控制，并提交相应的分析、测试报告和相关文件。评价机构应按本标准的有关要求，对申请评价方提交的报告、文件进行审查，出具评价报告，确定等级。对申请运行评价的建筑，尚应进行现场核查。对于部分改造的既有建筑项目，未改造部分的各类指标也应按本标准的规定评分。

6.4.3 《既有建筑绿色改造评价标准》的评价方法与等级划分

既有建筑绿色改造评价指标体系应由规划与建筑、结构与材料、暖通空调、给水排水、电气、施工管理、运营管理7类指标组成，每类指标均包括控制项和评分项。评价指标体系还设置了加分项。

设计评价中，不对施工管理和运营管理2类指标进行评价，但可预评相关条文；运行评价应对全部7类指标进行评价。控制项的评定结果应为满足或不满足；评分项和加分项的评定结果应为分值。当既有建筑结构经鉴定满足相应鉴定标准要求，且不进行结构改造时，在满足本标准第5章控制项的基础上，其评分项应直接得70分。既有建筑绿色改造评价应按总得分确定等级。

评价指标体系中7类指标的总分均为100分，7类指标各自的评分项得分为Q_1、Q_2、Q_3、Q_4、Q_5、Q_6、Q_7，Q_8为附加项。应按参评建筑该类指标的实际得分值除以适用于该建筑的评分项总分值再乘以100分计算。加分项的附加得分Q_8应按标准第11章的有关规定确定。

既有建筑绿色改造评价的总得分应按式（6-4-1）计算，其中评价指标体系7类指标评分项的权重$W_1 \sim W_7$应按表6-4-1取值。

$$\sum Q = W_1Q_1 + W_2Q_2 + W_3Q_3 + W_4Q_4 + W_5Q_5 + W_6Q_6 + W_7Q_7 + Q_8 \qquad (6\text{-}4\text{-}1)$$

既有建筑绿色改造的评价结果应分为一星级、二星级、三星级3个等级。3个等级的绿色建筑均应满足该标准所有控制项的要求。当总得分分别达到50分、60分、80分时，绿色建筑等级应分别评为一星级、二星级、三星级。

既有建筑绿色改造评价各类指标的权重   表6-4-1

建筑类型	评价指标	规划与建筑 W_1	结构与材料 W_2	暖通空调 W_3	给水排水 W_4	电气 W_5	施工管理 W_6	运营管理 W_7
设计评价	居住建筑	0.25	0.20	0.22	0.15	0.18	—	—
	公共建筑	0.21	0.19	0.27	0.13	0.20	—	—
运行评价	居住建筑	0.19	0.17	0.18	0.12	0.14	0.09	0.11
	公共建筑	0.17	0.15	0.22	0.10	0.16	0.08	0.12

注："—"表示施工管理和运行管理两类指标不参与设计评价。

6.5 既有建筑绿色改造案例

6.5.1 项目背景

上海现代申都大厦改造项目位于上海市西藏南路 1368 号，用地面积为 2038m²，建筑占地面积为 1106m²，距离 2010 年上海世博会宁波馆不到 800m。随着世博园区的建设，西藏南路马路拓宽工程，东面居民楼被拆除，该房屋成为西藏南路的沿街建筑。

该建筑原建于 1975 年，为围巾五厂漂染车间，结构为 3 层带半夹层钢筋混凝土框架结构，1995 年由上海市建筑设计研究院改造设计成带半地下室的 6 层办公楼。

经过十多年的使用，建筑损坏严重，难以满足现代办公的要求。基于世博会的机遇，2008 年现代设计集团决定对其进行翻新改造，当时恰逢中国绿色建筑发展的开始，借助世博会和中国绿色建筑发展的双重影响，现代设计集团最终决定对其进行绿色化改造（图 6-5-1、图 6-5-2）。

图6-5-1 项目效果图

图6-5-2 项目实景图

6.5.2 改造措施

基于绿色建筑评价标准三星级的要求和申都大厦的自身特点，本次改造强调了满足功能、空间形式设计以及可被动适应气候的节能设计、加固设计的均衡，强调了扩展立面设计内涵与形象、围护、采光、遮阳、导风、视野的功能整合，强调了基于建筑功能空间特点的机电适用设计，强调了策划、设计、施工、运维的全过程绿色实施。申都大厦改造工程采用了多项技术措施，主要有：

1. 围护结构

围护结构按照公共建筑节能设计标准进行节能改造，外墙采用了内外保温形式，保温材料为无机保温砂浆（内外各35mm厚），平均传热系数达到0.85W/（m²·K）。

屋面采用了种植屋面、平屋面、金属屋面等几种形式，保温材料包括离心玻璃棉（80/100mm厚）、酚醛复合板（80mm厚），平均传热系数达到0.48 W/（m²·K）。

玻璃门窗综合考虑保温、隔热、遮阳和采光的因素，采用了高透性断热铝合金低辐射中空玻璃窗（6+12A+6遮阳型），传热系数为2.00W/（m²·K），综合遮阳系数为0.594，玻璃透过率达到0.7。

2. 自然通风（图6-5-3）

申都大厦位于市区的密集建筑中，与周围建筑间距较小。虽然申都大厦存在众多不利的自然条件，但建筑设计从方案伊始即提出了多种利于自然通风的设计措施，如中庭设计、开窗设计、天窗设计、室外垂直遮阳倾斜角度等。

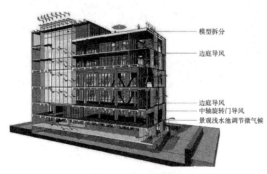

模型拆分
边庭导风
边庭导风
中轴旋转门导风
景观浅水池调节微气候

图6-5-3　自然通风

中庭设计：设置中庭，直通六层屋顶天窗，中庭总高度为29.4m，开洞面积为23m²，通风竖井高出屋面1.8m，即高出屋面的高度与中庭开口面积当量直径比为0.33。

开窗设计：采取移动玻璃门等措施，增加东立面、南立面的可开启面积，因为上海地区的过渡季主导风向多为东南风，增大两侧的开窗面积有利于风压通风效果。外窗可开启面积比例为39.35%。

天窗设计：天窗挑高设计，增加热压拔风，开窗朝北，处于负压区，利于拔风，开窗面积为12m²，开启方式为上旋窗。

室外垂直遮阳设计：东向遮阳板（为垂直绿化遮阳板）向外倾斜，倾斜角度为30°，起到导风作用。

3. 天然采光

改造既有建筑门窗洞口形式：本次改造一改传统开窗形式，在建筑主要功能空间外侧开启落地窗，而仅仅在建筑的机房、卫生间以及既有建筑北侧设置传统门窗。改造后的建筑结合改造功能定位，恰当地将室外光线引入室内，调节建筑室内主要空间的采光强度，减少室内人工照明灯具的设置需求。

增设建筑穿层大堂空间与界面可开启空间：既有建筑中，建筑首层与二层层高相对较低，建筑主要出入口位于建筑的东偏北侧，建筑室内空间进深较大，直射光线无法影响至进深深处。因此，在改造设计中，将建筑首层局部顶板取消，形成上下穿层空间，既满足了首层开敞厅堂空间的需求，同时，也通过同层的主入口空间的外部开启窗很好地将自然光线引入局部室内，较好地改善了东北部区域的内部功能空间的室内自然采光现状。

增设建筑边庭空间（图6-5-4）：既有建筑平面呈"L"形，建筑整体开间与进深较大，因此，在建筑2~6层南侧设置边庭空间，边庭逐层扩大，上下贯通，形成良好的半室外空间，不但在建筑南侧形成了必要的视线过渡空间，同时也降低了建筑进深大而引起的直射光线的照射深度浅的不利影响。

增设建筑中庭空间：既有建筑从三层空间开始，在电梯厅前部增设上下贯通的中庭空间，并结合室内功能的交通联系，恰当地将增设的中庭空间一分为二，在保证最大限度地满足功能需求的同时，利用自然光线与通风引入性设计来改善建筑深处的室内物理环境。

增设建筑顶部下沉庭院空间：建筑五、六两层东南角内退形成下沉式空中庭院空间，庭院空间同样以缩小建筑进深与开间的方式，有效地将自然光线引入室内，增强室内有效空间的自然采光效果，同时，也增加了既有建筑的空间情趣感。

4. 建筑遮阳（图6-5-5）

建筑设计从方案伊始即提出了多种利于遮阳的设计措施，并综合考虑了夏季遮阳、冬季得热的问题，同时也考虑了周围建筑对于该建筑的影响，由图6-5-5可见，冬季，建筑受到周围建筑较强的遮挡。主要设计措施有垂直外遮阳板、水平挑出的格栅（外挑走廊），针对东、南立面的措施有所不同。

（1）垂直外遮阳板：东侧向外倾斜一定角度（30°），在满足夏季遮阳要求的同时，尽量减小对于冬季日照的影响。利用该构件种植绿化，一可改善微环境，二可增强夏季遮阳的效果，冬季落叶后还可增加阳光的入射。

（2）水平挑出的格栅（外挑走廊）：南向

图6-5-4　增设的边庭空间

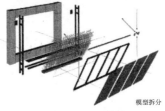

模型拆分

图6-5-5　建筑遮阳

水平挑出结构（外挑宽度为3.9m），可以达到非常好的遮阳效果，并且利用该结构作为室外交通空间，也可改善办公环境。

5. 垂直绿化（图6-5-6）

申都大厦改造项目的垂直绿化分设于建筑邻近南侧居住区的南立面区域、建筑沿主干道的东立面区域，东立面绿化面积为346.08m²，南立面绿化面积为319.2m²，共计665.28m²。

图6-5-6　垂直绿化

图6-5-7　屋顶绿化

建筑的东、南两个立面形成复合式绿化的多功能标准单元。通过逐层设置标准单元的垂直绿化体系，整合建筑南立面边庭空间、建筑东南角的顶层下沉庭院空间以及建筑东侧沿街立面，对建筑界面的围合、节能、绿化、遮阳、通风以及防噪功能进行整合。垂直绿化以两种爬藤植物 [一种落叶爬藤（五叶地锦）、一种常绿爬藤（常春藤）] 为主，点缀地被植物，结合建筑室内比邻空间功能需求，实现夏季绿化满屏并零星点缀小瓣粉化，对建筑东、南两向进行直射光线遮挡并成为建筑主体南向较差视觉界面的屏障，冬季，通过落叶藤本植物的设置，加大直射阳光的引入，并留有一定的常绿藤本植物保持界面的绿色形态。

6. 屋顶绿化（图 6-5-7）

申都大厦屋面设有屋顶绿化，主要包括固定蔬菜种植区 145m²，爬藤类种植区 7.5m²，水生植物种植区 20m²，草坪 2.6m²，移动温室种植 4.5m²，树箱种植区 4m²，果树种植 4 棵。

7. 节水系统

项目采取有效措施避免管网漏损，选用节水器具，绿化灌溉采取节水高效灌溉方式，其中屋顶菜园采用微喷灌系统，挂壁式模块绿化采用程控型滴灌系统。项目按用途设置用水计量水表，分别对热水、雨水补水、消防用水、厨房用水、卫生间用水进行计量，可满足分项计量、雨水漏损、用水量分析的技术要求。

项目雨水回用系统按照最大雨水处理量 25m³/h 进行设计，收集屋面雨水，屋面雨水按不同的屋面高度、不同的划分区间设置汇水面积，设置重力式屋面雨水收集系统，之后以废水物化处理方法为主要工艺，雨水处理后主要用于室外道路冲洗、绿化微灌系统、楼顶菜园浇灌。系统安装了美国 HACH 电子水质监测仪，自动监测余氯含量、浊度，根据测量值与设定值的差异控制相应的设备，确保水质满足相关标准要求。室外红线内场地、人行道等尽可能通过绿地和透水铺装地面等进行雨水的自然蓄渗回灌。2013 年，雨水用水量占总用水量的 22%，楼顶浇灌、垂直绿化和道路冲洗分别占 83%、8% 和 9%。

8. 机电设备

申都大厦整体采用了建筑智能化系统，其中，空调系统依据设计院办公使用的特点采用了易于灵活进行区域调节的变制冷剂流量多联分体式空调系统＋直接蒸发分体式新风系统（带全热回收装置），并按照楼层逐层布置，厨房及大厅各设置一套系统，易于管理，能效比均高于国家标准。

照明光源主要采用高光效 T5 荧光灯、LED 灯，其中 LED 灯主要用于公共区域。灯具形式主要采用高反射率格栅灯具，既满足了防眩光要求，又提高了出光效率。公共区域采用智能照明控制系统，可利用光感、红外、场景、时间、远程等控制方式来实现照明节能。

太阳能光伏发电系统总装机功率约 12.87kWp，太阳电池组件安装面积约 200m²。太阳电池组件安装在申都大厦屋面层顶部，铝质直立锁边屋面之上。太阳电池组件向南倾斜，与水平面成 22° 倾角安装。

太阳能热水系统设置以太阳能为主、电力为辅的蓄热太阳能集中热水系统供应热水。太阳能热水系统为厨房、卫生间等提供热水，热水用水量标准为 5L/（人·d）（60℃）。按太阳能保证率 45%，热水每天温升 45℃，安装太阳能集热面积约 67m²。

6.5.3　运营能耗

2013 年全年总用电量为 435889kWh/a（已扣除太阳能光伏系统发电量），单位面积（包括地下室面积）用电量为 59.7kWh/m²·a，人均用电量为 1141.1kWh/（人·a）。

空调、照明、插座用电量最大，分别占到 60%，17% 和 11%。空调单位面积能耗为 36.5kWh/m²·a，照明单位面积能耗为 10.5kWh/m²·a，插座单位面积能耗为 6.9kWh/m²·a，其他能耗较高的部分主要为厨房用电、电梯和给水排水系统的水泵等动力能耗。设计人员办公功能的楼层用电量平均在 70~78kWh/m²·a 之间，人均为 618~773kWh/（人·a）。

物业运行采用能耗总量控制方式，依据能效监管平台对每个楼层（功能区域）的用电计量进行收费，公共区域按面积分摊。公共区域照明和空调由物业统一管理，每个楼层的功能部分由使用者按需使用，整个大楼鼓励行为节能，如随手关灯、关空调。公共区域部分照明白天依据光照度传感器进行控制，晚上依据红外感应进行控制。公共区域的空调依据室内温度的冷热感受进行灵活开关。办公部分的照明和室内循环风空调系统按需灵活开关，新风系统由物业统一管理，由于使用者可以开窗通风，因此，新风系统开启时间得到减少。

申都大厦经绿色改造后，项目整体运行情况良好，获得了用户较高的满意度评价。

第7章
绿色建筑相关范畴

7.1 绿色生态城区概念综述

7.1.1 绿色生态城区发展

1. 绿色生态城区的概念

国际上，生态城市（Eco-City）最早出现在1971年联合国教科文组织（UNESCO）的"人与生物圈计划"（MAB）中，该计划提出，生态城市是基于生态学原理建立起来的社会、经济、自然协调发展的新型社会关系。我国的生态城镇建设始于1986年江西宜春提出的生态城市建设目标。随着绿色生态城市规划建设理念的不断深入，我国已有越来越多的城市开始尝试这方面的规划建设实践。针对绿色生态城市定义不清、名称多样化等问题，学界仍在讨论中。马世俊、王如松认为生态城市是有效运用具有生态特征的技术手段和文化模式，实现人工—自然生态复合系统良性运转，人与自然、人与社会可持续和谐发展的城市；沈清基等提出，低碳城市是以低碳经济为发展模式和发展方向、市民以低碳生活为理念和行为特征、政府公务管理层以低碳社会为建设标本，城市在经济健康发展的前提下，保持能源消耗和CO_2排放处于低水平的城市；仇保兴将低碳与生态概念结合，定义低碳生态城市是将低碳目标与生态理念相融合，实现"人—城市—自然环境"和谐共生的复合人居系统。它是生态城市实现过程中的一个阶段，是以减少碳排放为主要切入点的生态城市类型。将国内外相关的以绿色、生态、低碳和可持续等概念定义的城市类型进行对比，如表7-1-1所示。

绿色生态城市的本质和上述城市概念一样，倡导可持续发展价值观，并以复合生态系统为理论体系支撑，以资源节约、环境友好、经济发展、社会和谐为主要特征，是自然、人与社会有机融合、整体协调、共同发

绿色生态城市相关概念对比 表7-1-1

城市类型	概念	提出者
健康城市	由健康的人群、健康的环境和健康的社会有机结合发展的一个整体。	世界卫生组织（WHO）
绿色城市	绿色城市是生物材料和文化资源以最和谐的关系相联系的凝聚体，生机勃勃，自养自立，生态平衡。	麦由尔
田园城市	田园城市是为健康、生活以及产业而设计的城市，它的规模足以提供丰富的社会生活，但不应超过这一程度；四周要有永久性农业地带围绕，城市的土地归公众所有，由一委员会受托掌管。	霍华德
山水城市	城市建设与自然结合，将自然山水融入城市，重视民族历史传统和文化脉络，体现中国传统特色的城市环境和文化观。	钱学森
园林城市	强调城市的绿化数量、自然环境质量、基础设施水平和相应的城市管理水平。	住房和城乡建设部
环保模范城市	强调经济发展水平高、环境质量良好、资源合理利用、生态良性循环、基础设施健全、生活舒适便捷。	国家环保总局
生态园林城市	利用环境生态学原理，规划、建设和管理城市，进一步完善城市绿地系统，有效防治和减少大气污染、水污染、土壤污染、噪声污染和各种废弃物，实施清洁生产、绿色交通、绿色建筑，促进城市中人与自然的和谐，使环境更加清洁、安全、优美、舒适。	住房和城乡建设部
国家森林城市	指城市生态系统以森林植被为主体，城市生态建设实现城乡一体化发展。	原林业局
低碳城市	指在经济高速发展的前提下，城市保持能源消耗和二氧化碳排放处于低水平。要求城市经济以低碳经济为发展模式及方向，城市生活以低碳生活为理念和行为特征，城市管治以低碳社会为建设标本和蓝图。	联合国自然基金会
低碳生态城市	将低碳目标与生态理念相融合，实现"人—城市—自然环境"和谐共生的复合人居系统。它是生态城市实现过程中的一个阶段，是以减少碳排放为主要切入点的生态城市类型。	仇保兴
可持续发展城市	可持续发展被定义为满足现代人需要而又不损害子孙后代满足他们需要的能力的发展方式。可持续城市强调城市增长的同时取得环境、社会、经济诸因素的平衡。	世界环境与发展委员会
韧性城市	韧性城市是城市中的个人、社区、机构、企业和系统具有在各种慢性压力和急性冲击之下续存、适应和不断发展的能力的城市。	倡导地区可持续发展国际理事会（ICLEI）

展的共生结构，是建设生态文明和可持续发展的空间载体。实施绿色生态城市发展战略，需要明确城市发展的资源消耗和环境影响等要求，按照绿色生态城市理念确定新型城市发展模式。

在我国，"绿色生态城市"概念的运用范围非常广泛，在各级政府目标及示范类的称号中屡见不鲜。其中"绿色生态城区"作为绿色生态城市的有机组成部分，侧重于城市

区域的绿色生态规划建设理念的推广。

2. 绿色生态城区的规划

国家绿色生态示范城区是为了倡导在城市的新建城区中因地制宜地利用当地可再生能源和资源，推进绿色建筑规模化发展而提出来的概念。其中绿色生态城区主要是指在空间布局、基础设施、建筑、交通、产业配套等方面，按照资源节约、环境友好的要求进行规划、建设、运营的城市开发区、功能区、

新城区等。绿色生态城区建设是实现其经济效益和环境效益的基础，还需要做好相应的运营工作，进一步强化绿色生态城区的经济效益和环境效益。

规划设计阶段、建设阶段和运营阶段是绿色生态城区建设的三个主要阶段。首先，规划设计阶段。相应人员应明确总体建设目标，做好城市基础设施和各类使用技术系统的建设工作，明确城区的绿色生态目标规划的建设效益，使其能够符合城市的未来发展。其次，建设阶段。在这一阶段，要按照总体设计规划进行城区的检核工作，落实各项建设计划和项目，同时在建设过程中还要根据实际情况对技术方案进行合理调整，使其能够更好地满足绿色生态城区的建设需求。最后，运营阶段。运营阶段是实现城区绿色生态目标的重要阶段，在这一阶段必须做好城区的管理工作。由于绿色生态城区的地域较大，一般都采取边建设边运行的方式，使先建成的部分区域投入使用和日常管理。

绿色生态城区的交通、电力、能源以及通信、水务等系统分属于不同的建设和管理部门，其运行管理体制时常不相统一，需要根据绿色生态城区的建设和运营要求进行相应调整。政府以及相应部门需要在实际建设工作中充分发挥自身职能作用。政府部门要组织专业规划，并做好相应规划设计的生产工作，并且在建设和运营阶段还要监管城区的建设与运营。同时，政府还应建立严格的规章制度，健全长效保障机制，全面提升绿色生态城市的建设和运营效果。

我国对于绿色生态城区的要求更为全面，要求利用信息技术全面建设管理区域，然后通过实际的监测数据来反映其运用效果，了解绿色生态城市的生态效益和经济效益的目标完成情况。在实际管理工作中，要根据绿色生态城区的建设现状和实际设计目标，提出对应的评价标准需求。

7.1.2 绿色生态城区评价标准

1. 国内基本要求

（1）绿色生态城区的评价应以城区为评价对象，并应明确规划用地范围。

（2）绿色生态城区评价应分为规划设计评价、实施运管评价两个阶段。

（3）绿色生态城区规划设计评价阶段应具备下列条件：

a.相关城市规划应符合绿色、生态、低碳的发展要求，或城区已按绿色、生态、低碳理念编制完成绿色生态城区专项规划，并建立相应的指标体系；

b.城区内新建建筑应全面按现行国家标准《绿色建筑评价标准》中一星级及以上的标准执行；

c.制定规划设计评价后三年的实施方案。

（4）绿色生态城区实施运管评价阶段应具备下列条件：

a.城区内主要道路、管线、公园绿地、水体等基础设施建成并投入使用；

b.城区内主要公共服务设施建成并投入使用；

c.城区内具备涵盖绿色生态城区主要实施运管数据的监测或评估系统；

d.比照批准的相关规划，规划方案实施完成率不低于60%。

（5）申请评价方应对城区绿色生态低碳

发展建设情况进行经济技术分析，并提交相应的分析、测试报告，基本内容应包括：城区规模、交通系统、能源使用与生态建设，选用的技术、设备和材料，对规划、设计、施工、运管进行管控的情况。

（6）评价机构应按本标准的有关要求，对申请评价方提交的报告、文件进行审查，并应进行现场考察，确定评价等级，出具评价报告。

2. 国内评价体系

（1）绿色生态城区评价指标体系应包括土地利用、生态环境、绿色建筑、资源与碳排放、绿色交通、信息化管理、产业与经济、人文等多类指标以及技术创新。土地利用、生态环境、绿色建筑、资源与碳排放、绿色交通、信息化管理、产业与经济、人文等指标均应包括控制项和评分项，评分项总分应为 100 分。技术创新项应为加分项。

（2）控制项的评定结果应为满足或不满足。评分项的评定结果应为根据条、款规定确定得分值或不得分。技术创新项的评定结果应为某得分值或不得分。

（3）评价指标体系 8 类指标各自的评分项得分 Q_1、Q_2、Q_3、Q_4、Q_5、Q_6、Q_7、Q_8 应按参评城区的评分项实际得分值除以适用于该城区的评分项总分值再乘以 100 分计算，Q_{chx} 为创新项得分。

（4）绿色生态城区评价的总得分可按式（7-1-2）进行计算，其中评价指标体系 8 类指标评分项的权重 $W_1 \sim W_8$ 应按表 7-1-2 取值。

$$\sum Q = W_1Q_1 + W_2Q_2 + W_3Q_3 + W_4Q_4 + W_5Q_5 + W_6Q_6 + W_7Q_7 + W_8Q_8 + Q_{chx} \quad (7-1-2)$$

（5）绿色生态城区评价应按总得分确定等级。绿色生态城区评价结果应分为一星级、二星级、三星级 3 个等级。3 个等级的绿色生态城区均应满足本标准所有控制项的要求。当绿色生态城区总得分分别达到 50 分、65 分、80 分时，绿色生态城区评价等级应分别为一星级、二星级、三星级。

3. 国外评价体系

国外的绿色生态城区评价体系已取得一定成就，美国、英国和日本形成了较为成熟的体系，分别为 LEED for Neighborhood Development Rating System（2009）、BREEAM Communities、CASBEE-UD，而德国、澳大利亚也相继颁布执行了各自的评价标准，例如 DGNB、EcoHomes。各国的评价指标侧重略有不同，但均根据地区特点形成了不同的框架和指标（表 7-1-3）。

（1）LEED-ND：性能评价指标，可操作性强，市场化程度高

LEED for Neighborhood Development Rating

绿色生态城区分项指标权重　　表7-1-2

项目	土地利用W_1	生态环境W_2	绿色建筑W_3	资源与碳排放W_4	绿色交通W_5	信息化管理W_6	产业与经济W_7	人文W_8
规划设计	0.15	0.15	0.15	0.17	0.12	0.10	0.08	0.08
实施运管	0.10	0.10	0.10	0.15	0.15	0.15	0.15	0.10

国外评价体系对比　　　　　　　　　　　　表7-1-3

LEED-ND	BREEAM Communities	CASBEE-UD	DGNB
强调实效，条款中多是对具体指标的规定，达到了要求的量值即可得到相应的分数	侧重于过程，鼓励使用某项技术和采取某些技术措施	从建筑性能和环境负荷两方面进行综合评价	关注建筑物性能的评价，包含了建筑全生命周期成本的计算
LEED-ND 总计 110 分，在满足前提条件的基础上，达到 40 分可通过认证，以铂金、金、银和通过认证四个等级作为标签	在满足强制性条件的基础上，将每一项得到的分数计重加权得到一个新的分数再进行加和，计重加权的系数根据环境和地理位置由 BRE 明确给出。通过认证的项目按照杰出、优秀、很好、好和通过五个等级划分	CASBEE for Urban Development 以"建筑环境效率（BEE=Q/L）"作为其主要评级指标，并明确划定建筑物环境效率综合评价的边界。建筑物环境质量与性能（Q）和建筑物的外部环境负荷（L）	包括生态质量、经济质量、社会质量、技术质量、过程质量、场地质量 6 大方面共61 项指标，对每项指标都建立了科学严谨的计算和评估方式。项目根据评估达标度分为金、银、铜三个等级

System 是 2009 年由美国绿色建筑委员会牵头制定发布的可持续城区、住区的评估体系。该体系包含了精明选址和连接、社区模式和设计、绿色基础设施和技术、革新和设计过程、区域优选项五项内容，整合了精明增长、新城市主义以及绿色建筑的发展理念。LEED-ND 采用分级打分制，由必须达标的基础项和打分制的得分项组成，其中得分项包括：100 分——基础分和 6 分——革新和设计过程、4 分——区域优选项，满分 110 分。

LEED-ND 是性能评价指标，强调社区在整体、综合性能方面达到绿色要求。其优点在于在科学性、实用性和可操作性三个方面取得了良好的平衡，是可操作性最强的指标体系；LEED-ND 指标体系超越单体建筑，上升到了社区整体规划层面；LEED-ND 为多学科交叉，包含社会学、生态学、规划学等，综合考察环境、人文、基础设施等各方面的协调发展。

但是 LEED-ND 仍然存在一些不足，如不能评价项目的全面均衡发展水平。出于认证的易操作性需求，LEED 评价体系将各个得分点割裂开，不是所有的得分点都需要满足，相互之间可以补充，比如某社区交通中的路网密度未达到要求，但可以通过在水资源利用中的得分来弥补，由此通过认证。这样为地方根据自己的资金、技术和地区条件进行设计提供了一定的灵活性，但在一定程度上违背了可持续发展争取面面俱到的原则，一定程度上导致了短板更弱、长板更强的发展方向。

（2）BREEAM Communities：措施评价为主，综合权重，灵活性强

2009 年英国建筑研究所颁布了 BREEAM 评价体系 BREEAM Communities。主要评价指标包括 9 个方面：气候与能源、资源、交通、生态、商业、社区、场所塑造、建筑、创新。指标数量为 52 个（其中必选指标 19 个），城市层面 21 个，社区层面 22 个，建筑层面 8 个，创新设计 1 个。通过社区进入 BREEAM Communities 评价，规划设计可以获得全面、细致的控制要求。尤其是在经济性评价方面，注重区域内居民对房价的可负担性，提高了区域职住平衡的可行性。

BREEAM Communities 评价体系完善，

有利于实践。其中，进行权重赋值增加了评价指标的灵活性，与此同时，也为操作带来了一定程度的复杂性；与 LEED-ND 不同，BREEAM Communities 评价体系没有大量量化数据，更多地体现在步骤和措施上。它的要求比较模糊，在一定程度上带来了技术堆砌的问题。

（3）CASBEE-UD：二维评价体系，方法严密，市场占有率低

CASBEE-UD 建筑物综合环境性能评价系统针对城市开发，是由日本"可持续建筑协会"于 2006 年创立的。CASBEE-UD 中的建筑环境效率评价封闭体系是用地边界和建筑最高点之间的假想空间。该体系从两个角度来评价建筑，分别为建筑的环境质量和性能（Q=quality）及建筑外部环境负荷（L=load），是唯一的二维评价体系。内容包括自然环境、区域内服务功能、对社区的贡献，而负荷评价分为：环境对于微气候、外观和景观的影响，基础设置，环境管理。

CASBEE-UD 的评价方法最为严密，但可操作性较差，评价结果不以单一的分数决定。此外，由于评价对象封闭系统的界定，导致建筑自身能耗的得分一般较低；即使建筑设计优化可能对外部城市环境有益，但是会引导设计人员在假想边界方面更多考虑封闭系统外的影响因素；评价体系未针对不同城市规模、产业结构设置相应的指标阈值亦会带来公平性问题；最后，对将来的预测，承载各种政策要求的可能性还有待研究。

（4）DGNB：全面量化，技术先进，可操作性不强

DGNB 可持续建筑评估体系是由德国可持续建筑委员会与德国政府共同开发编制的，创立于 2007 年。该体系旨在解决第一代绿色建筑评估体系存在的片面强调单项技术、忽视建筑的经济问题、忽视建筑的综合使用性能等普遍问题，是以世界先进绿色生态理念与德国高水平的技术体系为基础，包含生态环境建筑经济、建筑功能和社会文化等多方面因素的世界第二代绿色建筑评估体系。

DGNB 体系评价范围主要包括生态质量、经济质量、社会质量、技术质量、过程质量、场地质量六大方面共 61 项指标，对每项指标都建立了科学严谨的计算和评估方式。根据评估达标度分为金、银、铜三个等级，达标 50% 以上为铜级、65% 以上为银级、80% 以上为金级。DGNB 体系运用了数据库和计算机技术，软件所生成的评估罗盘图直观地反映了建筑物在各领域内各标准评分情况。

DGNB 可持续建筑评估体系关注建筑物性能的评价，保证了建筑项目可以达到业主和建筑师的总体目标。DGNB 体系还展示了不同技术体系应用的相关利弊关系，有利于对建筑项目性能的整体性、综合性评价。DGNB 体系的评估领域更综合、全面，评估流程覆盖绿色建筑全产业链，评估方法全面量化、计算方式高度严谨、技术手段最为先进，然而也导致了对基础数据和技术手段要求极高，对不适合量化评估的内容难以纳入体系，可操作性相对较差的问题。

7.1.3　绿色生态城区案例

1. 英国 BedZED 太阳村

英国伦敦南部，距市中心 20 分钟车程的

地方，出现了一个小小的生态居住区 BedZED 太阳村（图 7-1-1）。

建筑设计师们的理想是实现社区的"零耗能"，它是世界上第一个生态村。这里的建筑主体使用的都是回收材料，例如房子的钢架结构来自一个废弃的火车站；木头和玻璃都是从附近的工地找来的。新的建筑材料都是从最近的建材市场购买来的，这样可以节省运输中的费用和污染。

住宅最大的污染源就是取暖，房子的墙壁达 70cm 厚，是传统建筑的 2~3 倍。墙壁由两层厚砖砌成，中间还有一层隔热夹层，防止热量流失，保证室内四季如春。窗户都安装 3 层玻璃，而且所有的房间都朝南，这样可以最大限度地吸收阳光带来的热量（图 7-1-2）。设计者在阳光和雨水的使用上，特别注意利用自然元素，并保护自然环境。

2. 瑞典斯德哥尔摩的哈默比湖城

哈默比湖城位于瑞典首都斯德哥尔摩市中心东南部地区，以斯德哥尔摩总体规划"内向发展"策略为发展契机，其规划构想始于1990 年，至今已成为因基于低碳目标开发建设而闻名世界的新城开发的典范（图 7-1-3）。

哈默比湖城是一个将城市旧码头和工业用地转换为现代综合生态"新城"的开发项目，规划总面积为 200hm²（其中 50 hm² 为水面面积）。早在 1990 年中期，新城规划就确立了明确的环境目标：和 1990 年建设的其他住区相比，这一地区到 2015 年的碳排放量要减少 50%，并具体到土地利用、交通、建筑材料、能源消耗、给水排水、垃圾回收等领域，其中交通目标是：80% 的居民使用公共交通、步行或骑自行车；至少 15% 的住户和 5% 的

商用住户参加汽车共享俱乐部；所有的重型车不能进入居民住宅区。在其方案规划和实施中，采取了以下绿色交通发展策略：

（1）土地结构优化、混合开发：公共服务和办公空间被融合到住宅区建设中，实现

图 7-1-1 英国 BedZED 太阳城建筑

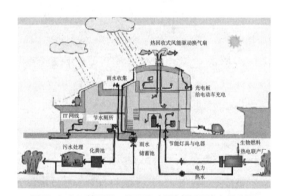

图 7-1-2 英国 BedZED 太阳城资源的有效利用

图 7-1-3 哈默比湖城全貌

混合开发功能，大大缩减每日通勤及日常外出的交通量。

（2）完善的公共交通设施：1条轻轨线——连接斯德哥尔摩主城；2条巴士线、1条轮渡线——水上免费交通线，直达市内码头；便捷的公共交通体系提高了公交出行比例。截至2010年，公共交通出行比例达到了52%。

（3）道路断面规划建设充分体现其大力发展公交及慢行系统，鼓励绿色出行的交通政策：优先考虑公共交通的通行，设4个轻轨站和巴士车站，中间是公交专用道，两侧为机动车道；设置明显的自行车专用道，并构成自行车专用道系统。

（4）过境交通对城市活动中心的影响：新建的交通快速线采用沉入地下的方式。

（5）汽车共享俱乐部：可通过手机就近取车，用完再将车辆停放在指定地点即可。

（6）停车策略：私家车停车场有限供给，宅间庭院和滨水的步行区被明确禁止设置停车场地。

（7）低耗机动车：地铁线路将采用新型AdtranzC20型火车，它被认为99%可再利用，所消耗的能量比以前的火车少20%。

（8）其他交通策略：所有重型车辆不能进入住区；通过垃圾回收系统，合理有效回收，并减少本地区用于垃圾运输的车辆。

哈默比湖城的成功在于注重土地结构优化、混合开发，提高职住平衡比例，降低了交通出行距离和对小汽车的依赖程度，起到了节能减排作用。截至2010年，公共交通、步行、自行车出行比例为81%，超过了既定的80%的规划目标。

3. 重庆悦来生态城

悦来生态城场地地形多变，具有独特的山地特征，设计深入分析论证了场地原生地理环境，奠定了与自然共生的基础，以期实现真正意义上的生态设计。规划采用柔和的手法谨慎对待自然地形，依山势布局建筑，而不是通过大规模挖填方、对场地崎岖地形进行平整来获得开发用地条件（图7-1-4）。街道沿等高线展开，进而将传统建筑风格和特点融入坡地建设。

场地中的生态敏感区域（山体、冲沟等）保留、规划为开放空间，成为生态城的观景高点或富有生趣的小公园。纵横交错的水系楔形绿地和线形公园，将江畔的开放空间资源与生态城东侧的园博园紧密联系起来，使江、山、城浑然一体。

不同社区间建立具有山地特色的步行道、自行车道和非机动车道，场地坡度大于25%的区域，可设置类似于中国香港中环—半山的电梯系统。各类零售商铺可沿电梯顺山势起伏布局，营造街道活力，为人们提供独特的山地城市体验。

在主要街道，特别是地势相对平缓的道

图7-1-4　独具山地特征的悦来生态城

路上配合规划自行车道，保证非机动车网络遍布整个生态城，贯穿于公共道路与慢行道体系。同时，公共交通也连通自然山地、江畔公园与社区，为居民提供便捷的小汽车以外的替代方案。

7.2 绿色生态住宅小区概念综述

生态小区是通过调整人居环境生态系统内的生态因子和生态关系，使小区成为具有自然生态和人类生态、具有自然环境和人工环境、物质文明和精神文明高度统一、可持续发展的理想城市住区。生态小区应当是空间结构合理、基础设施完善，智能建筑和生命建筑广泛应用，人工环境与自然环境良好地融合，强调人与自然和谐共生的城市住区。中国建筑学会室内设计分会副会长、学术委员会主任饶良修在西部家装峰会上曾说过，生态住宅有严格的技术标准，要在能源和水、气、声、光、热环境以及绿化、废弃物处理、建筑材料等九个方面符合国家有关标准。

绿色生态住宅小区，就是住宅小区在规划、设计、建设和管理的各环节充分节约资源与能源，减少环境负荷，创造健康舒适的居住环境，与周围生态环境相协调的住宅小区。绿色生态小区的建设可以将自然与技术联系在一起，减少对生态环境的人为破坏。同时，这也是实现资源合理优化配置的有效措施，要建设绿色生态小区，就要做到坚持以人为本，将绿色经济作为基础。对于绿色生态住宅小区来说，主要具有高效益、高质量以及高管理技术等特征。

生态住宅小区的选址、规划、设计和建设应充分考虑当地的地理、气候环境，保护自然水系、湿地、山脊、沟壑和优良植被，有效防止地质和气象灾害的影响。同时，尊重自然地貌，充分利用地形条件和自然资源。

生态小区内居住空间要能自然通风，每套住宅的通风口面积不小于地面面积的5%。小区环境绿化、生态景观设计与建设应尽量保留有利地形地貌，注重自然资源的组织、自然降水的收集利用、自然水系的生态性修复。同时，必须以植物造景为主，突出乡土植物。小区绿地率应不小于35%。小区工程验收时，室内装饰装修材料有害物质应符合相关规定。小区在规划设计时，应对周边噪声源进行测试分析，使声环境符合国家标准。应采用分质给水系统，有条件的小区宜采用管道直饮水系统。水质、水压、水量及水系统管道设备等应符合国家标准。排水须采用雨、污分流制；应采用中水或雨水收集与利用系统，雨水和污水处理后的回用和排放水质应符合现行国家有关标准。供水应优先考虑节能供水。同时，小区节能灯具使用率须达100%。

绿色生态住宅小区就是指开发商在开发过程中以建筑美学为目标、以保障生态系统的良性循环为原则、以绿色经济为基础、以绿色社会为内涵、以绿色技术为支撑、以绿色环境为标志而建立起来的全新住宅小区。它的最终目标是在其生命周期的整个过程中与自然平衡发展，做到降低资源消耗、保护生态系统、对人健康无害，它所代表的是一种可持续发展的建筑模式。绿色生态住宅小区的特性归纳起来有以下几点：第一，尽可能节约资源与不可再生能源的消耗，体现 3R 原则（reuse，reduce，recycle），即可重复使用、节约、再循环使用原则。第二，保护生态系统，坚持人与自然的和谐共生。第三，对人的健康无害，使人感到舒适健康，主要体现在材料的选择使用上，必须选用绿色建材或低污染、无毒的建材。

7.2.1 绿色生态住宅小区的发展

1. 国外绿色生态住宅小区的发展

20 世纪末，发达国家开始借助自身的经济实力以及科技手段，不断在绿色住宅上加强研发，尤其是智能建筑、建筑节能以及新建材开发上，其中以美国的建筑技术和理念最为先进。

国外对绿色建筑的研究与实践开始得较早，尤其是在近年来，其形式和内涵均有丰富和扩延，在绿色生态建筑的设计、施工、材料和设备等各个环节狠下功夫，在节约资源、资源再利用、再循环和防止环境破坏等方面均有新的进展，并加强了政策支持力度。美国建筑行业，对所有建材的环境影响进行评测，并出现了生态房、生态村、植物建筑、新型太阳能建筑等新概念建筑；英国约克郡的一座办公楼采用"自然通风"设计降低能耗；德国多数大城市有出售绿色建材的商店；日本政府为了鼓励对新能源的使用，对住宅用太阳能发电推行补助金制度，另外在保证生态空间、能源的有效利用、废弃物的处理、关心人的健康、材料的选择和规划方面，日本都有一系列的政策与措施。

2. 我国绿色生态住宅小区的发展

我国由于在这方面的理论研究与实践都比国外要起步得晚，所以和国外相比主要存在以下几个方面的不足：对环境保护、走可持续发展之路的认识不足。虽然以"绿色"为代表的生态问题已成为当前全球共同关心的问题，但是在我国的房地产开发领域，对这一问题的认识还远远不够，还停留在取得经济利益最大化的初级阶段。绿色生态住宅小区的开发需要更多的前期费用，投资者利益的回收速度则相对缓慢。另外，绿色生态住宅小区若干年后所取得的投资回报更多地体现在社会效益和生态效益方面。

绿色生态住宅小区是一个能与环境相互作用的、智能化的、可自动调节的系统，因此，它对相关的技术和材料有更高的要求。比如在材料方面，它一方面作为能量的转换界面，必须能较好地收集、转换能源，防止能量的流失；另一方面，用于建筑外层的新型建材必须具备调节气候的能力，以消除、缓解由于室外各种气候原因而对室内温度造成的影响，保持室内温度相对稳定。

国内建筑需要结合自身的特色，依据国情，在绿色建筑以及生态小区方面加强建设，将常规的技术与一些高新技术充分结合起来，让生态小区向着多功能的方向发展，并逐渐建立科技型的生态小区。加强生态住宅上的研究和开发，为广大居民提供更多高质量和高品位的住宅，是建筑领域可持续发展主题中应有之义，是建设绿色生态住宅小区的真谛。生态小区需要成长到与可持续发展等同的高度上，这是实际发展中要明确的任务。设计出合理的生态小区，要对当地环境进行调查，运用建筑和生态的各方面专业理论，借助先进的科技对建筑因素和其他因素关系的有效处理，让环境与住宅充分结合起来，体现出"以人为本"的设计理念。

绿色生态住宅小区在房地产开发领域是一个新兴事物，要解决我国绿色生态住宅小区发展的瓶颈问题，不仅要解决技术上的问题，同样需要建立一种新的价值观和行为观，通过政府立法、税收等方面的政策推广使用节能设备和材料等。

3. 对我国绿色生态住宅小区持续健康发展的建议

针对我国目前的情况，应该从以下三方面来推行绿色生态住宅小区的建设：

（1）提高人们对发展绿色生态住宅小区的重要性的认识程度。

（2）政府出台一系列的产业政策来支持绿色生态住宅小区的推行。

（3）大力发展相关新技术、新材料。

21世纪是以生态为主导的时代，我们的住宅也必将随着这一潮流而前行。绿色生态住宅小区的建设是一个复杂的系统工程，需要众多的学科参与。它是人类所追求的理想的建筑居住环境模式，是未来可持续发展的方向，绿色生态住宅作为城市建筑生态系统的重要组成部分，是未来生态工程需要深入研究和探索的重大课题。

7.2.2 绿色生态住宅小区典型案例

1. 八仙山格林春天

八仙山格林春天（图7-2-1）位于福建省晋江市，占地面积118hm²，整体绿化率达到50%以上，小区包括普通住宅、别墅、独栋别墅以及高层，附近配备有公园园区、市政道路、五星级绿色酒店、顶级企业会所，是晋江市的首个生态社区和绿色社区。

该小区拥有八仙山的绝佳生态资源和自然景观。小区占地面积118hm²，建筑群占地面积16.87万m²，建筑面积共计74万m²，绿化面积为7.6万m²，容积率和绿化率分别是3.5和50%。

小区设计采用围合式结构，包括三个独立的组团，不同组团之间由绿化景观联系，促使整个小区的园林设计紧密合一。同时，小区的设施齐全，周边小学、中学等文化教育资源丰富，医院、购物商场、银行等生活需求设施完善，小区的整体设计具有生态性、高技术性等特点，属于融合居住、娱乐、科技、健康为一体的大型示范绿色生态住宅小区。

1）空气环境

格林春天小区的绿色植被布局以及建筑布局均有利于空气的流通，为小区营造了一个适宜居住的风环境；同时，小区内的各种景观植被、主题广场的景观水面与八仙山综合公园相互辉映，在小区周边及内部形成了天然氧吧，小区内的空气质量较好。以小区空气质量实时监测LED显示结果来看，小区的空气质量为一级，符合绿色生态小区对空气质量的要求标准。

2）水环境

八仙山格林春天小区对水环境的规划和设计对各种水资源情况进行了充分的考虑，包括雨水的收集利用、再生水的回用、中水处理站的设计、绿化用水的规划。以中水系统为例，主要技术方案为：将中水处理站建设在地下，中水处理水源以生活污水为主，运用先进的技术、设备将其处理达到国家景

图7-2-1 八仙山格林春天规划图

图7-2-2 重庆龙湖九里晴川规划图

观用水的标准，比如用于小区内公共卫生间的冲厕、绿色植被的灌溉等。同时，绿化灌溉、道路浇洒取水点靠近湖体，这样便于湖水与补水的替换，利于维护湖体水质。

3）景观绿化环境

小区有百种名贵树木，中庭景观园林面积达到5万 m²，以"锦园"为主体分层次布局，景观点与面充分融合，节奏感很强。树木种植呈团状分布，与生态道路相得益彰。

树木以适宜亚热带季风气候的常绿乔木为主，保证美观，又能够有效降低小区的温度。不同种类的树木根据日照、小区功能分布种植，充分发挥了每种树木的理想作用。阳光不充足地区种植喜荫树木，道路两边以及活动区域种植光合作用较强烈的植物，以提升空

气质量，保持氧气与二氧化碳的动态平衡性。

4）智能技术环境

在智能体系运用方面，小区每个门栋安装视频对讲系统，安装光纤宽带网络，主要道路和停车区域安装监控网络等。同时，在节能技术方面，使用国家认证的绿色材料、太阳能热水器和公共区域节能照明设备。

2. 龙湖九里晴川

龙湖九里晴川（图7-2-2）位于具有"城市绿岛"之称的九曲河黄金河湾。这里有号称"重庆西溪湿地"的占地220hm² 九曲河湿地公园，是集游览、休闲、健身、科普功能于一体的开放型、生态型湿地森林公园。

龙湖九里晴川经评审机构组织专家组按照重庆市工程建设标准《绿色生态住宅（绿色建筑）小区建设技术标准》DBJ50/T-039-2020的技术要求进行评审，获得了重庆市城乡建设委员会授予的绿色生态住宅小区荣誉称号。

九里晴川为低密社区，容积率为2.0，独创"五维景观"（设计美学、场所精神、生态美学、可持续性、人性化）。应用五维景观标准、全树冠移植、360度全景移植等技术，在满足以绿植多层次造景的同时，更增加了设计美感、可持续性、场所体验和人性化。

7.3 绿色街区规划设计概念综述

绿色文明是人与自然和谐共存的文明，是人类社会反思黄色文明（农业文明）和黑色文明（工业文明）以来的种种生态问题而

出现的新的生态文明阶段，因"绿色"本质的生命、健康、活力的内涵而形象地称之为绿色文明。从城市空间系统的角度看，绿色街区与绿色城市、绿色建筑共同构成了形成绿色文明的空间载体，是一个城市生态系统的重要组成部分。

绿色城市是一个复杂的系统，包括了自然生态环境、经济社会体制、物质文化生活等方面的绿色追求和愿景。绿色愿景的规划策略需要从城市的各个层级具体实施，而绿色街区则是实现绿色愿景的重要节点。绿色街区是绿色城市理念在城市中观层级的体现，能够从城市规划的角度在短期内显现其示范效应，从而对绿色城市愿景的实现起到积极的促进作用。

绿色建筑在国内外社会各界的积极推动下，已经形成了清晰的理念、定义和系统的设计原则。尤其在我国的生态城建设过程中，绿色建筑的"四节一环保"要求取得了广泛的认同。绿色街区的提出能够从街区层级拓展绿色建筑的理念，有助于在微观建筑和宏观城市之间搭建"绿色桥梁"。综上所述，相对于绿色城市，绿色街区是一个基本单元；相对于绿色建筑，绿色街区又是一个基本系统。

绿色街区需要结合城市层级的"绿色"与建筑层级的"绿色"（图7-3-1），从街区层级探讨其绿色内涵，从而最大化地发挥绿色街区在城市规划和建筑上的整合性意义和作用。因此，绿色街区是以生态学为核心理念，以绿色建筑为基础，以实现绿色城市为目标，资源集约利用、生态环境安全、人与自然和谐共存的街区。

图7-3-1 绿色街区的研究视角

7.3.1 绿色街区规划设计特征与设计原则

1. 绿色街区规划设计特征

（1）保护生态环境，减少环境污染；

（2）全生命周期内的资源和能源节约；

（3）空间舒适度和美学原则；

（4）技术适应性，提倡低技术，适度结合高技术；

（5）街区系统性，以街区作为生态系统基本单元，实现街区的基本目标；

（6）街区健康安全，有利于防灾减灾。

2. 绿色街区的设计原则

（1）生态性原则：设计顺应自然，保护街区内部的生态环境要素，构建稳定的街区生态安全格局；

（2）经济性原则：设计节约资源和能源，在街区内部各类设施（包括建筑物、构筑物、基础设施等实体要素）全生命周期内实现资源、能源的节约和高效利用，以绿色建筑标准作为街区建筑设计的基本要求；

（3）人性化原则：街区空间设计遵循一定的美学原则，满足人的心理需求和使用要求，注重街区安全，并体现街区所处城市的地域性和文化性；

（4）整体性原则：设计遵循整体实效性，注重街区整体设计过程和实效性，提倡采用适宜性技术和低技术。

从绿色街区的特征和设计原则可以看出，相对于生态街区概念的宽泛性和模糊性，低碳街区概念的单一性和局限性，绿色街区不仅继承了生态街区在生态系统平衡、生态环境保护、空间舒适度等方面的内容，还在街区全生命周期、资源能源节约、技术适应性、使用者的要求等方面提出了更加自然化、人性化、具体化的要求。未来的绿色街区发展目标将以街区为载体，整合既有的"绿色"概念，形成绿色街区的系统研究，并逐渐深入探讨绿色物质空间（如绿色建筑、绿色街道、绿色空间、绿色能源）和绿色意识形态（如绿色生活、绿色消费、绿色追求、绿色行动、绿色文化）的结合。绿色街区将与绿色建筑、绿色城市一起形成实现绿色文明的空间发展载体。

7.3.2　绿色街区与生态环境

绿色街区城市设计策略的核心目标是实现街区建设的可持续化和生态化，建设后的

街区既能有效地与生态环境要素相适应，又能满足街区自身的使用功能需要。无论何种城市功能空间，生态环境要素都是城市设计系统的核心影响因素。

绿色街区城市设计的研究，首先需要深度研究影响绿色街区组成的生态环境要素，立足于街区生态环境要素的深层结构和肌理，建立绿色街区城市设计系统与生态环境要素之间的关联，从而制定实效性较强的绿色街区城市设计策略。其具体策略的制定需要深入研究气候、土地、绿地植被、水体条件等街区生态要素的组成、特征及其对城市环境的影响（表7-3-1），从而在街区的空间形态、文化内涵与生态要素之间形成直接或间接的联系，形成以目标为导向的绿色街区生态设计策略，同时以信息技术和节能技术为支撑，体现绿色街区的生态性、系统性、创新性、地域性。

由于经过城市法定规划（如我国的城市总体规划和控制性详细规划）确定的街区，其用地规模、性质、容量具有确定性，而其内部的生态要素在布局、比例、细节设计等方面具有一定的自由度，这种自由度对于中观层级的街区来说更加易于控制。因此，绿

不同生态环境要素对城市环境的影响	表7-3-1

生态要素	对城市环境的影响
气候	城市热岛效应，风道和湍流，静风污染，噪声污染，雾霾、冰雹、暴雨等灾害，机动车尾气，工业污染物，酸雨，粉尘，生活污水，其他气体和固体污染物
土地	地质承载力，内部排水能力，可侵蚀性，坡体稳定性，霜冻，地面硬化率，植被分布，地表径流，地下水，建筑材料，地源热泵，供暖，发电，制冷等
绿地植被	城市生态网络的组成部分，生态涵养、栖息地、景观种植、净化过滤，改善气候，防治水土流失，生态防灾
水体	城市生态网络的组成部分，水质，水量，水体循环和集约利用，地质水文条件，水体涵养能力，水体净化，水生态平衡

色街区城市设计中的生态环境要素研究更具有可控性和实效性意义，其城市设计策略和方法也更具有可操作性。

1. 绿色街区的生态安全格局

气候、土地、绿地植被和水体是实现生态建设目标的基本要素，在绿色街区城市设计中，应在对街区内这几类要素的现状条件分析的基础上，应用适宜的方式对其进行保护、改善和调节，使生态环境要素的潜力发挥到最大化，起到缓解城市热岛效应、调节空气质量、涵养水源、保护生物多样性等作用；利用街区层级在分析研究方面的便利性，以街区范围形成较为稳定且可持续发展的绿色单元，从源头改善城市生态环境，是绿色街区城市设计的根本目的。根据街区的气候、土地、绿地植被、水体等生态环境要素的基本内容和特征，通过分析街区生态环境要素与城市设计系统各要素之间的关联性，确定绿色街区的生态城市设计策略，保护街区内部的生态因子，最终形成稳定的绿色街区生态安全格局。

2. 绿色街区生态环境要素的优化利用

绿色街区倡导对街区生态环境要素进行优化利用，采用科学论证、精细化设计和具有较长周期的可持续开发，避免采取粗暴、短视的不生态的规划方式和方法，从而有效地保护城市生态环境。在街区层面，采取节约资源、生态环保的优化策略。针对街区的共性条件，采取一些基本的生态策略，如保护树木林地、河塘草甸，雨水收集利用，预留动物栖息廊道等；针对街区的不同生态环境和空间特性，采取有针对性的生态策略，街区内部如果具有良好的水体条件，则需要

根据水体的质量、形态等条件建立保护和开发相结合的具体策略，严格限制开发建设对水体的污染，并使建筑形态、尺度与水体和谐共存。此外，制定绿色街区城市设计导则是实现生态环境要素优化利用的技术保障，导则的制定同样应具有普适性和差异性。严格的法律规范则是实现生态环境要素优化利用的政策保障，也是街区实际建设中的重点问题。

3. 绿色街区生态安全格局的构建

1989 年，国际应用系统分析研究所提出要建立优化的全球生态安全监测系统，并指出生态安全（ecological security）的含义是指在人的生活、健康、安乐、基本权利、生活保障来源、必要的资源、社会秩序和人类适应环境变化的能力等方面不受威胁。目前，生态安全并没有形成公认的完整定义，但其内涵基本可以概括为环境资源安全、生物与生态系统安全和自然与社会生态安全三部分。绿色街区生态安全格局的构建需要综合考虑街区生态环境要素的现状情况，在详细调研的基础上，优化利用街区生态环境要素，根据街区各城市设计子系统与生态环境要素的关联性，制定实现街区生态安全格局的实施策略。具体来说，绿色街区生态安全格局的构建主要包含如下内容：

（1）在规划初始阶段制定绿色街区的核心目标和生态原则，明确街区的发展方向，确立街区可持续发展的基调。

（2）在整体设计过程中贯彻生态安全理念，确保生态安全原则落实到城市设计各子系统中。结合街区的生态安全影响因子，通过对城市设计子系统的选择、优化、完善，

形成适合不同实际情况的生态城市设计体系，提出具体的街区生态城市设计策略。

（3）在规划期末，通过压力—状态—响应（PSR）模型对街区进行生态安全复核评价，同时对各子系统进行反馈和完善，实现稳定的街区生态安全格局。

4. 绿色街区的生态环境要素

绿色街区的生态环境要素一般包括气候、土地、绿地植被、水体条件等四个方面，各生态环境要素具有如下的基本内容和特征（表7-3-2）。从生态系统的整体性和关联性来看，各生态环境要素之间是互相影响、互相制约的关系。气候是生态环境的基础条件，深刻影响着土地、植被、水体的构成和质量；土地是植被和水体的空间载体，为植被和水体提供丰富的有机质；植被和水体的净化、涵养功能又对气候和土地的生态环境产生决定性影响。总之，各生态环境要素之间呈现的是一种复杂的生态关系，对街区规划设计的影响并非简单的对应关系。

7.3.3 绿色街区与空间环境

街区是集中承载人类活动的中观空间载体，也是城市的重要组成部分。街区可以看成是一个由不同空间要素组成的有机体，有其所属的空间层级、要素组成和空间特性。城市和建筑层级的生态城市设计策略和方法对绿色街区设计也有深刻的影响。特定街区所处的地域性质也是影响绿色街区城市设计的重要条件，按照城市的建设过程，总是先形成旧城区，再拓展出新城区。新旧城区在经济、人口、区位、交通、用地、环境等方面均有差异，绿色街区城市设计策略和方法也各有不同。适应不同空间环境要素的绿色街区城市设计策略和方法需要确定绿色街区的空间研究内容，以此为依据，结合绿色街区在气候、土地、植被、水体等方面的城市设计策略，实现绿色生态原则在街区空间上的体现。

1. 绿色街区的空间研究内容

绿色街区的空间研究以街区尺度为切入点，传统意义上的街区尺度研究往往把重点放在街区二维层面上，在一定程度上忽视了街区三维层面的研究以及其生态学含义。绿色街区尺度的研究不仅应重视街区用地布局、路网结构，更要关注街道空间、街区容量、

不同生态环境要素的内容和基本特征　　　　　　　　　　　　　　表7-3-2

生态要素	具体内容	基本特征
气候	热环境、风环境、声环境、降水、空气等	城市大尺度下气候条件较为稳定，中微观街区尺度和建筑尺度下的气候条件差异较大
土地	地质、地形、土壤、地面、地下、地热等	自身特征如街区土地的土壤成分、地质水文条件、承载力等；外部特征如街区的经济、区位、交通、环境和具体的开发建设要求等
绿地植被	类型、规模、种群、环境适应性、物种多样性等	内在特征如植被的气候适应性、抗病虫害特性、养护特性以及药用、医用等功能特性；外显特征包括植被的尺度、比例、韵律、节奏、质感、肌理以及生态性、观赏性等
水体	水体类型、性质、尺度、形态、质量标准、水源、流向等	水体的自净性能、景观性与生态特征、空间特征

绿色空间、建筑形态等三维层面以及在气候、土地、植被、水体等生态环境影响下的街区生态尺度含义。此外，还应探讨街区具象化要素和抽象化要素的结合，即街区空间形态与街区生态、文化的结合，形成较为完善的绿色街区空间研究内容。

街区是由城市道路网围合形成的具有一定尺度和规模的场所，是城市的基本单元，也是人们日常生活的重要载体。街区包含了丰富的城市形态学和文化学内涵，也是城市文化和城市生活得以延续的基础。一般认为，街区层级的影响因素涵盖了历史、政治、经济、社会、文化、自然地理、技术等诸多方面。生态城的出现使街区尺度更加关注生态适应性和空间适宜性，其"绿色"特征得到强化，生态城的街区尺度与城市内部已建成的常规街区在尺度的影响因素特征上也存在一定的差异（表7-3-3）。

城市常规性街区分为两种情况：一种情况是旧城区由于历史原因，形成了较为稳定的历史、经济、政治、社会、文化格局，尤其对于传统城市肌理的继承较为明显，街区尺度不会出现较大的变动；另一种情况是城市新区的开发，由于商业利益的驱动、开发政策的不合理和控制管理不善等因素导致了街区尺度的扩大，并不符合城市健康发展的需求。我国的生态城作为城市中的特定区域，在选址、规模、建设条件、政策支持上的特点使其具有异于城市常规区域的独特属性。其选址具有一定的空间独立性，已建成的干扰因素相对较少，规模具有一定的弹性空间，且政府的政策支持力度较大。

2. 绿色街区的用地布局

绿色街区的用地布局，需要根据街区所处地区的城市生态系统布局，结合街区内部的生态环境要素的位置、规模和基础条件制定。首先，注重保留、复育街区范围内的原生态因子，并与街区外围的山体、河流、农田、植被进行系统衔接。根据街区所处地域的地质水文和生物气候条件进行用地适宜性评价，留存现状的自然生态廊道，保护本地的动植物生态群落。其次，根据街区的土地承载力情况和土地兼容性测评进行不同功能的建设用地选择，明确非建设用地的保护范围

街区尺度一般性影响因素特征对比　　　　　表7-3-3

内容 ＼ 类型	城市常规性街区	生态城街区
历史因素	受历史因素影响较大，体现为尺度和肌理的继承和延续	受历史因素影响较小，主要是路网衔接
政治因素	历史上的政治因素专制痕迹较重，当前主要表现为控制和管理加强	主要表现在对生态城的政策引导和支持上，制度严谨，政策较为开放
经济因素	地产、商业利益驱动影响较大	地产、商业利益驱动影响较大
社会文化因素	社会等级、生活方式以及传统文化因素影响较大	适度继承传统文化和生活方式，同时也易于接受新的文化思想和生活方式
自然地理因素	市区内部自然气候因素影响较小	往往远离市区，自然气候因素影响较大
技术因素	条件限制较多，技术因素影响相对较小	条件限制较少，技术因素影响较大

及策略，得出适宜的用地布局结构，根据街区功能划分用地规模和开发强度，倡导生态、紧凑的理念，尽可能地保护和利用土地资源（图7-3-2）。最后，整合自然、社会、经济等多种干扰因素，以市民的心理要求和使用要求为基础，在划定的街区内，倡导土地混合使用的原则，打破传统规划方法中对建设用地的机械划分，并留有一定的弹性建设用地，应对未来街区发展。同时制定相应的法律法规以保证弹性用地不被侵占。街区用地混合有助于紧密联系现状的地质水文条件，实现生态因子的保护，并充分利用自然干扰度较小的地段，满足街区对生态环境的要求。

3. 绿色街区的街道空间

街道空间是承载人类活动的重要载体，塑造良好的街道空间尺度能够满足人们的心理舒适度要求，有助于街区居民之间的友好交往，满足绿色街区对于空间舒适度和街区健康安全的基本要求。

在城市街道空间尺度的探索中，国内外学者们提出过诸多的理论和实践研究方法，其中比较有代表性的是街道和建筑的宽高比

概念和街道界面密度概念。

在绿色街区的实际建设中，理想的街区空间容量并不容易实现。因此，在具体的规划中应遵循紧凑与分散相结合的开发原则，对不同的街区根据其地理位置、生态环境、水文地质等条件进行差异化的开发容量规定，倡导以中低强度开发为主，尽量在条件允许的情况下，遵循绿色街区的基本容量范围。结合建设的经济性要求，可以在局部地段适度进行高强度开发，节约土地资源，同时弥补人口增长对住宅面积的需求。

在街区空间形态、建筑设计、环境设计等方面综合考虑，通过创新的规划策略和建筑技术手段，遏制住宅建筑过度高层化，塑造真正人性化的生态街区。在街区空间形态设计中，根据街区的生物气候条件，结合地方日照、建筑间距等规范，进行风、光、热等物理环境的综合测评，从而在建筑设计中有效地调节建筑的体量、体形和高度，有效地减弱高容积率给街区内部空间带来的压抑感。

在环境设计中，一种新的可持续方法是建立小尺度的绿色生境，即在一定规模的街

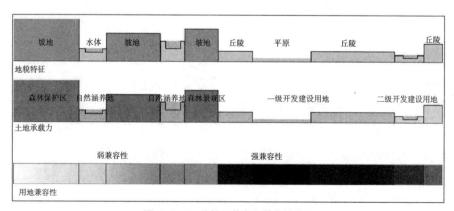

图7-3-2 土地承载力和兼容性分析
资料来源：作者根据麦克哈格《设计结合自然》中的相关内容绘制。

区内部，结合现状自然条件进行或大或小的绿地设计，注重集中绿地和分散绿地的规模、尺度和植被种植方法，为街区提供具有生态净化能力的绿地空间，为生态街区的发展在价值观念、发展模式、技术手段、管理方法及可持续发展政策等方面提供实验场地。

7.3.4 绿色街区与文化环境

1. 保留历史街区原真性，遵循修旧如故的原则

历史文化街区的真实性，是指街区内保存了一定数量的记载真实历史信息的物质实体。历史街区修缮和改造应存其真、复其貌，保留历史街区原真性，遵循修旧如故原则。街区修建时对保护范围内的建筑和景观，应保持原有的高度、体量、色彩、外形。在修复施工中，精心选择同质材料，运用传统的工艺和传统的手法，对损坏、缺失的部位精心填补、修缮，唤醒场所回忆，使百年老街的街区活力复苏，促进人街和谐共生。

2. 挖掘老街传统朴素的生态观，营造良好的生态环境

在传统历史街区中，要使生态永续，挖掘老街传统朴素生态观的基本原理，将保护与开发结合，新技术、新材料合理运用，注重生态节能、低碳环保，减少电能损耗，营造良好的生态环境，达到可持续发展。需要引进不同种类的植物，以净化空气，增加绿化，丰富街区景观层次，减少街道噪声，提高湿度，营造良好的街区生态环境。

3. 遵从与周围环境相协调的原则，构建和谐的景观环境

历史街区内毗邻的环境整体风格和空间环境应与历史街区相协调。它的高度、色彩、风格不得破坏原有历史街区的天际线和视觉环境。同时，老街毗邻街区需要得到严格的保护、整治和更新，改善环境质量，使其地域风貌特色浓郁，与历史街区相协调，让历史在新时代进程中不断保留下去。

7.3.5 绿色街区与绿色生活

承接生态城市设计的宏观规划策略，延续生态优先与系统和谐的设计原则。绿色街区主要以弹性的街区尺度为基准，研究街道与建筑物的比例关系以及基于生物气候因素、生态安全理念和技术支撑条件的街区规划策略。通过生态城市设计体系的完善，落实生态经济、生态行动、生态文化、绿色建筑与技术等核心内容，实现城市的可持续发展目标。

1. 街区尺度的弹性

快速城市化背景下，城市街区尺度不断增大，生态资源利用效率低下，城市肌理、文脉、活力逐渐丧失。因此，确定适宜的街区尺度是建设生态城市的重要任务，应根据城市的规模、交通、管理、市民需求和空间认知等因素，建立适度弹性的街区规模，并根据各地区不同的日照标准，结合具体地块内部的植被、水体等自然要素，合理地确定适宜的街区模块。通过对欧洲城市"窄路密网"模式的研究，认为100m×100m左右的街区是最适合城市功能布局的尺度，新城市主义提出以从社区中心到边缘四分之一英里（约400m）或步行5分钟作为街区尺度的考量，为生态城市街区尺度的确定提供了基本选择依据。依据上述原则，生态街区以400m×400m作为基本社区单元，采取适度

弹性的原则，街区尺度依据具体情况可大可小（图7-3-3），满足城市设计关于形态、视觉、社会、认知、功能和时间的维度要求，更好地建立政府与民众、公共与专业层面、设计与管理之间的关系。

2. 生物气候因素下的街区

绿色街区规划需要综合考虑城市的自然生态条件。目前，国内学者已经提出了基于生物气候条件的绿色城市设计策略，对于城市环境的影响因素及其作用机理进行了分析和研究，提出了不同规模和气候条件下的生态策略和方法。基于跨学科研究的复杂性，目前定性研究较多，量化研究相对较少。由于生态城市的指标量化研究是一项十分庞杂的课题，因此，选取一定的空间尺度和生物气候条件进行研究是最佳的选择。

特定条件下的街区尺度的生态性研究更易于量化，通过对不同气候条件下的街区进行风、光、热环境的物理因素分析和评价，结合城市形态学的设计原则，可以总结出在一定地域范围内符合城市自然形态的一般模式语言，最终形成基于不同气候因素的生态街区规划策略。以中新天津生态城CBD街区规划为例，在特定的街区尺度内，应用Fluent Airpak风环境分析软件，对商务中心区高层建筑组群进行风环境测评，可以得出一定建筑高度的冬季风场分布，从而有效地确定高层建筑的高度、体量和形体特征，成为绿色街区城市设计的有益探索（图7-3-4）。

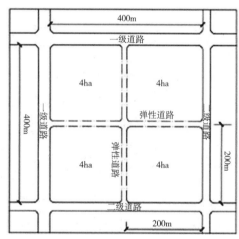

图7-3-3　街区尺度分析

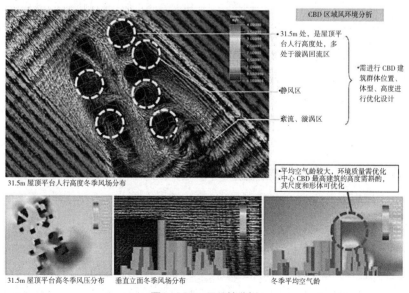

图7-3-4　风环境分析

3. 生态安全理念下的街区规划

生态安全的含义非常广泛，可以概括为自然与社会生态安全、环境资源安全、生物与生态系统安全三个方面。街区层面的生态安全应遵循生态优先的设计原则，综合评价街区在城市整体空间格局中的地理位置、生态因子特性以及与之关联度较强的规划要素，构建中观街区层面的生态安全系统，最终实现街区生态安全的稳定，使之融入整体城市生态格局之中。

首先，依据城市生态安全格局，形成基于城市生态安全目标的"城市级规划内容—街区规划策略—具体规划措施"层级脉络，为具体的街区生态安全规划措施提供清晰的指针。其次，通过清晰的指针有效地整合街区的空间结构，提高土地的利用效能。建立公共空间、交通系统、景观系统、防灾系统等城市系统之间的高效关联，实现街区的系统性管理，并与城市格局协调统一。最后，通过建立街区生态安全评价体系来检验街区的生态安全程度。当前，基于压力—状态—响应（PSR）模型的城市生态安全评价指标体系为大部分学者所接受。通过检验可以清晰地看出街区生态安全缺陷，由此制定有针对性的规划措施，形成良性的循环机制，实现街区尺度与城市尺度之间生态安全格局的和谐共生。

随着科技的发展和城市规划理论研究的不断深化，街区尺度下的生态城市设计方法还有待进一步的研究。基于当前我国生态城市建设中的问题和要求，绿色街区的研究内涵和外延也将随着生态城市的理论研究和生态城市设计自身的发展与时俱进，落实生态城市建设的目标，实现自然、经济、社会的和谐发展。

7.3.6 绿色街区规划案例——武夷山市北城新区的绿色街区设计

武夷山市地处福建省西北部，是海峡西岸经济区绿色腹地中的"黄金点"。"十二五"规划明确提出了建设"海峡西岸国际性旅游度假城市"的远景发展目标，为此，在近期建设规划中，市政府制定了一系列环境提升措施。

当前，城市多中心带形结构日趋明显，形成了以高铁北站为核心的北城新区组团，以火车站为核心的旧城区组团，以机场为核心的度假景区组团，三个功能组团之间形成了相对独立且有机联系的空间格局。

1. 北城新区的绿色街区城市设计策略

北城新区的发展如同有机生命体的形成，未来的发展必将面临社会经济、宏观政策、市场变化的影响，在新区规划中贯彻"可持续理念"，遵循生态优先、文化延续原则，构建良好的整体空间结构，使其保持适度的弹性以应对未来的变化，实现新区可持续发展的目标。为此，以起步区的 $1.8km^2$ 为核心城市设计范围，根据现状已建成的道路和高铁站，结合地形、植被、水体等生态条件划定9个不同性质的街区，并提出整体的城市设计策略（图7-3-5）。

2. 顺应自然的土地优化利用布局

根据区域生态格局特点和新区生态要素特征，新区空间结构应遵循整体有机分散、核心地区紧凑集中的布局原则，形成沿崇阳溪带状集聚、两岸组团簇拥环抱、生态绿地有机渗透的整体结构，并融入武夷山整体的城市格局。以生态学思想为指导，优先进行土地适用性评价，综合现状情况确定土地使用的兼容程度，选择兼容性较好、对生态环境破坏最小的用地作为开发建设用地，在充分保护生态环境的基础上，满足新区建设的需要。由各组团的公共中心，向自然河流及公园发散性地留存景观廊道，连接山体与水体，沟通人文与自然，形成"山光水色，城景交融"的山水城市格局（图7-3-6）。

3. 节水节能的山地景观开发模式

充分利用各街区之间及内部的天然沟谷、山溪和水塘，形成系统的排水防洪开发单元，针对山地丘陵地形特点及雨季山洪流量大、滞洪要求高的特征，留存河谷溪流与池塘，结合景观改造成为雨水利用的集水区，以集水区为核心划分开发单元，采取"大分散、小集中"的原则，开发单元的规模根据基地现状和需求而定，以形成完整的排水防洪体系为原则。

通过保持崇阳溪岸线的自然化状态，设置稳定的滨河缓冲带，采用柔性堤岸等建设方法，强化河流的生态性和防洪条件。同时，提高崇阳溪沿岸土地的混合性和公共性，保持滨水区的持久活力与土地的价值，建立安全的节水模式。最终，以集水区为核心，构建街区的景观核心，整合生态基质、斑块、廊道，形成新区的绿道网络，兼顾生态绿道的社会经济价值，塑造具有节水示范效应的景观系统。此外，遵循绿色街区设计原则，采用适合清洁能源的生成技术，如太阳能、

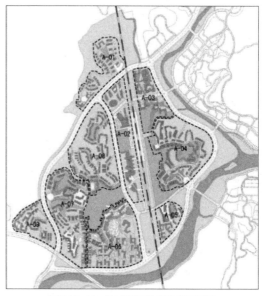

图7-3-5 北城新区的绿色街区划分

图7-3-6 北城新区的绿色街区规划总平面

风能、地热能及生物能等，建设废弃物资源回收系统及水资源循环利用系统，并满足绿色建筑的指标要求，使开发单元形成接近能源自足的有机体系，大幅度降低先期市政基础设施投资，有效地降低城市未来的运行成本（图7-3-7）。

4. 景观和谐、绿色低碳的交通网络

沿崇阳溪规划林荫景观道，利用具有地域特色的高大乔木形成体验地区魅力的独特路径。顺应山地丘陵地形规划社区道路，新建道路尽量利用现有的村庄道路加以改造，并尽可能地顺应地形进行设计，减少道路施工对自然地形和植被的破坏。在各街区之间规划小型电车系统，与公交站点有机结合，并与新区内部的步行系统建立联系。注重街区内部步行系统的布局结构和空间组织，使步行系统与公共空间、公共交通形成便捷的联系。步行系统的设计要考虑空间的适用性，注重步行路径的尺度、线路以及与自然景观的结合。街区步行系统以公共空间节点、廊道为骨架，以台阶、踏步、扶梯、碎石坡路、木桥等元素为载体进行规划设计。结合保留的山林、沟谷、河流等自然景观，塑造具有地方特色的步行体验，提高居民出行的舒适度，进一步体现绿色街区的内涵（图 7-3-8）。

5. 结合数字技术、注重生态安全的防灾系统

良好的生态防灾体系是街区健康、活力的重要保障，针对山地的地质灾害、洪水灾害、火灾等，制定相应的防灾规划策略和管理策略。基于城市生态安全体系的建构，应综合考虑灾害发生的时段，建立灾害预警系统、灾害应急避难系统和灾后重建监测系统。目前，基于 3S（GIS，GPS，RS）数字技术的灾害动态监测、反馈平台是较为科学有效的方法。在具体的街区设计中，采用常态防灾和灾时应急相结合的防灾策略，综合考虑街区的安全性、舒适性和宜居性。根据现状山体的具体情况设置护坡和挡土墙，防

图 7-3-7 A.06 街区排水系统

图 7-3-8 A.06 街区路网结构

图 7-3-9 A.06 街区空间形态设计

止山体滑坡、崩塌和泥石流，结合社区广场、绿地、公园等公共空间设计防灾避难场所，强化各居住空间与街区公共空间的可达性。以各街区的集水区为核心设置防洪沟渠，避免山洪对新区的生产和生活产生不利影响（图7-3-9）；在建筑设计中，采用抗震耐火的建筑结构、材料和接地方式，并提高供水、供电等基础设施的防灾能力；根据各街区的布局提出防灾设施共用策略，最大化地减少重复建设，节省土地和资金投入。

7.4　绿色校园概念综述

7.4.1　绿色校园管理与运行

1. 绿色校园的概念

绿色校园在一般意义上首先是基于一个生态社区的概念，超越了绿色建筑，与生态园区、生态城市属于同类层面。在国外学界和实践中，相关的概念范畴多以"绿色校园"的形式出现，如绿色校园（Green Campus）、可持续发展校园（Sustainable Campus）、生态校园（Eco-Campus）、绿色城市化（Green Urbanism）等，其内涵和价值取向基本一致，涉及一定的地理范围和空间尺度，复杂的建筑和设施种类，教学、科研、生活等多样化的功能需求，包含校园设施建设与管理的硬件，也涵盖了校园绿色文化和人才培育的软件，涉及师生员工多元参与主体下不同类型（大学、中小学、幼儿园）、规模与地域的差异性。

绿色校园的一般性含义，是指以可持续发展理念为出发点和目标来指导各项校园活动，将可持续发展教育和环保理念的传播作为顶层战略目标贯穿于高校的管理、教学、科研、课程规划及日常生活之中，并在教育、服务社会的过程中，通过人的培养和塑造、知识的传播和溢出，对人类社会可持续发展产生重要的正向促进作用。

2. 绿色校园的管理模式

管理模式是指根据一定的管理理念构建起来的管理体系结构，通常情况下由管理方法、管理模型、管理制度、管理工具、管理程序组成。绿色校园的管理模式即以可持续发展教育和可持续发展理念的推广、传播为顶层战略目标，根据高校资源禀赋和实际情况所构建的一种组织框架结构。

从现阶段整体情况来看，从绿色校园管理的角度，高校对"绿色大学"建设的实践和理论研究成果大致有以下一些侧重点：比较注重具有"绿色"意识的建校思想，建设符合生态宜居、节能环保要求的"绿色大学"环境；注重在学生组织中推广大学绿色教育的整体规划设计，促进大学社团的环境保护宣传和绿色行动，形成大学生绿色消费行为和环境保护行为模式；注重绿色科研，将可持续发展理念和环境保护意识贯彻到大学科研工作的整个过程之中。因此，当前绿色校园管理应该以绿色教育、绿色科研及服务、支撑系统为战略实施的基本管理模块。

1）三大管理模块简述

绿色教育。绿色教育是将有关环境的知识和理念融入课程计划，寓教于学，教授学生参与绿色活动和日常低碳生活的知识和技能。目前，绿色教育已然成为完善教育职能，促进人们解决资源环境问题的关键因素，得到了广泛认同。

绿色科研与服务。绿色科研包含三个层面：一是绿色科技层面，通过研发绿色应用技术，将资源能量最大化利用，并将环境污染最小化释放，实现人类文明向绿色文明的技术过渡。二是低碳经济层面，绿色科研要求发展低碳技术，并在科学研究过程中实现资源消耗减量化和效率提升。三是绿色发展，绿色发展层面是指研发管理软件，建立绿色服务系统，为社会管理层决策提供帮助。

绿色支撑系统。绿色校园支撑系统是指以绿色校园硬件设施建设和管理系统建设为主的绿色校园管理软、硬环境。其中，硬环境是指在校园中物质因素构成的环境系统，主要是校园绿色建筑、校园用能、校园美化等几个部分；软环境是指除硬环境之外的非物质组成的系统，主要包括文化、制度、管理体系等方面的内容。硬环境和软环境是绿色校园建设过程中相辅相成、缺一不可的两个重要方面。

2）绿色校园建设管理阶段概述

第一阶段：绿色校园的可持续发展愿景。在这个阶段，应该根据自己学校的具体情况，定义什么是绿色校园概念和基本理念。

第二阶段：绿色校园的使命和任务。使命的确立应该是在行为和理念的基础上构建某些行动。同时，在认识论和哲学层面，应该把绿色校园使命通过某些方式传达到整个机构及学校。

第三阶段：可持续发展委员会。在可持续的校园管理模式下，可建立一个绿色校园建设委员会或者可持续发展委员会，建立全面的校园范围内的政策和目标，以完成可持续发展的任务。

第四阶段：可持续发展战略。绿色校园的可持续发展战略是具体实施可持续规划的框架，旨在实施校园本身的可持续性。

3. 绿色校园的运行机制

绿色校园运行机制，即在当前可持续发展和生态文明建设的背景下，大学的管理者充分利用高校的全部资源和人事权力，在科学管理方法的指导下，在完备的支撑系统及有效的质量评价反馈系统的支持下，引导、规范、推动实施绿色视角下教育、科研及服务的可持续发展管理正常运行的机理。

在明确绿色校园分阶段管理工作的基础上，对绿色校园管理保证运行机制进行分析，后再为各阶段绿色校园的建设保驾护航校园的管理运行包括以下五个环节：理念（Idea）、策划（Plan）、实施（Do）、监控（Check）、改进（Act）。这种绿色的循环方式可以从机制上保证对每一个发展阶段和环节进行实时、动态的监督和管理，以保证绿色校园建设的不断发展和绿色教育质量的不断提升。

第一，确立理念（Idea）。绿色校园建设与管理也要秉承正确的理念。首先，要坚持可持续发展的环境教育理念。绿色校园管理的目的是服务于绿色教育，绿色教育的初衷和关键是保护自然生态环境，这正是可持续发展理念在绿色教育及管理中的集中体现。在这种可持续的绿色发展理念下优化教学、科研与服务工作，应以培养"绿色人才"为管理和教育的根本出发点和落脚点，构建管理服务系统和保障系统。其次，要坚持以参与者满意为准则的"生本管理"理念。即在绿色校园建设和管理中始终贯彻"以学生为教育教学主体"的思维，管理的有效性和参与主体的满意度是衡量绿色校园管理的重要指标和关键所在。

第二，策划环节（Plan）。在策划环节中，学校各个部门应该根据自身的结构和特点制定总体的战略发展规划，统揽大局，从自身实际出发，制定适合本学校发展的终极目标和阶段性目标，根据现有的人力、物力、财力基础对各个管理部门进行职能分工，并制定实现目标的具体措施。如由校长制定和签署绿色校园管理方针；各基层部门尽可能地将目标量化，建立绿色校园评价指标体系，并根据阶段性成果进行量化测评，明确存在的薄弱环节，重点突破；制定确保绿色校园目标实现的管理方案并成立独立的组织机构进行系统化管理。

第三，实施环节（Do）。为实现学校所设定的总目标，应明确各部门职责，并制定相关的政策文件和实施标准，根据学校的自身特点和部门要求，依据策划严格执行。实施环节是绿色校园建设的重要环节，在建立和完善管理制度系统时，可结合学校已有的规章制度，将绿色理念与内容融入管理文件中，并确保规章制度的适用性、可操作性、有效性和衔接性。各类规章制度的起草可由绿色校园建设的参与者草拟，包括管理方、学生主体和教职人员，以保证方案的可行性，并最终经过充分评审形成较为完善的规章制度，为绿色校园建设的顺利实施奠定制度基础，除规章制度建设外，管理的有效实施还需要建立完善的管理程序来对各个实施阶段进行系统的、全面的管理。

第四，监控环节（Check）。监督和验证应贯穿整个绿色校园建设与管理的全过程，保证监控的系统性、动态性、针对性与计划性。具体在实施的每一个阶段都要根据既有目标和标准对实施效果进行监控和审核。

如果发现问题，应及时向策划子系统和实施子系统反馈信息，确定关键环节，找到问题产生的原因并及时纠正，进行方案的修改和重新制定，最大限度地降低损失，提升管理运行效率。为保证监控环节的顺利进行，相关管理部门应建立内部评审、审核、检查与评估、质量投诉、满意度测评等有效渠道，为多方参与绿色校园建设提供渠道保障。

第五，改进环节（Act）。由绿色校园建设的主管领导根据监控与检查结果，秉承实事求是、因地制宜、对症下药的原则制定相应的整改措施，并对监控中所遇到的问题进行阶段性的归类汇总，以保证绿色校园管理运行系统的持续适用性与有效性。持续改进系统可以通过日常检查、目标管理、参与主体满意度调查等多种手段获取管理过程中出现的"不协调因素"，并结合管理实际分析问题出现的原因，加以及时修正和改进，保证管理工作的顺利进行。

7.4.2 国内外绿色校园研究综述与实践

1. 国外相关研究综述与实践

绿色校园的实现可以被分为三个阶段（Leal Filho，2009）：第一个阶段，大学提出一些可持续发展原则，缺乏具体政策；第二个阶段，高校意识到可持续校园运行的重要性，将可持续发展作为顶层目标，采取跨专业、跨学科、跨部门的综合策略进行整体管理；第三个阶段，开始通过政策调节手段，寻求国际认证以及同学校利益相关者的广泛合作来推动校园运行及管理的可持续化（图7-4-1）。

可见，对于绿色校园运行管理，国外学

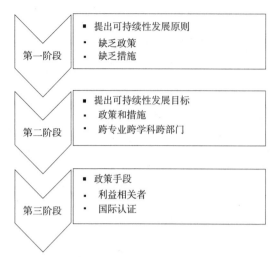

者倾向于采用综合策略管理和环境管理体系（EMS）来实现。最早认为大学校园环境管理体系包括四个维度（图7-4-2），即教育、研发、大学运营和外部社区（Cortese，2003），随认识的深入，评估和报告被添加为第五个维度（Lozano，2006）。

绿色校园管理运行中，环境管理体系（EMS）和公众参与是非常重要的两个方面。公众参与国际协会将参与和赋权相关的公共事务和活动，按照公众参与程度，由弱到强分为五个等级（IAP2，2007），关于公众参与的赋权有效性和其产生的积极影响也被许多学者所证明（Holyoak，2001），同时它也与高校学生的未来相关，能增强学生的自我技能（self-skills），如自我激励、自信和自我管理，还包括其他公认的开放性能力（Harvey，2000）。在实现校园可持续发展EMS的动力机制中，校园的可持续发展都是从贯彻标准到执行标准再到自觉执行。相关的研究表明（图7-4-3），无论选用哪种EMS，自下而上

图 7-4-1　绿色校园的发展阶段

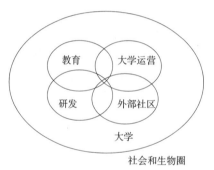

图 7-4-2　可持续发展校园概念框架

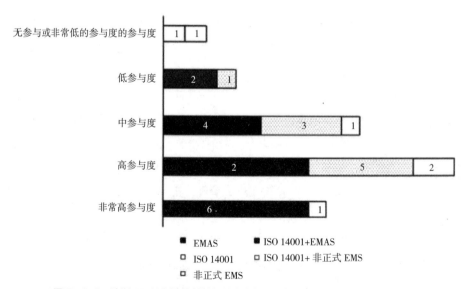

图 7-4-3　欧洲47所高校的利益相关方参与方式、程度与管理实施效果对比图

的参与式以及混合式的管理模式和机制都更为有效（Antje等，2012）。因此，在绿色校园管理模式和绿色教育管理过程中，利益相关方，特别是学生的参与，应该是需要深入研究的重要领域。

国际上对于绿色校园评价指标的研究，从表面上看不尽相同，各类评价指标体系也各有特色，但深入其中会发现，其基本思想与评价指标体系的分类也有类似的地方。例如加拿大多伦多校园的绿色校园绩效的指标分为水管理、可持续运输、可持续能源使用、绿色经济发展、教育与意识五个方面。美国华盛顿州立大学则列出一系列评价指标，以问卷的方式决定其重要程度，并予以排序，其中最为显著的几项指标为减量/再利用/资源回收、水质与用水、运输、社区意识、空气质量、教育、人类生态、人与环境的关系、生态多样性等。加拿大卡尔加里大学则监测该校与绿色校园有关的各项指标，并归纳出能源效率、教育和培训、固体废弃物管理、有害废弃物管理4项为一级指标。除了学者，一些美国的社会组织也参与其中，其资助的校园生态计划，每年对全美各大学的学生进行调查的内容包括能源效率、回收物质种类、整体景观等（王明等，2010）。

绿色校园的产生经历了一个较长的过程。1990年，美国塔夫特大学举办了一个名为"环境管理与可持续发展的角色"的国际研讨会，在会议结束之时，一些校长共同发起签署了《塔罗里宣言》。在宣言中指出，大学在教育、研究、制定政策以及信息交流方面应发挥积极作用，动员校内外一切力量，提高可持续发展的环境意识，培养大学生对环境负责的

公民意识，吸纳所有力量来恢复已经被破坏的生态环境。《塔罗里宣言》的提出，标志着大学开始意识到自身在保护生态环境、促进可持续发展中的作用。目前，全世界有超过400个大学签署了《塔罗里宣言》。很多研究学者开始关注绿色校园，并对其开展了广泛而深入的研究，使其成为学术界一个新的研究领域。

从全球范围内绿色校园的发展来看，美国大学在建设"绿色校园"的实践方面具有先进性，许多大学的可持续发展建设已经成为世界其他地区大学的典范。绿色校园行动也得到了国家官方和环境方面的专业机构，如美国绿色建筑委员会的指导、标准验收和认证管理，这使得美国的绿色校园建设，特别是在技术方面具有较高的公信力和更为广泛的影响。美国的绿色校园活动具有广泛、全面的特点，不仅在高等教育层面开展，在中小学也进行了推广和示范。此外，通过可持续教育、校园绿化建设、各种环境机构和联盟的协同合作，将绿色校园的利益相关者，如学校管理者、教师、学生、职员和企业等紧密联系在一起。为了支持绿色校园建设，由美国联合技术公司资助，美国绿色建筑委员会（USGBC）于2010年成立了绿色学校中心，专门指导和引领美国的绿色学校建设运动，并提供绿色建筑标准，发布绿色建筑评价手册（LEED手册），对学校的建筑进行测试评定，最高为LEED GOLD-CI级（白金级）。目标是将全美的学校都建设成为绿色学校。

纵观世界各国的绿色校园建设，每个学校都有其特点和特色。这些不同国家各具特色的做法为世界各国绿色校园的建设提供了

广泛的参考，积累了众多有益的经验和教训。表 7-4-1 是国外绿色校园建设方面的部分实践成果展示。

2. 国内相关研究综述与实践（表 7-4-2）

1998 年，清华大学首次提出"绿色大学"的概念和构思，并成为首个环境保护部（原

国外绿色校园建设部分实践成果列表　　　　表7-4-1

校名	国家	实践或行动	组织结构或目标
哈佛大学	美国		成立绿色大学委员会，将可持续发展作为学校顶层战略管理目标
爱丁堡大学	美国	环境议程	成立"能源和环境小组"领导建立共同能源管理策略
乔治·华盛顿大学	美国	绿色大学计划	绿色大学推动委员会（Office of Green University Programs）专门的办公室和行政人员掌管学术研究、设施建设和国际交流
加利福尼亚州立大学	美国	校园环境规划	采取自然日常的大学管理方式，将绿色发展理念融入日常教学中
鲍尔州立大学	美国	绿化校园计划	成立绿色委员会，学术内容的衔接，行政政策和设施管理领域制度化"绿化校园"，跨学科课程计划
亚伦技术学院	德国	绿色大学策略	着重于耗材和能耗的降低，保持可持续
美国绿色建筑委员会		绿色学校中心	LEED 手册，是各级学校建设绿色校园的过程中，绿色建筑项目采用的权威技术标准
华盛顿州立大学	美国	绿色大学前驱计划	成立了绿色大学驱动委员会，下设六个行动办公室分管各个项目工作
密歇根大学	美国	前驱计划"全球河川环境教育"计划	成立行动委员会，由教学、研究、财务、设施规划和后勤领域组成，以可持续发展为愿景和任务，接受宣言，签署议定书
布朗大学	美国	环境责任策略	以项目推进绿色校园建设、资源保护、资源效率，考虑环境成本、工程环保
滑铁卢大学	加拿大	绿色校园计划	滑铁卢大学未加入任何组织和参加环境宣言，提出自己的绿色校园五大指导原则，强调全面可持续发展和由全体师生、教职员工的共同参与
加利福尼亚大学	美国	校园环境规划	提倡可持续发展责任并实施于课程教学中，建立相关可持续环境指导原则，并落实到具体课程中
诺丁汉大学	英国	绿色校园建设	对校区的选址、规划、采光、通风等方面进行了一系列的可持续改造创新
科罗拉多大学	美国	绿色校园建设	建立环境友好型校园，减少机动车需求，创建安全、健康的校园环境，校园消费和废弃物处理减量化
南卡罗来纳州立大学	美国	制定环境教育政策	强调学校在建立可持续社会方面的道德义务，将绿色教育和环境知识落实于课程上，并调查所有职员的环境知识水平
水牛城大学	美国	制定校园环境政策	主要任务是发展校园环境政策，降低能耗，降低水耗，强调日常生活习惯
杜夫特大学	美国	制定"绿色大学"建设环境政策	制定了学校"绿色大学"建设的环境政策说明书，注重实践操作，鼓励师生参与实践

国内绿色校园建设部分实践成果列表　　　　　　表7-4-2

校名	地区	实践或行动	目标或组织结构
清华大学	北京	绿色校园行动	绿色校园建设领导小组下辖绿色校园办公室（环境保护办公室、节能办公室）。同时设有专家委员会，其职责为指导推进绿色校园建设，争取支持提案和讨论绿色教育、科研、节能减排、环境管理的长期计划 绿色技术咨询平台：课题申报，联络国外院校，推进绿色大学联盟的建设，环境学院、教务处、科研院、学生工作处、研究生工作部副职领导参加
同济大学	上海	无	节约校园建设管理委员会：主管校长、副主管校长组织策划、实施运行 节约校园建设专家委员会：咨询策划科研，技术领域 节约校园管理办公室包括能源中心、后勤集团、基建处，此处还有学生组织负责宣传教育
哈尔滨工业大学	哈尔滨	项目式管理	由各种绿色项目组成，从校园规划、环境管理、科研、教学和活动等方面，积极提升在校师生的绿色环保意识和理念
北京师范大学	北京	无	除了绿色校园主要建设方面外，基于师范类学校的特点，突出对学生的"绿色人格教育"，建立特有的校园绿色文化
山东建筑大学	济南	无	尊重原始地貌，保护环境，节省资金；建筑设计中利用地形，进行节能优化；采用绿色技术和施工，确保环境的可持续发展；强化绿色大学理念，推行绿色校园管理
西南交通大学	成都	污水资源化	建立污水回收系统，结合小型污水处理站，做到"经济效益、环境效益、社会效益"的最佳融合
烟台大学	烟台		大学生组织科技创新基金项目
汕头大学	汕头	改革教育思想和教育观念	"推进绿色性质，加强绿色教育，发展绿色科技，提供绿色服务，营造绿色环境"，努力创造一个和谐、健康、舒适的环境
天津大学	天津	绿色校园建设	开展绿色校园建设使管理技术集成化并可示范，打造"智慧校园"，实现校园建设的智能化、信息化与环保化
天津工业大学	天津	校园建设	整体布局规划为"一核，两带，两轴，三区，五节点"，并开始进行绿色教育课程体系设计研究论证。绿色教育首先从生态校园建设和师生共同参加环保实践活动开始，其宗旨是通过绿色科技的开发与应用，创造绿色的育人环境，将环保意识植入教师和学生的意识中
广州大学	广州	无	"建设绿色校园、开展绿色服务、培养绿色人才、促进可持续发展"为主要建设内容。该校还是较早在全国非环境类专业高校开展大学环境教育的学校之一
华中农业大学	武汉	成立大学绿色协会	协会活动以环境教育、野外科研考察为主。以成立大学关注生态，节约资源，保护环境，珍惜绿色，关爱自然绿色协会，创造绿色未来，建设绿色家园为宗旨，广泛开展各项保护生态自然环境和环保宣传活动
南京大学	南京		海峡两岸绿色大学联盟，实施五位一体的绿色大学建设

国家环境保护局）命名的"绿色大学"。1999年，清华大学举办了"大学绿色教育国际学术研讨会"，并在研讨会中发表《中国大学绿色教育计划行动纲要》。2000年，在哈尔滨工业大学举办了"第一届全国大学绿色教育研讨会"，"绿色大学"开始引起专家和学者的重视并在未来不断发展。目前，国内关于"绿色大学"的相关研究主要集中在概念探讨、

相关技术发展以及校园可持续评价指标体系三个部分。

一是绿色大学建设的基本概念性探讨。目前，国内对"绿色大学"概念尚无确切定论，但总体上来说，公认的"绿色大学"具备一些基本的标志。从国家层面上看，在21世纪初，中共中央宣传部在《2001—2005年全国环境宣传教育工作纲要》里提出要在"全国高校中逐渐开展创建绿色大学的活动"，并在其中明确指出了绿色大学的主要标志：学校能为在校师生提供环境教育的相关资料、设备和场地，为绿色校园的创建提供必要的硬件条件；有关环境教育的课程成为学校课程的重要组成部分之一，让学生充分认识到保护环境、建设绿色校园的重要性；环境友好成为校园的标志之一，校园环境清洁、优美；除了自身创建以外，还需要通过学校带动周边地区乃至所在地方环保意识的提升，积极开展相关宣传活动。这些内容是一所"绿色大学"所具备的基本条件。

不同的学者从各自的研究领域和角度出发对"绿色大学"给出了一些定义和解释。前清华大学校长最早提出"绿色大学"就是以人的教育为核心，将可持续发展和环境保护的基本原则、指导思想应用到大学各项工作实践中，融入教育的整个过程之中（王大中1999）。他多次指出，环境保护意识和可持续发展意识两者应成为学生综合素质评价的重要方面，学校也应该将两者渗透到学校工作的方方面面，围绕国家相关可持续发展战略以及环保事业，广泛开展相关领域的研究，为建设绿色校园以及国家决策和管理提供科学和技术支持。

继而有学者认为可持续发展是现代大学的基本发展方向，"绿色大学"应该以可持续发展理念为指导，全面开展高校的各项工作和组织管理，使学校具有不断前行、与时俱进的持续发展潜力（张远增，2003）。张远增教授除了从自身的角度出发指出了绿色大学的具体含义外，还进一步阐释和说明了绿色大学与环保大学的区别。他指出，两者之间的不同主要表现在以下几个方面：从办学理念来说，绿色大学选择以科学发展观作为指导学校各项事业发展的驱动力，使学校保持巨大的发展潜力；从办学过程来看，绿色大学在办学中十分注重绿色技术的使用和利用，注重将学校对环境的污染降到最低，同时探索优化管理模式和教学模式，积极使用新技术、新方法管理学校以及教学，强调建立具有可持续发展性的管理和教学团队；从绿色大学所涉及的内容来说，他强调科学与人文的统一，把培养学生可持续发展的学习和生活态度、价值观放在突出位置，并通过科技手段和严格的管理，对校园内的空气、噪声等各类污染严格监管和控制，建设清洁优美、生态优秀的校园环境。

从微观角度出发，众多学者从各自的角度切入，形成了独具特色的绿色大学观。从生态文明观的角度来看，"绿色大学"就是在生态文明观的指导下，全面贯彻生态文明观念和可持续发展理念的高等教育机构，倡导环境保护、资源节约和可持续发展的大学，围绕人的教育这个核心，将可持续发展和环境保护的原则以及指导思想落实到大学的各项活动中，融入大学教育的全过程（温宗国，2013）。他还指出，绿色校园的建设作为推进生态文明建设的重要环节和重点内容，是其重要组成部分之一，对生态文明建设起着引领性的作用。从循环经济的角度来看，将循环经济理念应用到大学的运行管理中，不仅仅是绿化、资源节约或是开设环境教育课程，而是整体大学运行模式或发展方向的转变（陈永昌，2003；杨华峰，2005）；从高教改革的角度来分析，"绿色大学"建设是教育生态化在高等教育改革中的具体体现，是提高大学可持续发展能力和保持竞争能力的战略（李军，2009）。还有一些观点，如从人文角度提倡"以人为本"，注重人文生态的和谐自然的绿色校园文化以及较大数量的相关成果是从高校管理的角度阐述和归纳总结的。

在具体的评价指标构建方面，陈文荣等采用目标层、准则层、指标层3层结构，针对教育、学校、科研、实践、办学五个方面进行指标评价（陈文荣，2002）。

东北大学和北京大学的研究人员先后采用生态足迹成分法和生态足迹模型测算了沈阳和北京的代表高校中的交通、能源及师生日常生活、生态足迹和生态效率，为在大学校园开展生态教育提供了科学的指标和方法（李广军等，2005；姚争等，2011）。所谓生态足迹法，主要是指以生物生产性土地面积为量化指标来进行可持续分析，其优势在于指标少、简单易行，且对比性强，在世界各地都有着非常广泛的应用。通过生态足迹法的测算，得出了通用的优化校园空间结构，合理安排用地，鼓励节能减排，遵循绿色建设理念以及弘扬低碳校园文化等的建议。这些为全国各地高校提供了较好的指导。

7.5 健康建筑概念综述

7.5.1 健康建筑的概念

健康建筑是在满足建筑功能的基础上，为建筑使用者提供更加健康的环境、设施和服务，促进建筑使用者身心健康、实现健康性能提升的建筑。健康建筑的概念源于绿色环保，但又具有更深层的含义，它强调建筑如同灵动的生命体一般，可以与融入其中的每一个个体进行友好互动，摆脱以往人们对建筑冰冷、呆板的印象，代之以贴心的管家般的新形象，为使用者营造健康的生活、工作、学习环境。从绿色建筑到健康建筑，是将传统建筑行业资源约束的视角升级到以人为本、关注人体健康。

绿色建筑是在全寿命周期内，最大限度地节约资源（节能、节地、节水、节材）、保护环境、减少污染，为人们提供健康、实用和高效的使用空间，与自然和谐共生的建筑。健康建筑是绿色建筑更高层次的深化和发展，即保证"绿色"的同时更加注重使用者的身心健康，是"以人为本"理念的集中体现。健康建筑为人们提供更加健康的环境、设施和服务，从而实现健康性能的提升。健康建筑的实现不应以高消耗、高污染为代价。因此，申请评价健康建筑的项目必须满足绿色建筑的要求。若申请评价的项目已取得绿色建筑标识或已通过绿色建筑施工图审查，则满足了本条要求，可申请健康建筑认证。

7.5.2 健康建筑评价内容及一般规定

健康建筑的评价重点在于对建筑涉及的空气、水、舒适、健身、人文、服务等健康性能的评价,有针对性地控制影响健康的涉及建筑的因素指标(室内空气污染物浓度、饮用水水质、室内舒适度等),进而全面提升建筑健康性能,促进建筑使用者的身心健康。另外,健康建筑评价并未涵盖建筑全部功能和性能要求,故参与评价的建筑尚应符合国家现行有关标准的规定。

建筑群、单栋建筑或建筑内区域均可以参评健康建筑。参评建筑应为全装修建筑,毛坯建筑不可参与健康建筑评价,且参评建筑不得为临时建筑。建筑群是指由位置毗邻、功能相同、权属相同、技术体系相同或相近的两个及以上单体建筑组成的群体。建筑内区域是指建筑中的局部区域,具体为相对独立完整的平面空间、完整单元、完整一层或完整多层等,并有相对独立的暖通空调末端系统、相对独立的给水排水末端系统等。当对建筑群进行评价时,可先用《健康建筑评价标准》T/ASC 02-2016中的评分项和加分项对各单体建筑进行评价,得到各单体建筑的总得分,再按各单体建筑的建筑面积进行加权计算得到建筑群的总得分,最后按建筑群的总得分确定建筑群的健康建筑等级。当对某工程项目中的单栋建筑进行评价时,由于有些评价指标是针对该工程项目设定的(如室外场地的直饮水设施),或该工程项目中其他建筑也采用了相同的技术方案(如水质在线监测系统),难以仅基于该单栋建筑进行评价时,应以该栋建筑所属工程项目的总体为基准进行评价。无论评价对象为建筑群或单栋建筑还是建筑内区域,计算系统性、整体性指标时,要基于该指标所覆盖的范围或区域进行总体评价,计算区域的边界应选取合理、口径一致,并且可以完整地围合。

健康建筑评价划分为"设计评价"和"运行评价"。设计评价的重点为健康建筑采取的提升健康性能的预期指标要求和健康措施。运行评价更关注健康建筑的运行效果。简而言之,"设计评价"所评的是建筑设计及健康理念,"运行评价"所评的是已运行建筑的健康性能。

7.5.3 健康建筑评价的方法及等级划分

为鼓励健康建筑在建筑健康性能上的创新和提高,《健康建筑评价标准》设置了"加分项"。运行评价是最终结果的评价,检验健康建筑投入实际使用后是否真正达到了健康性能所要求的效果,应对全部指标进行评价。设计评价的对象是图纸和方案,还未涉及服务,因此,不对服务指标进行评价。但是,服务部分的方案、措施如能得到提前考虑,并在设计时预评,将有助于提升建筑的健康性能。对于控制项的评价,根据评价条文的规定确定满足或不满足。当申请评价的项目控制项中存在不满足的条文时,则该项目不满足健康建筑的标准。评分项的评价,根据评价条文的规定确定得分或不得分,得分时根据具体达标程度确定分值。加分项的评价,根据评价条文的规定确定得分或不得分。标准中各评价条文的分值,经广泛征求意见和试评价后综合调整确定。本标准中评分项和加分项条文主干部分给出了该条的"评价分值"或"评价总分值",是该条可能得到的最高分值。对于个别条文中某款(项)不适用的情况,按照条文说明中的规定不参与评价。《健康建筑评价标准》依据总得分来确定健康建筑的等级。考虑到各类指标重要性方面的相对差异，计算总得分时引入了权重。同时，为了鼓励健康建筑性能的提升和创新，计算总得分时还计入了加分项的附加得分。设计评价的总得分为空气、水、舒适、健身、人文5类指标的评分项得分经加权计算后与加分项的附加得分之和；运行评价的总得分为空气、水、舒适、健身、人文、服务6类指标的评分项得分经加权计算后与加分项的附加得分之和。

对于具体的参评建筑而言，由于它们在功能、所处地域的气候、环境、使用者的行为习惯等方面存在差异，总有一些条文不适用，对不适用的评分项条文不予评定。这样，适用于各参评建筑的评分项的条文数量和实际可能达到的满分值就小于100分了，称之为"实际满分"。即：

实际满分＝理论满分（100分）－∑不参评条文的分值＝∑参评条文的分值

评分时每类指标的得分：

$Q_1 =$（实际得分值／实际满分）×100分

对此，计算参评建筑某类指标评分项的实际分值与适用于参评建筑的评分项总分值的比值，反映参评建筑实际采用的"健康措施"和（或）效果占该建筑理论上可以采用的全部"健康措施"和（或）效果的相对得分率。得分率再乘以100分，则是一种"归一化"的处理，将得分率统一还原成分值。评价标准要求健康建筑均应满足所有控制项的要求（设计评价不包含服务部分内容），并以总得分确定健康建筑星级，一、二、三星级健康建筑总得分要求分别达到50分、60分、80分。评价得分及最终评价结果可按表7-5-1记录。

健康建筑评价得分与结果汇总表　　　　　　表7-5-1

工程项目名称							
申请评价方							
评价阶段		□设计评价 □运行评价		建筑类型		□居住建筑 □公共建筑	
评价指标		空气	水	舒适	健身	人文	服务
控制项	评定结果	□满足	□满足	□满足	□满足	□满足	□满足
	说明						
评分项	权重 Wi						
	实际满分						
	实际得分						
	得分 Qi						
加分项	得分 Q7						
	说明						
总得分 ∑ Q							
健康建筑等级			□一星级		□二星级	□三星级	
评价结果说明				评价时间			

7.6 绿色工业建筑概念综述

7.6.1 绿色工业建筑的概念

绿色工业建筑（green industrial building），是指在建筑的全生命周期内，能够最大限度地节约资源（节地、节能、节水、节材）、减少污染、保护环境，提供适用、健康、安全、高效的使用空间的工业建筑。绿色工业建筑的服务对象是机器（生产设备、辅助生产设备、生产工艺）和工人，绿色工业建筑指在建筑的全寿命周期内，最大限度地节约资源（节能、节地、节水、节材）、保护环境和减少污染，保障职工健康，为生产、科研和人员提供适用、健康、安全和高效的使用空间，与自然和谐共生的工业建筑。绿色工业建筑能耗与民用建筑能耗有较大区别，工业建筑是为工业生产服务的，其功能必须满足生产要求，所以工业建筑能耗包括为保证正常生产，人和室内外环境所需的各种能源消耗量的总和。

绿色工业建筑有助于发展绿色工艺、绿色产品，但并不与两者相同。普遍认为，绿色工业建筑、绿色工艺和绿色产品共同组成了绿色工业。

7.6.2 绿色工业建筑评价标准介绍

为贯彻国家绿色发展和建设资源节约、环境友好型社会的方针政策，执行国家对工业建设的产业政策、装备政策、清洁生产、环境保护、节约资源、循环经济和安全健康等的法律法规，推进工业建筑的可持续发展，规范绿色工业建筑评价工作，制定了绿色工业建筑评价标准。

绿色工业建筑评价标准适用于新建、团建、改建、迁建、恢复的工业建筑和既有工业建筑的各行业工厂或工业建筑群中的主要生产厂房、各类辅助生产建筑。标准规定了各行业评价绿色工业建筑需要达到的共性要求。评价绿色工业建筑时，应根据建筑使用功能统筹考虑全寿命周期内土地、能源、水、材料资源的利用及环境保护、职业健康和运行管理等的不同要求，应考虑不同区域的自然条件、经济和文化等影响因素。在进行评价时，除应符合绿色工业建筑评价标准外，尚应符合国家现行有关标准的规定。

绿色工业建筑评价规定了工业企业的建设区位应符合国家批准的区域发展规划和产业发展规划要求。工业企业的产品、产量、规模、工艺与装备水平等应符合国家规定的行业准入条件。工业企业的产品不应是国家规定的淘汰或禁止生产的产品。单位产品的工业综合能耗、原材料和辅助材料消耗、水资源利用等工业生产的资源利用指标应达到国家现行有关标准规定的国内基本水平。各种污染物排放指标应符合国家现行有关标准的规定。工业企业建设项目用地应符合国家现行有关建设项目用地的规定，不应是国家禁止用地的项目。

对工业建筑项目的评价分为规划设计和全面评价两个阶段，规划设计和全面评价可分阶段进行，全面评价应在正常运行管理一年后进行。申请评价的项目应按标准有关条文的要求对规划设计建造和运行管理进行过程控制，并应提交相关文档。在对工业企业的单体工业建筑进行评价时，凡涉及室外环境的指标，应以该单体工业建筑所处环境的评价结论为依据。

绿色工业建筑评价体系由节地与可持续发展的场地、节能与能源利用、节水与水资源利用、节材与材料资源利用、室外环境与污染物控制、室内环境与职业健康、运行管理这七类指标及技术进步与创新构成，评价应按照评价项目的数量、内容和指标，兼顾评价项目的重要性和难易程度，采用权重计分法。申请评价的项目应按本标准规定的方法进行打分，绿色工业建筑等级划分应根据评价后的总得分（包括附加分）按表7-6-1的规定确定。

绿色工业建筑等级划分　　表7-6-1

序号	必达分	总得分P	等级
1	11	$40 \leqslant P < 55$	★
2	11	$55 \leqslant P < 70$	★★
3	11	$P \geqslant 70$	★★★

当评价标准中某条文不适用于评价项目时，该条不参与评价，并且不应计分，等级划分应以所得总分按比例调整后确定。

7.7　智慧建筑综述

7.7.1　智慧建筑的概念

智慧建筑是全信息建筑，在智能建筑的基础上从时间维度拓展到建筑全生命周期，从空间维度拓展到空天地一体化的物联网，应用边界涵盖使用者和管理者（人），计算方式结合了认知计算和智能计算。智慧建筑是智能建筑和全生命周期管理系统、一体化网络、使用管理者（人）、认知及智能计算的综合体。

智慧建筑以人为中心，通过感知入驻用户的生活体验和感受，为其提供应用及服务，体现科技为人服务、无处不在的理念。它通过全面感知、认知、自主学习、自我进化、人机交互等人工智能技术，以科技方法为桥梁，构建人、环境、建筑之间相互协调的生态体系。其相关系统贯穿于建筑全生命周期中的设计、建造、运维、改造等各个阶段。

为了进一步明确智慧建筑的定义，加强智慧建筑的建设和管理，提高建筑的智能化水平，全国智标委会同中国建筑节能协会智慧建筑专委会，联合行业企事业单位共同制定了《智慧建筑建设与评价标准》，目前，该标准已经通过专家审查。标准中对智慧建筑作出如下定义：以建筑为载体，综合利用物联网、大数据、人工智能等技术，构建新一代信息技术应用的综合服务平台，实现建筑数据的全面感知、推理、判断和自我决策，通过在全生命周期中对设施及环境空间的自进化和自适应管控，构建人、设施、环境互为协调的整合体，从而提供具有节能、安全、高效、健康、人性化功能环境的建筑。

7.7.2　智慧建筑与大数据技术

智慧建筑通过大数据技术实现了与各行各业的无缝接轨。其成本计算、结构设计、建材选择、材料运输、施工、售卖等多个环节都离不开大数据技术的支持。当前，在建筑行业中，在选址和布局设计中使用最广泛和成功的案例是建筑信息模型（BIM）技术的应用，它以大数据技术作为基础，整合了全世界范围内的各类材料和结构设计的资料库，为使用者提供了极大的便利。

随着科技的不断发展，能耗问题突出，成了新难题。它不仅制约了经济发展，还给各行各业带来了瓶颈。据调查显示，我国建筑能耗已约占社会总能耗的35%，且还在逐年递增。降低建筑能耗已成为我国乃至全世界的重点研究课题。近年来，我国正在大力推行发展绿色智慧建筑的理念，而要实现"绿色、智慧"这个概念，以大数据技术作为基础支撑是必不可少的。大数据技术能实时快速分析并整合大量数据资源，帮助我们挖掘出隐藏在数据中的价值。将其应用于智慧型建筑中，将有利于建筑的空间优化，提高节能环保水平，节约建设损耗，从而提升经济效益。在建筑施工中，除应对建筑能源作重点管控外，还应充分考虑当地的气候、人文、资源等因素，这些因素的汇集也为今后的项目建设积累了更多的数据信息。一个能耗单元、一个家庭、一个小区、一座城市，其累积的数据是非常庞大的。利用大数据技术分析后，可以让这些数据变得更加鲜活、更有价值，从而更好地为我们所用。通过进一步部署基于大数据技术的一体化能耗监管平台，结合城市GIS及网格，不但能配合政府的大数据资源库建设，还能在节能减排、防护救灾等方面起到重要作用，同时也能帮助政府推动智慧城市建设的步伐。

7.7.3　智慧建筑与物联网

物联网可实现物与物之间的智能关联，是一个基于互联网、传统电信网等信息承载体，可以将各种信息传感设备，如射频识别（RFID）装置、红外感应器、全球定位系统、激光扫描器等与互联网结合起来，让所有能够被独立寻址的普通物理对象之间实现互联互通的巨大网络。物联网的本质是将IT基础设施融入物理基础设施中，并被普遍连接，实现物物相联，目的是实施动态、智慧的管理和控制，这一本质与智慧建筑的内在智能体现在将各种智能装置嵌入建筑设施的各种物件上，并赋予其自动运行、自我决策的智能工作模式。

物联网在智慧建筑中的应用主要体现在能源管理、空间管理、设施管理、安防管理、环境监测和智能家居等方面。

1. 能源管理

衡量智慧建筑的一个重要指标是节能数据。利用物联网技术，通过仪表实时监测，收集、分析和处理各种能耗数据以及能源监控和管理达到节能目标；在楼宇的生命周期内最大限度地降低能源消耗及浪费，以可持续的方式提高设施效能。

2. 空间管理

利用物联网技术，了解楼宇群、小区的空间使用情况，为闲置空间有效利用提出建设性意见。

3. 设施管理

利用物联网技术，通过传感器和控制器等设备，实时监控空调、照明、给水排水等多个子系统运行情况，并能根据采集到的数据进行计算分析，及时调整解决方案，保证系统的最优化运行，提升设施的使用率，延长生命周期。当系统出现故障时，可以及时上报相关信息。

4. 安防管理

安防已经进入大数据时代，安防系统正面临海量数据的考验。其中，家庭安防尤为重要，在家庭中设置红外线感应器、门磁、玻璃碎裂传感器、感烟探测器及燃气泄漏传感器等，可以有效保障家庭安全；当发生火灾、盗窃等安全事故时，安防系统能够及时并准确地作出判断，再联动报警、消防系统向小区保安或业主传递信息，发出报警或启动应急处理程序。

5. 环境监测

利用物联网技术，通过分布在建筑中的光照、温度、湿度、噪声等各类环境监测传感器，对代表环境污染和环境质量的各种环境要素（环境污染物）进行监视、监控和测定，让管理人员可以实时掌握建筑室内的环境质量状况。同时，通过联动空调系统，改善环境质量。

6. 智能家居

利用物联网技术，在这些家电设备中嵌入智能控制芯片，通过无线技术，对家电设备如灯光、电视、空调、冰箱、音响、窗帘等进行智能控制，实现智能家电设备的集中或远程控制，从而达到节能减排、高效运行和维护的目的。

7.7.4 智慧建筑的案例——南宁华润中心超高层智慧建造技术

如图7-7-1所示，南宁华润中心东写字楼是广西在建项目中建筑高度最高的地标性建筑，项目用地面积约7154m^2，总建筑面积约27.4万m^2，建筑高度为403m、地下3层、地上86层，涉及商业、办公及酒店三种业态形式。塔楼采用带桁架加强层的框架—核心筒混合结构体系，核心筒内采用钢筋混凝土楼盖，核心筒外采用钢筋桁架楼层板组合楼盖（图7-7-2）。

1. BIM 技术应用

1）装配式技术管理的应用

（1）BIM 图纸会审

协调各装配式专业利用 BIM 建模，从二维图纸到三维模型的过程中发现土建钢构、机电、轻质隔墙之间的冲突，将这些问题在图纸会审中解决，避免延误工期造成损失。

图7-7-1　南宁华润中心

图7-7-2　南宁华润中心施工现场

（2）装配式图纸管理

总包和各专业分包将设计图纸上传至BIM平台，手机移动端可以随时从云端获取图纸，设置专员在平台上对图纸进行分类管理，变更下发后24小时内同步更新图纸，保证各专业图纸的准确性。

（3）装配式方案模拟

对关键的装配式施工方案，特别是钢结构安装方案、幕墙单元体施工方案、制冷机房装配式施工方案和轻质隔墙施工方案均进行BIM模拟。利用BIM方案模拟建造流程，形成更高效的流水作业，验证方案可行性，优化施工方案。通过对外框钢结构、桁架层、塔冠和裙楼宴会厅桁架层钢结构进行安装模拟，优化钢结构安装方案。通过对装配式制冷机房各个工序进行模拟，指导装配式制冷机房施工。

（4）装配式方案交底

将传统的利用文档及图纸的交底形式，转化为在BIM平台上用三维辅以二维的形式进行交底并提高效率。通过交底，顺利完成模拟到装配式实施的过程。

（5）装配式构件移动端的应用

通过二维码和模型之间的绑定，可以实现任一手机扫描BIM系统中生成的二维码，任一时间、任一地点查看模型内部构造。还可以实现装配式构件物流管理，随时跟踪装配式构件的运输、安装、验收状态。

2）装配式质量、安全方面的应用

（1）危险源辨识

装配式施工过程中交叉作业多，难免会存在危险源防护不及时的情况，利用阶段化专业模型，按照不同施工阶段在BIM模型上查找、识别临边洞口等危险源，提早发现安全隐患，现场及时对危险源进行防护，有利于安全管理的落实。

（2）移动端App应用

质量安全问题图钉式管理：运用移动端App，从云端获取装配式深化图纸，将现场质量安全问题照片与BIM模型进行云标识，由责任班组进行整改，逐一销项，闭合质量安全问题，最终形成销项报告。

（3）安全巡视系统

施工现场需定期检查的地方布置二维码，如楼层作业面、地下室、电梯井、临边洞口、塔机（电梯）限位、附墙、配电箱、宿舍区等，安全人员定期到此检查，扫描二维码，拍照上传检查点的情况。通过安全巡视系统，有效地解决各分包单位巡视不到位的问题。

（4）装配式虚拟质量样板间（图7-7-3）

将各专业模型制作成虚拟质量样板间，管理人员和操作工人可观看样板间施工效果和样板施工方法。控制各装配式构件的施工质量，确保100%按照样板引路的方式进行施工，强化质量管控。

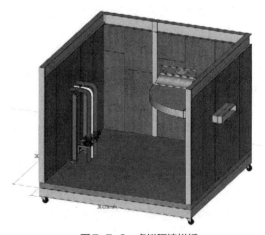

图7-7-3　虚拟隔墙样板

（5）质量考核系统

通过对模型文件的二次开发，制作质量考核系统。管理人员和操作工人在虚拟系统里找出考核图片中的错误做法和查看规范做法。

（6）三维激光扫描

利用高精度的三维激光扫描，每星期对塔楼结构进行定点扫描，形成点云扫描模型。根据扫描的模型与结构建模模型的比对，得出构件安装偏差，及时发现问题。

3）装配式进度管理方面的应用

（1）计划编制和输入（plan）

进度管理方面采用 P-D-C-A 循环的模式。首先，各分包单位根据总包初步拟定的节点计划在 Project 上完成进度计划的编制，汇总至总包项目部后，总包项目部负责将进度计划在 BIM 平台上与模型进行挂接。

（2）全专业 BIM 虚拟建造（do）

在 BIM 平台上进行全专业 BIM 虚拟建造，展现周、月、年进度计划。总包组织各家分包单位检查虚拟建造过程中各专业施工间是否存在工序穿插错误的问题。三维动画展示全专业的虚拟建造，可以避免纸质版计划中存在的工期不合理的漏洞。

（3）模拟建造与实际建造对比分析（check）

每周监理例会上，将模拟建造进度与实际建造进度进行对比分析，由总包主导，监理业主确认，联合各分包单位找出进度计划提前或滞后的原因，为进度计划的调整提供依据。

（4）进度计划实际调整（action）

在 Project 上完成进度计划的编制后，将进度计划在 BIM 平台上与模型进行挂接。

4）BIM 创新应用

（1）BIM+VR（图7-7-4）

用 Unity 软件和 VR 眼镜配合，将 VR 与 BIM 相结合，沉浸式体验模型效果，尤其是在方案比选中，样板间模型体验比传统的三维更直观。

（2）BIM+AR

将 AR 应用在工程的虚拟样板展示、工艺交底上。目前已可将虚拟样板模型通过 AR 技术在实体空间中展示，主要通过手机移动端的 AR 程序来实现。

（3）3D 打印（图7-7-5）

将 BIM 技术与 3D 打印、装配式建筑结合起来，将结构模型 Revit 文件由其他软件转

图7-7-4 VR运用

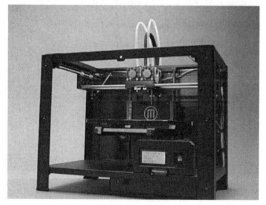

图7-7-5 3D打印机

换成 3D 打印支持的 STL 格式，自动识别打印。3D 打印比在软件上观看模型更为直观，是实体结构的缩小版。同时，还可以手动拼接，模拟不同结构的空间位置关系等。

2. 信息化技术应用

1）智慧工地环境监测及抑尘治霾喷雾联动控制技术（图 7-7-6）

通过研究扬尘与噪声监测技术、场地立体抑尘喷雾技术、联动控制技术、图像传输技术、信息显示技术，对施工现场进行扬尘、噪声与雾霾监测，将数据显示在远程触摸屏上。同时，在施工现场基坑周围、建筑主体周围、塔机吊臂上布置细水雾喷淋系统，可以进行手动喷雾降霾，可以在 PM2.5 检测后联动场区内的各个细水雾喷头系统进行喷雾

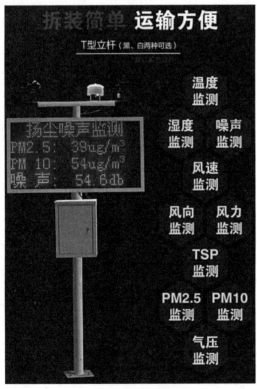

图 7-7-6　扬尘检测系统

降霾，实现工地环境综合治理。

2）施工塔机管理系统

塔式起重机安全监控管理系统，是基于传感器技术、嵌入式技术、数据采集技术、数据融合处理、无线传感网络与远程数据通信技术和智能体技术，实现危险作业自动报警并控制以及实时动态的远程监管、远程报警和远程告知，使得塔机安全监控成为开放的多方参与的实时动态监控，实现塔机限位、保险监控功能，受力、高度、倾角监测功能，塔机参数终端显示功能。力和力矩监控，防止超限超载；特定区域监控，防止坠物伤人；群塔作业监控，防止碰撞。塔机监测仪是全新的智能化塔式起重机安全监测预警系统，能够全方位保证塔机的安全运行，包括塔机区域安全防护、塔机防碰撞、塔机防超载、塔机防倾翻等功能，能够提供塔机安全状态的实时预警，并进行制动控制，是现代建筑重型机械群的一种安全防护设备，是集精密测量、人工智能、自动控制等多种高技术于一体的智能控制系统。

3）施工电梯管理系统

施工升降机安全监控管理系统，是专门针对升降机在施工现场的应用状况而开发的智能安全监管系统产品，系统通过先进的物联网技术、GIS、传感技术、4G 无线通信技术等，实现对升降机的智能化管理，具有吊笼人数统计功能、冲顶报警功能、超载报警功能、驾驶员身份识别功能、实时数据远程监控功能、黑匣子数据记录功能。由嵌入式硬件监控设备与"建筑工程起重机械在线监控系统"两部分构成，硬件部分完成升降机设备的运行数据采集与传输，实现部分控制

与报警功能，平台系统负责接收硬件采集的数据，处理管理过程中的具体数据业务。

4）无线水电节能监测系统

通过长距离无线传输、手机及平板智能终端、软件开发、服务器与数据库开发等技术，构建出基于移动互联网及大数据的节能无线监测系统。对办公区、生活区、施工现场的水电暖节能进行监测，采用控制器用电回路的电能表进行监测，对继电器和交流接触器进行控制，可对用电量、节电量、安全隐患监测、故障报警、超用电量、电路状态监测等进行检测。

5）卸料平台报警系统

自动报警卸料平台包括：支撑架；与所述支撑架铰接的支撑板；设置于所述支撑架和支撑板之间的多个压力传感器；控制装置，与所述多个压力传感器信号连接，当接收到的压力传感器的压力信息超出设定的阈值时，发出报警信息；报警装置，与所述控制装置信号连接，在接收到报警信息后发出警报。

6）互联网远程监控系统

在施工现场安装整体视频监控系统；实现从公司远程监控施工现场的情况；在智能手机上安装手机 App 管理软件，使管理员可随时随地使用本系统的功能；在电脑终端上安装主控软件，在本地也可以实时观看视频监控的数据。通过使用互联网远程视频监控系统可实时、直观地提供现场施工信息，可提高管理水平，加强治安保卫，消除安全隐患，防止意外发生。

7）劳务实名制门禁系统

实名制门禁系统由门禁设备、显示大屏、控制电脑等组成，可实现对工人全天候的行为管理及上下班信息采集。通过此系统加强对工人上下班及外出的管理，对数据进行汇总分析，保证了工人管理的安全性及有效性，可防止劳务纠纷事件的发生。

8）安全防护提示系统

在南北通道口、重大临边危险源处设置了安全防护提示系统，该系统可以感应到工人通过，随即发出提示，提示内容包含安全防护用品穿戴以及安全防护注意事项等。

7.8　装配式建筑概念综述

7.8.1　绿色建筑与装配预制

1. 装配式建筑的相关概念简介

装配式建筑（assembled building），在《装配式混凝土建筑技术标准》GB/T 51231–2016 中定义为：结构系统、外围护系统、设备与管线系统、内装系统的主要部分采用预制部品部件集成的建筑。

全装修，在《装配式建筑评价标准》GB/T 51129–2017 中定义为：建筑功能空间的固定面装修和设备设施安装全部完成，达到建筑使用功能和性能的基本要求。发展建筑全装修是实现建筑标准提升的重要内容之一。对于居住、教育、医疗等建筑类型，在设计阶段即可明确建筑功能空间对使用和性能的要求及标准，应在建造阶段实现全装修；对于办公、商业等建筑类型，其建筑的部分功能空间对使用和性能的要求及标准等需要根据承租方的要求进行确定时，应在建筑公共区域等非承租部分实施全装修，并对实施"二次装修"的方式、范围、内容等作出明确规定，评价时可结合两部分内容进行综合考虑。

集成厨房，地面、吊顶、墙面、橱柜、厨房设备及管线等通过设计集成、工厂生产，在工地主要采用干式工法装配而成的厨房（图7-8-1）。

集成卫生间，地面、吊顶、墙面和洁具设备及管线等通过设计集成、工厂生产，在工地主要采用干式工法装配而成的卫生间（图7-8-2）。

管线分离，裸露于室内空间以及敷设在地面架空层、非承重墙体空腔和吊顶内的电气、给水排水和供暖管线（图7-8-3）。

2. 装配式建筑的发展历程

装配式建筑是绿色建筑的典型代表。17世纪向美洲移民时期所用的木构架拼装房屋，就是一种装配式建筑。将装配式建筑进行大规模推广应用，在19世纪初期就开始引起了人们的兴趣，这一想法到19世纪60年代初步实现。1851年伦敦建成的用铁骨架嵌玻璃

图7-8-1 集成厨房

图7-8-2 集成卫生间

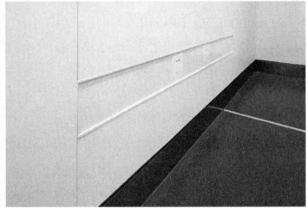

图7-8-3 管线分离

的水晶宫是世界上第一座大型装配式建筑。第二次世界大战后，欧洲国家以及日本等国房荒严重，迫切要求解决住宅问题，促进了装配式建筑的发展。英、法、苏联等国首先作了尝试。由于装配式建筑的建造速度快，而且生产成本较低，迅速在世界各地推广开来。到20世纪60年代，装配式建筑在国外得到大量推广。

早期的装配式建筑外形比较呆板，千篇一律。后来，人们在设计上作了改进，增加了灵活性和多样性，使装配式建筑不仅能够成批建造，而且样式丰富。美国有一种活动住宅，是比较先进的装配式建筑，每个住宅单元就像一辆大型的拖车，只要用特殊的汽车把它拉到现场，再由起重机吊装到地板垫块上和预埋好的水道、电源、电话系统相接，就能使用。活动住宅内部有散热器、浴室、厨房、餐厅、卧室等设施。活动住宅既能独成一个单元，也能互相连接起来。

发展装配式建筑是建造方式的重大变革，是推进供给侧结构性改革和新型城镇化发展的重要举措，有利于节约资源能源、减少施工污染、提升劳动生产效率和质量安全水平，有利于促进建筑业与信息化工业的深度融合，培育新产业新动能，推动化解过剩产能。近年来，我国积极探索发展装配式建筑，但建造方式大多仍以现场浇筑为主，装配式建筑比例和规模化程度较低，与发展绿色建筑的有关要求以及先进建造方式相比还有很大差距。

3. 装配式建筑分类

装配式建筑按结构形式和施工方法一般分为五种。

1）砌块建筑

用预制的块状材料砌成墙体的装配式建筑，适于建造3~5层建筑，如提高砌块强度或配置钢筋，还可适当增加层数。砌块建筑适应性强，生产工艺简单，施工简便，造价较低，还可利用地方材料和工业废料。建筑砌块有小型、中型、大型之分：小型砌块适于人工搬运和砌筑，工业化程度较低，灵活方便，使用较广；中型砌块可用小型机械吊装，可节省砌筑劳动力；大型砌块现已被预制大型板材所代替。

砌块有实心和空心两类，实心的较多采用轻质材料制成。砌块的接缝是保证砌体强度的重要环节，一般采用水泥砂浆砌筑，小型砌块还可用套接而不用砂浆的干砌法，可减少施工中的湿作业。有的砌块表面经过处理，可用作清水墙。

2）板材建筑

由预制的大型内外墙板、楼板和屋面板等板材装配而成，又称大板建筑。它是工业化体系建筑中全装配式建筑的主要类型。板材建筑可以减轻结构重量，提高劳动生产率，扩大建筑的使用面积和防震能力。板材建筑的内墙板多为钢筋混凝土的实心板或空心板；外墙板多为带有保温层的钢筋混凝土复合板，也可用轻骨料混凝土、泡沫混凝土或大孔混凝土等制成带有外饰面的墙板。建筑内的设备常采用集中的室内管道配件或盒式卫生间等，以提高装配化的程度。大板建筑的关键问题是节点设计。在结构上应保证构件连接的整体性（板材之间的连接方法主要有焊接、螺栓连接和后浇混凝土整体连接）。在防水构造上要妥善解决外墙板接缝的防水以及楼缝、角部的热工处理等问题。大板建筑的主要缺点是对建筑物造型和布局有较大的制约性；小开间横向承重的大板建筑内部分隔缺少灵活性（纵墙式、内柱式和大跨度楼板式的内部可灵活分隔）。

3）盒式建筑

从板材建筑的基础上发展起来的一种装配式建筑。这种建筑的工厂化程度很高，现场安装快。一般不但在工厂完成盒子的结构部分，而且内部装修和设备也都安装好，甚至可连家具、地毯等一概安装齐全。盒子吊装完成、接好管线后即可使用。盒式建筑的装配形式有：

（1）全盒式，完全由承重盒子重叠组成建筑。

（2）板材盒式，将小开间的厨房、卫生间或楼梯间等做成承重盒子，再与墙板和楼板等组成建筑。

（3）核心体盒式，以承重的卫生间盒子作为核心体，四周再用楼板、墙板或骨架组成建筑。

（4）骨架盒式，用轻质材料制成的许多住宅单元或单间式盒子支承在承重骨架上形成建筑。有的用轻质材料制成包括设备和管道的卫生间盒子，安置在其他结构形式的建筑内。盒子建筑工业化程度较高，但投资大，运输不便，且需用重型吊装设备，因此，发展受到限制。

4. 骨架板材建筑

由预制的骨架和板材组成。其承重结构

一般有两种形式：一种是由柱、梁组成承重框架，再搁置楼板和非承重的内外墙板的框架结构体系；另一种是柱子和楼板组成承重的板柱结构体系，内外墙板是非承重的。承重骨架多为重型的钢筋混凝土结构，也有采用钢和木做成骨架和板材组合的，常用于轻型装配式建筑中。骨架板材建筑结构合理，可以减轻建筑物的自重，内部分隔灵活，适用于多层和高层的建筑。

钢筋混凝土框架结构体系的骨架板材建筑有全装配式、预制和现浇相结合的装配整体式两种。保证这类建筑的结构具有足够的刚度和整体性的关键是构件连接。柱与基础、柱与梁、梁与梁、梁与板等的节点连接，应根据结构的需要和施工条件，通过计算进行设计和选择。节点连接的方法，常见的有榫接法、焊接法、牛腿搁置法和留筋现浇成整体的叠合法等。

板柱结构体系的骨架板材建筑是方形或接近方形的预制楼板同预制柱子组合的结构系统。楼板多数为四角支在柱子上；也有的在楼板接缝处留槽，从柱子预留孔中穿钢筋，张拉后灌混凝土。

5. 升板和升层建筑

板柱结构体系的一种，但施工方法有所不同。这种建筑是在底层混凝土地面上重复浇筑各层楼板和屋面板，竖立预制钢筋混凝土柱子，以柱为导杆，用放在柱子上的油压千斤顶把楼板和屋面板提升到设计高度，加以固定。外墙可用砖墙、砌块墙、预制外墙板、轻质组合墙板或幕墙等；也可以在提升楼板时提升滑动模板、浇筑外墙。升板建筑施工中，大量操作在地面进行，减少了高空作业和垂直运输，节约了模板和脚手架，并可缩小施工现场的面积。升板建筑多采用无梁楼板或双向密肋楼板，楼板同柱子连接的节点常采用后浇柱帽节点或承重销、剪力块等无柱帽节点。升板建筑一般柱距较大，楼板承载力也较强，多用作商场、仓库、工场和多层车库等。

升层建筑是在升板建筑每层的楼板还在地面时先安装好内外预制墙体，一起提升的建筑。升层建筑可以加快施工速度，比较适用于场地受限制的地方。

7.8.2 装配式建筑评价标准

1. 装配式建筑评价范围

装配率计算应以单体建筑作为计算单元，并应符合下列规定：

（1）单体建筑应按项目规划批准文件的建筑编号确认；

（2）建筑由主楼和裙房组成时，主楼和裙房可按不同的单体建筑进行计算；

（3）单体建筑的层数不大于3层，且地上建筑面积不超过500m² 时，可由多个单体建筑组成建筑组团作为计算单元。

计算范围可扣除《装配式混凝土建筑技术标准》中第5.1.7条规定的宜现浇的部分。

条文5.1.7即高层建筑装配整体式混凝土结构应符合下列规定：

（1）当设置地下室时，宜采用现浇混凝土；

（2）剪力墙结构和部分框支剪力墙结构底部加强部位宜采用现浇混凝土；

（3）框架结构的首层柱宜采用现浇混凝土；

（4）当底部加强部位的剪力墙、框架结构的首层柱采用预制混凝土时，应采取可靠的技术措施。

2. 满足下列要求时方可评价为装配式建筑：

（1）主体结构竖向构件采用混凝土材料时，主体结构部分的计算分值不低于 20 分，采用钢结构及钢—混组合材料时，主体结构竖向部分应全部采用预制构件。

（2）围护墙和内隔墙部分的计算分值不低于 10 分。

（3）采用全装修。

（4）装配率不低于 50%。

3. 装配率计算

（1）装配率应根据表 7-8-1 中的评价项分值按下式计算：

$$P=\frac{Q_1+Q_2+Q_3}{100-Q_4}\times100\% \qquad （7-8-1）$$

式中：P——装配率；

Q_1——主体结构指标实际得分值；

Q_2——围护墙和内隔墙指标实际得分值；

Q_3——装修和设备管线指标实际得分值；

Q_4——评价项目中缺少的评价项分值总和。

（2）柱、支撑、承重墙、延性墙板等主体结构竖向构件主要采用混凝土材料时，预制部品部件的应用比例应按下式计算：

$$q_{1a}=\frac{V_{1a}}{V}\times100\% \qquad （7-8-2）$$

式中：q_{1a}——柱、支撑、承重墙、延性墙板等主体结构竖向构件中预制部品部件的应用比例；

V_{1a}——柱、支撑、承重墙、延性墙板等主体结构竖向构件中预制混凝土体积之和，符合本标准第 4.0.3 条规定的预制构件间连接部分的后浇混凝土也可计入计算；

装配式建筑评分表 表7-8-1

评价项		评价要求	评价分值	最低分值
主体结构（50分）	柱、支撑、承重墙、延性墙板等竖向构件	35%≤比例≤80%	20~30*	20
	梁、板、楼梯、阳台、空调板等构件	70%≤比例≤80%	10~20*	
围护墙和内隔墙（20分）	非承重围护墙非砌筑	比例≥80%	5	10
	围护墙与保温、隔热、装饰一体化	50%≤比例≤80%	2~5*	
	内隔墙非砌筑	比例≥50%	5	
	内隔墙与管线、装修一体化	50%≤比例≤80%	2~5*	
装修和设备管线（30分）	全装修	—	6	6
	干式工法楼面、地面	比例≥70%	6	
	集成厨房	70%≤比例≤90%	3~6*	—
	集成卫生间	70%≤比例≤90%	3~6*	
	管线分离	50%≤比例≤70%	4~6*	

注：表中带"*"项的分值采用"内插法"计算，计算结果取小数点后 1 位。

V——柱、支撑、承重墙、延性墙板等主体结构竖向构件混凝土总体积。

（3）当符合下列规定时，主体结构竖向构件间连接部分的后浇混凝土可计入预制混凝土体积计算：

a. 预制剪力墙板之间宽度不大于600mm的竖向现浇段和高度不大于300mm的水平后浇带、圈梁的后浇混凝土体积；

b. 预制框架柱和框架梁之间柱梁节点区的后浇混凝土体积；

c. 预制柱间高度不大于柱截面较小尺寸的连接区后浇混凝土体积。

（4）梁、板、楼梯、阳台、空调板等构件中预制部品部件的应用比例应按下式计算：

$$q_{1b}=\frac{V_{1b}}{V}\times 100\% \qquad （7-8-3）$$

式中：q_{1b}——梁、板、楼梯、阳台、空调板等构件中预制部品部件的应用比例；

A_{1b}——各楼层中预制装配梁、板、楼梯、阳台、空调板等构件的水平投影面积之和；

A——各楼层建筑平面总面积。

（5）预制装配式楼板、屋面板的水平投影面积可包括：

a. 预制装配式叠合楼板、屋面板的水平投影面积；

b. 预制构件间宽度不大于300mm的后浇混凝土带水平投影面积；

c. 金属楼承板和屋面板、木楼盖和屋盖及其他在施工现场免支模的楼盖和屋盖的水平投影面积。

（6）非承重围护墙中非砌筑墙体的应用比例应按下式计算：

$$q_{2a}=\frac{A_{2a}}{A_{w1}}\times 100\% \qquad （7-8-4）$$

式中：q_{2a}——非承重围护墙中非砌筑墙体的应用比例；

A_{2a}——各楼层非承重围护墙中非砌筑墙体的外表面积之和，计算时可不扣除门、窗及预留洞口等的面积；

A_{w1}——各楼层非承重围护墙外表面总面积，计算时可不扣除门、窗及预留洞口等的面积。

（7）围护墙采用墙体、保温、隔热、装饰一体化的应用比例应按下式计算：

$$q_{2b}=\frac{A_{2b}}{A_{w2}}\times 100\% \qquad （7-8-5）$$

式中：q_{2b}——围护墙采用墙体、保温、隔热、装饰一体化的应用比例；

A_{2b}——各楼层围护墙采用墙体、保温、隔热、装饰一体化的墙面外表面积之和，计算时可不扣除门、窗及预留洞口等的面积；

A_{w2}——各楼层围护墙外表面总面积，计算时可不扣除门、窗及预留洞口等的面积。

（8）内隔墙中非砌筑墙体的应用比例应按下式计算：

$$q_{2c}=\frac{A_{2c}}{A_{w3}}\times 100\% \qquad （7-8-6）$$

式中：q_{2c}——内隔墙中非砌筑墙体的应用比例；

A_{2c}——各楼层内隔墙中非砌筑墙体的

墙面面积之和,计算时可不扣除门、窗及预留洞口等的面积;

A_{w3}——各楼层内隔墙墙面总面积,计算时可不扣除门、窗及预留洞口等的面积。

(9)内隔墙采用墙体、管线、装修一体化的应用比例应按下式计算:

$$q_{2d} = \frac{A_{2d}}{A_{w3}} \times 100\% \qquad (7-8-7)$$

式中:q_{2d}——内隔墙采用墙体、管线、装修一体化的应用比例;

A_{2d}——各楼层内隔墙采用墙体、管线、装修一体化的墙面面积之和,计算时可不扣除门、窗及预留洞口等的面积。

(10)干式工法楼面、地面的应用比例应按下式计算:

$$q_{3a} = \frac{A_{3a}}{A} \times 100\% \qquad (7-8-8)$$

式中:q_{3a}——干式工法楼面、地面的应用比例;

A_{3a}——各楼层采用干式工法的楼面、地面的水平投影面积之和。

集成厨房的橱柜和厨房设备等应全部安装到位,墙面、顶面和地面中干式工法的应用比例应按下式计算:

$$q_{3b} = \frac{A_{3b}}{A_k} \times 100\% \qquad (7-8-9)$$

式中:q_{3b}——集成厨房干式工法的应用比例;

A_{3b}——各楼层厨房墙面、顶面和地面采用干式工法的面积之和;

A_k——各楼层厨房的墙面、顶面和地面的总面积。

(11)集成卫生间的洁具设备等应全部安装到位,墙面、顶面和地面中干式工法的应用比例应按下式计算:

$$q_{3c} = \frac{A_{3c}}{A_b} \times 100\% \qquad (7-8-10)$$

式中:q_{3c}——集成卫生间干式工法的应用比例;

A_{3c}——各楼层卫生间墙面、顶面和地面采用干式工法的面积之和;

A_b——各楼层卫生间墙面、顶面和地面的总面积。

(12)管线分离比例应按下式计算:

$$q_{3d} = \frac{L_{3d}}{L} \times 100\% \qquad (7-8-11)$$

式中:q_{3d}——管线分离比例;

L_{3d}——各楼层管线分离的长度,包括裸露于室内空间以及敷设在地面架空层、非承重墙体空腔和吊顶内的电气、给水排水和供暖管线长度之和;

L——各楼层电气、给水排水和供暖管线的总长度。

4. 装配式建筑评价等级

装配式建筑评价等级应划分为 A 级、AA 级、AAA 级,并应符合下列规定:

(1)装配率为 60% ~75% 时,评价为 A 级装配式建筑;

(2)装配率为 76% ~90% 时,评价为 AA 级装配式建筑;

(3)装配率为 91% 及以上时,评价为 AAA 级装配式建筑。

7.8.3 装配式建筑案例

1. 时代天韵花园(图 7-8-4、图 7-8-5)

图7-8-4　项目地理位置

图7-8-5　项目鸟瞰图

时代天韵花园项目规划用地位于珠海市斗门区白蕉镇黄杨河以东，桥湖路东侧。基地现状主要为裸露的荒地，内部地形平缓，东侧、西侧及南侧邻规划路，与规划路高差较大，北侧现状为民居，西侧现状为民居，日后为规划路。

规划总用地面积为23712.15m²，总建筑面积为79965.39m²，计算容积率面积59278.9m²。其中住宅54926.80m²，商业2948.12m²，公共配套（含公共厕所、物业管理用房、社区用房、配电房、消防控制室、人防报警间等）1338.18m²。

本项目由5栋住宅单体塔楼、1栋商业、公建配套和1层地下室组成，5栋塔楼全部实施装配式，一次性开发。装配式住宅面积为43837.72m²。高度：1栋、2栋、3栋和5栋均为75.050m，4栋为69.150m。层数：1栋、2栋、3栋和5栋均为24层，4栋为22层。采用的预制构件有：预制外墙板（含凸窗）、预制阳台（含叠合）、预制空调板、预制楼梯、预制内隔墙条板。本项目标准层采用铝模及爬架施工方式。根据主体设计图纸，1栋住宅部分仅一个标准层，标准层层数为3F~24F，标准层预制率为20.43%，装配率为55.12%，2栋、3栋住宅部分仅一个标准层，标准层层数为3F~24F，标准层预制率为22.61%，装配率为57.32%，4栋住宅部分仅一个标准层，标准层层数为3F~22F，标准层预制率为21.32%，装配率为56.14%，5栋住宅部分仅一个标准层，标准层层数为3F~24F，标准层预制率为21.32%，装配率56.14%，符合珠海市装配式建筑单体预制率≥20%、装配率≥40%的要求。

2. 家天下花园二期（图7-8-6、图7-8-7）

家天下花园项目位于深圳市大鹏新区。西北邻金葵西路，东北侧邻葵坪路，位处葵涌中心区。用地西侧未来规划为环城西路（高速路），西北侧为集散中心，东南侧未来可能设置为地铁站，2020年开通，西侧邻环城西路。周边有葵涌中学、葵涌汽车站、社区公园与文化广场、葵涌中心小学等，配套设施齐全。

项目建设用地面积为89732.64m²，总建筑面积为322007.68m²，其中住宅196807.15m²，商业38000m²，公共配套（含社区管理用房、便民服务站、社区健康服务中心、社区警务室、幼儿园、文化室、公共卫生间）5660m²。

项目分三期开发，一、二期开发楼栋分别为4栋和5栋，其中二期采用装配式施工的为5栋A、B、C座，A、B座装配式住宅面积为22855.28m²，高度为98.00m，层数为31层，C座装配式住宅面积为10993.83m²，高度为97.50m，层数为31层，采用的预制

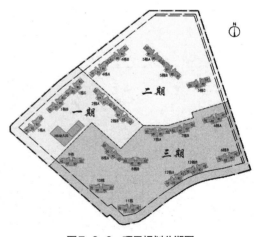

图7-8-6 项目规划分期图

图7-8-7 项目效果图

构件有：外挂墙板、预制外墙板、预制阳台、预制楼板、预制叠合板、轻质内隔墙条板、预制楼梯。本项目标准层采用铝模及爬架施工方式。根据主体设计图纸，A、B座住宅部分仅一个标准层，标准层层数为5F~31F，标准层预制率为22.40%，装配率为59.19%，符合深圳市住宅产业化技术预制率≥15%、装配率≥30%的要求。C座住宅部分仅一个标准层，标准层层数为5F~31F，标准层预制率为22.23%，装配率58.93%。符合深圳市住宅产业化技术预制率≥15%、装配率≥30%的要求。

 复习思考题

1. 绿色生态城区的定义是什么？

2. 针对我国目前的情况，应该从哪三个方面来推行绿色生态住宅小区的建设？

3. 绿色街区的设计原则是什么？

4. 绿色校园建设需要哪几个步骤？

5. 绿色工业建筑的概念是什么？

6. 智慧建筑的内涵是什么？在哪些方面需要大数据的支持？

7. 依据结构形式和施工方法，装配式建筑一般分为哪几种？

第8章
绿色建筑模拟软件介绍

8.1 绿色建筑与建筑信息模型

我国正处于经济建设的高速增长时期，每年新建建筑 80% 以上为高能耗建筑，既有建筑 95% 以上是高能耗建筑。目前，我国单位建筑面积能耗是发达国家的 2~3 倍以上。严峻的事实表明，中国要走可持续发展道路，发展节能与绿色建筑刻不容缓。绿色建筑能提供健康、舒适、安全的人居环境空间，同时可在建筑全生命周期中高效率地利用资源、最低限度地影响环境。

在欧美纷纷将绿色建筑作为新一轮科技创新主要方向的大背景下，我国将发展绿色建筑作为加快经济结构调整和谋求经济增长的新突破口。中国的建筑规模正以每年 20 亿 m^2 的速度增加，曾经预计到 2020 年，中国建筑能耗达到社会能源消费总量的 30% 以上，成为最主要的能源消费领域，而目前

中国带有绿色建筑评价标识的建筑总面积不足 4000 万 m^2，未来发展绿色建筑空间巨大。为此，财政部与住房和城乡建设部下发了《关于加快推动我国绿色建筑发展的实施意见》一文，明确了对星级绿色建筑的财政补贴，从二星级的 45 元 /m^2，到三星级的 80 元 /m^2，这将引导保障性住房及公益性行业优先发展绿色建筑。

建筑的可持续发展，不仅对建筑环境工程师、建筑设备工程师提出了挑战，更重要的是对建筑师的挑战。绿色建筑的一个重要方面就是节约能源，降低建筑能耗。在决定建筑能量性能的各种因素中，建筑的体形、方位及围护结构形式起着决定性作用，直接影响建筑物与外环境的换热量、自然通风状况和自然采光水平。而这三方面涉及的内容将构成 70% 以上的建筑供暖通风空调能耗。

因此，建筑设计对建筑的能量性能起着主导作用。不同的建筑设计方案，在能耗方面会有巨大的差别。单凭经验或者手工计算，很难正确判断建筑设计的优劣，目前，凭借先进的计算机技术进行复杂的数据计算和实时的动态模拟是实现绿色建筑设计的科学性和合理性的重要保障。

8.2 绿色设计策略引出的绿色设计软件

北京绿建软件有限公司（绿建斯维尔）提供基于 BIM 技术的绿色和健康建筑物理环境模拟解决方案，全系模拟软件由节能设计、能耗计算、暖通负荷、日照分析、采光分析、建筑通风、建筑声环境和住区热环境组成。软件支持《民用建筑绿色性能计算标准》等国家和地方相关技术标准，支持从风、光、热和声环境等多角度分析和优化建筑性能，为绿色建筑的设计和评价提供技术支撑。软件均运行于 AutoCAD 平台，兼容主流建筑设计软件（天正建筑、斯维尔建筑等）的图档和主流 3D 软件（Revit、Sketchup、Rhino、3Dmax）的模型，采用共享模型技术，数据无缝流转，实现"一模多算"。

8.2.1 节能设计 BECS

软件依据国家和地方的建筑节能设计标准和实施细则定制开发，适用于全国各省市民用建筑、工业建筑的节能计算及节能判定，并输出建筑节能报告书和节能专篇，软件为建筑设计中执行节能标准的配套工具（图 8-2-1）。

1. 技术特点

（1）模型和数据可为其他热工类软件和声环境软件复用；

（2）提供一键节能检查，对设计建筑热工指标与节能标准要求进行全面比对和查看，便于围护结构热工指标的修改与调整；

（3）支持环境遮阳，考虑目标建筑自身和周边遮挡物对其产生的遮挡效果，适当降低遮阳成本；

（4）采用一维非稳态计算方法计算围护结构内表面的最高温度，计算原理与计算结果一并输出到计算书；

（5）热桥节点参数化编辑，通过解温度场计算线性热桥，应用于工程实际。

2. 主要功能

（1）建模工具：提供二维、三维一体化的建模工具和导入三维模型的数据接口。

（2）材料及构造库：提供全国各地的常用构造库、材料库和新型材料的产品参数与厂家信息。

（3）工程及热工设置：设置热工模型的计算参数、围护结构构造做法。

（4）建筑数据：计算热工模型的体形系数、窗墙比、围护结构热工性能等参数。

（5）节能设计：按选定的节能标准对设计建筑进行节能分析，计算建筑物的能耗；给出设计建筑满足规定性指标或综合权衡性能指标的结论。

（6）提供结露检查和隔热计算模块：支持《民用建筑热工设计规范》GB 50176-2016 要求的隔热计算方法和热桥节点的结露检查计算。

（7）结果输出：输出节能报告书、报

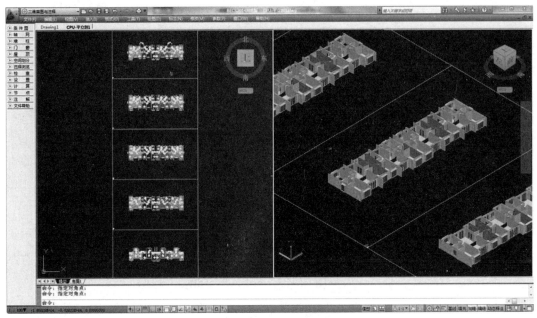

图8-2-1 BECS操作界面

审表、电子审查文件、节能专篇以及结露检查计算书和隔热检查计算书。

8.2.2 能耗计算 BESI

软件依据《绿色建筑评价标准》《民用建筑绿色性能计算标准》和《建筑能效标识技术标准》等进行开发，为测评机构、设计单位、咨询单位对全国各地绿色建筑评价中的围护结构、空调系统节能率进行计算分析以及为能效标识测评工作提供配套工具，支持对建筑进行全能耗分析。也支持地方性的开发工作，如天津市中新生态城建筑全能耗评价体系。

1. 技术特点

（1）支持分析设计建筑和比对建筑的全年动态负荷，支持全年8760小时理想控温和实际供冷期、供暖期两类情况。逐时、逐日、逐月、全年的结果详细到每个房间，并以多种图表曲线形式显示。

（2）软件可解析建筑全年供冷、供热需求的来源，即将全年耗热/耗冷量分为围护结构传热、太阳辐射得热、室内发热、新风负荷四类来源，并给出具体数据，供设计师分析节能潜力。

（3）软件完整地设置主流空调系统，如风机盘管、全空气、多联机集中供暖等系统，并支持系统的组合计算，结果包括完整的冷热源能耗、输配水泵能耗、室内末端能耗及风机系统能耗，还支持新风热回收、水泵变频等节能技术的设置和计算。

（4）支持电梯动力、生活热水、太阳能利用、建筑照明、插座设备、机械排风及供暖空调的建筑总能耗，统计口径支持电耗、一次能源和标煤三种计量单位。

2. 主要功能

（1）构建模型：提供二维、三维一体化的建模工具和导入三维模型的数据接口。

（2）材料构造库：提供全国各地的常用构造库、材料库和新型材料的产品参数与厂家信息。

（3）热工设置：围护结构设置与管理，房间热工参数设置。

（4）系统设置：提供系统分区与参数设置及冷热源机房参数设置。

（5）能耗计算：计算围护结构负荷、冷热源能耗、输配系统能耗以及照明、动力、插座设备等能耗，可计算出能效节能率、围护结构节能率、空调系统节能率以及建筑全能耗。

（6）负荷数据：可浏览建筑/系统/房间的全年8760小时逐时负荷，并可按建筑供冷/供热需求，对负荷来源进行统计汇总。

（7）输出报告：输出详细的计算书和能耗计算报表以及建筑围护结构节能率报告书、建筑空调系统节能率报告书。

8.2.3 暖通负荷 BECH

国家和行业相关标准中，强制规定施工图阶段必须进行冷热负荷计算，支持供暖热负荷和空调热负荷、逐项逐时冷负荷、全年动态负荷的计算。适用于新建和改建建筑的设计负荷计算及动态负荷计算，为设备选型提供依据。

1. 技术特点

（1）可以计算供暖热负荷、空调热负荷和逐项逐时冷负荷，可以计算建筑全年动态负荷并展示逐时及分项结果，为新型冷热源的选择提供依据。

（2）可以直接利用主流建筑设计软件的电子图档，构建负荷计算所需模型。与配套

的节能设计软件 BECS 无缝结合，可以直接利用 BECS 的工作模型文件，省去了重复建模的过程。

（3）内含丰富的气象数据，典型气象年数据可选，如《中国建筑热环境分析专用气象数据集》《建筑节能气象参数标准》JGJ/T 346-2014 等，亦可导入自有气象文件。

（4）输出内容详尽，支持逐项热负荷详细数据和逐时逐项冷负荷详细数据，便于分析。全年负荷计算书，提供建筑信息、气象参数、相关运行策略、全年供热供冷需求对比、逐月能耗、峰值等数据。

2. 主要功能

（1）建模工具：提供二维、三维一体化的建模工具和导入三维模型的数据接口。

（2）材料构造库：提供全国各地的常用构造库、材料库和新型材料的产品参数与厂家信息。

（3）热工设置：设置项目地理位置和信息，输入单位及房间面积计算规则。

（4）负荷计算：支持供暖热负荷、空调热负荷、空调冷负荷以及全年逐时负荷的计算。

（5）结果浏览：负荷详细表格，以曲线、直方图等方式直观展示的逐时负荷、HTM 或 word 格式的计算书。

（6）结果输出：输出冷负荷计算书、热负荷计算书、全年动态负荷计算书。

8.2.4 建筑通风 VENT

建筑通风 VENT（图 8-2-2）为一款建筑通风 CFD 软件，为建筑规划布局和建筑空间划分提供风环境优化设计的分析工具，

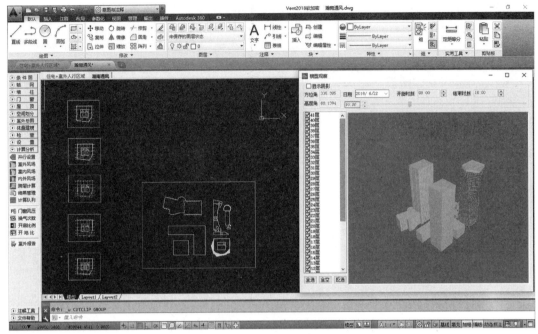

图8-2-2　VENT操作界面

集建模、设置、网格划分、流场分析和自动编制报告等功能于一体，紧贴《绿色建筑评价标准》的要求，简单易用，一键点击，即刻启动计算。

1. 技术特点

（1）支持单体建筑链接插入总图，节省大量的建模时间。

（2）并行计算：充分发挥计算机性能，节省大量的模拟计算时间。

（3）多区域网络法和AutoCAD的结合。可快速提取一整栋楼的换气次数，国内首创，国际领先。

（4）计算方法多样性：实现"室内室外联通计算"和"先室外后室内接力计算"两种模式，满足多种需求；室外通风采用计算流体动力学（CFD）的方法，室内自然通风计算可采用多区域网络法和计算流体动力学（CFD）的方法。

（5）操作简单准确：采用国际权威计算内核，把深奥的CFD理论转化为"一键式"的操作流程，操作简单。

（6）自动划分网格：提供三种网格划分方式，节省专业划分网格需要的大量精力，同样可自行设置网格各项基本参数。

2. 主要功能

（1）建模工具：提供总图模型和单体模型建模工具，并导入三维模型的数据接口。

（2）CFD参数设置：根据建筑通风的特性固化部分CFD参数，并自动确定计算范围，有粗略、中等和精细3个精度等级可选。

（3）网格划分：自动划分计算网格，依据建筑轮廓特征进行局部加密。

（4）CFD建筑通风计算：室外通风、室内通风、内外风场联通计算。

（5）其他计算：室内换气次数计算，建筑立面可开启比例计算。

（6）结果浏览：室外风速云图和风压云图，室内风速云图，支持转为矢量图。

（7）报告输出：输出室外风环境模拟分析报告、建筑前后压差表、门窗风压表、建筑可开启面积比例计算书、室内自然通风模拟分析报告、居住建筑通风开口面积计算书等。

8.2.5 建筑声环境 SEDU

软件依照国家相关标准和规范研制，是一款支持室外场地噪声计算和室内隔声性能计算的建筑声环境模拟分析软件。

1. 室外部分

通过对噪声源、障碍物、周边建筑等的设置，进行建筑周围环境噪声计算和达标判断。软件综合考虑预测区域内常用声源、障碍物等在声传播过程中的综合效应，提供便捷的建模、声源设置、计算和结果浏览。

（1）SEDU 是基于《环境影响评价技术导则 声环境》HJ2.4–2009 开发的一款专业的建筑环境噪声分析软件，以《绿色建筑评价标准》、《声环境质量标准》GB 3096—2008 等标准为依据。

（2）声源类型丰富：支持交通噪声、生活噪声和工业噪声，具体包括公路、轨道声源，点声源、线声源、面声源在内的建筑环境噪声源。

（3）建模工具完善：支持桥梁、交叉路口、声屏障、绿化林带的建模，完美呈现模型，计算更准确。

（4）参数设置简单：只需输入预测噪声相关的常见参数即可。

（5）支持垂向网格：便于用户对某一立面噪声情况进行分析，可自定义任一剖面分析。

（6）自动完成判定：支持多种达标判定方式。

2. 室内部分

计算建筑围护结构的隔声性能及室内噪声级。

（1）室外、室内接力计算：通过室外噪声计算将噪声值提取到对应的建筑外墙上面作为室内计算边界噪声，有效联通室内外环境，计算更精细。

（2）支持多种边界噪声设定：可整体设置、局部设置或根据接力计算结果自动读取边界噪声，集个性化与自动化于一体。

（3）隔声计算化繁为简：软件将声学计算参数化，提供丰富的构件隔声数据库，只需简单设置隔声参数、吸声参数即可进行计算。

（4）计算结果精确：严格按照标准要求计算单值评价量、频谱修正量，结果自动对标。

3. 主要功能

（1）建模工具：提供总图模型和单体模型建模工具以及导入三维模型的数据接口。

（2）构造设置：墙板构造通过工程构造设置，也可以从节能软件中继承，门窗或玻璃幕墙的隔声参数则从数据库中选用。

（3）网格划分：软件可提供默认的网格区域，并根据模型规模调整网格密度。

（4）声源设置：设置公路声源、轨道声源、点声源、线声源、面声源。

（5）声功能区：设置场区的声功能区等级，以便计算结果与标准进行对比，判断是否达标。

（6）噪声计算：室外室内接力计算，室外噪声预测计算，室内隔声性能计算。

（7）结果浏览：室外噪声分析为彩图。

（8）结果输出：室外噪声报告、室内噪声级报告、建筑构件隔声性能报告等。

8.2.6 采光分析 DALI

本软件可定性、定量分析建筑采光，可依据《建筑采光设计标准》的要求分析室内采光，也支持利用《绿色建筑评价标准》对应条款分析建筑光环境（图 8-2-3）。

1. 技术特点

（1）软件双重认证：首个获得住建部建设行业科技成果评估、国家建筑工程质量监督检验中心双重认证的采光分析软件。

（2）严格支持标准：支持《建筑采光设计标准》GB 50033-2013、《采光测量方法》GB/T 5699-2017、《日光的空间分布 CIE 一般标准天空》GB/T20148-2006、国家及地方《绿色建筑评价标准》。

（3）计算方法可靠：计算与统计方法，严格遵照《建筑采光设计标准》《采光测量方法》与《绿色建筑评价技术细则》等相关条文规定，支持基于标准的公式法计算以及调用 Radiance 内核的逐点模拟计算。

（4）计算功能强大：提供视野率、窗地面积比、平均采光系数、采光系数达标率、内区采光、地下采光、眩光指数、三维采光等相关计算功能，并可同步自动输出对应模拟计算报告书，直接提交施工图审查与绿色

建筑标识评审。

（5）扩展功能：采光软件专业版，除上述施工图审查及绿色建筑标识评审相关功能外，还提供全年动态采光、室内人工照明、室外夜景照明等模拟计算功能。支持 LEED、WELL、健康建筑评价标准等要求。

2. 主要功能

（1）模型处理：提供单体建筑以及室外总图建筑和遮挡物的三维建模工具。

（2）采光设置：选定采光设计依据的标准、建筑类型，设置反射比、门窗类型、房间类型等。

（3）采光分析：采光计算、采光达标率、地下采光、内区采光等主要分析功能，并支持进行全阴天和晴天的三维采光分析等辅助分析功能。

（4）图表分析浏览：三维室外噪声分析彩图，分析结果表格等。

（5）结果浏览：输出公共建筑采光达标率计算书、居住建筑窗地比计算书、外窗不舒适眩光分析报告书、公共建筑内区采光分析报告书、地下采光分析报告书、公共建筑视野率计算书等。

8.2.7 日照分析 SUN

软件为建筑师提供建筑日照定量和定性的专业计算工具，功能覆盖建筑日照、太阳能利用、公共绿地日照分析等需求（图 8-2-4）。

1. 技术特点

（1）支持按需求定制日照标准，适用于全国各地的建筑日照分析。

（2）提供定量分析和可视化工具，快速

图8-2-3　DALI操作界面

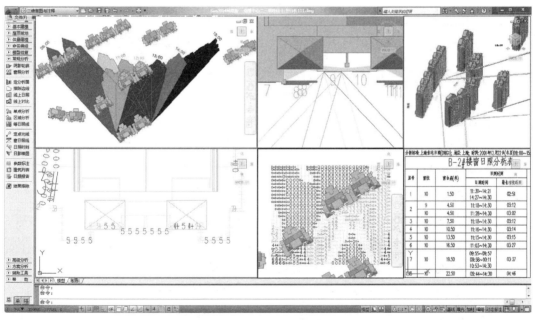

图8-2-4　SUN操作界面

获取分析结果，输出日照分析报告。

（3）根据日照要求对建筑体量进行形态优化，提供方案优化、光线切割、动态切割、动态日照等优化工具，以获取最佳设计方案。

（4）独创单体模型的分析模式，直观判断居住空间日照窗是否满足标准要求。

（5）支持多线程计算，大规模建筑群计算速度奇快，同时解决了大坐标数据溢出问题。

（6）支持批量进行不同标高的线上日照和区域分析。

（7）提供太阳能利用计算模块，支持建筑表面和地面的辐照强度分析、集热板面积大小和倾角分析以及热水量换算，以指导太阳能热水系统的设计。

（8）单体链接功能可以将外部单体模型以总图模型的形式链接到当前总图中，本图模型与外部单体保持关联，支持同步更新替换，巧妙解决了多个单体模型参与总图分析的需求。

（9）支持《绿色建筑评价标准》中条文4.2.2的公共绿地日照分析，用以判断公共绿地的有效性，进而计算出人均公共绿地面积指标。

2. 主要功能

（1）日照标准：依据国家标准和全国各地规定，定制不同的日照计算标准。

（2）日照建模：通过基本建模、屋顶坡地、体量建模及命名编组等模块，建立直观真实的三维日照模型。

（3）常规分析：提供点、线、面分析工具，阴影轮廓、窗照分析、线上日照、区域分析、等日照线等功能。

（4）高级分析：提供满足复杂工程和更高需求的分析工具，支持各地日照标准主客体范围计算规则；提供遮挡关系、窗报批表、分户统计、窗点分析、窗点平面、坡地日照等高级分析手段，方便日照方案的调整。

（5）方案分析：创新的优化算法，在满足日照时数及最大可建高度的条件下，以建筑层数递增的方式获得最大建筑面积（容积率）；光线圆锥、绘切割器配合光线切割功能

实现遮挡建筑动态切割；在同时考虑方位角及高度角的前提下，可让居住空间获得最充足的阳光；提供日照仿真，可直观查看日照状况。

（6）太阳能：太阳能集热板的倾角和辐照分析，集热需求的计算以及建筑和地面的辐照分析。

（7）光污染：分析玻璃幕墙反射光对道路上驾驶员行车视距的影响长度、对周边建筑窗台的影响时间。

（8）日照仿真：采用三维渲染技术，对指定地点和特定节气下的日照模型进行仿真观察和遮挡检查。

（9）日照报告：输出格式可定制的日照报告书。

8.2.8 住区热环境 TERA

软件依据《城市居住区热环境设计标准》JGJ 286-2013 研发，同时支持《绿色建筑评价标准》中条文 4.2.7 的热岛强度计算分析，集建模、模拟计算、结果浏览和报告输出于一体，分析结果既有定量表达，又有可视化展现（图 8-2-5）。

1. 技术特点

（1）内含全国各个城市的典型气象相关数据，适用于全国各地的需求。

（2）可直接利用绿建系列软件中 Sun 日照分析的模型，也支持单体链接构建总图，避免重复建模。

2. 主要功能

（1）建模工具：提供总图建模工具，包括建筑和场地、绿化等对象，也可直接利用日照分析软件的总图模型进行场地和绿化布置。

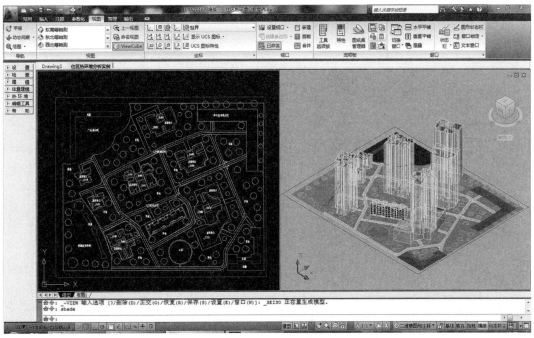

图8-2-5 TERA操作界面

（2）指标计算：平均热岛强度、湿球黑球温度、平均迎风面积比、活动场地遮阳覆盖率等指标计算。

（3）结果浏览：提供平均热岛强度、湿球黑球温度、平均迎风面积比、活动场地遮阳覆盖率等指标计算结果，提供表格浏览及折线图浏览。

（4）结果输出：输出住区热岛强度计算书、住区遮阴率计算书等。

8.3 BIM核心软件简介

8.3.1 BIM核心软件简介

BIM（Building Information Modeling，建筑信息模型）是以三维数字技术为基础，集成了建筑工程项目各种相关信息的工程数据模型，是对该工程项目相关信息的详尽表达。

其软件众多，而核心软件主要为以下几种：

1. Revit

Revit（图8-3-1）为Autodesk的BIM软件，以Revit Architecture为核心，居BIM软件市场领导地位，主要搭配Revit Structure及Revit MEP，可进行结构分析及管线设计。Autodesk旗下的软件互操作性强，均可与Revit整合，如Autodesk Quantity Takeoff（数量计算）、Autodesk Navisworks（施工排程）、Autodesk Robot Structural Analysis（结构分析）、Autodesk Ecotect Analysis（能源分析）等，以达到完全整合建筑信息的目的。

Revit的学习过程较为简易，其各项功能是经过良好设计并具备人性化操作界面组织而成，且软件内部包含一个由第三方软件所形成的对象数据库。此外，Revit允许以更新变动绘图以及模型的浏览视角为基础多方位

图8-3-1 Revit开启界面

图8-3-2 Navisworks开启界面

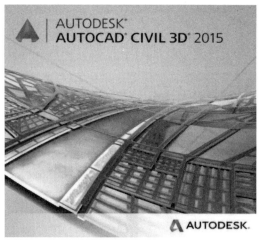

图8-3-3 Civil 3D

地产生及管理其对应信息，也支持在相同项目中同时进行模型作业与操作，其中更包含一个出色的对象数据库，可支持多重用户的需求。

2. Navisworks

这款软件属于 Autodesk 公司，软件很大而功能和操作却很简单。它能将很多种不同格式的模型文件合并在一起。基于这个能力，产生了三个主要的应用功能：漫游、碰撞检查、施工模拟（图8-3-2）。

3. Civil 3D

这是一款专门定制的 AutoCAD，主要用于地块的道路建模、土方计算、雨水分析等，是一款地理空间设计软件（图8-3-3）。

4. ArchiCAD（AC）

ArchiCAD（图8-3-4）是 Graphisoft 公司研发的 BIM 软件，周边软件有 Artlantis Studio（彩现）、EcoDesigner（绿能分析）、MEP（管线设计及分析）。ArchiCAD 的特色是采用直觉式的使用者需求，因此较易使用。ArchiCAD 也有庞大的对象数据库及丰富的外部支持应用程序，可对建筑工程及设备管理进行更多的应用。ArchiCAD 是目前 Mac 系统中惟一提供支持且功能强大的 BIM 软件。ArchiCAD 也有类似"族"的概念（在"Design"工具栏下），但没有族类型。ArchiCAD 有图层概念而 Revit 没有，CAD 设计师更易上手。ArchiCAD 主要用于建筑专业建模，但结构、暖通等专业并不好用。

5. Tekla

Tekla 公司是一家位于芬兰的从事专业钢结构软件研发的公司，拥有钢结构的设计、绘图及制造的丰富经验。Tekla Structures 是该公司开发的一套建筑结构 3D 实体模型专业软件，范围包括概念设计、细部设计、制造、组装等整个结构设计流程。Tekla Structures 允许使用者跨越企业和项目阶段，进行实时的协同设计作业，建立流畅的设计信息交流平台（图8-3-5）。

6. MagiCAD

MagiCAD 是一款基于 AutoCAD 的软件，主要是机电专业使用。虽然 Revit 可自建族来完成特殊部分的支吊架，在做管线综合时更方便，但其相对过大。习惯 CAD 的设计师用 MagiCAD 会很容易上手，正常的使用也很方便，所以，目前很多单位的机电部分用的是这款软件（图8-3-6）。

8.3.2 BIM 技术简介

BIM 技术由 Autodesk 公司在 2002 年发明，目前已经在全球范围内得到业界的广泛认可。BIM 技术是一种应用于工程设计、建造、管理的数据化工具，通过对建筑的数据化、信息化模型的整合，在项目策划、运行和维护的全生命周期中进行共享和传递，使工程技术人员正确理解和高效应对各种建筑信息，为设计团队以及建筑、运营单位等各方建设主体提供协同工作的基础，在提高生产效率、节约成本和缩短工期方面发挥重要作用。

这里引用美国国家 BIM 标准（NBIMS）的定义，由三部分组成：

（1）BIM 是一个设施（建设项目）的物理和功能特性的数字表达；

（2）BIM 是一个共享的知识资源，是一个分享有关这个设施的信息，为该设施从概念到拆除的全生命周期中的所有决策提供可靠依据的过程；

（3）在设施的不同阶段，不同利益相关方通过在 BIM 中插入、提取、更新和修改信息，以支持和反映其各自职责的协同作业。

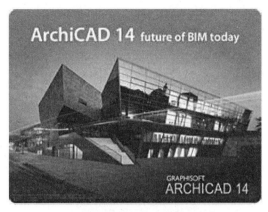

图8-3-4 Archi CAD

图8-3-5 Tekla

图8-3-6 Magi CAD

BIM 的核心是通过建立虚拟的建筑工程三维模型，利用数字化技术，为这个模型提供完整的、与实际情况一致的建筑工程信息库。该信息库不仅包含描述建筑物构件的几何信息、专业属性及状态信息，还包含了非构件对象（如空间、运动行为）的状态信息。

借助这个包含建筑工程信息的三维模型，大大提高了建筑工程的信息集成化程度，从而为建筑工程项目的相关利益方提供了一个工程信息交换和共享的平台。

BIM 有如下特征：它可应用于建设工程项目的全生命周期中；用 BIM 进行设计属于数字化设计；BIM 的数据库是动态变化的，在应用过程中不断更新、丰富和充实；为项目参与各方提供了协同工作的平台。

BIM 是数字技术在建筑工程中的直接应用，以解决建筑工程在软件中的描述问题，使设计人员和工程技术人员能够对各种建筑信息作出正确的应对，并为协同工作提供坚实的基础。建筑信息模型同时又是一种应用于设计、建造、管理的数字化方法，这种方法支持建筑工程的集成管理环境，可以使建筑工程在其整个进程中显著提高效率和大量减少风险。

8.3.3　BIM 与绿色建筑形式

本节主要分析一些基本的指导方针，将 BIM 应用于各个方面，有助于实现项目的绿色建筑设计的概念。这些概念是：建筑朝向、建筑体量与建筑采光。

1. 建筑朝向

在绿色建筑设计中，建筑朝向指的是建筑物相对于太阳运行路径的位置。建筑物朝向是否正确、玻璃窗的大小和位置是否合适，对于建筑物的能源利用效率和舒适性有很大的影响。因为正确的建筑朝向有助于建筑物优化利用太阳能和风能，减少照明、供暖和制冷的能源需求。建筑物朝向对于减少水资源的利用和增加集水量没有直接影响。

建筑朝向是在建筑设计的初始阶段就应该考虑的问题。在设计早期，应该确定项目的地理位置、正南方在哪里以及盛行风的主要方向。

建筑朝向是保证建筑物能源负荷低的基础性因素，设计后期不能偏离这一点。虽然建筑朝向对于能源增益效果的贡献率并不大，这点从表 8-3-1 中可以看出，但是它对于其他策略的成功实现有着重要的意义。有很多设计方案虽然在其他方面很成功，但建筑朝向错误，结果导致能源利用效率低，不得不增加初始成本以控制不需要的热增量，减少太阳眩光，避免给用户造成长期不适。

在考虑建筑朝向时，除了建筑物的能源利用效率和舒适度，另外一个好处则体现在建筑物的能源供应上。为了最大限度提高太阳能热水系统或光伏电力系统的效益，太阳能面板应该朝向正南方。这些系统本身可能比较贵。建筑设计方案中应该包含这些系统的集成安装位置，无须增加额外的结构组件。正确的建筑朝向能够优化这些系统的能源输出。

1）了解气候的影响

气候对建筑朝向的影响，源于建筑采用被动式设计策略的能力，如供暖、制冷和照明。在炎热的气候条件下，采用遮阳策略，可以减少阳光直射入室量，保持建筑物内部凉爽。这就需要正确安排建筑物的朝向，使之易于遮光，同时能减少遮阳装置的用料，降低成本。在寒冷的气候条件下，为了降低建筑物的热负荷并吸收太阳辐射，您会希望有更多的阳光直射入室。因而，使建筑物面向太阳是最简单和最具成本效益的解决方案。

西雅图一栋5层、5万ft²的办公楼，在不同朝向下的能源效率模拟百分比　表8-3-1

朝向	偏离正南方的度数	能源利用量千英热单位/平方英尺，每年为常用英制单位	每年（比基数）节省的运营成本
	偏西 90°	61.9	基数
	偏西 45°	62.1	0
	偏西 15°	60.9	0.9%
	0°	61.2	0.7%
	偏东 15°	60.7	1.3%
	偏东 30°	61.5	0.7%
	偏东 45°	61.7	0.5%

在这两种气候条件下，都会利用日光作为主要的照明光源。这些策略通常要求使建筑物的长轴面面向太阳：在北半球，要面向南方（图 8-3-7），在南半球要面向北方。

如果气候条件允许我们采用自然通风，窗户的开口应该面对盛行风的方向，这样可以减少对冷却设备的需求（图 8-3-8）。请记住，在某些文化中，特定的建筑物（例如宗教建筑）的某些立面必须面对某一个特殊的方向。这有可能会影响建筑朝向，并且可能（也可能不会）与其他被动策略相冲突。

地域特点对建筑物的影响体现在两个层面上：在宏观层面上，是项目所在地相对于地球的其他部分；在微观层面上，是该项目坐落的具体位置。从更广阔的视角看，地域特点决定建筑物的朝向，因为这要受到地球磁偏角的影响。知道了建筑物要面向正南，而不是磁南，就会明白在同一个气候带内，最佳建筑朝向会有几度的变化范围。例如，虽然密苏里州堪萨斯城和华盛顿特区在同一气候带内，但是堪萨斯城的正南方是磁北偏东 2.43°，而华盛顿特区是磁北偏西10.43°。

在建筑物具体位置的微观层面，无论是

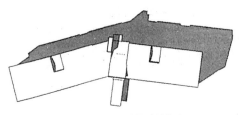

图8-3-7 正确的建筑朝向

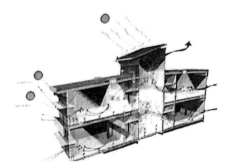

图8-3-8 利用正确的建筑朝向实现自然通风

从外部看向建筑物,还是从建筑物内部向外看,地域特点对于太阳能的利用和建筑物的整体结构都会产生影响。并非所有城市都能够使用太阳能,因此限制了使用这个免费资源的潜力。另外,由于受到临街的影响,或是业主对于建筑物的视野有特殊要求,也会对建筑物的正确朝向产生影响。作为建筑物的使用者,我们当然希望能有好的视野,能欣赏到户外美景,但有时候这样做会与建筑物的正确朝向发生冲突,从而影响建筑物的采光、遮阳装置的使用或利用盛行风通风的做法。在这些情况下,为了让人感觉建筑物的朝向是正确的,设计团队要想办法,综合利用外遮阳装置和内部太阳光反射板,优化每个建筑面上的玻璃窗装配数量和位置。

2)减少资源需求

不同的建筑类型对不同气候的应对方式不同。有些建筑类型主要采用外部能源,而有些主要是采用内部能源。办公楼和科学实验室都是以内部能源为主的建筑。然而,如果办公楼的朝向正确,其内部能源负载可以大大降低。在本章开头的例子中,我们谈到了如何综合利用建筑朝向、外遮阳、采光和日光调光等策略,以达到减少能源使用的目的,如表8-3-2所示,可以减少20%的能源利用量。相比之下,科学实验室内有许多设备,需要大量的内部能源,因此以建筑朝向为基础的策略,对于减少能源使用所起的作用就小多了。因此,对于这种特殊建筑,如实验室、医院或计算中心,建筑物朝向就显得不那么重要了。然而,建筑物朝向仍然是达到真正的绿色建筑设计的最经济和最有效的手段。

住宅建筑与办公楼是截然不同的,因为住宅主要依靠外部能源。如果住宅能够充分利用正确的建筑朝向,这会对整个工程的设计和项目寿命产生重大影响。

如果建筑朝向正确,可以有许多方法来减少对设备和电气系统的需求。正确的建筑朝向有如下优点:可以最大限度地利用自然采光,减少电力照明系统;可以有效地综合利用电气照明控制系统;可以利用不太复杂的外部遮阳装置;可以综合利用可再生能源系统,如太阳能电池板。它们可以被整合为建筑物的遮阳装置,甚至可以作为建筑物的外墙表层。

3)制定项目目标

了解了建筑朝向的相关问题后,下一个步骤是制定项目目标。正确的建筑朝向是根据项目场地的具体情况确定的;而制定切合实际的目标,必须基于项目本身的具体条件。如果项目位于市区,则可能无法达到理想的

西雅图一栋5层，5万ft²的办公楼，在朝向正确的情况下
节能策略累积效应模拟

表8-3-2

朝向	偏离正南方的度数	朝向		朝向+遮阳		朝向+遮阳+照明	
		能源利用量/（千英热单位/平方英尺每年）	每年（比基数）节省的运营成本	能源利用量/（千英热单位/平方英尺每年）	每年（比基数）节省的运营成本	能源利用量/（千英热单位/平方英尺每年）	每年（比基数）节省的运营成本
	偏西 90°	61.9	基数	57.1	6.39%	54.4	15.24%
	偏西 45°	62.1	0	56.5	6.84%	53.8	15.79%
	偏西 15°	60.9	0.90%	56.6	6.89%	52.3	18.27%
	0°	61.2	0.70%	56.7	6.84%	52.3	18.27%
	偏东 15°	60.7	1.30%	55.7	7.90%	51.7	18.89%
	偏东 30°	61.5	0.70%	56.3	7.30%	52.1	18.33%
	偏东 45°	61.7	0.50%	56.3	7.15%	52.2	18.03%

建筑朝向（因为它可能只适用于市区外的建筑），即便如此，仍然可以根据恰当的建筑朝向设定目标，充分发挥后期设计过程中可能会用到的其他策略的优势。正确的建筑朝向是设计团队的首要问题之一。如果可能的话，在场地和项目的限制范围内，使项目的长轴面面向正南方（图8-3-9）。

2. 建筑体量

除正确的建筑朝向外，正确的建筑体量也是建设高质量的可持续建筑的关键因素。

合适的建筑体量，一方面应该有高效的建筑围护结构，提高热效率，增加建筑物的舒适度；另一方面，应该保证所有的用户都能有良好的采光。

说到建筑体量，不同的建筑类型有不同的要求。但对于某一个具体的类型来讲，不同的要求以一定的比例关系综合起来已经可以接受或成为标准——有些是出于美观的要求，有些是为了租赁效率。例如写字楼有许多不同的形状和大小：有的高而细，有的矮

而宽，有的高而宽，有些则是矮而细。每种建筑类型都可能有其最佳体量，但即使有，我们会希望它们看起来千篇一律吗？在这种情况下，应该了解建筑物的类型和位置等具体情况，以便在设计中对建筑物作出相应的调整，因为不是每座建筑都能满足理想的建筑体量要求。场地限制、经济因素、进度需要以及美学要求等因素，都可能影响建筑体量设计。

确定适当的建筑体量的主要原因很简单：根据建筑类型和气候，选择合适的建筑体量，可以降低建筑物的整体能源需求。这样，就可以把更多的项目资金用于购买更高效的设备和项目当地的可再生能源系统。

1）了解气候、文化和地域特点的影响

气候、文化和地域特点对建筑的体量策略会产生许多影响，同时它们也影响着可持续发展的机会。气候对建筑体量的影响主要体现在它会影响建筑物的供暖、制冷和照明等被动设计策略的效果。如果建筑物主要采用自然采光，则其可能会被设计得比较狭长，

或者有一个大的中庭，使光线能够向下照入室内；或者可以设计天窗，朝南或朝北的单面倾斜式屋顶。如果建筑物主要依靠自然通风，则需要设计一个类似烟囱的构件，可以是一个正式的烟囱，也可以是像走廊或大堂那种高大的公共空间，使空气通过自然对流穿过建筑物。被动式供暖策略要求建筑物呈狭长结构，有朝南的玻璃窗，以便收集白天的太阳辐射能量。建筑体量会影响建筑物收集雨水的能力。如果建筑物位于降雨量少的气候区，则建筑物的屋顶可以尽量设计得大些，增强其收集雨水的能力。这个比较大的屋顶，同时也可以作为建筑物的整体外遮阳，因为干燥的气候也往往很热。在此条件下，针对不同的被动策略和特定的气候区域，建筑设计也有所不同。

企业文化也会影响建筑体量。例如，如果客户要求建筑物有更好的户外视野，则建筑物的进深就不能太大。这样，建筑物的内外通透水平较高，可以充分利用自然光。这可能也意味着，建筑物应该设计得矮些，方

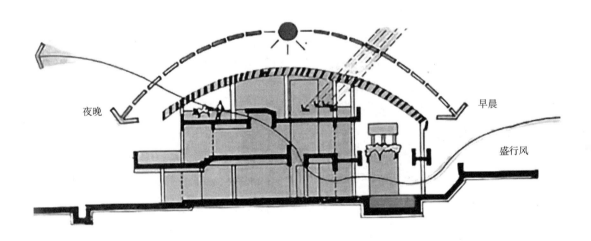

图8-3-9　朝向正确的建筑物

便用户外出。如果建筑的用户不需要阳光直射，就像有些实验室要求的那样，建筑体量可能需要大的悬挑阻止阳光直射，或者在建筑物的中间设计一个利用自然光的中庭，给人一种大和开放的感觉。企业文化的概念表明，除了环境文化和该地区的气候，我们还需要考虑建筑物使用者的子文化（microculture）。

地域特点也会影响建筑体量。与郊区的建筑相比，市区的建筑物楼层更多，因为郊区可以利用的土地面积通常较大，而在市区内，建筑物只是某个街区的一部分。同样，市区建筑往往要设计楼内停车区，而郊区的"绿地项目"（建在未开发的土地上的建筑）可以采用宽阔的沥青停车场。

建筑体量也要与项目场地相适应。例如一栋朝向正确，能够利用气候优势的建筑物，这栋建筑物的体量就是根据其场地特点设计的（图8-3-10）。有些设计元素可以帮助建筑体量与场地相适应，如生态环境敏感区的建筑物，可能需要支柱来支撑建筑物高出地

面，使得栖息在该地区的野生动物能够自由通过该区域。

项目所在地也可能靠近敏感的生态系统，如森林或河流的边缘。在这种情况下，建筑体量可能需要向上垂直发展，使占地面积尽可能小。如果周围的生态或附近的建筑需要利用太阳能，建筑体量就需要矮一些。尽管有这么多的限制，建筑体量还是要与周围环境保持一致。

2）减少资源需求

建筑物本身对气候的相互作用方式不同。正如前面所述，办公楼主要依赖内部能源，而单体住宅楼主要依赖于外部能源环境。如果能扬长避短，则可以显著降低资源消耗、节省成本。以美国堪萨斯城的办公建筑为例，其能源负荷主要用于制冷，在冬天也需要一定的外部能源供应以用于供暖。这是因为当地建筑规模一般较大，且建筑物围护结构薄弱。这种现象在投机的办公楼开发中很常见。

3. 建筑采光

采光是指以自然光为主进行的室内照明。

图8-3-10 优化利用气候、文化和地域特点，且远离电网的住宅建筑草图

这样可以减少对室内人工光源的需求，从而减少内部热量的增加和能量消耗。自然光是到目前为止最优质和最高效的光源，而且免费。采光设计是否有效在很大程度上取决于适当的建筑朝向、建筑体量及建筑围护结构，如果能适当地综合利用这些策略，建筑物就可以优化利用自然资源，尽量减少对人工照明的依赖，有效集成的日光照明系统可以提升视觉灵敏度、舒适度和空间美感，同时能控制外部热量的吸收和眩光（图 8-3-11）。

自然采光不仅帮助我们照亮内部空间，同时也方便我们在室内看到室外的景色。事实证明，在自然光下工作并且能看到室外景色，将有益于身心健康并能提高工作效率。从 1992 年到 2003 年，一系列针对自然采光的研究表明，具有良好的采光设计的建筑物，对居住者能产生积极的影响：提高生产力水平，降低缺勤率，提高成绩，增加零售销售量，改善牙齿健康，并有益于居住者的身体健康。为了确保一些积极的效应，在设计日光照明

图 8-3-11　自然中庭

的空间时，设计团队应考虑的具体因素有：

（1）考虑眼睛适应光线。眼睛是不随意肌（involuntary muscles），对光线水平的差异会自动做出反应。因此，要尽量减少高对比度的视觉层次，使光照均匀，从而减少对眼部肌肉的压力。

（2）把建筑物建在东西轴线上。南面照进来的阳光是最容易控制的。

（3）选择合适的玻璃。每个建筑立面都需要特定的解决方案。

（4）外墙窗户要高大。这样便于采光。

（5）安装外部遮阳设施。减少阳光直射和多余的太阳光热量。

（6）使用太阳光反射板。可以把光线反射到室内，照明距离长达两倍窗高。

（7）选择材料时要考虑光的反射率值，确保适当的表面反射率。

（8）安排内部空间，优化利用采光。减少或重新安排无自然采光的办公室。

（9）使用自动照明控制系统。照明控制系统包括运动传感器或用户感应器、自动调光器、定时器、内置百叶窗和自动外遮阳装置。

（10）形成适当的光照水平。室内光照水平要与工作任务相匹配。

需要将采光相关信息纳入设计中。在考虑室内自然光线的影响之前，要先考虑室内特定的位置有多少日光可以利用（或者说，是否充足）。根据日光的可用量和想采用何种照明解决方案，可以在设计中增加一些新的特性（图 8-3-12）。

8.3.4　BIM 与绿色建筑系统

BIM 有与建筑系统相似的特性。模型中

的所有组件之间都具有参数关系。在墙上增加一扇门，就增加了一个洞口，减少了墙体材料的使用；在设计方案中的门窗一览表上，也会增加一扇门。通常需要在多个项目中大量重复运用这些策略，才能真正了解和利用这些相互关系。为了提高建筑物性能和实现绿色建筑设计，必须优化这些综合策略和技术。而要做到这一点，需要不断观察研究，才能明白这些策略是如何共同工作的，并使其潜力得到充分发挥。这就是 BIM 的优势：与传统方法相比，BIM 可以以更快的速度反复分析利用这些策略。

1. BIM 与绿色建筑水收集

大部分绿色建筑设计的重点是减少能源的使用。但是，根据建筑所在的地区和位置，水是最关键的，也是最容易被忽视的资源之一。水资源的可用量是有限的，将来也不会有比现在更多的水资源给我们利用。虽然地球表面的 70% 是水，但只有 1% 可以利用。在这 1% 当中，普通美国人一般每天的用水量达到 53 加仑。随着人口继续增长，我们对水的需求量也在上升。

在建筑设计中，通常只负责处理项目或建筑工地微观层面的水资源需求。了解项目用水在宏观层面（地区和全球）的影响后，再回到项目设计中来，看看如何更好地节约水资源。由于现有的 BIM 模型不具备水回收建模功能，可以借助以下三种不同的工具收集和分析信息：项目的 BIM 模型；通过互联网查找可靠的、记录在案的雨量数据资源；电子表格。

为了在 BIM 模型中计算降雨量，可依据项目的地理位置、降雨量、现场设计方案等进行数据推导。BIM 模型是数据检索的最终资源。模型中的数据要与输入的数据一样准确。在利用分析结果前，必须确保数据的准确性。需要通过 BIM 模型收集信息，以计算出利用现有屋顶面积可以收集到的雨水量以及水槽、坐便器、饮水器和其他建筑设施的需水量，从而实现利用 BIM 分析，优化水收集。

2. BIM 与绿色建筑能耗

了解建筑物能耗需求对于绿色建筑设计项目至关重要。作为建筑的设计者，我们责任重大，每次在作出一项决策之前都要深思熟虑（图 8-3-13）。

图 8-3-12　建筑立面上的综合外遮阳装置

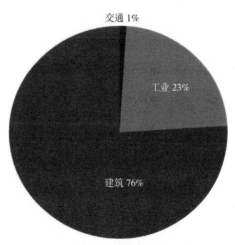

图 8-3-13　美国的能源使用

在探讨建筑物的能源利用时，所有与能源相关的问题都必须加以考虑，这就是我们为什么要进行能耗模拟。计算机模型将气候数据与建筑负荷相结合，例如暖通空调系统（HVAC）、日照得热量、用户数量和活动程度、遮阳装置、日光调光、照明水平、其他变量等。可以利用能耗模型和这些因素来预测建筑物的能源需求，从而确定建筑物的暖通系统的规模以及其他建筑组件的参数，避免使用的系统规模超过我们的需求，同时也可以清楚我们的建筑设计会对全球环境产生什么样的影响。能耗模型可以随着设计的改变而实时更新，我们可以了解建筑体量、建筑围护结构、窗户的位置、建筑朝向等参数如何影响能源需求。

为了成功地进行能耗建模，首先需要一个稳定的高质量的模型。但这并不是说要掌握所有材料和细节，而是必须建立一些基本条件。我们需要具备把项目的必要部分的信息从一种工具（BIM）转移到另一种工具（能耗分析）的能力。在有些程序中，可以利用 BIM 模型进行基本分析，但是有些却不能。对于一些项目，可以使用一种行业标准的传输方法，即绿色建筑 XML 模式，简称为 gbXML。gbXML 是一种文件格式，可以被当前市场上的许多能耗建模应用程读取。必须先定义 BIM 模型中的一些具体参数，才可以导出该文件类型。

3. BIM 与绿色建筑利用可再生能源

在项目中，选择使用合适的可再生资源主要依赖于地理位置和这些资源为我们所用的可用性。在通过调查，定位了潜在的可再生资源系统后，可以使用 BIM 模型来帮助我们正确地配置建筑朝向，计算出能源的回报潜力和每个系统的可行性。建立好系统之后，便可以调整该模型中的设计，以优化每个系统的性能。

以地热系统为例。如果在建筑工地打好一些取样井，我们可以模拟取样井所示的各种基质。有了这些信息，我们可以通过调整地热井场的位置，避开潜在的难挖的土壤类型，或者以某种土壤类型或水源为目标，获取更多的热交换。在设计的每个阶段，都有许多方法可以获取可再生能源：

预设计——在预设计阶段，应该知道现场的风速、风向和风力，可用的太阳辐射量以及项目所在地的地热潜能。为了在一年当中尽可能多地获取太阳辐射能，需要知道太阳能电池板的最佳安装角度应该根据该项目所在的纬度进行计算。也应该知道哪个方向是正南，并正确定位建筑朝向以便最大限度地获取太阳辐射能。同时还应该知道项目周围都有什么，看看是否会有什么物体的影子早早地就笼罩在建筑物上。如果项目采用的是水热式地热系统，那么应该知道项目与水源地的距离。如果要打地热井的话，要弄清楚当地的岩土特性和岩层位置。任何情况下，都应该注意那些影响到项目资源可用性的具体问题，如项目相邻建筑物是否会挡风。

方案设计——在方案设计阶段，我们应该清楚用于安装光伏面板或收集雨水的屋顶面积以及屋顶方向和屋面坡度。我们可以开始搜集这些信息，预测项目的年能源消耗量。

扩大初步设计——在扩大初步设计阶段，应该知道项目的预期年能源消耗量以及屋顶的哪些面上可以安装光伏电池板。在设计的时候，要给这些集成系统留出一定的空间。如果要使用风力涡轮机，需要知道涡轮机与建筑物的相对位置，如果涡轮机被安装在建筑物上，则要计算其高度以及风向和风速。对一个项目来讲，要想把各种可用的可再生能源都用上很不现实，但可以结合 BIM 模型对项目进行分析，将可再生能源利用最大化。

4. BIM 与绿色建筑选材

在 AEC 行业中，建筑材料的使用无法避免。即使设计的项目没有能源消耗，也不需要用水，但还是需要建筑材料。这些建筑材料的制造需要能量和水，我们这个行业只知道如何获取建筑材料以及原材料是有限的。建筑材料中的内含能只是这些材料生命周期中的一部分——当材料或产品的最终用户用完了这些材料或产品后怎么办？这些材料是否可以重用或回收以循环再造？下面列出了一些要素，是在选择材料的过程中需要考虑的：

该产品或组件能降低建筑物在其生命周期中的能源消耗和水资源消耗吗？在其整个生命周期内，该产品或组件含有能够对人类健康或环境造成不良影响的物质或生产工艺吗？慎重考虑这些产品或组件对空气、大气、水、生态系统、生物栖息地和气候的影响，考虑它们是否会产生有害的副产物和污染，考虑这些产品或组件的原材料提取物对生态系统的影响及对交通的影响。

该产品或组件能够消除危害室内空气质量的隐患吗？能够提高室内环境质量和居住者的幸福感吗？该产品或组件的功能能很好地发挥至少 100 年吗？该产品或组件是用

回收物料生产的吗？减少对原始材料的需求了吗？该产品或组件是使用能快速再生的材料生产的吗？其原材料稀有或濒危吗？该产品或组件的生产过程中产生的固体废弃物多吗？这些材料在建筑物寿命结束后可以重复使用或回收再利用吗？这些材料可以被拆分成可回收或可重复使用的组件吗？

众多的材料指南、认证体系和选择方法能帮助建筑师收集信息并作出明智的决定。不久的将来，这些评估工具或信息数据库可以与模型直接关联或集成在 BIM 中。

8.3.5　BIM 与绿色建筑设计的未来

BIM 与绿色建筑设计之间的关系无比重要。参数化建模将远远超越对象和组件之间的映射关系。设计师必须了解当地气候和地域特点，模型中也必须包含此类信息。模型中还应该包括建筑类型、隔热值、太阳能得热系数以及项目对其所在地的社会经济环境的影响等信息。

建筑模型建好后，设计人员能看到选择的建筑朝向和建筑围护结构以及对设备系统的大小和居住者舒适度的影响。屋顶收集到的雨水量和太阳辐射值较易计算，以确定雨水蓄水池和可再生资源系统的大小。未来的BIM 模型可完全实现与建筑物关键信息、气候信息、用户需求以及三重底线影响的交互，因此，所有系统之间的设计集成和数据反馈是立竿见影并互惠互利的。建筑物投入使用后，BIM 模型会形成建筑使用状况和生命周期的反馈信息。可选择接受终极设计挑战——大自然与人类之间以及建筑与自然环境之间的融合。

8.4 绿色建筑分析系列软件

全系软件基于 BIM 架构,实现一模多算,包括节能设计、能耗计算、暖通负荷、日照分析、采光分析、建筑通风、建筑声环境和住区热环境等,从风、光、热、声等不同角度分析和优化建筑性能,为绿色建筑的设计和评价提供技术支撑。

8.4.1 Green Building Studio

Green Building Studio 是 Autodesk 公司的一款基于 Web 的建筑整体能耗、水资源和碳排放分析工具。登入网站并创建项目信息后,用户可用插件将 Revit 等 BIM 软件中的模型导出 gbXML 并上传至 GBS 服务器,计算结果可即时显示并进行导出和比较。在能耗模拟方面,GBS 使用的是 DOE-2 计算引擎(图 8-4-1)。GBS 的主要功能包括:能耗和碳排放计算、建筑整体能耗分析、碳排放报告、水资源利用和支出评估、光伏发电潜力、Energy STAR 评分、针对 LEED 进行自然采光评价、项目地理信息、精确气象模拟 / 详细气候分析、风能潜力、自然通风潜力、方案比较等。

图 8-4-1 GBS 操作界面

文件格式转换:在 GBS 中成功创建项目后,用户可以下载 gbXML、VRML、DOE-2、EnergyPlus、Weather File 等格式的文件。由于采用了目前流行的云计算技术,GBS 具有强大的数据处理能力和效率。另外,其基于 Web 的特点也使信息共享和多方协作成为其先天优势。同时,其强大的文件格式转换器,可以成为 BIM 模型与专业的能量模拟软件之间的无障碍桥梁。

8.4.2 Energy Plus

Energy Plus 是较为流行的一款免费软件,可以用来对建筑的供暖、制冷、照明、通风以及其他能源消耗进行全面的能耗模拟分析和经济分析。常见的 Energy Plus 的用户界面有 Open Studio(Legacy Open Studio)和 Design Builder。

Energy Plus 在软件 BLAST 和 DOE-2 的基础上进行开发,兼具两者的优点。Energy Plus 能根据建筑的物理组成和机械系统(暖通空调系统)计算建筑的冷热负荷,这是通过暖通空调系统维持室内设定温度。Energy Plus 还能输出各项详细数据,如通过窗户的太阳辐射得热等,来和真实数据进行验证。Energy Plus 既能进行建筑冷热负荷计算,也能进行建筑全年动态能耗计算。主要有以下计算模块:

(1)遮阳模块。可以模拟活动遮阳和固定遮阳。

(2)自然采光模块。可以模拟在使用自然采光时建筑节约的照明能耗,同样可以计算逐时的采光系数。

(3)自然通风模块。将通风模块和热环境模拟模块进行了动态的耦合,更接近现实情况。可以模拟自然通风和在暖通空调系统作用下的通风。

（4）与地面接触的围护结构传热。通过数值分析的算法计算与地面接触的围护结构的传热量。

（5）非均匀温度场设定。用于模拟高大空间等室内非均匀温度场下的传热过程。

（6）HVACTemplate 模块。用于快速构建暖通空调系统。

（7）HVAC 空调系统模块。HVAC 模块可构建常见供暖空调系统，相比于 HVACTemplate，使用更加灵活。可以构建分散式空调系统、集中式空调系统和半集中式空调系统。更具体来说，可以构建风机盘管系统、地源热泵、风冷热泵、蓄冷/热系统、地板辐射供暖/供冷系统。

（8）可再生能源系统模块。主要有太阳能光伏/光热系统和风力发电系统。

（9）经济成本估算模块。成本分析和全生命周期成本估算。

（10）详细的输出模块。几乎可以输出任何模拟数据，如用于场地分析的全年气象数据（温度、湿度和太阳辐射等），室内的逐时温度、湿度和舒适度，系统逐时供暖/供冷功率，自然通风下 CO_2 的温度等。

8.4.3 DeST

DeST 是建筑环境及 HVAC 系统模拟的

软件平台，该平台以清华大学建筑技术科学系环境与设备研究所十余年的科研成果为理论基础，将现代模拟技术和独特的模拟思想运用到建筑环境的模拟和 HVAC 系统的模拟中去，为建筑环境的相关研究和建筑环境的模拟预测、性能评估提供了方便、实用、可靠的软件工具，为建筑设计及 HVAC 系统的相关研究和系统的模拟预测、性能优化提供了一流的软件工具。目前，DeST 有 7 个版本，常用的有应用于住宅建筑的住宅版本（DeST-h）及应用于商业建筑的商建版本（DeST-c）（图 8-4-2）。

DeST-h：主要用于住宅建筑热特性的影响因素分析、住宅建筑热特性指标的计算、住宅建筑的全年动态负荷计算、住宅室温计算、末端设备系统的经济性分析等。DeST-h 是 DeST 开发组针对商业建筑的特点推出的专用于商业建筑辅助设计的版本，根据建筑及其空调方案设计的阶段性，DeST-h 对商业建筑的模拟分为建筑室内热环境模拟、空调方案模拟、输配系统模拟、冷热源经济性分析等几个阶段，对应地服务于建筑设计的初步设计（研究建筑物本身的特性）、方案设计（研究系统方案）、详细设计（设备选型、管路布置、控制设计等）等几个阶段，可很好地根据各个阶段的设计模拟进行分析反馈以指导各阶段的设计。

图8-4-2 DeST软件界面

DeST-c：在建筑设计阶段，在建筑围护结构方案（窗墙比、保温等）以及局部设计方面为建筑师提供参考建议；在空调方案设计阶段，模拟分析空调系统分区是否合理，比较不同空调方案的经济性，预测不同方案未来的室内热状况、不满意率情况；在详细设计阶段，通过输配系统的模拟指导风机、泵设备的选型以及不同输送系统方案的经济性。冷热源经济性分析可指导设计者选择合适的冷热源。DeST-c现已广泛用于商业建筑设计中，先后应用于国家大剧院、深圳文化中心、西西工程等大型商业建筑的设计中，并为中央电视台、解放军总医院、北京城乡贸易中心、发展大厦等多栋建筑的空调系统改造进行模拟，给出改造方案。

8.4.4 Cadna/A

Cadna/A是德国的噪声预测软件，可进行环评噪声模拟、公路噪声模拟、铁路噪声模拟、工业噪声模拟等。可用于计算、评估、预测、显示、分析噪声污染的专业解决方案。由于其知名度高、使用方便、针对性强等特点，因而基本上是用户的第一选择。Cadna/A胜任各种类型项目的噪声分析，如工业厂房、变电站、商场、公路铁路项目，甚至是整个城镇（包含机场）的噪声预测分析。当面对较复杂的项目时，Cadna/A特有的一些功能也使噪声分析变得更加简单方便，如强大的导入功能、便捷的计算和结果输出，其特有的建筑噪声评价功能（Building Evaluation）可快速有效地实现对建筑/居民区的噪声评价，尤其适用于环境评价领域。目前已加入《环境影响评价技术导则 声环境》HJ 2.4-2009，最新版本为Cadna/A2017（图8-4-3）。

一般噪声领域主要包括：

（1）降噪方案的评估分析和3D可视化；

（2）通过模型树和变量进行有效的多方案分析；

（3）噪声频谱、GIS、物体几何等数据的便捷导入；

（4）根据室内声源计算室外的声音传播；

（5）自动计算噪声结果与标准差值（超标值）；

（6）通过3D特性方便地检查模型和查看结果；

（7）可结合隔声软件进行数据交换、联合计算；

（8）SET模块含有基于技术参数（转速、流量等）的声源数据库。

交通规划设计方面包括：

（1）比较不同的城市规划方案（道路、铁路、机场）；

（2）交通流量数据便捷导入；

（3）城市高架道路、立交桥噪声分析；

（4）下穿道路、隧道口噪声分析；

（5）通过DTM自动处理地形数据，实现地形和道路间的贴合；

图8-4-3 综合分析——平面、剖面及立面噪声计算分析

（a）建筑物噪声评价功能

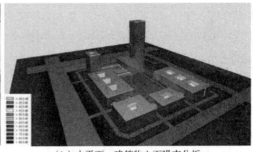

（b）水平面、建筑物立面噪声分析

（c）支持地形数据

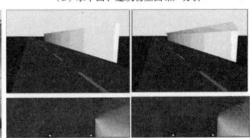

普通声屏障　　　　　　　悬臂式声屏障

（d）声屏障分析

（e）垂直剖面噪声分析——轨道交通

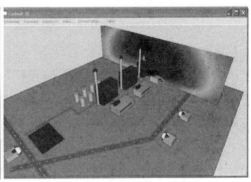

（f）垂直剖面噪声分析——变电站

（g）土地功能区——显示噪声超标楼层

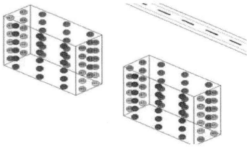

（h）查看建筑噪声最大值位置

图8-4-4　应用领域展示

（6）自动优化街道或铁路边的声屏障；

（7）计算主要车型的行驶过程并得到声压级；

（8）计算飞机起降过程中的噪声情况；

（9）可视化车行噪声传播过程及可听化（图8-4-4）。

8.4.5 TRNSYS

TRNSYS 全称为 Transient System Simulation Program，即瞬时系统模拟程序（图 8-4-5）。TRNSYS 软件由一系列的软件包组成：

（1）Simulation Studio：调用模块，搭建模拟平台，用户可以修改或者添加模块。

（2）TRNBuild：输入建筑模型。

（3）TRNEdit 和 TRNExe：形成终端用户程序。

（4）TRNOPT：进行最优化模拟计算。

其优点包括：

（1）模块的源代码开放，用户可根据各自的需要修改或编写新的模块并添加到程序库中，计算灵活。

（2）模块化开放式结构，用户可以根据需要任意建立链接，形成不同系统的计算程序。

（3）形成终端用户程序，为非 TRNSYS 用户提供方便。

（4）输出结果可在线输出 100 多个系统变量，可形成 excel 计算文件。

（5）可以与 Energy Plus、MATLAB 等其他软件建立链接。

8.4.6 Design Builder

Design Builder 由英国 Design Builder 公司开发，是一款针对建筑能耗动态模拟程序 Energy Plus 开发的综合用户图形界面模拟软件，可对建筑供暖、制冷、照明、通风、采光等进行全能耗模拟和经济分析，是一款从规划阶段便考虑环境的节能型建筑设计软件，适合于建筑师、能源咨询公司、学生等人员使用。

Design Builder 是统合了快速建筑建模、便利性和最高水准技术的动力能源模拟软件。通过其革新的性能，即使是非专业用户，也可将复杂的建筑物迅速进行模型化。在作业的任意阶段均可以制作正确的环境性能数据和优质的图像和动画。具体而言，选择建筑物表面的范围，可视化表现过加热的影像、能源消费等。最适当地校核所使用的自然光，

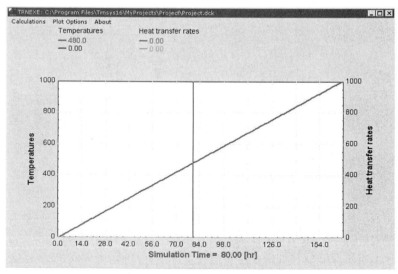

图 8-4-5　TRNSYS 操作界面

实行照明控制系统和电器照明节约的计算。同时，还可进行自然换气的温度模拟及适当的冷暖空调大小的计算。

主要用途包括：

（1）对建筑外围护结构相关设置项从传热、用能及视觉效果等方面进行评估。

（2）校核、优化自然光使用，对照明控制系统进行模拟并计算照明节能量。

（3）用CFD模块计算建筑物内外部场的速度、温度和压力分布。

（4）场地布局的可视化和遮阳。

（5）模拟建筑物自然通风。

（6）暖通空调设计，包括供暖、制冷设备容量的计算。

（7）设计报告会上的辅助工具。

（8）建筑能耗模拟教学应用。

8.4.7　Phoenics

Phoenics是世界首套计算流体力学与传热学的商业软件（图8-4-6）。特点包括：

（1）开放性：Phoenics最大限度地向用户开放程序，用户可根据需要任意修改添加用户程序、用户模型。plant及inform功能的引入使用户不再需要编写fortran源程序，ground程序功能使用户修改添加模型更加任意和方便。

（2）CAD接口：Phoenics可以读入任何CAD软件的图形文件。

（3）MOVOBJ：运动物体功能可以定义物体运动，避免了使用相对运动方法的局限性。

（4）大量的模型选择：20多种湍流模型，多种多相流模型、多流体模型、燃烧模型、辐射模型。

（5）提供了欧拉算法，也提供了基于粒子运动轨迹的拉格朗日算法。

（6）计算流动与传热时，能同时计算浸入流体中的固体的机械应力和热应力。

（7）VR（虚拟现实）用户界面引入了一种崭新的CFD建模思路。

（8）PARSOL（cut cell）：部分固体处理。

（9）软件自带1000多个例题，附有完整的可读可改的原始输入文件。

（10）Phoenics专用模块：建筑模块（flair）及电站锅炉模块（coffus）。

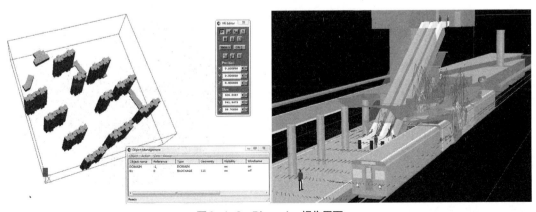

图8-4-6　Phoenics操作界面

8.4.8　RAYNOISE

RAYNOISE 是比利时声学设计公司 LMS 开发的一种大型声场模拟软件。其主要功能是对封闭空间或者敞开空间以及半闭空间的各种声学行为加以模拟。它能够较准确地模拟声传播的物理过程，这包括：镜面反射、扩散反射、墙面和空气吸收、衍射和透射等，并能最终重造接收位置的听声效果。该系统可以广泛应用于厅堂音质设计，工业噪声预测和控制，录音设备设计，机场、地铁和车站等公共场所的语音系统设计以及公路、铁路和体育场的噪声估计等。

RAYNOISE 可以广泛用于工业噪声的预测和控制、环境声学、建筑声学以及模拟现实系统的设计等领域，但设计者的初衷是房间声学，即厅堂音质的计算机模拟。进行厅堂音质设计，首先要求准确、快速地建立厅堂的三维模型，因为它直接关系到计算机模拟的精度。RAYNOISE 系统为计算机建模提供了友好的交互界面，用户既可以直接输入由 AutoCAD 或 HYPERMESH 等产生的三维模型，也可以选择系统模型库中的模型，并完成模型的定义。

建模的主要步骤包括：

（1）启动 RAYNOISE；

（2）选择模型；

（3）输入几何尺寸；

（4）定义各面的材料及性质（包括吸声系数等）；

（5）定义声源特性；

（6）定义接收场；

（7）其他说明或定义，如所考虑的声线根数、反射级数等。

用户可在屏幕上从不同角度观看所定义的模型及其内部不同结构的特性（用颜色来区分）。然后，就可以启动计算。通过对计算结果进行处理，可以获得所关心的接收场中某点的声压级、A 声级、回声图和频率脉冲响应函数等声学参量。还可以先将脉冲响应转化为双耳传输函数，并将其与事先在消声室录制好的干信号相卷积，便可以通过耳听到该点的听声效果。

8.4.9　Fluent

Fluent 是目前国际上比较流行的商用 CFD 软件包，在美国的市场占有率为 60%，凡是与流体、热传递和化学反应等有关的工业均可使用。它具有丰富的物理模型、先进的数值方法和强大的前后处理功能，在航空航天、汽车设计、石油天然气和涡轮机设计等方面都有着广泛的应用（图 8-4-7）。

Fluent 软件包含基于压力的分离求解器、基于密度的隐式求解器、基于密度的显式求解器，多求解器技术使 Fluent 软件可以用来模拟从不可压缩到高超音速范围内的各种复杂流场。Fluent 软件包含了非常丰富的经过

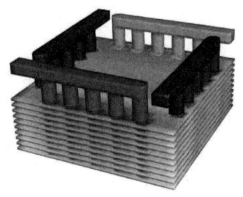

图8-4-7　Fluent算例

工程确认的物理模型，由于采用了多种求解方法和多重网格加速收敛技术，因而 Fluent 能达到最佳的收敛速度和求解精度。灵活的非结构化网格和基于解析解的自适应网格技术及成熟的物理模型，可以模拟高超音速流场、传热与相变、化学反应与燃烧、多相流、旋转机械、动/变形网格、噪声、材料加工等复杂机理的流动问题。

Fluent 软件的动网格技术处于绝对领先地位，并且包含了专门针对多体分离问题的六自由度模型以及针对发动机的 2.5D 动网格模型。

8.4.10　IES 分析软件

IES 是建筑性能模拟和分析的软件，用来在建筑前期对建筑的光照、太阳能及温度效应进行模拟。其功能类似 Ecotect，可以与 Radiance 兼容对室内的照明效果进行可视化的模拟。它整合了一系列模块化的组件，用来进行计算分析，包括：

（1）ModelIT：三维建模工具，提供 IDM（Integrated Data Model）集合数据模型。

（2）ApacheCal：供暖、制冷负荷计算工具，使用 CIBSE 制定的流程。

（3）ApacheSim：IES<VE> 的核心组件，动态负荷计算工具，可逐时模拟分析建筑负荷。

（4）ApacheHVAC：建筑空调系统模拟工具。

（5）Flucs：采光分析，设计工具，分为 FlucsDL 和 FlucsPro。前者只能进行日光分析。

（6）RadianceIES：权威的建筑采光模拟组件，使用高级光追踪技术。

（7）SunCast：日照分析工具。

（8）CostPlan：初投资分析工具。

（9）LifeStyle：运行费用分析工具。

（10）Simulex：疏散分析工具，模拟正常/紧急情况下的人流疏散行为。

（11）Lisi：电梯分析工具。

（12）IndusPro：管路尺寸计算。

（13）Pisces：冷热水管路尺寸计算。

（14）Taps：自来水管路尺寸计算。

（15）Field：电线尺寸计算。

（16）MicroFlo：室内外流体力学模拟。

IES 集成化的软件模块非常灵活且适应性强，因此更容易和各种绿色建筑标准（如 LEED）相结合，并提出相应评价内容。IES 除了兼容 gbXML 外，同时提供 Revit 和 Sketchup 插件，用来精确传递模型信息。它对能耗的分析十分具体：

①可以分析当地的气象数据，分析室外温度对能耗的影响。②分析遮挡对能耗的影响。③考虑人体、设备、照明等偶然因素对能耗的影响。这些设定较具体。例如人在室内的逗留时间，如午饭时间，可以将数据设为 0。在周末，可将设备、照明等偶然因素都调成 0。总之，它可以用数据描述人及设备的具体运营状态，且操作方便。④用设定开窗大小模拟自然通风状态，而不是在外墙开洞。

8.5　PKPM 软件

PKPM 是中国建筑科学研究院建筑工程软件研究所研发的工程管理软件。最早这个软件只有两个模块：PK（排架框架设计）、PMCAD（平面辅助设计），因此合称PKPM。现在这两个模块已强化，并加入了大量功能更强大的模块。PKPM 是系列产品，除了集建筑、结构、设备设计于一体的集成化 CAD 系统以外，目前，PKPM 还有建筑概预算系列、施工系列、施工企业信息化（图 8-5-1）。近年，软件在建筑节能和绿色建筑领域作了多方面拓展，在节能、节水、节地、节材、保护环境方面发挥了重要作用。其功能包括：

（1）建筑模型的建立（提取）：直接从DWG 文件中提取建筑模型进行节能设计。可以最大限度地减少建筑师的工作量，在方案、扩初和施工图等不同设计阶段方便地进行节能设计，避免了二次建模的工作。使用建模软件进行建模。CHEC 软件自带建模工具，可以快速高效地完成建筑模型的建立。可以直接利用 PKPM 系列软件的 PMCAD 建模数据。如果有了 PMCAD 的数据，则可以直接进行下一步的节能设计工作。

（2）建筑节能设计计算：帮助设计师完成相关热工计算，提供大量不同保温体系的

墙体、屋面和楼板类型，可查询各种保温体系的适用范围和特点。自动计算建筑物的体形系数和窗墙比等参数，直接读取建筑中各种门、窗、墙、屋面、柱、房间等设计参数，进行节能设计，并根据《节能设计标准规范》自动校核验算。

（3）动态能耗分析计算：CHEC 所采用的动态能耗分析计算程序，依据《夏热冬冷地区居住建筑节能设计标准》JGJ 134–2010 的规定，按各地的全年气象数据，对建筑物进行全年 8760 小时的逐时能耗分析计算，计算出每平方米建筑面积的年供暖、空调冷热量指标和耗电量指标，并自动依据《夏热冬冷地区居住建筑节能设计标准》进行判断比较。当计算结果不符合节能设计标准的要求时，使用软件的围护结构设计功能，可以方便地让您的设计满足节能设计的要求。

（4）节能建筑的经济指标核算：能进行节能和非节能设计的工程造价比较，能进行在相同保温效果下不同保温系统的工程造价比较，帮助设计师和甲方选择最为合理的保温系统。

（5）节能设计说明书和计算书：CHEC软件可生成符合设计和审图要求的输出文件，其特点包括：

简单：建筑师无需掌握热力学原理，只要一次按键就可以得到相应的帮助。各种计算机结果以不同的颜色直观地显示在设计图纸上。

人性：避免形成一个单纯的计算程序，在设计过程中，随时帮助检验是否符合规范

图 8-5-1　PKPM 操作界面

的要求，如窗墙比、围护结构的传热系数。各种需要的数据自动读取，生成计算结果直接输出，并形成帮助说明。克服了单纯的计算软件所产生的设计过程和计算过程无法很好结合的弊端。

智能：如果在设计过程中缺少必要的参数，自动以缺省参数作为第一选择，并作相应的记录，以方便建筑师以后修改和设定。这样，在保持设计的连贯性的同时，也方便了设计者的再次修改。

 复习思考题

1. 目前绿色设计软件发展的趋势是什么？

2. 绿色软件适用范围包括哪些？

3. BIM 相关核心软件包括哪些？分别适应哪些方面？

4. 绿色建筑分析系列软件包括哪些？分别适应哪些方面？

参考文献

[1] 刘加平. 绿色建筑概论 [M]. 北京：中国建筑工业出版社，2010.

[2] 齐康，杨维菊. 绿色建筑设计与技术 [M]. 南京：东南大学出版社，2011.

[3] 刘抚英. 绿色建筑设计策略 [M]. 北京：中国建筑工业出版社，2013.

[4] 白润波，孙勇. 绿色建筑节能技术与实例 [M]. 北京：化学工业出版社，2012.

[5] 张明顺，吴川，张晓转，等. 绿色建筑开发手册 [M]. 北京：化学工业出版社，2014.

[6] 宗敏. 绿色建筑设计原理 [M]. 北京：中国建筑工业出版社，2010.

[7] 李飞，杨建明，尹明干，等. 绿色建筑技术概论 [M]. 北京：国防工业出版社，2014.

[8] 中华人民共和国住房和城乡建设部，中华人民共和国国家质量监督检验检疫总局. 绿色建筑评价标准：GB/T 50378-2019[S]. 北京：中国建筑工业出版社，2019.

[9] 姚润明，李百战，丁勇，等. 绿色建筑的发展概述 [J]. 暖通空调，2006（11）：27-32，91.

[10] 卜增文，孙大明，林波荣，等. 实践与创新：中国绿色建筑发展综述 [J]. 暖通空调，2012，42（10）：1-8.

[11] 吕学都. 联合国气候变化大会进展及展望 [J]. 世界环境，2009（1）：21-23.

[12] 习近平在巴黎联合国气候变化大会谈发展绿色建筑 [J]. 建设科技，2015（23）：6.

[13] 胡鞍钢. 中国实现 2030 年前碳达峰目标及主要途径 [J/OL]. 北京工业大学学报（社会科学版）：1-15[2021-01-30]. http://kns.cnki.net/kcms/detail/11.4558.G.20210125.0947.002.html.

[14] 刘春江. 绿色建筑评价技术与方法研究 [D]. 西安建筑科技大学，2005.

[15] 付文君. 全寿命周期视角下绿色建筑的施工过程与管理研究 [D]. 天津大学，2016.

[16] 陈继祥，蒋峰. 岩土勘察工程技术发展概述 [J].

科技风，2010（15）：171.

[17] 王向荣，林箐. 西方现代景观设计的理论与实践 [M]. 北京：中国建筑工业出版社，2002.

[18] 王向荣，林箐. 西方现代景观设计的理论与实践：Theories and practice of modern landscape architecture in the western world[M]. 北京：中国建筑工业出版社，2002.

[19] 金纹青. 西方现代景观设计理论研究 [D]. 天津大学，2004.

[20] 黄智燕，王珍吾，聂坤. 浅谈山地形条件下的建筑设计——以井冈山大学幼儿园建筑设计为例 [J]. 井冈山大学学报（自然科学版），2020，133（5）：80-85.

[21] 党潇音. 某公共建筑中绿色建筑给排水设计要点的应用与分析 [J]. 科学技术创新，2020（15）：109-110.

[22] 罗文佩. 全寿命周期视角下绿色建筑施工过程与管理探究 [J]. 现代商贸工业，2019，40（18）：185-186.

[23] 李雪铭，赵朋飞，李松波，等. 基于人居环境视角的城市居住用地集约利用效率研究——以大连市中山区为例 [J]. 西部人居环境学刊，2017，32（6）：107-112.

[24] 刘筱青. 基于居民感知的绿色住区使用后评价研究 [D]. 湖南大学，2017.

[25] 李均. 建筑结构设计安全性问题及改善措施 [J]. 建材与装饰，2017（9）：5-6.

[26] 中华人民共和国住房和城乡建设部，中华人民共和国国家质量监督检验检疫总局. 智能建筑设计标准：GB/T 50314-2015[S]. 北京：中国计划出版社，2015.

[27] 艾懿君. 英国 BREEAM 与我国绿色建筑评价标准比较研究 [D]. 南昌大学，2016.

[28] 王瑶瑶. 基于可拓评价方法的绿色建筑评价体系研究 [D]. 大连理工大学，2016.

[29] 胡望社，王健琪，李蒙，等. 节材及材料资源利用实践与评估 [J]. 绿色建筑，2014，6（4）：35-38.

[30] 姚刚，张宏. 既有居住类建筑改造的绿色评价导控模式研究 [J]. 生态经济，2013（4）：170-173.

[31] 胡芳芳，王元丰. 中国绿色住宅评价标准和英国可持续住宅标准的比较 [J]. 建筑科学，2011，27（2）：8-13.

[32] 武想想. 节能建筑综合经济效益评价 [D]. 长安大学，2007.

[33] 韩飞. CASBEE 与《绿色建筑评价标准》GB/T 50378-2019 的对比研究 [J]. 城市建筑，2020，17（30）：81-83.

[34] 何明，林青. 新版与现行版国标《绿色建筑评价标准》的比较分析 [J]. 世界建筑，2020（6）：122-125，144.

[35] 郭夏清. 建设"以人为本"的高质量绿色建筑——浅析国家《绿色建筑评价标准》2019 版的修订 [J]. 建筑节能，2020，48（5）：128-132.

[36] 杨一凡. 中美绿色建筑评价体系对比分析 [J]. 建材与装饰，2019（36）：86-87.

[37] 周鑫腹，王猛猛，宋达，等. 绿色建筑评价体系：中日对比研究 [J]. 中外建筑，2019（12）：38-41.

[38] 张彧，唐献超，董佳欣. LEED 绿色建筑评价体系在美国的新发展及其实践案例 [J]. 中外建筑，2019（10）：41-45.

[39] 周心怡. 世界主要绿色建筑评价标准解析及比较研究 [D]. 北京工业大学，2017.

[40] 叶青 . 绿色建筑 GPR-CN 综合性能评价标准与方法——中荷绿色建筑评价体系整合研究 [D]. 天津大学，2016.

[41] 隋馨 . 澳大利亚 NABERS 与中国绿色建筑评价对比分析研究 [D]. 河北工业大学，2014.

[42] 中华人民共和国住房和城乡建设部，中华人民共和国国家质量监督检验检疫总局 . 建筑工程绿色施工规范：GB/T 50905-2014[S]. 北京：中国建筑工业出版社，2014.

[43] 中华人民共和国住房和城乡建设部，中华人民共和国国家质量监督检验检疫总局 . 建筑工程绿色施工评价标准：GB/T 50640-2010[S]. 北京：中国计划出版社，2011.

[44] 华东建筑设计研究总院 . 上海申都大厦既有建筑绿色改造 [J]. 建筑学报，2013（7）：70-74.

[45] 住房和城乡建设部科技与产业化发展中心 . 绿色建筑运行评价标识项目案例集 [M]. 北京：中国建筑工业出版社，2016：75-94.

[46] 中华人民共和国住房和城乡建设部，中华人民共和国国家质量监督检验检疫总局 . 既有建筑绿色改造评价标准：GBT 51141-2015[S]. 北京：中国建筑工业出版社，2015.

[47] 杜海龙，李迅，李冰 . 中外典型绿色生态城区评价标准系统化比较研究 [J]. 城市发展研究，2020，232（11）：63-71.

[48] 王浩，童山中 . 绿色建筑在绿色生态城区建设中的作用 [J]. 绿色建筑，2020，12（2）：29-30.

[49] 董勇 . 重庆市绿色生态住宅（绿色建筑）小区发展现状分析 [J]. 重庆建筑，2019，184（2）：7-10.

[50] 陈天，臧鑫宇 . 绿色街区规划设计 [M]. 南京：江苏凤凰科学技术出版社，2015.

[51] 尔惟，路红 . "花园城市"中的绿色街区——"五大道" 9 号街坊规划中的可持续设计策略 [J]. 城市环境设计，2016，3（3）：318-320.

[52] 株式会社建筑画报社，韩兰灵，唐玉红，等 . 日本绿色校园建筑 [M]. 大连理工大学出版社，2005.

[53] 刘骁，郭卫宏，包莹 . 新加坡高等教育机构绿色校园建设研究 [J]. 建筑节能，2019，47（7）：52-59.

[54] 盖轶静，孟冲，韩沐辰，等 . 我国健康建筑的评价实践与思考 [J]. 科学通报，2020，65（4）：17-23.

[55] 王清勤 . 健康建筑：建筑领域的新使命 [J]. 科学通报，2020（4）：229-230.

[56] 钟田力，刘猛 . 国内外绿色工业建筑评价权重体系对比分析 [J]. 土木建筑与环境工程，2012（S2）：1-3.

[57] 李洪欣，陈远，李国顺，等 . 我国绿色工业建筑评价体系发展浅析 [J]. 工业建筑，2014，44（1）：54-56.

[58] 林姗，朱剡 . 智慧城市理念在城市建筑设计中的渗透 [J]. 智能建筑与智慧城市，2020，282（5）：33-34.

[59] 杜明芳 . 智慧建筑 2.0 和建筑工业互联网 [J]. 中国建设信息化，2018（6）：28-31.

[60] 邹凌彦，刘长恒 . 物联网技术在智慧建筑领域的应用 [J]. 低温建筑技术，2018，238（4）：156-158.

[61] 唐际宇，唐阁威，宁华宏 . 南宁华润中心超高层装配式建筑智慧建造技术 [J]. 建筑机械化，2018，39（10）：15-19，58.

[62] 张树胜 . 装配式建筑应用问题及对策建议 [J]. 建筑技术，2018，49（S1）：218-220.

[63] 叶浩文，周冲，樊则森，等 . 装配式建筑一体化数字化建造的思考与应用 [J]. 工程管理学报，2017，31（5）：85–89.

[64] 胡瑛，张玮 . BIM 技术在装配式建筑中的运用 [J]. 建筑经济，2020，452（6）：126–127.

[65] 李硕昆 . 工业化装配式装修若干技术问题研究 [D]. 北京建筑大学，2018.

[66] 张翩翩 . 装配式住宅建筑在乡村发展中的探索 [D]. 浙江大学，2018.

[67] 周遵红 . 装配式住宅预制构件生产优化方法研究 [D]. 重庆交通大学，2018.

[68] 赵晓龙 . 装配式建筑评价标准对比分析 [J]. 住宅与房地产，2019（20）.

[69] 王梦林 . 新国标下绿色建筑设计软件工具的设计与研发思路 [C]// 国际绿色建筑与建筑节能大会 . 中国城市科学研究会，2014.

[70] 马琳 . 基于 AutoCAD 图形界面的绿色建筑节能软件的设计分析 [J]. 电子设计工程，2017，25（21）：145–147，151.

[71] 叶凌 . 中国 BIM 标准制修订计划发布 [J]. 建筑科学，2013（8）：110–110.

[72] 崔芳芳，李靖，李盼，等 . 基于 BIM 技术的地域性绿色建筑设计 [J]. 建筑节能，2017，45（10）：51–55.